선형대수학과 그 응용

신항균 · 이광연 · 이상구 · 천기상 지음

KM 경문사

머 리 말

우리 주위의 여러 가지 현상은 수학적 문제로 바꾸어 표현할 수 있다. 이러한 문제는 선형화함으로써 행렬의 문제로 바꿀 수 있으며, 행렬의 성질을 이용하면 쉽게 해를 구할 수 있다. 이와 같은 선형대수학의 연구는 17세기부터 시작되어 20세기 후반에 매우 활발해졌다. 이외에도 선형대수학은 다양한 분야에서 많이 이용되기 때문에 자연계는 물론 인문사회계의 학생에게도 가장 중요한 수학과목 중의 하나로 여겨진다. 그 이유는 행렬에 관한 지식은 해가 존재하지 않을 때조차 가장 근사한 해를 구할 수 있게 해 주며, 인공위성에서 지구로 전송하는 사진의 인화 등의 다양한 문제들을 해결하는 데에도 이용되기 때문이다.

흥미로운 사실은 19세기 중반에 독창적인 불대수, De Morgan의 법칙, 또 실질적인 선형대수학의 연구를 시작한 Cayley와 최초로 현대적인 계산기를 만든 Babbage는 모두 유럽대륙 중심의 당시 수학계와는 거리가 있던 영국의 수학자들이었다는 것이다. 이때를 즈음하여 영국은 세계사의 전면에 나섰고, 이어서 실제로 선형대수학과 컴퓨터의 발전을 주도한 미국이 현재는 세계사의 중심에 서 있다는 것이다. 이후에 행렬이론의 연구는 무한차원, 텐서 등으로 확장되어 물리학 발전에 크게 기여하였으며, 특히 현대적인 컴퓨터의 발전과 더불어 행렬의 수치해석적인 장점이 부각되면서부터 더욱 발전했다. 독자를 위하여 자세한 행렬이론에 관한 역사적 고찰을 부록으로 실었다.

이 책은 수년간 집중적으로 선형대수학을 다루어 온 네 명의 저자가 쉬우면서도 주요 내용을 고르게 다룬 선형대수학의 보다 나은 입문서의 필요성을 느껴서 만들게 되었다. 자연계 학생은 물론 인문사회계 학생 모두가

보다 흥미롭게 선형대수학을 공부할 수 있도록 만들어졌으며, 강좌의 여건에 따라 한 학기 또는 두 학기용의 교재로 사용할 수 있다.

이 책의 주된 내용은 다음과 같다.

제 1 장과 제 2 장에서는 선형대수학의 기초과정으로서 연립일차방정식으로부터 행렬을 유도하여 이 방정식을 푸는 문제와 행렬식을 계산하는 문제를 다루었다.

제 3 장과 제 4 장에서는 공간벡터를 먼저 소개하고 이의 응용과 함께 자연스럽게 n 차원벡터로 확장하였으며 이를 기초로 벡터공간이라는 수학적 구조체를 정의하였다. 다음으로 이 벡터공간이 갖는 여러 가지 성질을 다루었다.

제 5 장에서는 벡터공간의 구조를 보존한다는 의미를 갖는 함수인 선형변환을 소개하고, 특히 두 유한차원 벡터공간 사이의 선형변환과 행렬과의 관계를 집중적으로 다루었다.

제 6 장에서는 행렬의 고유값 문제를 알아보고 이를 이용하여 주어진 행렬을 대각화하는 문제와 그것의 응용문제를 다루었다.

제 7 장에서는 복소벡터공간에서 내적을 정의하여 복소내적공간을 다루었으며, 특히 유니타리 행렬에서 가장 중요한 Schur 정리와 Jordan 표준형을 구하는 법을 소개하였다.

제 8 장에서는 내적과 고유값에 관련된 문제뿐만 아니라 최적화이론에서 많이 이용하는 이차형식의 부호와 극값을 다루었다.

제 9 장 수학적 모델링에서는 우리 주위에서 쉽게 접할 수 있는 문제를 수학적으로 모델링하는 것과 curve fitting 문제를 다루었다.

또한 각 장의 사이사이에 암호이론, 인구이동 문제, 행렬을 이용하여 미분방정식의 해를 구하는 방법 등 폭넓은 선형대수학의 응용의 예를 주었다. 또 복잡하거나 반복적인 행렬에 관련된 계산은 컴퓨터 프로그램인 MATHEMATICA, MATLAB, MAPLE 등을 이용하여 PC 실습교육을 하는 것도 필요하다고 생각하여, 요청시 저자가 한글화한 선형대수 실습 프로그램을 교육용으로 제공하고자 한다.

이 책을 한 학기용 교재로 이용하고자 할 때는 * 표시가 없는 절을 따라 강의하면 무난하리라 생각한다.

끝으로 이 책의 준비과정에서 워드작업을 도와준 학생들, 많은 조언을 해 주신 주위의 여러 선생님들께 감사드리고, 또 멋진 표지를 도안해 주신 지상희 씨와 좋은 책을 출판하기 위해 노력을 아끼지 않으신 경문사 박문규 사장님께 감사를 드린다.

1998년 1월

저자 일동

차 례

제 4 장 벡터공간

제 5 장 선형변환과 행렬

제 6 장 고유값과 행렬의 대각화

제 7 장 복소벡터공간

1

연립일차방정식과 행렬

1.1 연립일차방정식
1.2 행 렬
1.3 행렬연산의 성질
1.4 Gauss 소거법과 Gauss-Jordan 소거법
1.5 역행렬
1.6 연립일차방정식의 해와 행렬
*1.7 행렬을 이용한 암호문 작성

자연과학이나 사회과학의 복잡한 문제들은 어떤 연립일차방정식의 문제로 바꾸어 놓을 수 있기 때문에 연립방정식을 푸는 일은 매우 중요하다. 연립방정식을 풀 때 행렬을 이용하면 편리하다.
이 장에서는 행렬을 정의하고 행렬의 연산에 대하여 알아본다. 또 행렬을 이용하여 연립방정식의 해를 구하는 방법을 소개하고, 행렬과 연립방정식의 해 사이의 관계를 살펴본다.

1.1 연립일차방정식

미지수 $x_1, x_2, \ldots, x_n$에 관한 **일차방정식**(linear equation)은 b와 계수 $a_1, a_2, \ldots, a_n$이 실수일 때, 다음과 같은 꼴로 나타내어지는 방정식이다.

$$a_1x_1+a_2x_2+\cdots+a_nx_n=b$$

예를 들어, 방정식

$$2x_1-3x_2+1=x_1, \quad x_2=2(\sqrt{5}-x_1)-x_3$$

을 정리하면

$$x_1-3x_2=-1, \quad 2x_1+x_2+x_3=2\sqrt{5}$$

와 같은 꼴로 나타낼 수 있으므로 모두 일차방정식이다. 또 방정식

$$2x_1-3x_2=x_1x_2, \quad x_2=3\sqrt{x_1}-1$$

은 모두 일차방정식이 아니다.

일반적으로 미지수 $x_1, x_2, \ldots, x_n$에 관한 유한개의 일차방정식의 모임

$$\begin{array}{c} a_{11}x_1+a_{12}x_2+\cdots+a_{1n}x_n=b_1 \\ a_{21}x_1+a_{22}x_2+\cdots+a_{2n}x_n=b_2 \\ \vdots \\ a_{m1}x_1+a_{m2}x_2+\cdots+a_{mn}x_n=b_m \end{array}$$

을 **연립일차방정식**(system of linear equations)이라고 한다.

연립일차방정식의 미지수 $x_1, x_2, \ldots, x_n$에 어떤 수

$s_1, s_2, \ldots, s_n$을 각각 대입하였을 때, 각 방정식이 모두 성립하면 $(s_1, s_2, \ldots, s_n)$을 이 연립일차방정식의 해(solution)라고 한다. 예를 들어, 연립일차방정식

$$\begin{aligned} 4x_1 - x_2 + 3x_3 &= -1 \\ 3x_1 + x_2 + 9x_3 &= -4 \end{aligned} \qquad \cdots (1)$$

의 x_1, x_2, x_3에 각각 1, 2, -1을 대입하면 방정식이 모두 성립하므로 $(1, 2, -1)$은 연립일차방정식 (1)의 해이다.

연립일차방정식의 해 전체의 집합을 연립일차방정식의 **해집합**(solution set)이라 하며, 동일한 해집합을 가지는 두 연립일차방정식을 **동치**(equivalent)라고 한다.

이제 연립일차방정식의 해집합에 대하여 생각하여 보자. 연립일차방정식

$$\begin{aligned} x_1 + x_2 &= 3 \\ x_1 - x_2 &= 1 \end{aligned}$$

에서 두 방정식의 그래프를 각각 l_1, l_2라 하면 (s_1, s_2)가 이 연립일차방정식의 해가 될 필요충분조건은 점 (s_1, s_2)가 두 직선 l_1과 l_2 모두의 위에 있는 것이다. 그림 1.1에서 알 수 있듯이 위 연립일차방정식은 유일한 해 $(2, 1)$을 갖는다.

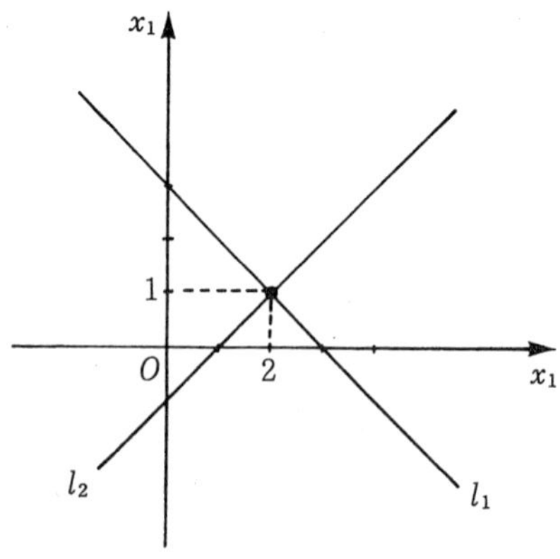

그림 1.1

물론, 두 직선이 만나지 않거나 일치할 수도 있다. 다음 그림 1.2는 아래 연립일차방정식에 대응하는 그래프로서 각각 연립일차방정식이 해를 갖지 않는 경우와 무수히 많은 해를 갖는 경우를 보여주고 있다.

(1) $2x_1 - x_2 = -2$, $-2x_1 + x_2 = 4$ (2) $2x_1 - x_2 = -2$, $-2x_1 + x_2 = 2$

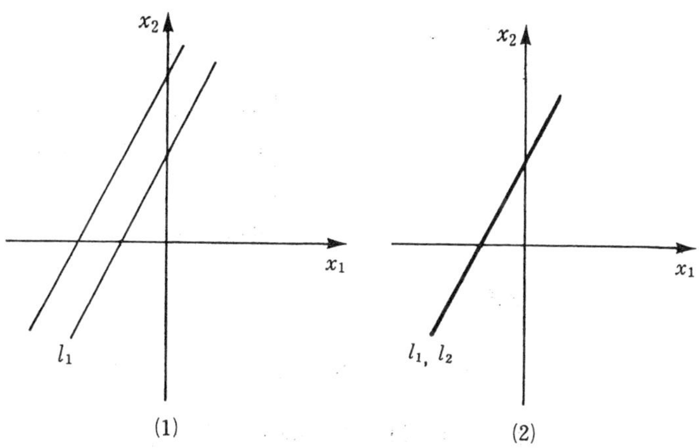

그림 1.2

일반적으로, 연립일차방정식에 대하여 다음 중 하나가 성립한다.

1. 해를 갖지 않는다.
2. 유일한 해를 갖는다.
3. 무수히 많은 해를 갖는다.

연립일차방정식의 해법인 소거법에서 변수의 역할은 위치를 나타내는 것 외에는 없다. 따라서 변수를 반복해서 쓸 필요가 없고, 계수만으로 소거법을 시행하여도 해를 얻을 수 있는데 이러한 방법을 Gauss 소거법(1.4절 참조)이라고 한다. 이를 이용하려면 다음 절에서 살펴볼 행렬이 필요하다.

1.2 행 렬

실수(또는 복소수)를 다음과 같이 직사각형 모양으로 배열한 것을 **행렬**(matrix)이라 하며, 그 각각의 수를 행렬의 성분(entry)이라고 한다.

$$A=\begin{bmatrix} a_{11} & a_{12} & \cdots & a_{1n} \\ a_{21} & a_{22} & \cdots & a_{2n} \\ \vdots & \vdots & & \vdots \\ a_{m1} & a_{m2} & \cdots & a_{mn} \end{bmatrix} \qquad \cdots (1)$$

행렬 A에서

$$[a_{i1}\ a_{i2}\ \cdots\ a_{in}] \qquad (1 \leq i \leq m)$$

을 A의 i**행**(ith row of A)이라 하고

$$\begin{bmatrix} a_{1j} \\ a_{2j} \\ \vdots \\ a_{mj} \end{bmatrix} \qquad (1 \leq j \leq n)$$

를 A의 j **열**(jth column of A)이라고 한다. 또 m개의 행과 n개의 열을 갖는 행렬 A를 **크기**(size)가 $m \times n$인 행렬이라 하며, 특히 $m=n$이면 n차의 **정사각행렬**(square matrix)이라고 한다.

행렬 A의 i행, j열의 성분 a_{ij}를 A의 (i, j)성분이라 하며, n차의 정사각행렬 A의 성분 $a_{11}, a_{22}, \ldots, a_{nn}$을 **주대각선성분**(main diagonal entries)이라고 한다. 행렬 (1)은 (i, j)성분을 써서 다음과 같이 간단히 나타내기도 한다.

$$A=[a_{ij}]_{m\times n} \quad \text{또는} \quad A=[a_{ij}]$$

【예제 1】 다음 행렬

$$A=\begin{bmatrix}1 & 2 & -1\\ 2 & 3 & 0\end{bmatrix},\quad B=\begin{bmatrix}1 & -2\\ 4 & -3\end{bmatrix},\quad C=\begin{bmatrix}1\\ -1\\ 3\end{bmatrix}$$

$$D=\begin{bmatrix}1 & 1 & -3\\ 2 & 0 & 1\\ 5 & -1 & 2\end{bmatrix},\ E=[2],\qquad F=[-1,\ 0,\ 3]$$

에서 A는 2×3행렬이고, $a_{13}=-1$, $a_{22}=3$이다. 또 B는 2×2행렬이고 $b_{11}=1$, $b_{22}=-3$이며 C, D, E, F는 각각 3×1, 3×3, 1×1, 1×3행렬이다. D의 주대각선성분은 각각 $d_{11}=1$, $d_{22}=0$, $d_{33}=2$이며, E와 같은 1×1행렬은 흔히 $E=[2]=2$로 쓴다. ■

정사각행렬 A의 주대각선성분 이외의 모든 성분이 0일 때, A를 **대각행렬**(diagonal matrix)이라 한다. 특히 주대각선성분이 모두 같은 대각행렬을 **스칼라행렬**(scalar matrix)이라고 하며, 주대각선성분이 a_{11}, a_{22}, …, a_{nn}인 대각행렬 A를

$$\text{diag}\{a_{11},\ a_{22},\ \dots,\ a_{nn}\}$$

으로 나타내기도 한다. 즉

$$A=\text{diag}\{a_{11},\ a_{22},\ \dots,\ a_{nn}\}=\begin{bmatrix}a_{11} & 0 & \cdots & 0\\ 0 & a_{22} & \cdots & 0\\ \vdots & \vdots & \ddots & \vdots\\ 0 & 0 & \cdots & a_{nn}\end{bmatrix}$$

【예제 2】 다음은 모두 대각행렬이다. 특히 I와 J는 스칼라행렬이다.

$$G=\begin{bmatrix} 2 & 0 \\ 0 & -1 \end{bmatrix}, \qquad H=\begin{bmatrix} -3 & 0 & 0 \\ 0 & -2 & 0 \\ 0 & 0 & 1 \end{bmatrix}$$

$$I=\begin{bmatrix} 1 & 0 & 0 \\ 0 & 1 & 0 \\ 0 & 0 & 1 \end{bmatrix}, \qquad J=\begin{bmatrix} 2 & 0 \\ 0 & 2 \end{bmatrix}$$

또 G, H는 $G=\text{diag}\{2, -1\}$, $H=\text{diag}\{-3, -2, 1\}$과 같이 나타낼 수 있다. ■

정의

두 행렬 $A=[a_{ij}]_{m\times n}$, $B=[b_{ij}]_{m\times n}$이 모든 i, j에 대하여 $a_{ij}=b_{ij}$를 만족하면 서로 **같다**(equal)고 하고 $A=B$로 나타낸다.

【예제 3】 두 행렬

$$A=\begin{bmatrix} 1 & 2 & -1 \\ 2 & -3 & 4 \\ 0 & -4 & 5 \end{bmatrix}, \qquad B=\begin{bmatrix} 1 & 2 & w \\ 2 & x & 4 \\ y & -4 & z \end{bmatrix}$$

가 $A=B$이기 위한 필요충분조건은 다음과 같다.

$$w=-1, \qquad x=-3, \qquad y=0, \qquad z=5$$ ■

정의

두 행렬 $A=[a_{ij}]_{m\times n}$, $B=[b_{ij}]_{m\times n}$와 실수 k에 대하여 A와 B의 **합**(sum) $A+B$와 A의 **스칼라배**(scalar multiple) kA를 다음과 같이 정의한다.

$$A+B=[a_{ij}+b_{ij}]_{m\times n}, \qquad kA=[ka_{ij}]_{m\times n}$$

[예제 4] $A=\begin{bmatrix} 1 & 2 & -4 \\ -2 & 1 & 3 \end{bmatrix}$, $B=\begin{bmatrix} 0 & 1 & 4 \\ -1 & 3 & 1 \end{bmatrix}$, $C=\begin{bmatrix} 1 & 1 \\ 2 & 2 \end{bmatrix}$

일 때

$$A+B=\begin{bmatrix} 1+0 & 2+1 & -4+4 \\ -2-1 & 1+3 & 3+1 \end{bmatrix}=\begin{bmatrix} 1 & 3 & 0 \\ -3 & 4 & 4 \end{bmatrix}$$

이다. 그러나 A와 C, B와 C는 크기가 다르므로 더할 수 없다. 또

$$2A=\begin{bmatrix} 2 & 4 & -8 \\ -4 & 2 & 6 \end{bmatrix}, \qquad (-1)B=\begin{bmatrix} 0 & -1 & -4 \\ 1 & -3 & -1 \end{bmatrix}$$

이다. 일반적으로 $(-1)B$는 간단히 $-B$로 쓴다. ■

정의

두 행렬 $A=[a_{ij}]_{m\times p}$, $B=[b_{ij}]_{p\times n}$에 대하여 A와 B의 **곱**(product) AB를 다음과 같이 정의한다.

$$AB=[c_{ij}]_{m\times n}$$

여기서

$$\begin{aligned} c_{ij} &= a_{i1}b_{1j}+a_{i2}b_{2j}+\cdots+a_{ip}b_{pj} \\ &= \sum_{k=1}^{p} a_{ik}b_{kj} \quad (1\leq i\leq m,\ 1\leq j\leq n) \end{aligned}$$

위의 정의에서 AB의 (i, j)성분은 A의 i행에 있는 각 성분에 B의 j열에 있는 성분을 차례로 곱하여 모두 더한 것임을 의미한다. 따라서 A와 B의 곱은 A의 열의 개수와 B의 행의 개수가 같을 때에만 정의된다.

$$AB=\begin{bmatrix} a_{11} & a_{12} & \cdots & a_{1p} \\ \vdots & \vdots & \cdots & \vdots \\ a_{i1} & a_{i2} & \cdots & a_{ip} \\ \vdots & \vdots & \cdots & \vdots \\ a_{m1} & a_{m2} & \cdots & a_{mp} \end{bmatrix} \begin{bmatrix} b_{11} & \cdots & b_{1j} & \cdots & b_{1n} \\ b_{21} & \cdots & b_{2j} & \cdots & b_{2n} \\ \vdots & & \vdots & & \vdots \\ b_{p1} & \cdots & b_{pj} & \cdots & b_{pn} \end{bmatrix}$$

$$=\begin{bmatrix} c_{11} & c_{12} & \cdots & c_{1n} \\ \vdots & \vdots & c_{ij} & \vdots \\ c_{m1} & c_{m2} & \cdots & c_{mn} \end{bmatrix}$$

[예제 5] 행렬

$$A=\begin{bmatrix} 1 & 2 & -1 \\ 3 & 1 & 0 \end{bmatrix}, \qquad B=\begin{bmatrix} -2 & 1 \\ 0 & -3 \\ 2 & 1 \end{bmatrix}$$

에 대하여

$$AB=\begin{bmatrix} 1 & 2 & -1 \\ 3 & 1 & 0 \end{bmatrix} \begin{bmatrix} -2 & 1 \\ 0 & -3 \\ 2 & 1 \end{bmatrix}$$

$$=\begin{bmatrix} (1)(-2)+(2)(0)+(-1)(2) & (1)(1)+(2)(-3)+(-1)(1) \\ (3)(-2)+(1)(0)+(0)(2) & (3)(1)+(1)(-3)+(0)(1) \end{bmatrix}$$

$$=\begin{bmatrix} -4 & -6 \\ -6 & 0 \end{bmatrix}$$ ■

이제 n개의 미지수를 갖는 m개의 일차방정식으로 이루어진 연립일차방정식

$$\begin{array}{c} a_{11}x_1+a_{12}x_2+\cdots+a_{1n}x_n=b_1 \\ a_{21}x_1+a_{22}x_2+\cdots+a_{2n}x_n=b_2 \\ \vdots \quad \vdots \quad \vdots \quad \vdots \\ a_{m1}x_1+a_{m2}x_2+\cdots+a_{mn}x_n=b_m \end{array} \qquad \cdots (2)$$

을 생각하자.

$$A=\begin{bmatrix} a_{11} & a_{12} & \cdots & a_{1n} \\ a_{21} & a_{22} & \cdots & a_{2n} \\ \vdots & \vdots & & \vdots \\ a_{m1} & a_{m2} & \cdots & a_{mn} \end{bmatrix}, \quad X=\begin{bmatrix} x_1 \\ x_2 \\ \vdots \\ x_n \end{bmatrix}, \quad B=\begin{bmatrix} b_1 \\ b_2 \\ \vdots \\ b_m \end{bmatrix}$$

이라 하면 연립일차방정식 (2)는 행렬의 곱을 이용하여 다음과 같이 간단히 쓸 수 있다.

$$AX=B$$

이 때 행렬 A를 연립일차방정식 (2)의 **계수행렬**(coefficient matrix)이라 하며, A에 B를 붙여서 만든 행렬

$$[A \vdots B]=\left[\begin{array}{cccc:c} a_{11} & a_{12} & \cdots & a_{1n} & b_1 \\ a_{21} & a_{22} & \cdots & a_{2n} & b_2 \\ \vdots & \vdots & & \vdots & \vdots \\ a_{m1} & a_{m2} & \cdots & a_{mn} & b_m \end{array}\right]$$

을 연립일차방정식 (2)의 **첨가행렬**(augmented matrix)이라고 한다.

[예제 6] 다음 연립일차방정식을 행렬의 곱을 이용하여 나타내라. 또 연립일차방정식의 첨가행렬을 구하라.

$$\begin{aligned} x+3y+4z&=5 \\ -2x \qquad - z&=6 \\ 3x+2y- z&=3 \end{aligned}$$

풀이

$$A=\begin{bmatrix} 1 & 3 & 4 \\ -2 & 0 & -1 \\ 3 & 2 & -1 \end{bmatrix}, \quad X=\begin{bmatrix} x \\ y \\ z \end{bmatrix}, \quad B=\begin{bmatrix} 5 \\ 6 \\ 3 \end{bmatrix}$$

이라 할 때 $AX=B$이다. 그리고 첨가행렬은

$$[A \vdots B]=\left[\begin{array}{ccc:c} 1 & 3 & 4 & 5 \\ -2 & 0 & -1 & 6 \\ 3 & 2 & -1 & 3 \end{array}\right]$$

■

연습문제 1.2

※ 행렬

$$A=\begin{bmatrix}1 & -2 & 5\\ 6 & -3 & 4\end{bmatrix},\quad B=\begin{bmatrix}2\\ -3\\ 5\end{bmatrix},\quad C=\begin{bmatrix}6 & 0 & 2\\ -4 & 3 & 5\\ 7 & 1 & -1\end{bmatrix}$$

에 대하여 다음 물음에 답하라. [1~4]

1. a_{12}, a_{22}, a_{23}을 말하라.
2. b_{11}, b_{31}을 말하라.
3. c_{13}, c_{31}, c_{33}을 말하라.
4. C의 주대각선성분을 말하라.

5. 두 행렬

$$A=\begin{bmatrix}a+b & c-d\\ c+d & a-b\end{bmatrix},\qquad B=\begin{bmatrix}3 & 5\\ 6 & 5\end{bmatrix}$$

가 $A=B$이기 위한 a, b, c, d를 구하라.

6. 두 행렬

$$A=\begin{bmatrix}a+2b & 2a-b\\ 2c+d & c-2d\end{bmatrix},\qquad B=\begin{bmatrix}4 & -2\\ 4 & -3\end{bmatrix}$$

이 $A=B$이기 위한 a, b, c, d를 구하라.

※ 행렬

$$A=\begin{bmatrix}1 & 2 & 3\\ -2 & 1 & 0\end{bmatrix},\quad B=\begin{bmatrix}1 & 0\\ -2 & 1\\ 3 & 2\end{bmatrix},\quad C=\begin{bmatrix}-3 & -1 & 2\\ 4 & 0 & 5\\ 2 & 1 & 3\end{bmatrix}$$

$$D=\begin{bmatrix}1 & -2\\ 3 & 4\end{bmatrix},\quad E=\begin{bmatrix}1 & -4 & 5\\ 0 & 1 & 6\\ 3 & 2 & 1\end{bmatrix},\quad F=\begin{bmatrix}-4 & 5\\ 2 & 3\end{bmatrix}$$

에 대하여, 다음 중 계산 가능한 것만을 계산하라. [7~8]

7. (1) $C+E$ (2) $3(2A)$, $6A$
   (3) $2D-3F$ (4) AB, BA
8. (1) $CB+D$ (2) $AB+DF$
   (3) $A(BD)$, $(AB)D$ (4) $A(C+E)$, $AC+AE$

※ 행렬

$$A=\begin{bmatrix}1 & 2\\ 0 & -1\end{bmatrix},\qquad B=\begin{bmatrix}x & y\\ z & w\end{bmatrix},\qquad C=\begin{bmatrix}1 & -1\\ -1 & -2\end{bmatrix}$$

에 대하여 다음 물음에 답하라. [9~10]

9. $A+B=C$ 일 때 x, y, z, w를 구하라.

10. $AB=C$ 일 때 x, y, z, w를 구하라.

※ 다음 연립일차방정식에 대하여 물음에 답하라. [11~12]

(1) 계수행렬을 구하라.

(2) 연립일차방정식을 행렬의 곱을 이용하여 나타내어라.

(3) 첨가행렬을 구하라.

11.
$$\begin{aligned} x_1+3x_2-x_3&=1 \\ 2x_1+5x_3+x_3&-5 \\ x_1+\ x_2+x_3&=3 \end{aligned}$$

12.
$$\begin{aligned} 2x \qquad\qquad &+\ w=7 \\ 2x+3y-4z&+3w=3 \\ x \qquad +3z \qquad &=5 \end{aligned}$$

※ 첨가행렬이 다음과 같은 연립일차방정식을 쓰고 해를 구하라(단 미지수는 $x_1, \ldots,$ x_n으로 놓아라). [13~14]

13.
$$\left[\begin{array}{ccc|c} 1 & 1 & 1 & 0 \\ 1 & 1 & 0 & 3 \\ 0 & 1 & 1 & 1 \end{array}\right]$$

14.
$$\left[\begin{array}{cccc|c} 1 & 1 & 3 & -3 & 0 \\ 0 & 2 & 1 & -3 & 3 \\ 1 & 0 & 2 & -1 & -1 \end{array}\right]$$

1.3 행렬연산의 성질

이 절에서는 앞에서 정의한 행렬연산의 성질에 대하여 알아본다. 행렬연산의 성질은 우리가 이미 알고 있는 실수의 연산성질과 유사한 점이 많으나 몇 가지 예외가 있다. 가장 중요한 예외는 곱에 관한 것이다. 실수 a, b에 대하여 $ab=ba$는 항상 성립하지만, 행렬 A, B에 대하여 $AB=BA$가 일반적으로는 성립하지 않는다. 이 등식이 성립할 수 없는 이유에는 AB 또는 BA가 정의되지 않는 경우와 AB, BA가 모두 정의되더라도

$$AB \neq BA$$

인 경우가 있는데, 다음 예제를 통하여 확인해 보자.

[예제 1] 행렬 A, B, C, D, E가 다음과 같다고 하자.

$$A=\begin{bmatrix} 5 & 2 & 3 \\ -2 & -3 & 4 \end{bmatrix},\quad B=\begin{bmatrix} 1 & 0 & 1 & 0 \\ 0 & 2 & 2 & 2 \\ 3 & 0 & -1 & 3 \end{bmatrix},\quad C=\begin{bmatrix} 1 & 0 \\ 2 & -3 \\ 2 & 1 \end{bmatrix}$$

$$D=\begin{bmatrix} -1 & 0 \\ 2 & 3 \end{bmatrix},\qquad E=\begin{bmatrix} 1 & 2 \\ 3 & 0 \end{bmatrix}$$

이 때 AB는 정의되지만 BA는 정의되지 않으며, AC는 2×2행렬이지만 CA는 3×3행렬이므로 $AC \neq CA$이다. 또 DE나 ED는 모두 2×2행렬이지만 다음에서 알 수 있듯이 $DE \neq ED$이다.

$$DE=\begin{bmatrix} -1 & -2 \\ 11 & 4 \end{bmatrix},\qquad ED=\begin{bmatrix} 3 & 6 \\ -3 & 0 \end{bmatrix}$$ ∎

정리 1.1

행렬 A, B, C는 각 연산이 정의될 수 있는 적당한 크기의 행렬이고, a, b가 스칼라일 때 다음이 성립한다.

(1) $A+B=B+A$ (덧셈의 교환법칙)
(2) $A+(B+C)=(A+B)+C$ (덧셈의 결합법칙)
(3) $A(BC)=(AB)C$ (곱셈의 결합법칙)
(4) $A(B+C)=AB+AC$ (분배법칙)
(5) $(B+C)A=BA+CA$ (분배법칙)
(6) $a(B+C)=aB+aC$
(7) $(a+b)C=aC+bC$
(8) $(ab)C=a(bC)$
(9) $a(BC)=(aB)C=B(aC)$

증명

이 등식을 증명하려면 좌변과 우변의 행렬이 크기가 같고, 각각에 대응하는 성분들이 서로 같음을 밝히면 된다. 여기서는 등식 (4)와 (6)의 증명만 하고, 나머지는 연습문제로 남긴다.

(4) $A=[a_{ij}]_{k\times m}$, $B=[b_{ij}]_{m\times n}$, $C=[c_{ij}]_{m\times n}$ 이라 하면

$$\begin{aligned} A(B+C) &= [a_{ij}][b_{ij}+c_{ij}] \\ &= \left[\sum_{p=1}^{m} a_{ip}(b_{pj}+c_{pj})\right] \\ &= \left[\sum_{p=1}^{m} a_{ip}b_{pj}+\sum_{p=1}^{m} a_{ip}c_{pj}\right] \\ &= \left[\sum_{p=1}^{m} a_{ip}b_{pj}\right]+\left[\sum_{p=1}^{m} a_{ip}c_{pj}\right] \\ &= AB+AC \end{aligned}$$

(6) $B=[b_{ij}]_{m\times n}$, $C=[c_{ij}]_{m\times n}$ 이라 하면

$$\begin{aligned} a(B+C) &= a[b_{ij}+c_{ij}] \\ &= [a(b_{ij}+c_{ij})] \\ &= [ab_{ij}+ac_{ij}] \end{aligned}$$

$$
\begin{aligned}
&=[ab_{ij}]+[ac_{ij}]\\
&=a[b_{ij}]+a[c_{ij}]\\
&=aB+aC
\end{aligned}
$$

■

[예제 2] 다음 행렬에 대하여 곱에 관한 결합법칙을 확인하라.

$$A=\begin{bmatrix}1&2\\3&4\\0&1\end{bmatrix},\quad B=\begin{bmatrix}4&3\\2&1\end{bmatrix},\quad C=\begin{bmatrix}1&0\\2&3\end{bmatrix}$$

풀이

$$AB=\begin{bmatrix}1&2\\3&4\\0&1\end{bmatrix}\begin{bmatrix}4&3\\2&1\end{bmatrix}=\begin{bmatrix}8&5\\20&13\\2&1\end{bmatrix}$$

이므로

$$(AB)C=\begin{bmatrix}8&5\\20&13\\2&1\end{bmatrix}\begin{bmatrix}1&0\\2&3\end{bmatrix}=\begin{bmatrix}18&15\\46&39\\4&3\end{bmatrix}$$

또

$$BC=\begin{bmatrix}4&3\\2&1\end{bmatrix}\begin{bmatrix}1&0\\2&3\end{bmatrix}=\begin{bmatrix}10&9\\4&3\end{bmatrix}$$

이므로

$$A(BC)=\begin{bmatrix}1&2\\3&4\\0&1\end{bmatrix}\begin{bmatrix}10&9\\4&3\end{bmatrix}=\begin{bmatrix}18&15\\46&39\\4&3\end{bmatrix}$$

$$\therefore\ (AB)C=A(BC)$$

■

성분이 모두 0인 행렬, 예를 들어

$$\begin{bmatrix}0&0\\0&0\end{bmatrix},\ \begin{bmatrix}0&0&0\\0&0&0\\0&0&0\end{bmatrix},\ \begin{bmatrix}0&0&0&0\\0&0&0&0\end{bmatrix},\ \begin{bmatrix}0\\0\\0\\0\end{bmatrix},\ \cdots$$

등을 **영행렬**(zero matrix)이라 하고, O로 나타낸다. 임의의 행렬 A에 대하여 O가 A와 크기가 같은 영행렬이면

$$A+O=O+A=A$$

가 성립한다. 즉 영행렬 O는 실수의 덧셈에서의 0과 같은 역할을 하는 행렬이라 할 수 있다. 그러나 실수의 연산에서 성립하는 다음 두 가지 성질은 행렬연산에서 일반적으로 성립하지는 않는다.

(i) $ab=ac,\ a\neq 0 \Longrightarrow b=c$

(ii) $ab=0 \Longrightarrow a=0$ 또는 $b=0$

【예제 3】 행렬

$$A=\begin{bmatrix}0&1\\0&2\end{bmatrix},\ B=\begin{bmatrix}1&1\\3&4\end{bmatrix},\ C=\begin{bmatrix}2&5\\3&4\end{bmatrix},\ D=\begin{bmatrix}3&7\\0&0\end{bmatrix}$$

에서

$$AB=\begin{bmatrix}3&4\\6&8\end{bmatrix}=AC$$

이고 $A\neq O$이지만 $B\neq C$이다. 또한 $AD=O$이지만 $A\neq O$, $D\neq O$이다. ■

정리 1.2

임의의 행렬 A와 영행렬 O에 대하여 다음이 성립한다.

(1) $A+O=A=O+A$

(2) $A-A=O$

(3) $O-A=-A$

(4) $AO=O=OA$

주대각선성분이 모두 1인 n차의 스칼라행렬을 n차의 **단위행렬**(identity matrix)이라 하고 I_n으로 나타낸다. 즉

$$I_n=\begin{bmatrix}1 & 0 & \cdots & 0\\ 0 & 1 & \cdots & 0\\ \vdots & \vdots & \ddots & \vdots\\ 0 & 0 & \cdots & 1\end{bmatrix}$$

A가 $m\times n$행렬일 때, 단위행렬 I_m, I_n에 대하여 다음이 성립함을 쉽게 알 수 있다.

$$I_mA=A=AI_n$$

[예제 4] 행렬

$$A=\begin{bmatrix}4 & -2 & 3\\ 5 & 0 & 2\end{bmatrix}$$

일 때

$$I_2A=\begin{bmatrix}1 & 0\\ 0 & 1\end{bmatrix}\begin{bmatrix}4 & -2 & 3\\ 5 & 0 & 2\end{bmatrix}=\begin{bmatrix}4 & -2 & 3\\ 5 & 0 & 2\end{bmatrix}=A$$

또한

$$AI_3=\begin{bmatrix}4 & -2 & 3\\ 5 & 0 & 2\end{bmatrix}\begin{bmatrix}1 & 0 & 0\\ 0 & 1 & 0\\ 0 & 0 & 1\end{bmatrix}=\begin{bmatrix}4 & -2 & 3\\ 5 & 0 & 2\end{bmatrix}=A$$ ■

정의

A가 n차의 정사각행렬일 때, A의 거듭제곱은 다음과 같이 정의한다.

$$A^0=I_n, \qquad A^k=\underbrace{AA\cdots A}_{k\text{개}}$$

거듭제곱의 정의로부터 다음 정리를 얻는다.

정리 1.3

A가 정사각행렬이고 r, s가 음이 아닌 정수일 때, 다음이 성립한다.

$$A^rA^s=A^{r+s}, \qquad (A^r)^s=A^{rs}$$

정의

행렬 $A=[a_{ij}]_{m\times n}$에 대하여 A의 **전치행렬**(transpose of A)을 A^T로 나타내고 다음과 같이 정의한다.

$$A^T=[a_{ij}']_{n\times m},\ a_{ij}'=a_{ji} \quad (1\leq i\leq m,\ 1\leq j\leq n)$$

위의 정의로부터, 행렬 A의 전치행렬 A^T는 A의 행과 열을 바꾸어 얻은 행렬임을 알 수 있다.

[예제 5] 다음 행렬의 전치행렬을 각각 구하라.

$$A=\begin{bmatrix}1 & -2 & 3\\ 4 & 5 & 0\end{bmatrix},\quad B=\begin{bmatrix}1 & 2 & -4\\ 3 & -1 & 2\\ 0 & 5 & 3\end{bmatrix},\quad C=\begin{bmatrix}5 & 4\\ -3 & 2\\ 2 & 1\end{bmatrix}$$

$$D=[3 \quad 0 \quad 1],\qquad E=\begin{bmatrix}2\\ 0\\ -3\end{bmatrix}$$

풀이

$$A^T=\begin{bmatrix}1 & 4\\ -2 & 5\\ 3 & 0\end{bmatrix},\quad B^T=\begin{bmatrix}1 & 3 & 0\\ 2 & -1 & 5\\ -4 & 2 & 3\end{bmatrix},\quad C^T=\begin{bmatrix}5 & -3 & 2\\ 4 & 2 & 1\end{bmatrix}$$

$$D^T=\begin{bmatrix}3\\ 0\\ 1\end{bmatrix},\qquad E^T=[2 \quad 0 \quad -3]$$

■

정리 1.4

두 행렬 A, B와 임의의 스칼라 k에 대하여 다음이 성립한다.

(1) $(A^T)^T = A$

(2) $(A+B)^T = A^T + B^T$

(3) $(AB)^T = B^T A^T$

(4) $(kA)^T = kA^T$

증명 여기서는 (3)만 증명하고 나머지는 연습문제로 남긴다.

(3) $A = [a_{ij}]_{m\times p}$, $B = [b_{ij}]_{p\times n}$, $AB = [c_{ij}]_{m\times n}$ 이라 하고 $A^T = [a_{ij}']_{p\times m}$, $B^T = [b_{ij}']_{n\times p}$, $(AB)^T$의 (i, j) 성분을 c_{ij}' 라고 하면

$$\begin{aligned} c_{ij}' = c_{ji} &= a_{j1}b_{1i} + a_{j2}b_{2i} + \cdots + a_{jp}b_{pi} \\ &= a_{1j}'b_{i1}' + a_{2j}'b_{i2}' + \cdots + a_{pj}'b_{ip}' \\ &= b_{i1}'a_{1j}' + b_{i2}'a_{2j}' + \cdots + b_{ip}'a_{pj}' \end{aligned}$$

그런데

$$b_{i1}'a_{1j}' + b_{i2}'a_{2j}' + \cdots + b_{ip}'a_{pj}'$$

는 $B^T A^T$ 의 (i, j)성분이므로 $(AB)^T = B^T A^T$ 이다. ■

【예제 6】 행렬

$$A = \begin{bmatrix} 1 & 3 \\ 2 & 5 \end{bmatrix}, \quad B = \begin{bmatrix} 1 & 1 & 3 \\ 2 & 1 & 4 \end{bmatrix}$$

에 대하여, 정리 1.4의 (3)이 성립함을 보여라.

풀이

$$AB = \begin{bmatrix} 1 & 3 \\ 2 & 5 \end{bmatrix}\begin{bmatrix} 1 & 1 & 3 \\ 2 & 1 & 4 \end{bmatrix} = \begin{bmatrix} 7 & 4 & 15 \\ 12 & 7 & 26 \end{bmatrix}$$

이므로

$$(AB)^T = \begin{bmatrix} 7 & 12 \\ 4 & 7 \\ 15 & 26 \end{bmatrix}$$

또한

$$B^TA^T=\begin{bmatrix}1 & 2\\1 & 1\\3 & 4\end{bmatrix}\begin{bmatrix}1 & 2\\3 & 5\end{bmatrix}=\begin{bmatrix}7 & 12\\4 & 7\\15 & 26\end{bmatrix}$$

$$\therefore\ (AB)^T=B^TA^T$$ ■

정의

정사각행렬 A가 $A^T=A$를 만족하면 A를 **대칭행렬**(symmetric matrix)이라 하고, $A^T=-A$를 만족하면 **반대칭행렬**(skew symmetric matrix)이라고 한다.

위 정의로부터 정사각행렬 $A=[a_{ij}]$가 대칭행렬이면 모든 i, j에 대하여

$$a_{ij}=a_{ji}$$

임을 알 수 있다. 또한 $A=[a_{ij}]$가 반대칭행렬이면 모든 i, j에 대하여

$$a_{ij}=-a_{ji}$$

이고, 따라서 주대각선성분은 모두 영임을 알 수 있다.

[예제 7] 다음 행렬 중에서 A, I_3는 대칭행렬이고, B는 반대칭행렬이다.

$$A=\begin{bmatrix}1 & 2 & 3\\2 & 4 & 5\\3 & 5 & 6\end{bmatrix},\ B=\begin{bmatrix}0 & 1 & -2\\-1 & 0 & 3\\2 & -3 & 0\end{bmatrix},\ I_3=\begin{bmatrix}1 & 0 & 0\\0 & 1 & 0\\0 & 0 & 1\end{bmatrix}$$ ■

[예제 8] A가 임의의 정사각행렬일 때 다음이 성립함을 보여라.

(1) $A+A^T$는 대칭행렬이다.

(2) $A-A^T$는 반대칭행렬이다.

풀이 (1) $(A+A^T)^T = A^T + (A^T)^T = A^T + A = A + A^T$ 이므로 $A+A^T$는 대칭행렬이다.

(2) $(A-A^T)^T = A^T - (A^T)^T = A^T - A = -(A-A^T)$ 이므로 $A-A^T$는 반대칭행렬이다. ■

연습문제 1.3

1. 행렬

$$A=\begin{bmatrix}1 & 2 & -2\\ 3 & 4 & 5\end{bmatrix},\quad B=\begin{bmatrix}2 & 0 & 1\\ 3 & -2 & 5\end{bmatrix},\quad C=\begin{bmatrix}-4 & -6 & 1\\ 2 & 3 & 0\end{bmatrix}$$

이고 $a=-2$, $b=3$ 일 때, 다음을 확인하라.

(1) $A+B=B+A$ (2) $A+(B+C)=(A+B)+C$

(3) $(a+b)C=aC+bC$ (4) $a(B-C)=aB-aC$

2. 행렬

$$A=\begin{bmatrix}1 & 3\\ 2 & -1\end{bmatrix},\quad B=\begin{bmatrix}-1 & 3 & 2\\ 1 & -3 & 4\end{bmatrix},\quad C=\begin{bmatrix}1 & 0\\ 3 & -1\\ 1 & 2\end{bmatrix}$$

이고 $a=2$, $b=3$ 일 때, 다음을 확인하라.

(1) $A(BC)=(AB)C$ (2) $a(BC)=(aB)C=B(aC)$

(3) $(ab)C=a(bC)$ (4) $A(B+C^T)=AB+AC^T$

※ 행렬

$$A=\begin{bmatrix}1 & 3 & 2\\ 2 & 1 & -3\end{bmatrix},\quad B=\begin{bmatrix}4 & 2 & -1\\ -2 & 1 & 5\end{bmatrix},\quad C=\begin{bmatrix}3 & -1\\ 1 & 4\\ 1 & 2\end{bmatrix}$$

이고 $a=-4$ 일 때, 다음을 확인하라. [3～4]

3. (1) $(A^T)^T=A$ (2) $(A+B)^T=A^T+B^T$

(3) $(AC)^T=C^TA^T$ (4) $(aC)^T=aC^T$

4. (1) $(B^T)^T=B$ (2) $(B+C^T)^T=B^T+C$

(3) $(CB)^T=B^TC^T$ (4) $(aB)^T=aB^T$

5. 행렬 A, B가 2차의 정사각행렬이고 $A\neq O$, $B\neq O$ 일 때 $AB=O$ 이 성립하는 예를 하나만 찾아라.

6. 행렬

$$A=\begin{bmatrix}-2 & 3\\ 2 & -3\end{bmatrix},\quad B=\begin{bmatrix}-1 & 3\\ 2 & 0\end{bmatrix}, C=\begin{bmatrix}-4 & -3\\ 0 & -4\end{bmatrix}$$

일 때, $AB=AC$ 이지만 $B\neq C$ 임을 확인하라.

※ 행렬 $A=\begin{bmatrix}1 & -1\\ 2 & 3\end{bmatrix}$에 대하여 다음을 계산하라. [7~8]

7. A^2-2A

8. $A^3-6A^2+11A-6I_2$

9. 정리 1.1을 증명하라.

10. 정리 1.2를 증명하라.

11. 정리 1.3을 증명하라.

12. 정리 1.4를 증명하라.

13. A가 $m\times n$ 행렬이고 k가 스칼라일 때, $kA=O$ 이면 $k=0$ 또는 $A=O$ 임을 증명하라.

14. 임의의 2×2 행렬 B에 대하여 $AB=BA$가 성립하는 2×2 행렬 A를 모두 찾아라.

※ n차의 정사각행렬 A에 대하여 다음을 증명하라. [15~16]

15. AA^T는 대칭행렬이다.

16. A는 대칭행렬과 반대칭행렬의 합으로 나타낼 수 있다.

17. A가 정사각행렬일 때 A의 주대각선성분을 모두 더한 것을 A의 **대각합**(trace)이라 하고 $\mathrm{tr}(A)$로 나타낸다. A, B가 n차의 정사각행렬일 때, 다음이 성립함을 보여라.

(1) $\mathrm{tr}(A^T)=\mathrm{tr}(A)$ (2) $\mathrm{tr}(kA)=k\mathrm{tr}(A)$

(3) $\mathrm{tr}(A+B)=\mathrm{tr}(A)+\mathrm{tr}(B)$ (4)* $\mathrm{tr}(AB)=\mathrm{tr}(BA)$

(*참조: http://math.skku.ac.kr/~sglee/java/java_all.html)

18*. 대각합을 이용하여 다음을 만족하는 n차의 정사각행렬 A, B는 존재하지 않음을 증명하라.

$$AB-BA=I_n$$

(*참조: http://math.skku.ac.kr/algebra/)

1.4 Gauss소거법과 Gauss-Jordan 소거법

이 절에서는 연립일차방정식을 푸는 익숙한 소거법을 체계화하여 유용한 해법을 얻도록 한다. 이 방법은 주어진 연립일차방정식의 첨가행렬로부터 시작하여 어떤 특별한 형태의 행렬을 만들어 내는 것이다. 이 새로운 행렬은 주어진 연립일차방정식과 동치인 연립일차방정식을 나타낸다.

다음 예제는 연립방정식을 푸는 데 행렬을 어떻게 이용할 수 있는가를 암시한다.

【예제 1】 아래의 왼쪽은 연립방정식을 푸는 과정이고, 오른쪽은 이에 따른 연립방정식의 첨가행렬의 변화를 나타낸 것이다.

$$\begin{aligned} x+\ y+2z&=9 \\ 2x+4y-3z&=1 \\ 3x+6y-5z&=0 \end{aligned} \qquad \begin{bmatrix} 1 & 1 & 2 & 9 \\ 2 & 4 & -3 & 1 \\ 3 & 6 & -5 & 0 \end{bmatrix}$$

첫째 방정식을 −2배 하여 둘째 방정식에 더한다.

$$\begin{aligned} x+\ y+2z&=9 \\ 2y-7z&=-17 \\ 3x+6y-5z&=0 \end{aligned} \qquad \xrightarrow{(-2)R_1+R_2} \begin{bmatrix} 1 & 1 & 2 & 9 \\ 0 & 2 & -7 & -17 \\ 3 & 6 & -5 & 0 \end{bmatrix}$$

첫째 방정식을 −3배 하여 셋째 방정식에 더한다.

$$\begin{aligned} x+\ y+\ 2z&=9 \\ 2y-\ 7z&=-17 \\ 3y-11z&=-17 \end{aligned} \qquad \xrightarrow{(-3)R_1+R_3} \begin{bmatrix} 1 & 1 & 2 & 9 \\ 0 & 2 & -7 & -17 \\ 0 & 3 & -11 & -27 \end{bmatrix}$$

둘째 방정식에 1/2을 곱한다.

$$\begin{aligned} x+y+\ 2z&=9 \\ y-\frac{7}{2}z&=-\frac{17}{2} \\ 3y-11z&=-27 \end{aligned} \qquad \xrightarrow{\frac{1}{2}R_2} \begin{bmatrix} 1 & 1 & 2 & 9 \\ 0 & 1 & -\frac{7}{2} & -\frac{17}{2} \\ 0 & 3 & 11 & -27 \end{bmatrix}$$

둘째 방정식을 -3배 하여 셋째 방정식에 더한다.

$$\begin{aligned} x+y+\ 2z&=9 \\ y-\frac{7}{2}z&=-\frac{17}{2} \\ -\frac{1}{2}z&=-\frac{3}{2} \end{aligned} \qquad \xrightarrow{(-3)R_2+R_3} \begin{bmatrix} 1 & 1 & 2 & 9 \\ 0 & 1 & -\frac{7}{2} & -\frac{17}{2} \\ 0 & 0 & -\frac{1}{2} & -\frac{3}{2} \end{bmatrix}$$

셋째 방정식에 -2를 곱한다.

$$\begin{aligned} x+y+\ 2z&=9 \\ y-\frac{7}{2}z&=-\frac{17}{2} \\ z&=3 \end{aligned} \qquad \xrightarrow{(-2)R_3} \begin{bmatrix} 1 & 1 & 2 & 9 \\ 0 & 1 & -\frac{7}{2} & -\frac{17}{2} \\ 0 & 0 & 1 & 3 \end{bmatrix}$$

따라서

$$\begin{aligned} z&=3 \\ y&=\frac{7}{2}z-\frac{17}{2}=2 \\ x&=9-y-2z=1 \end{aligned}$$

즉, 구하는 연립방정식의 해는

$$x=1, \quad y=2, \quad z=3$$ ■

정의

$m\times n$행렬 E가 다음 성질을 만족할 때, 행 사다리꼴(row echelon form)이라고 한다.

(i) 성분이 모두 0인 행이 존재하면 그 행은 행렬의 맨 아래에 위치한다.

(ii) 각 행에서 처음으로 나타나는 0이 아닌 성분은 1이다. 이 때 이 1을 그 행의 **선행성분**(leading entry)이라 한다.

(iii) i행과 $(i+1)$행 모두에 선행성분이 존재하면 $(i+1)$행의 선행성분은 i행의 선행성분보다 오른쪽에 위치한다.

또, 행렬 E가 행사다리꼴이고 추가로 다음 성질을 만족하면 E를 **기약 행 사다리꼴**(reduced row echelon form)이라고 한다.

(iv) 어떤 행의 선행성분을 포함하는 열의 다른 성분은 모두 0이다.

앞으로 행 사다리꼴은 간단히 REF로, 기약 행 사다리꼴은 RREF로 나타내기로 한다.

【예제 2】 다음 행렬은 모두 REF이다.

$$\begin{bmatrix} 1 & 2 & 3 & 4 \\ 0 & 1 & 0 & 7 \\ 0 & 0 & 1 & -1 \end{bmatrix}, \begin{bmatrix} 1 & 2 & 3 \\ 0 & 1 & 4 \\ 0 & 0 & 1 \end{bmatrix}, \begin{bmatrix} 0 & 1 & -2 & 3 & 4 \\ 0 & 0 & 0 & 1 & 3 \\ 0 & 0 & 0 & 0 & 1 \\ 0 & 0 & 0 & 0 & 0 \end{bmatrix}, \begin{bmatrix} 0 & 0 \\ 0 & 0 \end{bmatrix}$$

【예제 3】 행렬 A, B, C는 각각 위 정의의 성질 (i), (ii), (iii)을 만족하지 않으므로 REF가 아니다.

$$A=\begin{bmatrix} 1 & 2 & 3 & 4 \\ 0 & 0 & 0 & 0 \\ 0 & 0 & 1 & -3 \end{bmatrix}, B=\begin{bmatrix} 1 & -2 & -3 & 4 \\ 0 & 2 & -2 & 5 \\ 0 & 0 & 1 & 2 \end{bmatrix}, C=\begin{bmatrix} 1 & 0 & 3 & 4 \\ 0 & 1 & -2 & 5 \\ 0 & 1 & 2 & 2 \\ 0 & 0 & 0 & 0 \end{bmatrix}$$

【예제 4】 다음 행렬은 모두 RREF이다.

$$\begin{bmatrix}1&0&0&4\\0&1&0&5\\0&0&1&2\end{bmatrix},\ \begin{bmatrix}1&0&0\\0&1&0\\0&0&1\end{bmatrix},\ \begin{bmatrix}0&0&0\\0&0&0\end{bmatrix},\ \begin{bmatrix}0&1&2&0&-1\\0&0&0&1&3\\0&0&0&0&0\\0&0&0&0&0\end{bmatrix}$$

이제, 주어진 행렬을 그에 대응하는 기약 행 사다리꼴로 변형하는 방법에 대하여 알아보자.

정의

> $m\times n$ 행렬 A에 관한 다음 연산을 **기본행연산**(elementary row operations)이라고 한다.
>
> E1: A의 두 행 i행과 j행을 서로 바꾼다.
> E2: A의 i행에 0이 아닌 상수 k를 곱한다.
> E3: A의 i행을 k배 하여 j행에 더한다.

앞으로 기본행연산을 다음과 같이 기호로 나타내기로 한다(예제 1 참조).

E1: $R_i \longleftrightarrow R_j$
E2: $kR_i \qquad (\rightarrow R_i)$
E3: $kR_i + R_j \qquad (\rightarrow R_j)$

정의

> 행렬 A에 기본행연산을 시행하여 얻는 행렬을 B라 하면 A와 B는 **행동치**(row equivalent)라고 한다.

【예제 5】 다음 행렬은 모두 행동치이다.

$$A=\begin{bmatrix}1&2\\3&4\end{bmatrix},\ B=\begin{bmatrix}3&4\\1&2\end{bmatrix},\ C=\begin{bmatrix}1&2\\0&-2\end{bmatrix},\ D=\begin{bmatrix}1&2\\0&1\end{bmatrix},\ E=\begin{bmatrix}1&0\\0&1\end{bmatrix}$$

다음 행렬 A를 기본행연산을 시행하여 REF와 RREF로 변형시켜 보자.

$$A=\begin{bmatrix}0 & 2 & 1 & -1\\ 2 & 4 & -2 & 2\\ 3 & 5 & -5 & 1\end{bmatrix}$$

단계 1.

성분이 모두는 0이 아닌 가장 좌측 열을 찾는다.

$$A=\begin{bmatrix}0 & 2 & 1 & -1\\ 2 & 4 & -2 & 2\\ 3 & 5 & -5 & 1\end{bmatrix}$$

↑

성분이 모두는 0이 아닌 가장 좌측 열(이 경우는 첫번째 열이다.)

단계 2.

단계 1에서 찾은 열의 가장 위에 있는 성분이 0일 때에는 그 열의 위에서부터 처음으로 0이 아닌 성분을 포함하는 행과 1행을 교환한다.

$$A_1=\begin{bmatrix}2 & 4 & -2 & 2\\ 0 & 2 & 1 & -1\\ 3 & 5 & -5 & 1\end{bmatrix}$$

A의 1행과 2행을 교환하였다

단계 3.

A_1의 1행의 선행성분을 1로 만들기 위하여 A_1의 1행을 첫째 성분으로 나눈다.

$$A_2=\begin{bmatrix}1 & 2 & -1 & 1\\ 0 & 2 & 1 & -1\\ 3 & 5 & -5 & 1\end{bmatrix}$$

A_1의 1행에 $\frac{1}{2}$을 곱한다.

단계 4.

A_3의 1행의 선행성분 아래에 있는 모든 성분을 0으로 만든다(행연산).

$$A_3=\begin{bmatrix}1 & 2 & -1 & 1\\ 0 & 2 & 1 & -1\\ 0 & -1 & -2 & -2\end{bmatrix}$$

A_2의 1행을 -3배 하여 3행에 더했다.

단계 5.

A_3의 1행을 제외한 나머지를 B라 하고 단계 1에서 단계 4를 반복한다.

$$\begin{matrix}1 & 2 & -1 & 1\end{matrix}$$
$$B=\begin{bmatrix}0 & 2 & 1 & -1\\ 0 & -1 & -2 & -2\end{bmatrix}$$

↑

성분이 모두는 0이 아닌 가장 좌측열

$$\begin{matrix}1 & 2 & -1 & 1\end{matrix}$$
$$B_1=\begin{bmatrix}0 & -1 & -2 & -2\\ 0 & 2 & 1 & -1\end{bmatrix}$$

B의 1행과 2행을 교환했다.

$$\begin{matrix}1 & 2 & -1 & 1\end{matrix}$$
$$B_2=\begin{bmatrix}0 & 1 & 2 & 2\\ 0 & 2 & 1 & -1\end{bmatrix}$$

B_1의 1행에 -1을 곱한다.

$$\begin{matrix}1 & 2 & -1 & 1\end{matrix}$$
$$B_3=\begin{bmatrix}0 & 1 & 2 & 2\\ 0 & 0 & -3 & -5\end{bmatrix}$$

B_2의 1행의 -2배를 2행에 더했다.

단계 6.

B_3의 1행을 제외한 나머지를 C라 하고 단계 1에서 단계 3을 반복한다.

$$\begin{matrix}1 & 2 & -1 & 1\\ 0 & 1 & 2 & 2\end{matrix}$$
$$C=\begin{bmatrix}0 & 0 & -3 & -5\end{bmatrix}$$

↑

모두 0이 아닌 가장 좌측열

$$\begin{matrix}1 & 2 & -1 & 1\\ 0 & 1 & 2 & 2\end{matrix}$$
$$C_1=C_2=\begin{bmatrix}0 & 0 & 1 & \frac{5}{3}\end{bmatrix}$$

C의 1행에 $-\frac{1}{3}$을 곱한다.

따라서 다음과 같은 A의 REF를 얻는다.

$$\begin{bmatrix} 1 & 2 & -1 & 1 \\ 0 & 1 & 2 & 2 \\ 0 & 0 & 1 & \frac{5}{3} \end{bmatrix}$$

A의 REF를 다음과 같이 변형하면 RREF를 얻는다.

$$\begin{bmatrix} 1 & 2 & -1 & 1 \\ 0 & 1 & 2 & 2 \\ 0 & 0 & 1 & \frac{5}{3} \end{bmatrix} \xrightarrow{(-2)R_2+R_1} \begin{bmatrix} 1 & 0 & -5 & -3 \\ 0 & 1 & 2 & 2 \\ 0 & 0 & 1 & \frac{5}{3} \end{bmatrix}$$

$$\xrightarrow[(-2)R_3+R_2]{5R_3+R_1} \begin{bmatrix} 1 & 0 & 0 & \frac{16}{3} \\ 0 & 1 & 0 & -\frac{4}{3} \\ 0 & 0 & 1 & \frac{5}{3} \end{bmatrix}$$

[예제 6] 다음 행렬 A의 REF와 RREF를 구하라.

$$A=\begin{bmatrix} 1 & 1 & 1 & 4 & 4 \\ 2 & 3 & 4 & 9 & 16 \\ -2 & 0 & 3 & -7 & 11 \end{bmatrix}$$

풀이

$$\begin{bmatrix} 1 & 1 & 1 & 4 & 4 \\ 2 & 3 & 4 & 9 & 6 \\ -2 & 0 & 3 & -7 & 11 \end{bmatrix} \xrightarrow{(-2)R_1+R_2} \begin{bmatrix} 1 & 1 & 1 & 4 & 4 \\ 0 & 1 & 2 & 1 & 8 \\ -2 & 0 & 3 & -7 & 11 \end{bmatrix}$$

$$\xrightarrow{2R_1+R_3} \begin{bmatrix} 1 & 1 & 1 & 4 & 4 \\ 0 & 1 & 2 & 1 & 8 \\ 0 & 2 & 5 & 1 & 19 \end{bmatrix} \xrightarrow{(-2)R_2+R_3} \begin{bmatrix} 1 & 1 & 1 & 4 & 4 \\ 0 & 1 & 2 & 1 & 8 \\ 0 & 0 & 1 & -1 & 3 \end{bmatrix}$$

$=REF(A)$

$$\xrightarrow{-R_2+R_1} \begin{bmatrix} 1 & 0 & -1 & 3 & -4 \\ 0 & 1 & 2 & 1 & 8 \\ 0 & 0 & 1 & -1 & 3 \end{bmatrix} \xrightarrow{(-2)R_3+R_2}$$

$$\begin{bmatrix} 1 & 0 & -1 & 3 & -4 \\ 0 & 1 & 0 & 3 & 2 \\ 0 & 0 & 1 & -1 & 3 \end{bmatrix} \xrightarrow{R_3+R_1} \begin{bmatrix} 1 & 0 & 0 & 2 & -1 \\ 0 & 1 & 0 & 3 & 2 \\ 0 & 0 & 1 & -1 & 3 \end{bmatrix}$$

$=RREF(A)$ ∎

일반적으로 다음 정리가 성립한다.

정리 1.5

> 첨가행렬이 행동치인 두 연립일차방정식은 동치이다.
> (즉, 해집합이 같다)

위 정리에 의하여 연립일차방정식의 첨가행렬을 REF로 변형하여 그 해를 구할 수 있다. 이러한 연립방정식의 해법을 **Gauss 소거법**이라고 한다.

【예제 7】 다음 연립일차방정식을 Gauss 소거법으로 풀어라.

$$\begin{aligned} x+2y+3z&=9 \\ 2x-\ y+\ z&=8 \\ 3x\qquad -\ z&=3 \end{aligned}$$

풀이 이 연립방정식의 첨가행렬은

$$\left[\begin{array}{ccc|c} 1 & 2 & 3 & 9 \\ 2 & -1 & 1 & 8 \\ 3 & 0 & -1 & 3 \end{array}\right]$$

이고 다음과 같이 기본행연산을 시행하여 REF를 구하면

$$\left[\begin{array}{ccc|c} 1 & 2 & 3 & 9 \\ 2 & -1 & 1 & 8 \\ 3 & 0 & -1 & 3 \end{array}\right] \xrightarrow[(-3)R_1+R_3]{(-2)R_1+R_2} \left[\begin{array}{ccc|c} 1 & 2 & 3 & 9 \\ 0 & -5 & -5 & -10 \\ 0 & -6 & -10 & -24 \end{array}\right]$$

$$\xrightarrow{\left(-\frac{1}{5}\right)R_2} \left[\begin{array}{ccc|c} 1 & 2 & 3 & 9 \\ 0 & 1 & 1 & 2 \\ 0 & -6 & -10 & -24 \end{array}\right] \xrightarrow{6R_2+R_3}$$

$$\left[\begin{array}{ccc|c} 1 & 2 & 3 & 9 \\ 0 & 1 & 1 & 2 \\ 0 & 0 & -4 & -12 \end{array}\right] \xrightarrow{\left(-\frac{1}{4}\right)R_3} \left[\begin{array}{ccc|c} 1 & 2 & 3 & 9 \\ 0 & 1 & 1 & 2 \\ 0 & 0 & 1 & 3 \end{array}\right]$$

이 행렬을 첨가행렬로 갖는 연립일차방정식은

$$\begin{aligned} x+2y+3z&=9 \\ y+\ z&=2 \\ z&=3 \end{aligned}$$

이므로

$$\begin{aligned} &z=3 \\ &y=2-z=-1 \\ &x=9-2y-3z=2 \end{aligned}$$

따라서, 구하는 해는

$$x=2, \quad y=-1, \quad z=3$$ ■

한편 정리 1.5에 의하여 연립일차방정식의 첨가행렬을 RREF로 변형하여 해를 구할 수도 있다. 이러한 연립방정식의 해법을 **Gauss-Jordan 소거법**이라고 한다.

【예제 8】 다음 연립방정식을 Gauss-Jordan 소거법으로 풀어라.

$$\begin{aligned} x_1+3x_2-2x_3 \qquad\quad +2x_5 \qquad\quad &= 0 \\ 2x_1+6x_2-5x_3-2x_4+4x_5-3x_6 &= -1 \\ 5x_3+10x_4 \qquad\quad +15x_6 &= 5 \\ 2x_1+6x_2+ \qquad 8x_4+4x_5+18x_6 &= 6 \end{aligned}$$

풀 이

$$\left[\begin{array}{cccccc:c} 1 & 3 & -2 & 0 & 2 & 0 & 0 \\ 2 & 6 & -5 & -2 & 4 & -3 & -1 \\ 0 & 0 & 5 & 10 & 0 & 15 & 5 \\ 2 & 6 & 0 & 8 & 4 & 18 & 6 \end{array}\right] \rightarrow \left[\begin{array}{cccccc:c} 1 & 3 & -2 & 0 & 2 & 0 & 0 \\ 0 & 0 & -1 & -2 & 0 & -3 & -1 \\ 0 & 0 & 5 & 10 & 0 & 15 & 5 \\ 0 & 0 & 4 & 8 & 0 & 18 & 6 \end{array}\right]$$

$$\left[\begin{array}{cccccc:c} 1 & 3 & -2 & 0 & 2 & 0 & 0 \\ 0 & 0 & 1 & 2 & 0 & 3 & 1 \\ 0 & 0 & 0 & 0 & 0 & 0 & 0 \\ 0 & 0 & 0 & 0 & 0 & 6 & 2 \end{array}\right] \rightarrow \left[\begin{array}{cccccc:c} 1 & 3 & -2 & 0 & 2 & 0 & 0 \\ 0 & 0 & 1 & 2 & 0 & 3 & 1 \\ 0 & 0 & 0 & 0 & 0 & 1 & \frac{1}{3} \\ 0 & 0 & 0 & 0 & 0 & 0 & 0 \end{array}\right]$$

$$\rightarrow\left[\begin{array}{cccccc:c} 1&3&0&4&2&6&2\\ 0&0&1&2&0&3&1\\ 0&0&0&0&0&1&\frac{1}{3}\\ 0&0&0&0&0&0&0 \end{array}\right]\rightarrow\left[\begin{array}{cccccc:c} 1&3&0&4&2&0&0\\ 0&0&1&2&0&0&0\\ 0&0&0&0&0&1&\frac{1}{3}\\ 0&0&0&0&0&0&0 \end{array}\right]$$

이 행렬을 첨가행렬로 갖는 연립일차방정식은

$$\begin{aligned} x_1+3x_2 \quad +4x_4+2x_5 &= 0\\ x_3+2x_4 &= 0\\ x_6 &= \frac{1}{3} \end{aligned}$$

이므로 $x_2=r$, $x_4=s$, $x_5=t$(r, s, t는 임의의 실수)라 놓으면 구하는 해는

$$x_1=-3r-4s-2t,\quad x_2=r,\quad x_3=-2s,$$
$$x_4=s,\quad x_5=t,\quad x_6=\frac{1}{3}$$ ■

일반적으로 연립일차방정식을 풀때는 Gauss 소거법을 주로 이용한다. 실제로 computer도 Gauss 소거법의 알고리즘을 이용한다.(http://math.skku.ac.kr/algebra/mshm/)

연습문제 1.4

※ 다음 행렬 중 REF와 RREF인 것을 찾고, RREF가 아닌 것은 RREF로 변형하라. [1~2]

1. (1) $\begin{bmatrix} 1 & 2\\ 2 & 1 \end{bmatrix}$ (2) $\begin{bmatrix} 1 & 3\\ 0 & 1 \end{bmatrix}$

(3) $\begin{bmatrix} 0&0&0&0&-3\\ 0&0&1&0&4\\ 0&0&0&1&2 \end{bmatrix}$ (4) $\begin{bmatrix} 1&2&-1&-2\\ 0&2&-2&-3\\ 0&0&0&2 \end{bmatrix}$

(5) $\begin{bmatrix} 0&1&0&0&5\\ 0&0&1&0&4\\ 0&1&0&-2&3 \end{bmatrix}$

2. (1) $\begin{bmatrix} 0&1&2\\ 0&0&1 \end{bmatrix}$ (2) $\begin{bmatrix} 0&0&2&-3\\ 3&0&1&2 \end{bmatrix}$

(3) $\begin{bmatrix} 0 & 1 & 0 & 0 & 5 \\ 0 & 0 & 1 & 0 & -4 \\ 0 & 0 & 0 & -1 & 3 \end{bmatrix}$

(4) $\begin{bmatrix} 1 & -2 & 0 & 2 \\ 2 & -3 & -1 & 5 \\ 1 & 3 & 2 & 5 \\ 1 & 1 & 0 & 2 \end{bmatrix}$

(5) $\begin{bmatrix} 1 & 1 & 2 & 0 & 2 \\ 0 & -1 & 1 & -1 & 0 \\ 0 & 0 & 1 & 2 & -1 \\ 0 & 0 & 0 & 0 & 5 \end{bmatrix}$

※ 다음 행렬과 행동치인 행렬을 세 개만 찾아라. [3~4]

3. $A=\begin{bmatrix} 2 & 0 & 4 & 2 \\ 3 & -2 & 5 & 6 \\ -1 & 3 & 1 & 1 \end{bmatrix}$

4. $B=\begin{bmatrix} 1 & 2 & 1 & 4 \\ 3 & 8 & 7 & 10 \\ 2 & 7 & 9 & 6 \end{bmatrix}$

※ 다음 연립방정식을 Gauss 소거법으로 풀어라. [5~10]

5. $\begin{aligned} x+y+2z&=-1 \\ x-2y+z&=-5 \\ 3x+y+z&=3 \end{aligned}$

6. $\begin{aligned} 2x+8y+3z&=2 \\ x+3y+2z&=5 \\ 2x+7y+4z&=8 \end{aligned}$

7. $\begin{aligned} x-4y-3z-3w&=4 \\ 2x-6y-5z-5w&=5 \\ 3x-y-4z-5w&=-7 \end{aligned}$

8. $\begin{aligned} 2x+y+z-2w&=1 \\ 3x-2y+z-6w&=-2 \\ x+y-z-w&=-1 \\ 5x-y+2z-8w&=3 \end{aligned}$

9. $\begin{aligned} x+y+2z+3w&=0 \\ x-2y+z+w&=0 \\ 3x+y+z-w&=0 \end{aligned}$

10. $\begin{aligned} x+y+2z-5w&=3 \\ 2x+5y-z-9w&=-3 \\ 2x+y-z+3w&=-11 \\ x-3y+2z+7w&=-5 \end{aligned}$

※ 다음 연립방정식을 Gauss-Jordan 소거법으로 풀어라. [11~12]

11. $\begin{aligned} x+2y-3z&=4 \\ x+3y+z&=11 \\ 2x+5y-4z&=13 \\ 2x+6y+2z&=22 \end{aligned}$

12. $\begin{aligned} -y+2z+4w&=0 \\ -z+3w&=0 \\ 2x+y+3z+7w&=0 \\ 6x+2y+10z+28w&=0 \end{aligned}$

13. 아래 연립방정식에 대하여 다음을 구하라.

$$\begin{aligned} x_1 \qquad\qquad + x_3&=4 \\ 2x_1+x_2 \qquad +3x_3&=7 \\ -3x_1-3x_2+(a^2-5a)x_3&=a-11 \end{aligned}$$

(1) 해를 갖지 않기 위한 a의 조건

(2) 유일한 해를 갖기 위한 a의 조건

(3) 무수히 많은 해를 갖기 위한 a의 조건

14. 다음 연립일차방정식이 해를 갖기 위한 a, b, c의 조건을 구하라.

$$x+2y-3z=a$$
$$2x+6y-11z=b$$
$$2x-4y+14z=2c$$

1.5 역 행 렬

이 절에서는 정사각행렬에 대하여 실수에서의 역수와 같은 역할을 하는 행렬을 알아본다.

정의

n차의 정사각행렬 A에 대하여 다음을 만족하는 행렬 B가 존재하면 A를 **가역**(invertible)이라고 한다.

$$AB = I_n = BA$$

이 때 B를 A의 **역행렬**(inverse matrix)이라고 하며, 이러한 B가 존재하지 않으면 A를 **비가역**(noninvertible)이라고 한다.

【예제 1】 행렬

$$A = \begin{bmatrix} 2 & -5 \\ -1 & 3 \end{bmatrix}, \qquad B = \begin{bmatrix} 3 & 5 \\ 1 & 2 \end{bmatrix}$$

에서 B가 A의 역행렬임을 다음 계산으로부터 알 수 있다.

$$AB = \begin{bmatrix} 2 & -5 \\ -1 & 3 \end{bmatrix}\begin{bmatrix} 3 & 5 \\ 1 & 2 \end{bmatrix} = \begin{bmatrix} 1 & 0 \\ 0 & 1 \end{bmatrix} = I_2$$

$$BA = \begin{bmatrix} 3 & 5 \\ 1 & 2 \end{bmatrix}\begin{bmatrix} 2 & -5 \\ -1 & 3 \end{bmatrix} = \begin{bmatrix} 1 & 0 \\ 0 & 1 \end{bmatrix} = I_2$$ ■

【예제 2】 행렬

$$A=\begin{bmatrix}1 & 4 & 3\\ 2 & 5 & 6\\ 0 & 0 & 0\end{bmatrix}$$

은 3행의 성분이 모두 0이므로 임의의 3×3행렬

$$B=\begin{bmatrix}b_{11} & b_{12} & b_{13}\\ b_{21} & b_{22} & b_{23}\\ b_{31} & b_{32} & b_{33}\end{bmatrix}$$

에 대하여 AB의 3행은

$$[0 \quad 0 \quad 0]$$

이다. 따라서 $AB=I_3$인 B가 존재하지 않으므로 A는 비가역이다. ■

정리 1.6 n차의 정사각행렬 A가 가역이면 A의 역행렬은 유일하다.

증명 행렬 B, C가 모두 A의 역행렬이라고 하면

$$AB=I_n=BA, \qquad AC=I_n=CA$$

이므로

$$B=BI_n=B(AC)=(BA)C=I_nC=C$$

이다. 따라서 A의 역행렬은 유일하다. ■

n차의 정사각행렬 A가 가역일 때 A의 역행렬을 A^{-1}로 나타낸다. 즉

$$AA^{-1}=I_n=A^{-1}A$$

[예제 3] 행렬 $A=\begin{bmatrix} a & b \\ c & d \end{bmatrix}$에서 $ad-bc \neq 0$라고 하면

$$A^{-1}=\frac{1}{ad-bc}\begin{bmatrix} d & -b \\ -c & a \end{bmatrix}=\begin{bmatrix} \frac{d}{ad-bc} & \frac{-b}{ad-bc} \\ \frac{-c}{ad-bc} & \frac{a}{ad-bc} \end{bmatrix}$$

이다. 왜냐하면

$$\begin{bmatrix} a & b \\ c & d \end{bmatrix}\begin{bmatrix} \frac{d}{ad-bc} & \frac{-b}{ad-bc} \\ \frac{-c}{ad-bc} & \frac{a}{ad-bc} \end{bmatrix}=\begin{bmatrix} 1 & 0 \\ 0 & 1 \end{bmatrix}$$

$$=\begin{bmatrix} \frac{d}{ad-bc} & \frac{-b}{ad-bc} \\ \frac{-c}{ad-bc} & \frac{a}{ad-bc} \end{bmatrix}\begin{bmatrix} a & b \\ c & d \end{bmatrix}$$

이기 때문이다. ■

정리 1.7

n차의 정사각행렬 A, B가 가역이고 k가 0이 아닌 스칼라일 때, 다음이 성립한다.

(1) A^{-1}은 가역이고 $(A^{-1})^{-1}=A$이다.

(2) AB는 가역이고 $(AB)^{-1}=B^{-1}A^{-1}$이다.

(3) A^T는 가역이고 $(A^T)^{-1}=(A^{-1})^T$이다.

(4) kA는 가역이고 $(kA)^{-1}=\frac{1}{k}A^{-1}$이다.

증명 (1) A^{-1}이 가역인 것은 $A^{-1}B=I_n=BA^{-1}$을 만족하는 행렬 B가 존재함을 보이면 된다. 그런데

$$A^{-1}A=I_n=AA^{-1}$$

이므로 A^{-1}은 가역이고 A는 A^{-1}의 역행렬이다.

$$\therefore \ (A^{-1})^{-1}=A$$

(2) $(AB)(B^{-1}A^{-1})=A(BB^{-1})A^{-1}=AI_nA^{-1}=AA^{-1}=I_n$,
$(B^{-1}A^{-1})(AB)=B^{-1}(A^{-1}A)B=B^{-1}I_nB=BB^{-1}=I_n$
이므로 AB는 가역이고 $(AB)^{-1}=B^{-1}A^{-1}$ 이다.
(3) $AA^{-1}=I_n=A^{-1}A$ 이므로

$$I_n=I_n^T=(AA^{-1})^T=(A^{-1})^TA^T,$$
$$I_n=I_n^T=(A^{-1}A)^T=A^T(A^{-1})^T$$

이다. 따라서 A^T는 가역이고 $(A^T)^{-1}=(A^{-1})^T$ 이다.
(4) $$(kA)\left(\frac{1}{k}A^{-1}\right)=\frac{1}{k}(kA)A^{-1}=\left(\frac{1}{k}k\right)AA^{-1}=I_n$$
$$\left(\frac{1}{k}A^{-1}\right)(kA)=k\left(\frac{1}{k}A^{-1}\right)A=\left(k\frac{1}{k}\right)A^{-1}A=I_n$$

이므로 kA는 가역이고 $(kA)^{-1}=\frac{1}{k}A^{-1}$ 이다. ■

[예제 4] 두 행렬

$$A=\begin{bmatrix}3 & 5\\1 & 2\end{bmatrix},\qquad B=\begin{bmatrix}1 & 3\\2 & 7\end{bmatrix}$$

에 대하여 $(AB)^{-1}=B^{-1}A^{-1}$ 임을 확인하라.

풀이 $A^{-1}=\begin{bmatrix}2 & -5\\-1 & 3\end{bmatrix}$, $B^{-1}=\begin{bmatrix}7 & -3\\-2 & 1\end{bmatrix}$이고 $AB=\begin{bmatrix}13 & 44\\5 & 17\end{bmatrix}$
이므로

$$(AB)^{-1}=\begin{bmatrix}17 & -44\\-5 & 13\end{bmatrix}$$
$$B^{-1}A^{-1}=\begin{bmatrix}7 & -3\\-2 & 1\end{bmatrix}\begin{bmatrix}2 & -5\\-1 & 3\end{bmatrix}=\begin{bmatrix}17 & -44\\-5 & 13\end{bmatrix}$$
$$\therefore\ (AB)^{-1}=B^{-1}A^{-1}$$ ■

이제, n차의 정사각행렬 A가 가역일 때 A의 역행렬을 다음과 같은 단계로 구해보자.

단계 1.

주어진 행렬 A에 단위행렬 I_n을 첨가하여 $n\times 2n$ 행렬 $[A : I_n]$을 만든다.

단계 2.

단계 1에서 만든 행렬 $[A \vdots I_n]$의 RREF를 구한다.

단계 3.

단계 2에서 얻은 RREF를 $[C \vdots D]$라고 하면 다음이 성립한다.

(i) $C=I_n$이면 $D=A^{-1}$이다.

(ii) $C\neq I_n$이면 A는 비가역이고 A^{-1}은 존재하지 않는다.

[예제 5] 다음 행렬의 역행렬을 구하라.

$$A=\begin{bmatrix}1&2&3\\2&5&3\\1&0&8\end{bmatrix}$$

풀이 $[A \vdots I_3]$를 만들면

$$[A \vdots I_3]=\left[\begin{array}{ccc:ccc}1&2&3&1&0&0\\2&5&3&0&1&0\\1&0&8&0&0&1\end{array}\right]$$

(왼쪽 블록 A, 오른쪽 블록 I_3)

이고, 이 행렬의 RREF를 구하면

$$\left[\begin{array}{ccc:ccc}1&2&3&1&0&0\\2&5&3&0&1&0\\1&0&8&0&0&1\end{array}\right]\rightarrow\left[\begin{array}{ccc:ccc}1&2&3&1&0&0\\0&1&-3&-2&1&0\\0&-2&5&-1&0&1\end{array}\right]$$

$$\rightarrow\left[\begin{array}{ccc:ccc}1&2&3&1&0&0\\0&1&-3&-2&1&0\\0&0&-1&-5&2&1\end{array}\right]\rightarrow\left[\begin{array}{ccc:ccc}1&2&3&1&0&0\\0&1&-3&-2&1&0\\0&0&1&5&-2&-1\end{array}\right]$$

$$\rightarrow\left[\begin{array}{ccc|ccc}1&2&0&-14&6&3\\0&1&0&13&-5&-3\\0&0&1&5&-2&-1\end{array}\right]\rightarrow\left[\begin{array}{ccc|ccc}1&0&0&-40&16&9\\0&1&0&13&-5&-3\\0&0&1&5&-2&-1\end{array}\right]$$

이 RREF를 $[C : D]$라 하면 $C=I_3$이므로 $D=A^{-1}$이다.

$$\therefore\ A^{-1}=\begin{bmatrix}-40&16&9\\13&-5&-3\\5&-2&-1\end{bmatrix}$$ ■

[예제 6] 다음 행렬의 역행렬을 구하라.

$$A=\begin{bmatrix}1&6&4\\2&4&-1\\-1&2&5\end{bmatrix}$$

풀이 예제 5와 같은 과정을 거치면

$$\left[\begin{array}{ccc|ccc}1&6&4&1&0&0\\2&4&-1&0&1&0\\-1&2&5&0&0&1\end{array}\right]\rightarrow\left[\begin{array}{ccc|ccc}1&6&4&1&0&0\\0&-8&-9&-2&1&0\\0&8&9&1&0&1\end{array}\right]$$

$$\rightarrow\left[\begin{array}{ccc|ccc}1&6&4&1&0&0\\0&-8&-9&-2&1&0\\0&0&0&-1&1&1\end{array}\right]$$

이고 $C\neq I_3$이므로 A^{-1}는 존재하지 않는다. ■

이와 같이 Gauss-Jordan소거법을 이용하여 역행렬의 존재성을 확인하거나 역행렬을 구하는 방법은 단순한 계산을 반복하는 것이다. 따라서 컴퓨터를 이용하면 쉽게 구할 수 있다.

연습문제 1.5

※ 다음 행렬 중 가역인 것을 찾고, 그 역행렬을 구하라. [1~2]

1. (1) $\begin{bmatrix}1&2\\3&5\end{bmatrix}$ (2) $\begin{bmatrix}-2&3\\3&-5\end{bmatrix}$

(3) $\begin{bmatrix} 3 & 4 & -1 \\ 1 & 0 & 3 \\ 2 & 5 & -4 \end{bmatrix}$ (4) $\begin{bmatrix} 1 & 0 & 0 & 0 \\ 1 & 2 & 0 & 0 \\ 1 & 2 & 4 & 0 \\ 1 & 2 & 4 & 8 \end{bmatrix}$

(5) $\begin{bmatrix} 1 & 2 & -3 & 1 \\ -1 & 2 & -3 & -2 \\ 2 & 0 & 1 & 5 \\ 3 & 1 & -2 & 5 \end{bmatrix}$

2. (1) $\begin{bmatrix} 8 & -6 \\ -4 & 3 \end{bmatrix}$ (2) $\begin{bmatrix} 2 & 1 \\ -4 & -2 \end{bmatrix}$

(3) $\begin{bmatrix} 3 & 1 & 5 \\ 2 & 4 & 1 \\ -4 & 2 & -9 \end{bmatrix}$ (4) $\begin{bmatrix} 1 & 0 & 1 \\ 0 & 1 & 1 \\ 1 & 1 & 0 \end{bmatrix}$

(5) $\begin{bmatrix} 1 & -1 & 2 & 3 \\ 4 & 1 & 2 & 0 \\ 2 & -1 & 3 & 1 \\ 4 & 2 & 1 & -5 \end{bmatrix}$

※ 행렬 A가 각각 다음과 같을 때, $A+A^{-1}=2I_3$ 임을 보여라. [3~5]

3. $A=\begin{bmatrix} 1 & 0 & 0 \\ a & 1 & 0 \\ b & 0 & 1 \end{bmatrix}$ 4. $A=\begin{bmatrix} 1 & c & 0 \\ 0 & 1 & 0 \\ 0 & d & 1 \end{bmatrix}$ 5. $A=\begin{bmatrix} 1 & 0 & e \\ 0 & 1 & f \\ 0 & 0 & 1 \end{bmatrix}$

6. 다음 행렬 A의 역행렬이 존재하기 위한 a의 값을 모두 구하고, 그 때의 A^{-1}를 구하라.

$$A=\begin{bmatrix} 1 & 1 & 0 \\ 1 & 0 & 0 \\ 1 & 2 & a \end{bmatrix}$$

7. n차의 정사각행렬 A가 가역이고, k가 임의의 자연수일 때, A^k는 가역임을 보여라.

8. n차의 정사각행렬 A가 가역이고 다음 식을 만족하면 $A^{-1}=A^2-2A+3I_n$ 임을 보여라.

$$A^3-2A^2+3A-I_n=0$$

9*. 만일 A와 B가 n차의 정사각행렬이고 $AB=I_n$ 이면 $BA=I_n$ 임을 보여라.
(*참조: http://math.skku.ac.kr/~sglee/java/java_all.html)

1.6 연립일차방정식의 해와 행렬

이 절에서는 행렬의 가역성과 연립방정식의 해 사이의 관계를 알아보고 동차연립방정식에 대하여 살펴본다.

정리 1.8

> n차의 정사각행렬 A가 가역이고 B가 $n\times 1$행렬일 때, 연립방정식 $AX=B$는 유일한 해 $X=A^{-1}B$를 갖는다.

증명 A가 가역이므로 A^{-1}이 존재한다.

$$AX=B$$

의 양변에 A^{-1}을 곱하면

$$\begin{aligned} A^{-1}(AX)&=A^{-1}B \\ \Longrightarrow (A^{-1}A)X&=A^{-1}B \\ \Longrightarrow \qquad X&=A^{-1}B \end{aligned}$$

이므로 $X=A^{-1}B$는 연립방정식 $AX=B$의 해이다. 또 X_0가 $AX=B$의 임의의 해라 하면

$$AX_0=B$$

이고, 이 식의 양변에 A^{-1}을 곱하면

$$X_0=A^{-1}B$$

이므로 $X=A^{-1}B$는 유일한 해이다. ■

[예제 1] 연립방정식

$$\begin{aligned} x_1+2x_2+3x_3&=1 \\ 2x_1+5x_2+3x_3&=3 \\ x_1 \qquad +8x_3&=-1 \end{aligned}$$

은

$$A=\begin{bmatrix} 1 & 2 & 3 \\ 2 & 5 & 3 \\ 1 & 0 & 8 \end{bmatrix}, \quad X=\begin{bmatrix} x_1 \\ x_2 \\ x_3 \end{bmatrix}, \quad B=\begin{bmatrix} 1 \\ 3 \\ -1 \end{bmatrix}$$

이라 놓으면 $AX=B$로 나타낼 수 있다. 그런데 행렬 A는 1.5절의 예제 5에서 보듯이 가역이고

$$A^{-1}=\begin{bmatrix} -40 & 16 & 9 \\ 13 & -5 & -3 \\ 5 & -2 & -1 \end{bmatrix}$$

이다. 따라서 정리 1.8에 의하여 위 연립방정식의 해는

$$X=A^{-1}B=\begin{bmatrix} -40 & 16 & 9 \\ 13 & -5 & -3 \\ 5 & -2 & -1 \end{bmatrix}\begin{bmatrix} 1 \\ 3 \\ -1 \end{bmatrix}=\begin{bmatrix} -1 \\ 1 \\ 0 \end{bmatrix}$$

즉 $x_1=-1$, $x_2=1$, $x_3=0$ ■

미지수 $x_1, x_2, \ldots, x_n$에 관한 m개의 일차방정식으로 이루어진 연립방정식

$$\begin{aligned} a_{11}x_1+a_{12}x_2+\cdots+a_{1n}x_n&=b_1 \\ a_{21}x_1+a_{22}x_2+\cdots+a_{2n}x_n&=b_2 \\ \vdots \qquad \vdots \qquad\qquad \vdots \;\; &\;\; \vdots \\ a_{m1}x_1+a_{m2}x_2+\cdots+a_{mn}x_n&=b_m \end{aligned}$$

에서 실수 $b_1, b_2, \ldots, b_m$이 모두 0이면 이 연립방정식을 **동차**(homogeneous)라 하고 그렇지 않으면 **비동차**(nonhomogeneous)라고 한다. 따라서 일반적인 **동차연립일차방정식**은

$$\begin{aligned} a_{11}x_1 + a_{12}x_2 + \cdots + a_{1n}x_n &= 0 \\ a_{21}x_1 + a_{22}x_2 + \cdots + a_{2n}x_n &= 0 \\ \vdots \qquad \vdots \qquad\quad \vdots \quad &\ \ \vdots \\ a_{m1}x_1 + a_{m2}x_2 + \cdots + a_{mn}x_n &= 0 \end{aligned} \qquad \cdots (1)$$

이고

$$A=\begin{bmatrix} a_{11} & a_{12} & \cdots & a_{1n} \\ a_{21} & a_{22} & \cdots & a_{2n} \\ \vdots & \vdots & & \vdots \\ a_{m1} & a_{m2} & \cdots & a_{mn} \end{bmatrix}, \quad X=\begin{bmatrix} x_1 \\ x_2 \\ \vdots \\ x_n \end{bmatrix}, \quad O=\begin{bmatrix} 0 \\ 0 \\ \vdots \\ 0 \end{bmatrix}$$

이라 하면 다음과 같이 나타낼 수 있다.

$$AX=O$$

동차연립일차방정식 (1)에 $x_1=0$, $x_2=0$, …, $x_n=0$을 대입하면 모든 방정식이 성립하므로 이것은 연립방정식 (1)의 해이다. 이 해를 **자명한 해**(trivial solution)라 하며, $X\neq O$인 해를 **자명하지 않은 해**(nontrivial solution)라고 한다.

연립일차방정식의 해는 존재하지 않거나, 유일하게 존재하거나 또는 무수히 많이 존재한다. 그런데 동차연립일차방정식은 항상 자명한 해를 가지므로 다음 중 하나가 성립한다.

(i) 자명한 해만 갖는다.
(ii) 무수히 많은 해를 갖는다. 즉 자명하지 않은 해도 갖는다.

다음 정리는 동차연립방정식이 어떤 경우에 자명하지 않은 해를 갖는지 알려준다.
(참고: 방정식의 개수와 미지수의 개수가 같은 동차연립방정식의 경우 자명하지 않은 해를 갖는것을 보이려면 계수행렬의 RREF 모양이 단위행렬이 아닌것을 보이기만 하면 된다.)

정리 1.9 n개의 미지수를 갖는 m개의 방정식으로 이루어진 동차연립일차방정식은 $m<n$이면, 즉 미지수의 개수가 방정식의 개수보다 많으면 자명하지 않은 해를 갖는다.

증명 동차연립일차방정식을 $AX=O$라 하고, 행렬 C를 계수행렬 A의 RREF라 하자. 그러면 연립방정식 $AX=O$과 $CX=O$는 동치이고, C의 영이 아닌 행의 개수를 k라 하면 $k \leq m$이다.

만일 $m<n$이면 $k<n$이고 $(n-k)$개의 미지수를 임의의 실수로 놓아 $CX=O$의 해를 구할 수 있다. 그런데 이 해는 임의의 실수를 포함하므로 자명하지 않은 해가 존재하고, $AX=O$와 $CX=O$가 동치이므로 동차연립일차방정식 $AX=O$는 자명하지 않은 해를 갖는다. ■

【예제 2】 동차연립방정식

$$\begin{aligned} x_1 + x_2 + x_3 + x_4 &= 0 \\ x_1 \qquad\qquad + x_4 &= 0 \\ x_1 + 2x_2 + x_3 \qquad &= 0 \end{aligned} \qquad \cdots (2)$$

의 첨가행렬은

$$\left[\begin{array}{cccc:c} 1 & 1 & 1 & 1 & 0 \\ 1 & 0 & 0 & 1 & 0 \\ 1 & 2 & 1 & 0 & 0 \end{array}\right]$$

이고, 이것을 RREF로 변형하면 다음과 같다.

$$\left[\begin{array}{cccc:c} 1 & 0 & 0 & 1 & 0 \\ 0 & 1 & 0 & -1 & 0 \\ 0 & 0 & 1 & 1 & 0 \end{array}\right]$$

이것에 대응하는 연립방정식은

$$\begin{aligned} x_1 \qquad\quad + x_4 &= 0 \\ x_2 \quad - x_4 &= 0 \\ x_3 + x_4 &= 0 \end{aligned}$$

이므로 $x_4=r$(r는 임의의 실수)라 놓으면 식 (2)의 해는

$$x_1=-r,\quad x_2=r,\quad x_3=-r,\quad x_4=r\ (r\in R)$$

이다. 여기서 $r=0$ 이면 자명한 해이고, $r\neq0$ 이면 자명하지 않은 해이다. ■

연습문제 1.6

※ 다음 동차연립방정식 중에서 자명하지 않은 해를 갖는 것을 찾아라. [1~2]

1. (1) $\begin{aligned}2x_1+3x_2-x_3&=0\\x_1-x_2+2x_3&=0\end{aligned}$ (2) $\begin{aligned}x_1+2x_2-x_3+2x_4&=0\\2x_1+x_2+x_3-x_4&=0\\3x_1-x_2-2x_3+3x_4&=0\end{aligned}$

   (3) $\begin{aligned}x_1+2x_2-x_3&=0\\x_2+2x_3&=0\\4x_3&=0\end{aligned}$ (4) $\begin{aligned}x_1-x_2&=0\\3x_1\quad&=0\\2x_1+x_2&=0\end{aligned}$

2. (1) $\begin{aligned}x_1+x_2+x_3&=0\\x_2+2x_3&=0\\3x_3&=0\end{aligned}$ (2) $\begin{aligned}x_1+2x_2+3x_3&=0\\2x_1-x_2+4x_3&=0\end{aligned}$

   (3) $\begin{aligned}x_1+x_2+x_3&=0\\x_1+x_2-2x_3&=0\\2x_1+x_2+3x_3&=0\end{aligned}$ (4) $\begin{aligned}x_1+x_2+3x_3+3x_4&=0\\x_1-2x_2+x_3+x_4&=0\\3x_1+x_2+x_3-x_4&=0\end{aligned}$

※ 행렬

$$A=\begin{bmatrix}1&0&5\\1&1&1\\0&1&-4\end{bmatrix}$$

에 대하여 다음 동차연립방정식을 풀어라. [3~4]

3. $(2I_3-A)X=O$ 4. $(-4I_3-A)X=O$

5. 다음 동차연립방정식이 자명하지 않은 해를 갖기 위한 조건은 $(a-\lambda)(d-\lambda)-bc=0$ 임을 보여라.

$$\begin{aligned}(a-\lambda)x+by&=0\\cx+(d-\lambda)y&=0\end{aligned}$$

6. A가 $m\times n$ 행렬이고 B가 O이 아닌 행렬일 때, 연립방정식 $AX=B$가 해를 갖는다고 하자. 이 때 X_1이 $AX=B$의 한 해이고 Y_1이 $AX=O$의 해이면 X_1+Y_1은 $AX=B$의 해임을 증명하라.

*1.7 행렬을 이용한 암호문 작성

이 절에서는 행렬을 이용하는 흥미 있는 문제를 하나 소개한다. 암호문을 만들고 해독하는 기술은 선형대수를 많이 이용하고 있다. 여기서는 행렬 B가 행렬 A의 역행렬일 때, 행렬 A를 이용하여 암호문을 만들고 B를 이용하여 해독하는 방법에 대하여 설명한다.

(1) 영문을 암호화하는 경우

두 행렬 A, $B(=A^{-1})$를

$$A=\begin{bmatrix} 3 & 1 \\ 2 & 1 \end{bmatrix}, \quad B=\begin{bmatrix} 1 & -1 \\ -2 & 3 \end{bmatrix}$$

이라 하고, 알파벳과 기호를 다음 표와 같이 숫자화하자.

표 1.1

A	B	C	D	E	F	G	H	I	J	K	L	M	N
1	2	3	4	5	6	7	8	9	10	11	12	13	14
O	P	Q	R	S	T	U	V	W	X	Y	Z	*	
15	16	17	18	19	20	21	22	23	24	25	26	27	

표 1.1의 *는 단어 사이를 띄우는 기호로 사용한다.

다음 문장을 암호화하여 보자.

FOR YOUR EYES ONLY

이것을 숫자화하면

F	O	R	*	Y	O	U	R	*	E	Y	E	S	*	O	N	L	Y
6	15	18	27	25	15	21	18	27	5	25	5	19	27	15	14	12	25

이다. 그런데 A가 2×2행렬이므로 다음과 같은 두 행을 가지는 행렬 M으로 만든다. 이 때 숫자의 개수가 홀수이면 마지막에 $*$에 해당되는 숫자 27을 첨가한다.

$$M=\begin{bmatrix} 6 & 15 & 18 & 27 & 25 & 15 & 21 & 18 & 27 \\ 5 & 25 & 5 & 19 & 27 & 15 & 14 & 12 & 25 \end{bmatrix}$$

이것을 암호화하기 위하여 M의 왼쪽에 A를 곱하여 N을 만든다.

$$N=AM=\begin{bmatrix} 3 & 1 \\ 2 & 1 \end{bmatrix}\begin{bmatrix} 6 & 15 & 18 & 27 & 25 & 15 & 21 & 18 & 27 \\ 5 & 25 & 5 & 19 & 27 & 15 & 14 & 12 & 25 \end{bmatrix}$$

$$=\begin{bmatrix} 23 & 70 & 59 & 100 & 102 & 60 & 77 & 66 & 106 \\ 17 & 55 & 41 & 73 & 77 & 45 & 56 & 48 & 79 \end{bmatrix}$$

이 N으로부터 숫자화된 암호문

23, 70, 59, 100, 102, 60, 77, 66, 106,
17, 55, 41, 73, 77, 45, 56, 48, 79

를 만든다. 이제, 이 암호문을 행렬 B를 이용하여 해독해 보자. $B=A^{-1}$이므로

$$BN=B(AM)=A^{-1}(AM)=(A^{-1}A)M=M$$

따라서 암호문을 두 행을 가지는 행렬로 만들고, 이것의 왼쪽에 B를 곱하면 해독할 수 있다.

$$BN=\begin{bmatrix} 1 & -1 \\ -2 & 3 \end{bmatrix}\begin{bmatrix} 23 & 70 & 59 & 100 & 102 & 60 & 77 & 66 & 106 \\ 17 & 55 & 41 & 73 & 77 & 45 & 56 & 48 & 79 \end{bmatrix}$$

$$=\begin{bmatrix} 6 & 15 & 18 & 27 & 25 & 15 & 21 & 18 & 27 \\ 5 & 25 & 5 & 19 & 27 & 15 & 14 & 12 & 25 \end{bmatrix}$$

이므로 다음 문장을 얻는다.

6 15 18 27 25 15 21 18 27 5 25 5 19 27 15 14 12 25
F O R * Y O U R * E Y E S * O N L Y

(2) 한글을 암호화하는 경우

두 행렬 A, $B(=A^{-1})$를

$$A=\begin{bmatrix}3 & 1 & 2\\ 2 & 1 & -1\\ 3 & 1 & 3\end{bmatrix},\qquad B=\begin{bmatrix}4 & -1 & -3\\ -9 & 3 & 7\\ -1 & 0 & 1\end{bmatrix}$$

이라 하고, 한글 자모와 기호를 다음 표와 같이 숫자화하자.

표 1.2

ㄱ	ㄴ	ㄷ	ㄹ	ㅁ	ㅂ	ㅅ	ㅇ	ㅈ	ㅊ
1	2	3	4	5	6	7	8	9	10
ㅋ	ㅌ	ㅍ	ㅎ	ㅏ	ㅑ	ㅓ	ㅕ	ㅗ	ㅛ
11	12	13	14	15	16	17	18	19	20
ㅜ	ㅠ	ㅡ	ㅣ	ㅐ	ㅒ	ㅔ	ㅖ	*	?
21	22	23	24	25	26	27	28	29	30

다음 문장을 암호화하여 보자.

내일 그 곳에서 만나자

이것을 숫자화하면

ㄴ ㅐ ㅇ ㅣ ㄹ * ㄱ ㅡ ㄱ ㅗ ㅅ ㅇ ㅔ ㅅ ㅓ *
2 25 8 24 4 29 1 23 1 19 7 8 27 7 17 29
ㅁ ㅏ ㄴ ㄴ ㅏ ㅈ ㅏ
5 15 2 2 15 9 15

이다. 그런데 A가 3×3행렬이므로 이것을 다음과 같은 세 개의 행을 갖는 행렬 M으로 만든다. 숫자의 개수가 3의 배수가 아니면 마지막에 $*$에 해당하는 29를 계속 첨가한다.

$$M=\begin{bmatrix} 2 & 25 & 8 & 24 & 4 & 29 & 1 & 23 \\ 1 & 19 & 7 & 8 & 27 & 7 & 17 & 29 \\ 5 & 15 & 2 & 2 & 15 & 9 & 15 & 29 \end{bmatrix}$$

앞에서와 같은 방법으로 다음과 같이 숫자화된 암호문을 만들 수 있다.

$$N=AM=\begin{bmatrix} 3 & 2 & 2 \\ 2 & 1 & -1 \\ 3 & 1 & 3 \end{bmatrix}\begin{bmatrix} 2 & 25 & 8 & 24 & 4 & 29 & 1 & 23 \\ 1 & 19 & 7 & 8 & 27 & 7 & 17 & 29 \\ 5 & 15 & 2 & 2 & 15 & 9 & 15 & 29 \end{bmatrix}$$

$$=\begin{bmatrix} 17 & 124 & 35 & 84 & 69 & 132 & 50 & 156 \\ 0 & 54 & 21 & 54 & 20 & 46 & 4 & 46 \\ 22 & 139 & 37 & 86 & 84 & 121 & 65 & 185 \end{bmatrix}$$

이므로 숫자화된 암호문은 다음과 같다.

17, 124, 35, 84, 69, 132, 50, 156, 0, 54, 21, 54, 20, 46, 4, 46, 22, 139, 37, 86, 84, 121, 65, 185 $\cdots$ (1)

이것을 해독하는 것은 연습문제로 남긴다.

$B^{-1}=A$이므로 B를 이용하여 만든 암호문은 A를 이용하여 해독할 수 있다. 또한 두 행렬 A, B를 모르면 이 암호문을 해독할 수 없으므로 숫자화하는 표는 알려지더라도 누설될 염려가 없다. 따라서 두 행렬 A, $B(=A^{-1})$만 알려지지 않도록 주의하면 비밀이 보장된다. 또 이 행렬 A를 정기적으로 바꾸어 주면 통신 내용의 보안이 효과적으로 유지된다. (참고: ㄲ, ㅆ, ㄶ 등 중자음은 자음에 대응하는 숫자를 연속하여 사용한다.)

연습문제 1.7

1. 암호문 (1)을 해독하라.

2. 다음 행렬과 표 1.1을 이용하여 "LINEAR ALGEBRA"를 암호화하라.

$$A=\begin{bmatrix} 2 & 1 \\ 1 & 1 \end{bmatrix}, \quad B=\begin{bmatrix} 1 & -1 \\ -1 & 2 \end{bmatrix}$$

3. 문제 2의 행렬과 표 1.1을 이용하여 다음 암호문을 해독하라.

50, 31, 13, 47, 31, 23, 8, 29

4. 다음 행렬과 표 1.2를 이용하여 "재미있는 수학"을 암호화하라.

$$A=\begin{bmatrix} 1 & 0 & 1 \\ 3 & 3 & 4 \\ 2 & 2 & 3 \end{bmatrix}, \quad B=\begin{bmatrix} 1 & 2 & -3 \\ -1 & 1 & -1 \\ 0 & -2 & 3 \end{bmatrix}$$

5. 문제 4의 행렬과 표 1.2를 이용하여 다음 암호문을 해독하라.

32, 31, 36, 14, 45, 32, 38, 201, 187, 142, 126,
174, 198, 167, 142, 127, 97, 87, 124, 142, 121

2

행 렬 식

행렬식에 대한 개념은 행렬이 소개되기 전에 이미 알려졌으며 오랫동안 연립일차방정식을 푸는 기본적인 수단으로 이용되어 왔다. 또한 행렬식을 이용하면 행렬이 가역인지 아닌지 쉽게 알 수 있다. 이 장에서는 정사각행렬을 실수에 대응시키는 함수로 행렬식을 정의하고, 그 계산법 및 응용에 관하여 알아본다.

2.1 행렬식의 정의와 그 성질

이 절에서는 행렬 X에 대하여 어떤 실수 $f(X)$를 대응시키는 함수 중에서 특히 중요한 행렬식 함수에 관하여 살펴보기로 한다.

먼저, 행렬식 함수를 정의하기 위하여 치환(순열)에 관하여 알아본다.

정의

> 자연수의 집합 $S=\{1, 2, \ldots, n\}$의 치환(permutation, 순열)이란 S에서 S로의 일대일 대응 함수 σ이다.

이 장에서는 함수

$$\sigma=\begin{pmatrix} 1 & 2 & \cdots & k & \cdots & n \\ j_1 & j_2 & \cdots & j_k & \cdots & j_n \end{pmatrix}$$

을 간단히 $(j_1\, j_2 \cdots j_n)$으로 쓰기로 한다. (주의: 이것은 치환군에서 흔히 쓰는 순회치환 부호와는 다른 의미이다.) 따라서

$$\sigma(1)=j_1, \ldots, \sigma(k)=(j_1\, j_2 \cdots j_k \cdots j_n)(k)=j_k, \ldots, \sigma(n)=j_n$$

이다. n개의 물건을 배열하는 방법은 $n!$ 가지이므로 자연수의 집합

$$S=\{1, 2, \ldots, n\}$$

의 치환은 모두 $n!$개 이다. S상의 치환 전체의 집합을 S_n으로 나타낸다.

[예제 1] 집합 $\{1\}$의 치환은 하나이므로 $S_1 = \{1\}$이고, 집합 $\{1, 2\}$의 치환은 $(1\ 2)$, $(2\ 1)$이므로

$$S_2=\{\sigma_1, \sigma_2\}=\{(1\ 2), (2\ 1)\}$$

이다. 집합 $\{1, 2, 3\}$의 치환은 $3! = 6$개 이고, 열거하면 $(1\ 2\ 3)$, $(2\ 3\ 1)$, $(3\ 1\ 2)$, $(1\ 3\ 2)$, $(2\ 1\ 3)$, $(3\ 2\ 1)$이므로

$$\begin{aligned} S_3&=\{\sigma_1, \sigma_2, \sigma_3, \sigma_4, \sigma_5, \sigma_6\} \\ &=\{(1\ 2\ 3), (2\ 3\ 1), (3\ 1\ 2), (1\ 3\ 2), (2\ 1\ 3), (3\ 2\ 1)\} \end{aligned}$$

이다. ■

$S = \{1, 2, \ldots, n\}$의 치환 $(j_1\ j_2\ \cdots\ j_n)$에서 큰 자연수가 작은 자연수보다 먼저 나타나면 이 치환은 **반전**(inversion)을 가졌다고 한다. 또 치환이 가진 반전의 총개수가 짝수이면 **짝치환**(even permutation), 홀수이면 **홀치환**(odd permutation)이라고 한다.

[예제 2] S_2에서 치환 $(1\ 2)$는 반전을 가지지 않으므로 짝치환이고, 치환 $(2\ 1)$은 반전의 개수가 1이므로 홀치환이다. ■

[예제 3] S_3의 치환을 짝치환과 홀치환으로 분류하라.

풀이

치환	반전의 개수	분 류
(1 2 3)	0	짝치환
(2 3 1)	2(2 1, 3 1)	짝치환
(3 1 2)	2(3 1, 3 2)	짝치환
(1 3 2)	1(3 2)	홀치환
(2 1 3)	1(2 1)	홀치환
(3 2 1)	3(3 2, 3 1, 2 1)	홀치환

■

정의

함수 sgn : $S_n \to \{+1, -1\}$을 다음과 같이 정의한다.

$$\mathrm{sgn}(\sigma)=\begin{cases} +1 & (\sigma\text{: 짝치환}) \\ -1 & (\sigma\text{: 홀치환}) \end{cases}$$

이제, 치환을 이용하여 행렬식을 정의하자.

정리 2.1

치환 σ의 임의의 두 수를 바꾼 치환을 τ라 하면 다음이 성립한다.

$$\mathrm{sgn}(\tau)=-\mathrm{sgn}(\sigma)$$

증명 $\sigma=(j_1 \cdots j_i \cdots j_k \cdots j_n)$, $\tau=(j_1 \cdots j_k \cdots j_i \cdots j_n)$이라 하자. σ에서 j_i 앞에 있는 수, j_k 뒤에 있는 수와 j_i, j_k 사이의 반전 관계는 j_i, j_k를 바꾸었을 때에도 변함이 없다. σ에서 j_i와 j_k 사이에 있는 수와 j_i의 반전 관계는 모두 바뀐다. 즉 반전이 있던 것은 없어지고, 없던 것은 생긴다. 따라서 j_i와 j_k 사이에 k개의 수가 있다면 반전의 총개수는 k번의 변화가 생긴다.

마찬가지로 j_i와 j_k 사이에 있는 수와 j_k의 반전 관계도 모두 바뀌고 반전의 총개수는 k번의 변화가 생긴다. 그런데 j_i와 j_k가 바뀌면 j_i와 j_k 사이에 변화가 한 번 있으므로 τ에서의 반전의 총개수는 σ에서의 총개수에서 $(2k+1)$번의 변화가 있게 된다. 즉 τ의 반전의 총개수는 σ의 반전의 총개수와 홀수개의 차이가 있다. 따라서

$$\mathrm{sgn}(\tau)=-\mathrm{sgn}(\sigma) \qquad \blacksquare$$

정의

> 행렬 $A=[a_{ij}]$가 n차의 정사각행렬일 때, A의 행렬식(determinant)을 $\det(A)$ 또는 $|A|$로 나타내고 다음과 같이 정의한다.
>
> $$\det(A)=\sum_{\sigma\in S_n}\operatorname{sgn}(\sigma)a_{1\sigma(1)}a_{2\sigma(2)}\cdots a_{n\sigma(n)}$$

[예제 4] 행렬

$$A=\begin{bmatrix}a_{11} & a_{12}\\ a_{21} & a_{22}\end{bmatrix}$$

의 $\det(A)$를 구하라.

풀이

$$\begin{aligned}\det(A)&=\operatorname{sgn}(\sigma_1)a_{1\sigma_1(1)}a_{2\sigma_1(2)}+\operatorname{sgn}(\sigma_2)a_{1\sigma_2(1)}a_{2\sigma_2(2)}\\&=a_{11}a_{22}-a_{12}a_{21}\end{aligned}$$

이것은 아래 그림과 같이 화살표 방향으로 곱하여 오른쪽 방향의 화살표의 곱에는 +, 왼쪽 방향의 화살표의 곱에는 −를 붙여 계산하면 편리하다.

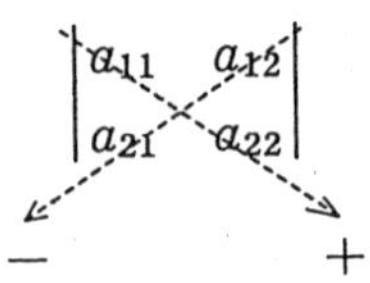

∎

[예제 5] 행렬

$$A=\begin{bmatrix}a_{11} & a_{12} & a_{13}\\ a_{21} & a_{22} & a_{23}\\ a_{31} & a_{32} & a_{33}\end{bmatrix}$$

의 $\det(A)$를 구하라.

풀이

$$\begin{aligned}\det(A) &= \operatorname{sgn}(\sigma_1)\, a_{1\sigma_1(1)}a_{2\sigma_1(2)}a_{3\sigma_1(3)} \\ &\quad + \operatorname{sgn}(\sigma_2)\, a_{1\sigma_2(1)}a_{2\sigma_2(2)}a_{3\sigma_3(3)} + \cdots \\ &\quad + \operatorname{sgn}(\sigma_6)\, a_{1\sigma_6(1)}a_{2\sigma_6(2)}a_{3\sigma_6(3)} \\ &= a_{11}a_{22}a_{33} + a_{12}a_{23}a_{31} + a_{13}a_{21}a_{32} - a_{11}a_{23}a_{32} \\ &\quad - a_{12}a_{21}a_{33} - a_{13}a_{22}a_{31}\end{aligned}$$

이것도 역시 다음 그림을 이용하면 쉽게 계산할 수 있다. 여기서도 오른쪽 방향의 화살표의 곱에는 +, 왼쪽 방향의 화살표의 곱에는 −를 붙인다. 이 방법을 (개선된) Sarrus 방법이라고 한다.

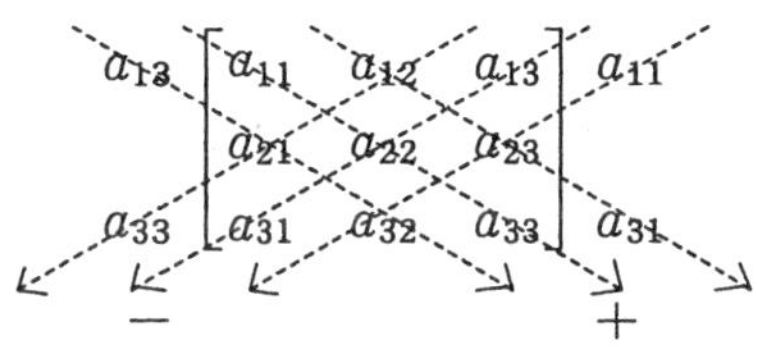

[예제 6] 다음 행렬의 행렬식을 계산하라.

$$A = \begin{bmatrix} 3 & 1 \\ 4 & -2 \end{bmatrix}, \quad B = \begin{bmatrix} 1 & 2 & 3 \\ -4 & 5 & 6 \\ 7 & -8 & 9 \end{bmatrix}$$

풀이

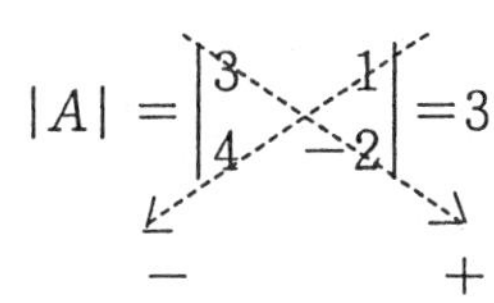

$=3(-2)-(1)(4)=-10$

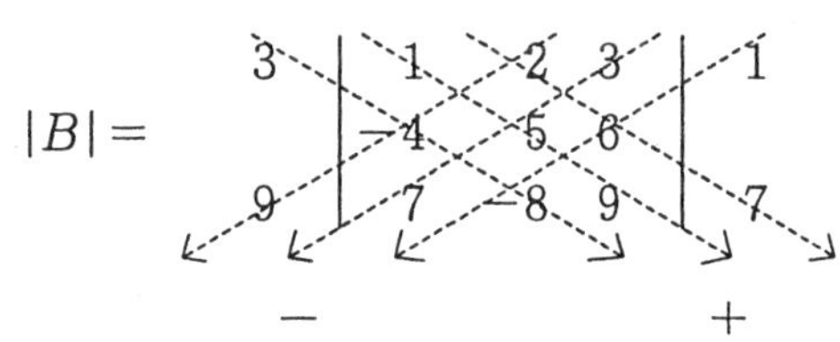

$$=(45)+(84)+(96)-(105)-(-48)-(-72)$$
$$=240$$

■

Sarrus 방법은 4차 이상의 행렬식에 대해서는 적용할 수 없다. 따라서 4차 이상의 행렬식은 정의에 의하여 구할 수밖에 없다. 그런데 정의에 의하여 직접 행렬식을 계산하는 것은 일반적으로 매우 번거로운 일이다. 실제로 4차의 경우이면 $4!=24$개의 항과 부호를 결정해야 하고, 10차의 경우에는 $10!=3{,}628{,}800$개의 항과 부호를 결정하여야 한다. 그러나 행렬식의 성질을 이용하면 행렬식을 쉽게 계산할 수 있다.

다음에 열거하는 정리들은 행렬식을 계산하는 데 매우 유용한 행렬식의 성질이다.

정리 2.2 정사각행렬 A의 행렬식과 A의 전치행렬 A^T의 행렬식의 값은 같다.

증명 $A^T=[a'_{ij}]=[a_{ji}]$라 하면 행렬식의 정의에 의하여

$$\begin{aligned}|A^T| &= \sum_{\sigma\in S_n}\operatorname{sgn}(\sigma)a'_{1\sigma(1)}\cdots a'_{n\sigma(n)}\\ &= \sum_{\sigma\in S_n}\operatorname{sgn}(\sigma)a_{\sigma(1)1}\cdots a_{\sigma(n)n}\end{aligned}$$

$a_{\sigma(1)1}a_{\sigma(2)2}\cdots a_{\sigma(n)n}$을 재배열하여 $a_{1\tau(1)}a_{2\tau(2)}\cdots a_{n\tau(n)}$이 되었다고 하자. 이 때 두 성분을 k번 바꾸었다고 하면 치환 $\sigma(1)\ \cdots\ \sigma(n)$은 두 수를 k번 바꾸어 치환 $1\ \cdots\ n$이 되고, 치환 $1\ \cdots\ n$은 두 수를 k번 바꾸어 치환 $\tau(1)\cdots\tau(n)$이 되었다. 따라서 정리 2.1에 의하여

$$(-1)^k\operatorname{sgn}(\sigma)=1,\qquad (-1)^k1=\operatorname{sgn}(\tau)$$

이 두 식으로부터

$$\operatorname{sgn}(\tau)=(-1)^k\cdot(-1)^k\operatorname{sgn}(\sigma)=\operatorname{sgn}(\sigma)$$

그러므로

$$|A^T|=\sum_{\tau\in S_n}\operatorname{sgn}(\tau)a_{1\tau(1)}\cdots a_{n\tau(n)}=|A|$$ ■

【예제 7】 앞의 예제 6의 행렬 B의 행렬식은 $|B|=240$이고

$$B^T=\begin{vmatrix}1 & -4 & 7\\ 2 & 5 & -8\\ 3 & 6 & 9\end{vmatrix}$$

이므로

$$|B^T|=\begin{vmatrix}1 & -4 & 7\\ 2 & 5 & -8\\ 3 & 6 & 9\end{vmatrix}$$
$$=(45)+(96)+(84)-(105)-(-48)-(-72)=240$$

따라서, $|B|=|B^T|$이다. ■

정리 2.2에 의하여 행에 관한 행렬식의 성질은 열에 관해서도 모두 성립한다.

정리 2.3 행렬 B가 정사각행렬 A의 두 행을 서로 바꾸어서 얻은 행렬이라면

$$|B|=-|A|$$

이다.

증명 $B=[b_{ij}]$가 $A=[a_{ij}]$의 r행과 s행을 바꾸어서 얻은 행렬이라 하고 $r<s$라 하자. 그러면 $b_{rj}=a_{sj}$, $b_{sj}=a_{rj}$이고, $i\neq r$, $i\neq s$일 때에는 $b_{ij}=a_{ij}$이다. 행렬식의 정의에 의하여

$$|B|=\sum_{\sigma\in S_n}\operatorname{sgn}(\sigma)b_{1\sigma(1)}\cdots b_{r\sigma(r)}\cdots b_{s\sigma(s)}\cdots b_{n\sigma(n)}$$
$$=\sum_{\sigma\in S_n}\operatorname{sgn}(\sigma)a_{1\sigma(1)}\cdots a_{s\sigma(r)}\cdots a_{r\sigma(s)}\cdots a_{n\sigma(n)}$$
$$=\sum_{\sigma\in S_n}\operatorname{sgn}(\sigma)a_{1\sigma(1)}\cdots a_{r\sigma(s)}\cdots a_{s\sigma(r)}\cdots a_{n\sigma(n)}$$

정리 2.1에 의하여

$$|B| = -\sum_{\sigma\in S_n} \operatorname{sgn}(\sigma) a_{1\sigma(1)}\cdots a_{r\sigma(r)}\cdots a_{s\sigma(s)}\cdots a_{n\sigma(n)}$$
$$= -|A|$$ ■

[예제 8] 행렬

$$A=\begin{bmatrix} 2 & -1 \\ 3 & 2 \end{bmatrix},\quad B=\begin{bmatrix} 3 & 2 \\ 2 & -1 \end{bmatrix}$$

일 때

$$\begin{vmatrix} 2 & -1 \\ 3 & 2 \end{vmatrix} = 7 \text{ 이고, } \begin{vmatrix} 3 & 2 \\ 2 & -1 \end{vmatrix} = -7$$

이므로 $|B| = -|A|$ 이다. ■

정리 2.4 정사각행렬 A의 두 행이 일치하면 $|A|=0$ 이다.

증명 A의 일치하는 두 행을 바꾸어서 얻은 행렬을 B라 하면 $A=B$ 이다. 그런데 정리 2.3에 의하여 $|B| = -|A|$ 이므로 $|A| = |B| = -|A|$ 이다. 따라서 $|A|=0$ 이다. ■

[예제 9] 행렬

$$A=\begin{bmatrix} 1 & 2 & 3 \\ -1 & 0 & 7 \\ 1 & 2 & 3 \end{bmatrix}$$

일 때

$$|A| = \begin{vmatrix} 1 & 2 & 3 \\ -1 & 0 & 7 \\ 1 & 2 & 3 \end{vmatrix}$$
$$=(0)+(14)+(-6)-(0)-(14)-(-6)=0$$ ■

정리 2.5 정사각행렬 A의 한 행의 성분이 모두 0이면 $|A|=0$이다.

증명 A의 i행의 성분이 모두 0이라 하자. 행렬식의 정의에 의하여

$$\begin{aligned}|A| &= \sum_{\sigma \in S_n} \operatorname{sgn}(\sigma) a_{1\sigma(1)} \cdots a_{i\sigma(i)} \cdots a_{n\sigma(n)} \\ &= \sum_{\sigma \in S_n} \operatorname{sgn}(\sigma) a_{1\sigma(1)} \cdots 0 \cdots a_{n\sigma(n)} \\ &= 0\end{aligned}$$

■

[예제 10] 행렬

$$A=\begin{bmatrix}1 & 2 & 3\\ 4 & 5 & 6\\ 0 & 0 & 0\end{bmatrix}$$

의 $|A|$를 계산하면 다음과 같다.

$$\begin{aligned}|A| &= \begin{vmatrix}1 & 2 & 3\\ 4 & 5 & 6\\ 0 & 0 & 0\end{vmatrix} \\ &= 1\times5\times0+2\times6\times0+3\times4\times0-2\times4\times0 \\ &\quad -3\times5\times0-1\times6\times0 \\ &= 0\end{aligned}$$

■

정리 2.6 정사각행렬 A의 한 행을 k배 하여 얻은 행렬을 B라 하면 $|B|=k|A|$이다.

증명 $B=[b_{ij}]$를 $A=[a_{ij}]$의 s행을 k배 하여 얻은 행렬이라 하자. 그러면 $b_{sj}=ka_{sj}$이고, $i\neq s$일 때에는 $b_{ij}=a_{ij}$이다. 행렬식의 정의에 의하여

$$\begin{aligned}|B| &= \sum_{\sigma \in S_n} \text{sgn}(\sigma) b_{1\sigma(1)} \cdots b_{s\sigma(s)} \cdots b_{n\sigma(n)} \\ &= \sum_{\sigma \in S_n} \text{sgn}(\sigma) a_{1\sigma(1)} \cdots (k a_{s\sigma(s)}) \cdots a_{n\sigma(n)} \\ &= k \sum_{\sigma \in S_n} \text{sgn}(\sigma) b_{1\sigma(1)} \cdots b_{s\sigma(s)} \cdots b_{n\sigma(n)} \\ &= k|A|\end{aligned}$$

■

이 정리에 의하여 A의 한 행(열)의 성분이 공통인수를 가지면 다음 예제와 같이 계산할 수 있다.

【예제 11】 행렬

$$A=\begin{bmatrix}1 & 2 & 3\\ 1 & 5 & 3\\ 2 & 8 & 6\end{bmatrix}$$

의 행렬식을 계산하면 다음과 같다.

$$\begin{aligned}|A| &= \begin{vmatrix}1 & 2 & 3\\ 1 & 5 & 3\\ 2 & 8 & 6\end{vmatrix} = 2\begin{vmatrix}1 & 2 & 3\\ 1 & 5 & 3\\ 1 & 4 & 3\end{vmatrix} = (2)(3)\begin{vmatrix}1 & 2 & 1\\ 1 & 5 & 1\\ 1 & 4 & 1\end{vmatrix} \\ &= (2)(3)(0) = 0\end{aligned}$$

■

정리 2.7 정사각행렬 A의 한 행의 k배를 다른 행에 더하여 얻은 행렬을 B라 하면 $|B|=|A|$이다.

증명 $B=[b_{ij}]$가 $A=[a_{ij}]$의 r행을 k배 하여 s행에 더한 행렬이라 하자. 그러면 $b_{sj}=a_{sj}+ka_{rj}$이고 $i \neq s$일 때에는 $b_{ij}=a_{ij}$이다. 행렬식의 정의에 의하여

$$\begin{aligned}|B| &= \sum_{\sigma \in S_n} \text{sgn}(\sigma) b_{1\sigma(1)} \cdots b_{r\sigma(r)} \cdots b_{s\sigma(s)} \cdots b_{n\sigma(n)} \\ &= \sum_{\sigma \in S_n} \text{sgn}(\sigma) a_{1\sigma(1)} \cdots a_{r\sigma(r)} \cdots (a_{s\sigma(s)} + k a_{r\sigma(r)}) \cdots a_{n\sigma(n)}\end{aligned}$$

$$= \sum_{\sigma \in S_n} \mathrm{sgn}(\sigma) a_{1\sigma(1)} \cdots a_{r\sigma(r)} \cdots a_{s\sigma(s)} \cdots a_{n\sigma(n)}$$
$$+ k \sum_{\sigma \in S_n} \mathrm{sgn}(\sigma) a_{1\sigma(1)} \cdots a_{r\sigma(r)} \cdots a_{r\sigma(s)} \cdots a_{n\sigma(n)}$$

그런데

$$\sum_{\sigma \in S_n} \mathrm{sgn}(\sigma) a_{1\sigma(1)} \cdots a_{r\sigma(r)} \cdots a_{r\sigma(s)} \cdots a_{n\sigma(n)}$$

은 r행과 s행이 일치하는 행렬의 행렬식이므로 정리 2.4에 의하여 0이다. 따라서

$$|B| = \sum_{\sigma \in S_n} \mathrm{sgn}(\sigma) a_{1\sigma(1)} \cdots a_{r\sigma(r)} \cdots a_{s\sigma(s)} \cdots a_{n\sigma(n)} = |A| \quad ■$$

【예제 12】 행렬

$$A = \begin{bmatrix} 1 & 2 & 3 \\ 2 & -1 & 3 \\ 1 & 0 & 1 \end{bmatrix}$$

의 2행을 두 배 하여 1행에 더한 행렬을 B라 하면

$$B = \begin{bmatrix} 5 & 0 & 9 \\ 2 & -1 & 3 \\ 1 & 0 & 1 \end{bmatrix}$$

이고 $|A|$, $|B|$를 각각 계산하면 $|A| = 4 = |B|$이다. ■

주대각선성분 아래의 성분이 모두 0인 정사각행렬을 **상삼각행렬**(upper triangular matrix), 위쪽의 성분이 모두 0인 정사각행렬을 **하삼각행렬**(lower triangular matrix)이라고 한다. 또 상삼각행렬과 하삼각행렬을 통틀어 **삼각행렬**(triangular matrix)이라고 한다.

【예제 13】 일반적인 4차의 상삼각행렬과 하삼각행렬은 각각 다음과 같다.

$$\begin{bmatrix} a_{11} & a_{12} & a_{13} & a_{14} \\ 0 & a_{22} & a_{23} & a_{24} \\ 0 & 0 & a_{33} & a_{34} \\ 0 & 0 & 0 & a_{44} \end{bmatrix}, \quad \begin{bmatrix} a_{11} & 0 & 0 & 0 \\ a_{21} & a_{22} & 0 & 0 \\ a_{31} & a_{32} & a_{33} & 0 \\ a_{41} & a_{42} & a_{43} & a_{44} \end{bmatrix}$$ ■

다음 정리는 행렬식의 정의로부터 쉽게 얻을 수 있는데, 행렬식을 계산하는 데 매우 유용하다.

정리 2.8 $A=[a_{ij}]$가 n차의 삼각행렬이면 A의 행렬식은 주대각선성분의 곱과 같다. 즉

$$|A|=a_{11}a_{22}\cdots a_{nn}$$

[예제 14] 정리 2.8에 의하여

$$\begin{vmatrix} 2 & 7 & -3 & 8 & 3 \\ 0 & -3 & 7 & 5 & 1 \\ 0 & 0 & 6 & 7 & 6 \\ 0 & 0 & 0 & 9 & 8 \\ 0 & 0 & 0 & 0 & 4 \end{vmatrix} = (2)(-3)(6)(9)(4) = -1296$$ ■

이제, 다음 예제에서 행렬식의 성질을 이용하여 행렬식을 쉽게 계산하는 방법을 알아보자. 이 방법의 기본적인 착상은 앞에서 열거한 행렬식에 관한 정리를 이용하여 삼각행렬의 행렬식으로 변형시키는 것이다. 특히 정리 2.3, 2.6, 2.7을 이용하면 Gauss소거법과 같은 방법으로 행렬식을 쉽게 삼각행렬의 행렬식으로 변형할 수 있다.

[예제 15] 다음 행렬 A의 행렬식을 구하라.

$$A=\begin{bmatrix} 0 & 1 & 5 \\ 3 & -6 & 9 \\ 2 & 6 & 1 \end{bmatrix}$$

풀이

$$|A|=\begin{vmatrix} 0 & 1 & 5 \\ 3 & -6 & 9 \\ 2 & 6 & 1 \end{vmatrix}$$

$$=-\begin{vmatrix} 3 & -6 & 9 \\ 0 & 1 & 5 \\ 2 & 6 & 1 \end{vmatrix} \quad \text{(1행과 2행을 교환했다.)}$$

$$=-3\begin{vmatrix} 1 & -2 & 3 \\ 0 & 1 & 5 \\ 2 & 6 & 1 \end{vmatrix} \quad \text{(1행의 공통인수 3을 밖으로 끌어냈다.)}$$

$$=-3\begin{vmatrix} 1 & -2 & 3 \\ 0 & 1 & 5 \\ 0 & 10 & -5 \end{vmatrix} \quad \text{(1행의 (−2)배를 3행에 더했다.)}$$

$$=-3\begin{vmatrix} 1 & -2 & 3 \\ 0 & 1 & 5 \\ 0 & 0 & -55 \end{vmatrix} \quad \text{(2행의 (−10)배를 3행에 더했다.)}$$

$$=(-3)(-55)\begin{vmatrix} 1 & -2 & 3 \\ 0 & 1 & 5 \\ 0 & 0 & 1 \end{vmatrix} \quad \text{(3행의 공통인수 (−55)를 밖으로 끌어냈다.)}$$

$$=(-3)(-55)(1)$$

$$=165$$ ■

다음으로 행렬식에 대하여 성립하는 매우 중요한 정리를 증명없이 소개한다(증명은 다음 주소를 참조하라. http://math.skku.ac.kr/algebra/).

정리 2.9

두 행렬 A, B가 n차의 정사각행렬일 때, 다음이 성립한다.

$$|AB|=|A||B|$$

[예제 16] 행렬

$$A=\begin{bmatrix}1 & 2\\3 & 4\end{bmatrix},\quad B=\begin{bmatrix}2 & -1\\1 & 2\end{bmatrix}$$

에 대하여 정리 2.9를 확인하라.

풀이

$$AB=\begin{bmatrix}1 & 2\\3 & 4\end{bmatrix}\begin{bmatrix}2 & -1\\1 & 2\end{bmatrix}=\begin{bmatrix}4 & 3\\10 & 5\end{bmatrix}$$

이고

$$|A|=\begin{vmatrix}1 & 2\\3 & 4\end{vmatrix}=-2,\quad |B|=\begin{bmatrix}2 & -1\\1 & 2\end{bmatrix}=5,$$

$$|AB|=\begin{bmatrix}4 & 3\\10 & 5\end{bmatrix}=-10$$

이므로 $|AB|=-10=|A||B|$이다. ■

정리 2.10

행렬 A가 가역이면 $|A|\neq 0$이고 다음이 성립한다.

$$|A^{-1}|=\frac{1}{|A|}$$

증명 A가 n차의 가역행렬이면 A^{-1}가 존재하고

$$AA^{-1}=I_n=A^{-1}A$$

이므로

$$|AA^{-1}|=|I_n|=1$$

이다. 그런데 정리 2.9에 의하여

$$|AA^{-1}|=|A||A^{-1}|=1$$

이므로 $|A|\neq 0$ 이고 다음이 성립한다.

$$|A^{-1}|=\frac{1}{|A|}$$ ■

【예제 17】 행렬

$$A=\begin{bmatrix}1 & 2\\ 3 & 4\end{bmatrix}$$

에 대하여 정리 2.10을 확인하라.

풀이 A는 가역이고 $|A|=-2\neq 0$ 이다. 또

$$A^{-1}=\begin{bmatrix}-2 & 1\\ \frac{3}{2} & -\frac{1}{2}\end{bmatrix}$$

이므로

$$|A^{-1}|=-\frac{1}{2}=\frac{1}{|A|}$$ ■

연습문제 2.1

※ $S=\{1, 2, 3, 4, 5\}$의 다음 치환의 반전(inversion)의 수를 구하라. [1~4]

1. (5 2 1 3 4)
2. (4 5 2 1 3)
3. (4 2 1 3 5)
4. (1 3 5 4 2)

※ $S=\{1, 2, 3, 4\}$의 다음 치환이 짝치환인지 홀치환인지를 말하라. [5~10]

5. (1) (4 2 1 3)
6. (1 2 4 3)

7. (1 2 3 4)
8. (3 2 1 4)
9. (1 4 2 3)
10. (2 4 3 1)

※ 행렬식의 정의를 이용하여 다음 행렬식을 구하라. [11~16]

11. $\begin{vmatrix} 2 & -1 \\ 3 & 2 \end{vmatrix}$
12. $\begin{vmatrix} 0 & 3 & 0 \\ 2 & 0 & 0 \\ 0 & 0 & -5 \end{vmatrix}$
13. $\begin{vmatrix} 4 & 2 & 2 & 0 \\ 2 & 0 & 0 & 0 \\ 3 & 0 & 0 & 1 \\ 0 & 0 & 1 & 0 \end{vmatrix}$

14. $\begin{vmatrix} 3 & 4 & 2 \\ 2 & 5 & 0 \\ 3 & 0 & 0 \end{vmatrix}$
15. $\begin{vmatrix} 0 & 0 & -2 \\ 0 & 3 & 0 \\ 4 & 0 & 0 \end{vmatrix}$
16*. $\begin{vmatrix} -4 & 2 & 0 & 0 \\ 2 & 3 & 1 & 0 \\ 3 & 1 & 0 & 2 \\ 1 & 3 & 0 & 3 \end{vmatrix}$

※ $|A|=\begin{vmatrix} a_1 & a_2 & a_3 \\ b_1 & b_2 & b_3 \\ c_1 & c_2 & c_3 \end{vmatrix}=-4$ 일 때, 다음 행렬의 행렬식을 구하라. [17~20]

17. $B=\begin{vmatrix} a_3 & a_2 & a_1 \\ b_3 & b_2 & b_1 \\ c_3 & c_2 & c_1 \end{vmatrix}$
18. $C=\begin{vmatrix} a_1 & a_2 & a_3 \\ b_1 & b_2 & b_3 \\ 2c_1 & 2c_2 & 2c_3 \end{vmatrix}$

19. $D=\begin{vmatrix} a_1 & -b_1 & c_1 \\ a_2 & -b_2 & c_2 \\ a_3 & -b_3 & c_3 \end{vmatrix}$
20. $E=\begin{vmatrix} a_1 & a_2 & a_3 \\ b_1+4c_1 & b_2+4c_2 & b_3+4c_3 \\ c_1 & c_2 & c_3 \end{vmatrix}$

※ 다음 행렬식을 구하라. [21~28]

21. $\begin{vmatrix} 4 & -3 & 5 \\ 5 & 2 & 0 \\ 2 & 0 & 4 \end{vmatrix}$
22. $\begin{vmatrix} -3 & 1 & 14 \\ 0 & 1 & 6 \\ 2 & -3 & 4 \end{vmatrix}$

23. $\begin{vmatrix} 4 & 100 & -3 \\ 10 & -4 & 10 \\ 92 & 0 & -25 \end{vmatrix}$
24*. $\begin{vmatrix} 10 & 2 & -3 \\ -3 & 3 & 21 \\ 0 & -5 & 14 \end{vmatrix}$

25. $\begin{vmatrix} 2 & 0 & 1 & 4 \\ 3 & 2 & -4 & -2 \\ 2 & 3 & -1 & 0 \\ 11 & 8 & -4 & 6 \end{vmatrix}$
26*. $\begin{vmatrix} 4 & 2 & 3 & -4 \\ 3 & -2 & 1 & 5 \\ -2 & 0 & 1 & -3 \\ 8 & -2 & 6 & 4 \end{vmatrix}$

27. $\begin{vmatrix} 1 & 3 & 1 & 5 & 3 \\ -2 & -7 & 0 & -4 & 2 \\ 0 & 0 & 1 & 0 & 1 \\ 0 & 0 & 2 & 1 & 1 \\ 0 & 0 & 0 & 1 & 1 \end{vmatrix}$
28*. $\begin{vmatrix} 2 & 4 & -6 & 3 & 5 \\ -6 & 16 & 15 & 4 & -6 \\ 0 & 14 & 12 & 9 & 5 \\ -4 & 0 & 22 & 6 & -8 \\ 4 & -4 & 15 & 8 & 10 \end{vmatrix}$

(*참고: http://math.skku ac.kr/algebra/mshm/에서 Hlinprac.exe 프로그램을 내려받아 이용하기 바람).

※ 다음 방정식을 풀어라. [29~30]

29. $\begin{vmatrix} 1 & 1 & 1 \\ 1 & x & 2 \\ 1 & x^2 & 4 \end{vmatrix}=0$

30. $\begin{vmatrix} 2 & -1 & 0 \\ 5 & x & -1 \\ -3 & 0 & x \end{vmatrix}=0$

※ 다음 등식이 성립함을 보여라. [31~34]

31. $\begin{vmatrix} 1 & 1 & 1 \\ a & b & c \\ a^2 & b^2 & c^2 \end{vmatrix}=(b-a)(c-a)(c-b)$

32. $\begin{vmatrix} 1+x & 1 & 1 & 1 \\ 1 & 1-x & 1 & 1 \\ 1 & 1 & 1+y & 1 \\ 1 & 1 & 1 & 1-y \end{vmatrix}=x^2y^2$

33. $\begin{vmatrix} a & b & c & d \\ b & c & d & a \\ c & d & a & b \\ d & a & b & c \end{vmatrix}=(a+b+c+d)(b-a+d-c)\begin{vmatrix} 0 & 1 & -1 & 1 \\ 1 & c & d & a \\ 1 & d & a & b \\ 1 & a & b & c \end{vmatrix}$

34. $\begin{vmatrix} 1 & 1 & 1 & 1 \\ a & b & c & d \\ a^2 & b^2 & c^2 & d^2 \\ a^3 & b^3 & c^3 & d^3 \end{vmatrix}=(b-a)(c-a)(d-a)(c-b)(d-b)(d-c)$

※ A가 n차의 정사각행렬이고 $|A|=-4$일 때, 다음을 구하라. [35~38]

35. $|A^2|$

36. $|A^{-1}|$

37. $|2A|$

38. $|(2A)^{-1}|$

39. A가 정사각행렬이고 $A^2=A$이면 $|A|=0$ 또는 $|A|=1$임을 보여라.

40. 정사각행렬 A가 $A^T=A^{-1}$를 만족하면 A의 행렬식은 1 또는 -1임을 보여라.

41. 두 정사각행렬 A, B가 가역인 행렬 P에 대하여 $A=P^{-1}BP$를 만족하면 $|A|=|B|$임을 보여라.

2.2 여인자 전개와 행렬식의 응용

이 절에서는 행렬식을 직접 계산하는 데 편리하고 이론적으로도 중요한 방법을 알아본다. 그리고 이 방법의 응용으로 역행렬을 계산하는 공식과 연립일차방정식의 해를 구하는 공식을 소개한다.

정의

정사각행렬 $A=[a_{ij}]$의 i행과 j열을 제거하여 만든 부분행렬을 $A(i|j)$라 하고 그의 행렬식 $|A(i|j)|$를 a_{ij}의 **소행렬식**(minor)이라 한다. 또

$$A_{ij}=(-1)^{i+j}|A(i|j)|$$

를 a_{ij}의 **여인자**(cofactor)라고 한다.

정의

n차의 정사각행렬 $A=[a_{ij}]$의 성분 a_{ij}의 여인자를 A_{ij}라 할 때, 행렬 $[A_{ij}]^T$를 A의 **수반행렬**(adjoint matrix)이라 하고, $\text{adj}\,A$로 나타낸다. 즉

$$\begin{aligned}\text{adj}\,A &= \begin{bmatrix} A_{11} & A_{21} & \cdots & A_{n1} \\ A_{12} & A_{22} & \cdots & A_{n2} \\ \vdots & \vdots & & \vdots \\ A_{1n} & A_{2n} & \cdots & A_{nn} \end{bmatrix} \\ &= \begin{bmatrix} A_{11} & A_{12} & \cdots & A_{1n} \\ A_{21} & A_{22} & \cdots & A_{2n} \\ \vdots & \vdots & & \vdots \\ A_{n1} & A_{n2} & \cdots & A_{nm} \end{bmatrix}^T \\ &= [A_{ij}]^T\end{aligned}$$

[예제 1] 행렬

$$A=\begin{bmatrix}3 & 1 & -4\\ 2 & 5 & 6\\ 1 & 4 & 8\end{bmatrix}$$

이라 할 때, a_{11}의 소행렬식은

$$|A(1|1)|=\begin{vmatrix}3 & 1 & -4\\ 2 & 5 & 6\\ 1 & 4 & 8\end{vmatrix}=\begin{vmatrix}5 & 6\\ 4 & 8\end{vmatrix}=16$$

이고, a_{11}의 여인자는

$$A_{11}=(-1)^{1+1}|A(1|1)|=16$$

이다. 같은 방법으로, a_{32}의 소행렬식은

$$|A(3|2)|=\begin{vmatrix}3 & 1 & -4\\ 2 & 5 & 6\\ 1 & 4 & 8\end{vmatrix}=\begin{vmatrix}3 & -4\\ 2 & 6\end{vmatrix}=26$$

이고, a_{32}의 여인자는 다음과 같다.

$$A_{32}=(-1)^{3+2}|A(3|2)|=-26$$ ∎

[예제 2] 다음 행렬의 $\mathrm{adj}A$를 구하라.

$$A=\begin{bmatrix}3 & -2 & 1\\ 5 & 6 & 2\\ 1 & 0 & -3\end{bmatrix}$$

풀이 행렬 A의 각 성분의 여인자는 각각 다음과 같다.

$$A_{11}=(-1)^{1+1}\begin{vmatrix}6 & 2\\ 0 & -3\end{vmatrix}=-18$$

$$A_{12}=(-1)^{1+2}\begin{vmatrix}5 & 2\\ 1 & -3\end{vmatrix}=17$$

$$A_{13}=(-1)^{1+3}\begin{vmatrix}5 & 6\\ 1 & -0\end{vmatrix}=-6$$

$$A_{21}=(-1)^{2+1}\begin{vmatrix}-2 & 1\\ 0 & -3\end{vmatrix}=-6$$

$$A_{22}=(-1)^{2+2}\begin{vmatrix}3 & 1\\ 1 & -3\end{vmatrix}=-10$$

$$A_{23}=(-1)^{2+3}\begin{vmatrix}3 & -2\\ 1 & 0\end{vmatrix}=-2$$

$$A_{31}=(-1)^{3+1}\begin{vmatrix}-2 & 1\\ 6 & 2\end{vmatrix}=-10$$

$$A_{32}=(-1)^{3+2}\begin{vmatrix}3 & 1\\ 5 & 2\end{vmatrix}=-1$$

$$A_{33}=(-1)^{3+3}\begin{vmatrix}3 & -2\\ 5 & 6\end{vmatrix}=28$$

$$\therefore\ \mathrm{adj}A=\begin{bmatrix}-18 & -6 & -10\\ 17 & -10 & -1\\ -6 & -2 & 28\end{bmatrix}$$ ■

3차의 정사각행렬

$$A=\begin{bmatrix}a_{11} & a_{12} & a_{13}\\ a_{21} & a_{22} & a_{23}\\ a_{31} & a_{32} & a_{33}\end{bmatrix}$$

의 행렬식은

$$\begin{aligned}|A|=&a_{11}a_{22}a_{33}+a_{12}a_{23}a_{31}+a_{13}a_{21}a_{32}\\ &-a_{13}a_{22}a_{31}-a_{12}a_{21}a_{33}-a_{11}a_{23}a_{32}\end{aligned}$$

임을 알고 있다. 이것은 다음과 같이 쓸 수도 있다.

$$\begin{aligned}|A|=&a_{11}(a_{22}a_{33}-a_{23}a_{32})+a_{21}(a_{13}a_{32}-a_{12}a_{33})\\ &+a_{31}(a_{12}a_{23}-a_{13}a_{22})\end{aligned}$$

그런데 이 식의 우변의 괄호 속이 각각 여인자 A_{11}, A_{21}, A_{31}과 같으므로 다음이 성립한다.

$$|A| = a_{11}A_{11} + a_{21}A_{21} + a_{31}A_{31} \qquad \cdots (1)$$

식 (1)에 의하여 A의 1열의 성분과 그 성분의 여인자를 곱하여 더한 것은 $|A|$와 같음을 알 수 있다. $|A|$을 계산한 이와 같은 방법을 행렬 A의 **1열에 관한 여인자 전개** (cofactor expansion)라 한다. 이것은 임의의 열에 대하여도 성립하며, 임의의 행에 대하여도 유사한 전개식이 성립한다.

[예제 3] 예제 2의 행렬 A의 행렬식을 1열에 관한 여인자 전개를 이용하여 구하라.

풀이 위의 식 (1)로부터

$$\begin{aligned} |A| &= a_{11}A_{11} + a_{21}A_{21} + a_{31}A_{31} \\ &= 3(-18) + 5(-6) + (1)(-10) \\ &= -94 \end{aligned}$$

■

이제 예제 2의 행렬 A에 대하여 $A \cdot \mathrm{adj} A$를 구하여 보자.

$$\begin{aligned} A \cdot \mathrm{adj} A &= \begin{bmatrix} 3 & -2 & 1 \\ 5 & 6 & 2 \\ 1 & 0 & -3 \end{bmatrix} \begin{bmatrix} A_{11} & A_{12} & A_{13} \\ A_{21} & A_{22} & A_{23} \\ A_{31} & A_{32} & A_{33} \end{bmatrix}^T \\ &= \begin{bmatrix} 3 & -2 & 1 \\ 5 & 6 & 2 \\ 1 & 0 & -3 \end{bmatrix} \begin{bmatrix} A_{11} & A_{21} & A_{31} \\ A_{12} & A_{22} & A_{32} \\ A_{13} & A_{23} & A_{33} \end{bmatrix} \\ &= \begin{bmatrix} 3 & -2 & 1 \\ 5 & 6 & 2 \\ 1 & 0 & -3 \end{bmatrix} \begin{bmatrix} -18 & -6 & -10 \\ 17 & -10 & -1 \\ -6 & -2 & 28 \end{bmatrix} \\ &= \begin{bmatrix} -94 & 0 & 0 \\ 0 & -94 & 0 \\ 0 & 0 & -94 \end{bmatrix} = -94 \cdot I_3 \\ &= |A|\, I_3 \end{aligned}$$

이것은 임의의 3차의 정사각행렬 $A=[a_{ij}]$에 대하여도 성립한다. 즉

$$A\cdot\operatorname{adj}A=\begin{bmatrix}\sum_{k=1}^{3}a_{1k}A_{1k} & \sum_{k=1}^{3}a_{1k}A_{2k} & \sum_{k=1}^{3}a_{1k}A_{3k}\\ \sum_{k=1}^{3}a_{2k}A_{1k} & \sum_{k=1}^{3}a_{2k}A_{2k} & \sum_{k=1}^{3}a_{2k}A_{3k}\\ \sum_{k=1}^{3}a_{3k}A_{1k} & \sum_{k=1}^{3}a_{3k}A_{2k} & \sum_{k=1}^{3}a_{3k}A_{3k}\end{bmatrix}$$

$$=\begin{bmatrix}|A| & 0 & 0\\ 0 & |A| & 0\\ 0 & 0 & |A|\end{bmatrix}=|A|\cdot I_3$$

이것으로부터

$$\sum_{k=1}^{3}a_{ik}A_{jk}=\begin{cases}|A| & (i=j)\\ 0 & (i\neq j)\end{cases}$$

임을 알 수 있다.

[예제 4] 행렬

$$A=\begin{bmatrix}3 & 1 & 0\\ -2 & -4 & 3\\ 5 & 4 & -2\end{bmatrix}$$

일 때 $a_{31}A_{11}+a_{32}A_{12}+a_{33}A_{13}=0$ 임을 보여라.

풀이 $A_{11}=-4,\ A_{12}=11,\ A_{13}=12$ 이므로

$$a_{31}A_{11}+a_{32}A_{12}+a_{33}A_{13}=5(-4)+4(11)+(-2)12=0$$ ■

일반적으로 n차의 정사각행렬 $A=[a_{ij}]$에 대하여도 다음이 성립한다.

$$\sum_{k=1}^{n}a_{ik}A_{jk}=\begin{cases}|A| & (i=j)\\ 0 & (i\neq j)\end{cases}$$

따라서 n차의 정사각행렬 $A=[a_{ij}]$의 행렬식은 Laplace 여인자 전개라고 불리는 다음 정리를 이용하여 구할 수 있다.

정리 2.11 A가 n차의 정사각행렬일 때 i, $j(1\leq i\leq n,\ 1\leq j\leq n)$에 대하여 다음이 성립한다.

$$|A|=a_{i1}A_{i1}+a_{i2}A_{i2}+\cdots+a_{in}A_{in},$$

(i행에 관한 여인자 전개)

$$|A|=a_{1j}A_{1j}+a_{2j}A_{2j}+\cdots+a_{nj}A_{nj}$$

(j열에 관한 여인자 전개)

[예제 5] A를 예제 2에서 주어진 행렬이라 할 때, A의 3행에 관한 여인자 전개를 이용하여 $|A|$를 계산하여라.

풀이 $|A|=a_3A_{31}+a_{32}A_{32}+a_{33}A_{33}$ 이므로

$$\begin{vmatrix}3 & -2 & 1\\ 5 & 6 & 2\\ 1 & 0 & -3\end{vmatrix}=1\begin{vmatrix}-2 & 1\\ 6 & 2\end{vmatrix}+0\begin{vmatrix}3 & 1\\ 5 & 2\end{vmatrix}+(-3)\begin{vmatrix}3 & -2\\ 5 & 6\end{vmatrix}$$

$$=1(-10)+0(1)+(-3)(28)=-94$$

이 값은 예제 2의 결과와 일치한다. ■

예제 5에서 알 수 있듯이 전개할 행(또는 열)의 성분이 0이면 그 여인자는 계산할 필요가 없다. 따라서 될 수 있는 한 0을 많이 포함하고 있는 행(또는 열)에 대한 여인자 전개를 이용하면 행렬식을 쉽게 구할 수 있다. 또한 여인자 전개만 이용하는 것보다 행렬식의 기본 성질을 함께 이용하면 편리하다.

[예제 6] 다음 행렬의 행렬식을 여인자 전개를 이용하여 구하라.

$$A=\begin{bmatrix} 3 & 5 & -2 & 6 \\ 1 & 2 & -1 & 1 \\ 2 & 4 & 1 & 5 \\ 3 & 7 & 5 & 3 \end{bmatrix}$$

풀이 2행의 (-2)배를 3행에 더하고, 2행의 (-3)배를 1행과 4행에 각각 더하면

$$|A|=\begin{vmatrix} 0 & -1 & 1 & 3 \\ 1 & 2 & -1 & 1 \\ 0 & 0 & 3 & 3 \\ 0 & 1 & 8 & 0 \end{vmatrix}$$

이것을 1열에 관하여 여인자 전개하면

$$|A|=0+(1)(-1)^{2+1}\begin{vmatrix} -1 & 1 & 3 \\ 0 & 3 & 3 \\ 1 & 8 & 0 \end{vmatrix}+0+0$$
$$=(-1)[0+0+3-9+24-0]=-18$$

■

정리 2.12

> n차의 정사각행렬 A가 가역일 때, A의 역행렬은 다음과 같다.
>
> $$A^{-1}=\frac{1}{|A|}\operatorname{adj}A$$

증명

$$A\cdot(\operatorname{adj}A)=\begin{bmatrix} a_{11} & a_{12} & \cdots & a_{1n} \\ a_{21} & a_{22} & \cdots & a_{2n} \\ \vdots & \vdots & & \vdots \\ a_{i1} & a_{i2} & \cdots & a_{in} \\ \vdots & \vdots & & \vdots \\ a_{n1} & a_{n2} & \cdots & a_{nn} \end{bmatrix}\begin{bmatrix} A_{11} & A_{21} & \cdots & A_{j1} & \cdots & A_{n1} \\ A_{12} & A_{22} & \cdots & A_{j2} & \cdots & A_{n2} \\ \vdots & \vdots & & \vdots & \vdots & \\ A_{1n} & A_{2n} & \cdots & A_{jn} & \cdots & A_{nn} \end{bmatrix}$$

이고, $A\cdot(\operatorname{adj}A)$의 $(i,\ j)$ 성분은 다음과 같다.

$$a_{i1}A_{j1}+a_{i2}A_{j2}+\cdots+a_{in}A_{jn} \quad \cdots (2)$$

그런데 $i=j$이면 식 (2)는 A의 i번째 행에 관한 $|A|$의 여인자 전개이고, $i\neq j$이면 A의 i행 성분과 j행 성분의 여인자의 곱을 더한 것이 되므로 0이다. 따라서

$$A\,\mathrm{adj}\,A=\begin{bmatrix} |A| & 0 & \cdots & 0 \\ 0 & |A| & \cdots & 0 \\ \vdots & \vdots & \ddots & \vdots \\ 0 & 0 & 0 & |A| \end{bmatrix}=|A|I_n \quad \cdots (3)$$

이고, 행렬 A가 가역이므로 $|A|\neq 0$이다. 식 (3)을 $|A|$로 나누면 다음을 얻는다.

$$\frac{1}{|A|}[A\,\mathrm{adj}(A)]=I_n \Rightarrow A\left[\frac{1}{|A|}\mathrm{adj}(A)\right]=I_n$$

$$\therefore\ A^{-1}=\frac{1}{|A|}\mathrm{adj}(A)$$ ■

[예제 7] 예제 2 행렬의 역행렬을 구하라.

풀이

$$|A|=\begin{vmatrix} 3 & -2 & 1 \\ 5 & 6 & 2 \\ 1 & 0 & -3 \end{vmatrix}=-94$$

이므로

$$A^{-1}=\frac{1}{|A|}\mathrm{adj}(A)=-\frac{1}{94}\begin{bmatrix} -18 & -6 & -10 \\ 17 & -10 & -1 \\ -6 & -2 & 28 \end{bmatrix}$$

$$=\begin{bmatrix} \frac{18}{94} & \frac{6}{94} & \frac{10}{94} \\ -\frac{17}{94} & \frac{10}{94} & \frac{1}{94} \\ \frac{6}{94} & \frac{2}{94} & -\frac{28}{94} \end{bmatrix}$$ ■

연립일차방정식의 해에 대한 공식을 만들면 실제의 계산은 복잡하더라도 해의 성질을 조사할 때는 매우 유용하다. 다음에 n개의 미지수를 가지는 n개의 일차방정식으로 이루어진 연립방정식의 해를 구하는 공식을 소개한다. 이 공식을 **Cramer 공식**(Cramer's rule)이라 부른다.

정리 2.13

연립방정식

$$\begin{aligned} a_{11}x_1+a_{12}x_2+\cdots+a_{1n}x_n&=b_1 \\ a_{21}x_1+a_{22}x_2+\cdots+a_{2n}x_n&=b_2 \\ \vdots \qquad \vdots \qquad\quad \vdots \quad &\quad \vdots \\ a_{n1}x_1+a_{n2}x_2+\cdots+a_{nn}x_n&=b_n \end{aligned}$$

의 계수행렬을 A라 하고

$$X=\begin{bmatrix} x_1 \\ x_2 \\ \vdots \\ x_n \end{bmatrix}, \qquad B=\begin{bmatrix} b_1 \\ b_2 \\ \vdots \\ b_n \end{bmatrix}$$

이라 하면, 이 연립방정식은 $AX=B$로 나타낼 수 있다. 이 때 $|A|\neq 0$이면 연립방정식은 유일한 해

$$x_1=\frac{|M_1|}{|A|}, \quad x_2=\frac{|M_2|}{|A|}, \ldots, x_n=\frac{|M_n|}{|A|}$$

을 갖는다. 여기서 $M_j(j=1, 2, \ldots, n)$는 A의 j열을 B로 바꾼 행렬이다.

증명 $|A|\neq 0$이므로 A는 가역이다. 따라서 연립방정식 $AX=B$는 유일한 해 $X=A^{-1}B$를 갖는다. 그런데

$$A^{-1}=\frac{1}{|A|}\operatorname{adj}A$$

이므로 다음이 성립한다.

$$X=\left(\frac{1}{|A|}\operatorname{adj}A\right)B=\frac{1}{|A|}\begin{bmatrix} A_{11} & A_{21} & \cdots & A_{n1} \\ A_{12} & A_{22} & \cdots & A_{n2} \\ \vdots & \vdots & & \vdots \\ A_{1j} & A_{2j} & \cdots & A_{nj} \\ \vdots & \vdots & & \vdots \\ A_{1n} & A_{2n} & \cdots & A_{nn} \end{bmatrix}\begin{bmatrix} b_1 \\ b_2 \\ \vdots \\ b_n \end{bmatrix}$$

따라서 X의 j행의 성분은

$$x_j=\frac{b_1A_{1j}+b_2A_{2j}+\cdots+b_n A_{nj}}{|A|}$$

이다. 그런데 $a_{1j}A_{1j}+a_{2j}A_{2j}+\cdots+a_{nj}A_{nj}=|A|$이므로 A의 j열을 B로 바꾼 행렬을 M_j라 하면 다음을 얻는다.

$$x_j=\frac{|M_j|}{|A|}\ (j=1,\ 2,\ \ldots,\ n)$$ ■

[예제 8] Cramer 공식을 이용하여 다음 연립방정식을 풀어라.

$$\begin{aligned} -2x_1+3x_2-x_3&=1 \\ x_1+2x_2-x_3&=4 \\ -2x_1-\ x_2+x_3&=-3 \end{aligned}$$

풀이 계수행렬을 A라 하면

$$|A|=\begin{vmatrix} -2 & 3 & -1 \\ 1 & 2 & -1 \\ -2 & -1 & 1 \end{vmatrix}=-2,$$

$$|M_1|=\begin{vmatrix} 1 & 3 & -1 \\ 4 & 2 & -1 \\ -3 & -1 & 1 \end{vmatrix}=-4,$$

$$|M_2|=\begin{vmatrix} -2 & 1 & -1 \\ 1 & 4 & -1 \\ -2 & -3 & 1 \end{vmatrix}=-6,$$

$$|M_3|=\begin{vmatrix}-2 & 3 & 1\\ 1 & 2 & 4\\ -2 & -1 & -3\end{vmatrix}=-8$$

이므로

$$x_1=\frac{|M_1|}{|A|}=\frac{-4}{-2}=2$$

$$x_2=\frac{|M_2|}{|A|}=\frac{-6}{-2}=3$$

$$x_3=\frac{|M_3|}{|A|}=\frac{-8}{-2}=4$$

■

[예제 9] Cramer 공식을 이용하여 다음 동차연립방정식을 풀어라.

$$-2x_1+3x_2-x_3=0$$

$$x_1+2x_2-x_3=0$$

$$-2x_1-x_2+x_3=0$$

풀이 예제 8에서 $|A|=-2$ 이고, 행렬 M_1, M_2, M_3는 모두 0인 열을 포함하고 있으므로

$$|M_1|=|M_2|=|M_3|=0$$

따라서 구하는 해는

$$x_1=x_2=x_3=0$$

■

위 예제에서 보듯이 A가 n차의 정사각행렬일 때, $|A|\neq 0$ 이면 동차연립방정식 $AX=O$는 자명한 해를 갖는다. 일반적으로 $AX=O$가 자명한 해를 가질 필요충분조건은 $|A|\neq 0$ 이다.

n개의 미지수를 갖는 n개의 일차방정식으로 이루어진 연립방정식을 Cramer 공식으로 풀 때는 n차의 행렬식을 $(n+1)$개나 계산하여야 하므로 n이 3보다 큰 경우에는 실

용적이라 할 수 없다. 이와 같은 경우에는 Gauss 소거법을 사용하는 것이 편리함은 말할 것도 없다. 그러나 Cramer 공식의 장점은 행렬식만을 이용하여 연립방정식의 해를 직접 구할 수 있고, 특정한 미지수의 값을 바로 찾을 수 있다는 것이다. 이외에도 행렬식의 응용으로 다음과 같은 것을 들 수 있다.

[예제 10] 서로 다른 두 점 (x_1, y_1), (x_2, y_2)를 지나는 직선의 방정식은 다음과 같음을 보여라.

$$\begin{vmatrix} 1 & x & y \\ 1 & x_1 & y_1 \\ 1 & x_2 & y_2 \end{vmatrix} = 0$$

풀이 위 식에 $x=x_1$, $y=y_1$. 또 $x=x_2$, $y=y_2$를 대입하면 등식이 성립하므로 위 식은 두 점을 지나는 직선의 방정식이다. ■

예제 10에서와 마찬가지로 서로 다른 세 점 (x_1, y_1, z_1), (x_2, y_2, z_2), (x_3, y_3, z_3)를 지나는 평면의 방정식은 다음과 같다.

$$\begin{vmatrix} 1 & x & y & z \\ 1 & x_1 & y_1 & z_1 \\ 1 & x_2 & y_2 & z_2 \\ 1 & x_3 & y_3 & z_3 \end{vmatrix} = 0$$

이제, n개의 미지수를 가지는 n개의 일차방정식으로 이루어진 연립일차방정식과 그것의 계수행렬, 또 행렬식 사이의 관계에 대한 다음 정리를 증명 없이 소개하면서 이 절을 마친다.

정리 2.14

A가 n차의 정사각행렬일 때, 다음은 동치이다.

(1) A는 가역이다.

(2) 모든 $n\times1$행렬 B에 대하여 연립일차방정식 $AX=B$가 유일한 해를 갖는다.

(3) 동차연립일차방정식 $AX=O$가 자명한 해만 갖는다.

(4) A와 I_n은 행동치이다.

(5) $|A|\neq0$

연습문제 2.2

1. 행렬 $A=\begin{bmatrix}1&0&-2\\3&1&4\\5&2&-3\end{bmatrix}$의 여인자를 모두 구하라.

2. 행렬 $A=\begin{bmatrix}1&0&3&0\\2&1&4&-1\\3&2&4&0\\0&3&-1&0\end{bmatrix}$에 대하여 다음을 모두 구하라.

   (1) 2행에 있는 성분의 여인자　　　(2) 3열에 있는 성분의 여인자

※ 문제 1에서 주어진 행렬 A에 대하여 다음 행 또는 열에 관한 여인자 전개를 이용하여 $|A|$의 값을 구하라. [3~4]

3. (1) 1행　　　(2) 2열

4. (1) 3행　　　(2) 3열

※ 다음 행렬의 행렬식을 여인자 전개를 이용하여 구하라. [5~12]

5. $\begin{bmatrix}1&2&3\\-1&5&2\\3&2&0\end{bmatrix}$

6. $\begin{bmatrix}0&6&0\\8&6&8\\3&2&2\end{bmatrix}$

7. $\begin{bmatrix}4&-2&0\\0&2&4\\-1&-1&-3\end{bmatrix}$

8. $\begin{bmatrix}k-1&2&3\\2&k-3&4\\3&4&k-4\end{bmatrix}$

9. $\begin{bmatrix}4&-4&2&1\\1&2&0&3\\2&0&3&4\\0&-3&2&1\end{bmatrix}$

10. $\begin{bmatrix}2&2&-3&1\\0&1&2&-1\\3&-1&4&1\\2&3&0&0\end{bmatrix}$

11. $\begin{bmatrix} 0 & 0 & -1 & 3 \\ 0 & 1 & 2 & 1 \\ 2 & -2 & 5 & 2 \\ 3 & 3 & 0 & 0 \end{bmatrix}$

12. $\begin{bmatrix} 4 & 3 & 1 & 9 & 2 \\ 0 & 3 & 2 & 4 & 2 \\ 0 & 3 & 4 & 6 & 4 \\ 1 & -1 & 2 & 2 & 2 \\ 0 & 0 & 3 & 3 & 3 \end{bmatrix}$

※ 정리 2.12를 이용하여 다음 행렬의 역행렬을 구하라. [13~14]

13. $\begin{bmatrix} 1 & 0 & 1 \\ -1 & 3 & 0 \\ 1 & 0 & 2 \end{bmatrix}$

14. $\begin{bmatrix} 2 & -4 & 6 \\ 0 & 1 & -1 \\ 0 & 0 & 2 \end{bmatrix}$

※ 다음 연립일차방정식을 Cramer 공식을 사용하여 풀어라. [15~20]

15. $\begin{aligned} 15x-4y&=5 \\ 8x+y&=-4 \end{aligned}$

16. $\begin{aligned} x+4y&=3 \\ x+y&=0 \end{aligned}$

17. $\begin{aligned} 2x+4y+6z&=2 \\ x+2z&=0 \\ 2x+3y-z&=-5 \end{aligned}$

18. $\begin{aligned} 8x_1-4x_2+3x_3&=0 \\ x_1+5x_2-x_3&=-5 \\ -2x_1+6x_2+x_3&=-4 \end{aligned}$

19. $\begin{aligned} x+y+z-2w&=-4 \\ 2y+z+3w&=4 \\ 2x+y-z+2w&=5 \\ x-y+w&=4 \end{aligned}$

20. $\begin{aligned} x_3-4x_4+x_5&=1 \\ x_1-x_2+3x_4&=2 \\ x_2-3x_4+5x_5&=-3 \\ x_2+3x_5&=1 \\ x_1-x_2+3x_3&=-4 \end{aligned}$

※ 다음 연립방정식을 만족하는 z를 구하라. [21~22]

21. $\begin{aligned} 4x+5y&=2 \\ 11x+y+2z&=3 \\ x+5y+2z&=1 \end{aligned}$

22. $\begin{aligned} 2x-y+z-4w&=-32 \\ 7x+2y+9z-w&=14 \\ 3x-y+z+w&=11 \\ x+y-4z-2w&=-4 \end{aligned}$

23. 두 점 $(-1, 11)$, $(2, -10)$을 지나는 직선의 방정식을 행렬식을 이용하여 구하라.

24. 서로 다른 세 점 (x_1, y_1), (x_2, y_2), (x_3, y_3)을 지나는 곡선의 방정식 $y+ax^2+bx+c=0$은 다음과 같음을 보여라.

$$\begin{vmatrix} y & x^2 & x & 1 \\ y_1 & x_1^2 & x_1 & 1 \\ y_2 & x_2^2 & x_2 & 1 \\ y_3 & x_3^2 & x_3 & 1 \end{vmatrix}=0$$

25. 세 점 $(1, 3)$, $(2, 3)$, $(3, 5)$를 지나는 곡선의 방정식 $y=ax^2+bx+c$의 계수 a, b, c를 행렬식을 이용하여 구하라.

3

벡 터

*3.1 공간벡터
*3.2 벡터의 외적
*3.3 직선과 평면의 방정식
3.4 n차원벡터

우리 주위에는 온도, 시간, 길이, 높이 등과 같이 수(number)를 가지고 완전히 나타낼 수 있는 "크기"만을 가지는 양이 있는가 하면 "크기"와 "방향"을 둘 다 가지는 양도 있다. 예를 들어, 크기만을 가지고 "배가 10km로 항해한다"하면 이 배가 어디로 가는지를 알 수 없다. 그래서 방향까지를 설정하여 "배가 남쪽을 향해 10km로 항해한다"고 해야 이 배가 항해하는 것을 완전히 나타낼 수 있다. 이 때 크기만 가지는 양을 스칼라(scalar)라 하고 크기와 방향 모두를 가지는 양을 벡터(vector)라 한다. 우리는 3차원공간에서 이러한 벡터의 기본성질을 알아보고 $\mathbf{R}^n$으로 확장한다.

*3.1 공간벡터

우리들이 일상 사용하는 물리적인 양 중에는 길이, 넓이, 질량, 온도와 같이 그 양의 크기만 주어지면 완전히 표시되는 **스칼라**(scalar)와 힘, 속도와 같이 크기뿐만 아니라 방향까지 지정하지 않으면 완전히 표현할 수 없는 **벡터**(vector)가 있다. 앞으로 특별한 언급이 없는 한 스칼라는 실수로 제한한다. 따라서 k가 스칼라이면

$$k \in \mathbf{R}$$

로 나타낸다. 또한 2차원, 3차원 공간의 벡터는 기하학적으로 유향선분으로써 표현할 수 있다. 이 때 유향선분의 화살표에 의하여 벡터의 방향을 지정하고 그 길이에 의하여 크기를 나타낸다. 이 경우 유향선분의 출발점을 **처음점**(initial point)이라 하고 유향선분의 종점을 **끝점**(terminal point)이라고 한다.

그림 3.1(a)와 같이 $\mathbf{x}$를 처음점이 A이고 끝점이 B인 벡터라 하면

$$\mathbf{x} = \overrightarrow{AB}$$

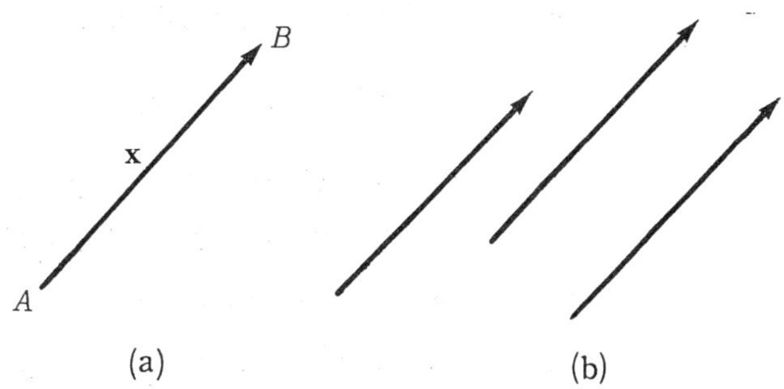

그림 3.1

로 나타낸다. 벡터는 크기와 방향에 의해서만 정의되므로 그림 3.1(b)와 같이 크기와 방향이 각각 같은 벡터는 처음점에 관계없이 모두 동일시한다. 즉 한 벡터를 평행이동하여 얻은 벡터는 모두 같은 것으로 여긴다는 것이다.

정의

두 벡터 $\mathbf{x}$, $\mathbf{y}$와 스칼라 k에 대하여 두 벡터의 합 $\mathbf{x}+\mathbf{y}$와 k에 의한 $\mathbf{x}$의 스칼라배 $k\mathbf{x}$를 다음과 같이 정의한다.

(i) $\mathbf{x}+\mathbf{y}$는 $\mathbf{x}$, $\mathbf{y}$에 의하여 결정되는 평행사변형의 대각선으로 표시되는 벡터이다(그림 3.2(a)).

(ii) $k\mathbf{x}$는 $k>0$이면 $\mathbf{x}$와 방향이 같으면서 길이는 k배 하여 얻는 벡터이고, $k<0$이면 $\mathbf{x}$와 방향이 반대이면서 길이는 $|k|$배 하여 얻는 벡터이다(그림 3.2(b)). 또한 $k=0$이면 $k\mathbf{x}$는 길이가 0인 벡터이다.

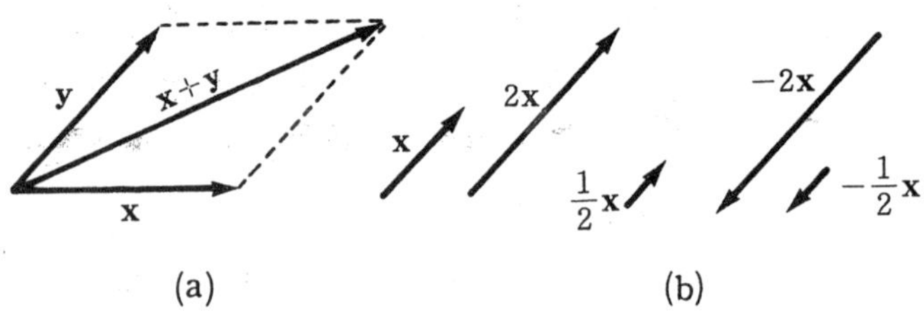

그림 3.2

이러한 3차원공간의 벡터는 직교좌표계를 사용하여 쉽게 다룰 수 있다. 직교좌표계에서 좌표공간 $\mathbf{R}^3$은 모든 세 실수의 순서조 (x_1, x_2, x_3)의 집합, 즉

$$\mathbf{R}^3=\{(x_1, x_2, x_3)\,|\,x_1, x_2, x_3\in\mathbf{R}\}$$

이제 공간상의 벡터 $\mathbf{x}=\overrightarrow{AB}$를 평행이동하여 직교좌표계의 원점 $O(0, 0, 0)$를 처음점이 되게 하고 $\mathbf{x}$의 끝점을 $P(x_1, x_2, x_3)$라 하면 벡터 $\overrightarrow{OP}$는 $\overrightarrow{AB}$와 동일시할 수 있다(그림 3.3). 따라서 직교좌표계를 사용하여 공간상의 벡터를 논할 때는

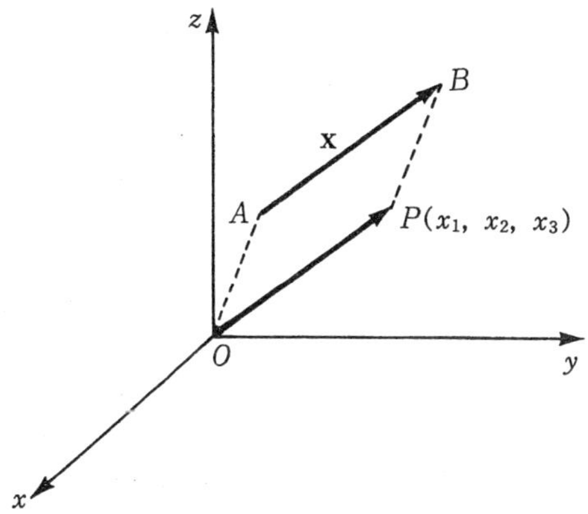

그림 3.3

직교좌표계의 원점을 처음점으로 놓고 벡터를 다루는 것이 편리하다.

직교좌표공간 $\mathbf{R}^3$에서 원점을 처음점으로 갖는 모든 벡터는 끝점에 의해서 크기와 방향이 결정된다. 즉 $\mathbf{R}^3$의 원점 O를 처음점으로 하고 다른 한 점 P를 취할 때 벡터 $\overrightarrow{OP}$는 점 P의 위치에 의하여 결정되고, 역으로 벡터 $\overrightarrow{OP}$가 주어지면 점 P의 위치가 정해진다.

정의

세 실수의 순서조 (x_1, x_2, x_3)를 **공간벡터**(vector in space)라 하고

$$\mathbf{x}=(x_1, x_2, x_3) \text{ 또는 } 3\times1 \text{ 행렬 } \mathbf{x}=\begin{bmatrix} x_1 \\ x_2 \\ x_3 \end{bmatrix}$$

으로 나타낸다. 이 때 실수 x_1, x_2, x_3를 공간벡터 $\mathbf{x}$의 **성분**(component)이라고 한다.

위 정의에서 혼돈할 염려가 없을 때는 공간벡터를 간단히 벡터라 한다.

정의

> $\mathbf{R}^3$의 벡터
>
> $$\mathbf{x}=\begin{bmatrix}x_1\\x_2\\x_3\end{bmatrix},\qquad \mathbf{y}=\begin{bmatrix}y_1\\y_2\\y_3\end{bmatrix}$$
>
> 에 대하여 $x_1=y_1,\ x_2=y_2,\ x_3=y_3$이면 $\mathbf{x}=\mathbf{y}$라 한다.

때로는 $\mathbf{R}^3$에서 처음점이 원점이 아닌 벡터를 다룰 때가 있다. 이 때 원점이 아닌 점 $P(x_1, x_2, x_3)$를 처음점으로, 점 $Q(y_1, y_2, y_3)$를 끝점으로 갖는 유향선분 $\overrightarrow{PQ}$를 y_1-x_1, y_2-x_2, y_3-x_3를 성분으로 갖는 벡터라 한다. 따라서 $\overrightarrow{PQ}$는 처음점이 원점 O이고 끝점이 $Q'(y_1-x_1,\ y_2-x_2,\ y_3-x_3)$인 벡터로 나타낼 수 있다(그림 3.4). 즉

$$\overrightarrow{PQ}=\overrightarrow{OQ'}=(y_1-x_1,\ y_2-x_2,\ y_3-x_3)$$

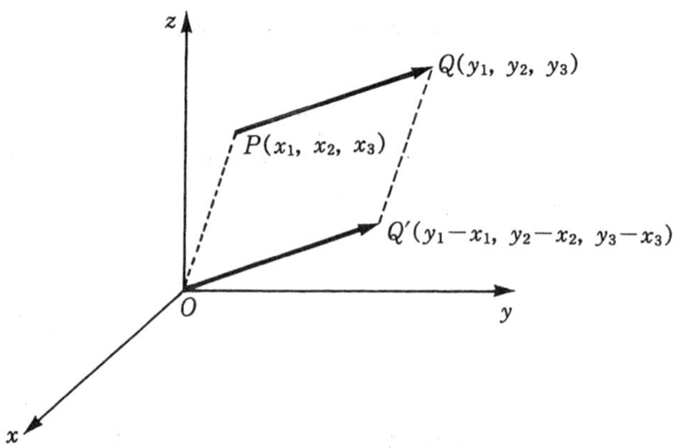

그림 3.4

【예제 1】 $\mathbf{R}^3$의 점 $P_1(0,\ -4,\ 2)$, $P_2(-3,\ 1,\ 0)$, $Q(2,\ 3,\ 4)$, $Q_1(2,\ -1,\ 6)$, $Q_2(-1,\ 4,\ 4)$에 대하여 서로 다른 유향선분 $\overrightarrow{OQ}$, $\overrightarrow{P_1Q_1}$, $\overrightarrow{P_2Q_2}$는 모두 벡터 $(2,\ 3,\ 4)$를 나타내므로 같은 벡터이다(그림 3.5). 즉 $\overrightarrow{P_1Q_1}$, $\overrightarrow{P_2Q_2}$는 $\overrightarrow{OQ}$를 평행이동시킨 것으로 생각할 수 있다.

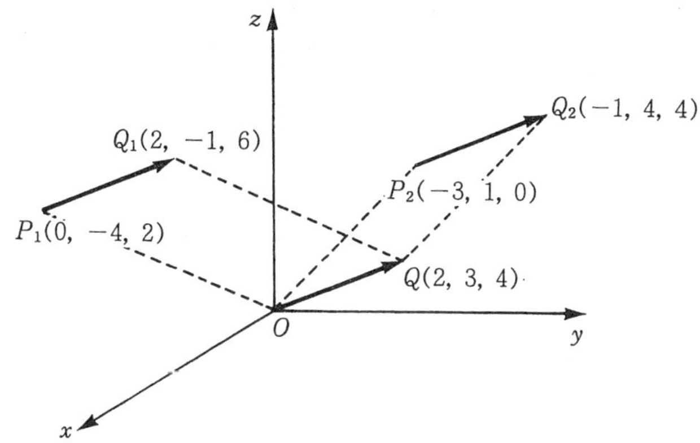

그림 3.5

점 $P(x_1, x_2, x_3)$에 대하여 유향선분 $\overrightarrow{OP}$의 길이(length)를 벡터 $\mathbf{x}=\overrightarrow{OP}$의 **크기**(norm)로 정의하며 $\|\mathbf{x}\|$로 나타낸다. 따라서 피타고라스 정리에 의하여

$$\|\mathbf{x}\|=\sqrt{x_1^2+x_2^2+x_3^2}$$

이다. 특히 처음점이 $P(x_1, x_2, x_3)$이고 끝점이 $Q(y_1, y_2, y_3)$인 벡터 $\overrightarrow{PQ}$의 크기는 다음과 같음을 쉽게 알 수 있다.

$$\|\overrightarrow{PQ}\|=\sqrt{(y_1-x_1)^2+(y_2-x_2)^2+(y_3-x_3)^2}$$

[예제 2] 벡터 $\mathbf{x}=(3, -2, 1)$과 두 점 $P(2, 4, -1)$, $Q(-1, 5, 3)$에 대하여

$$\|\mathbf{x}\|=\sqrt{3^2+(-2)^2+1^2}=\sqrt{14}$$
$$\|\overrightarrow{PQ}\|=\sqrt{(-1-2)^2+(5-4)^2+(3-(-1))^2}=\sqrt{26}$$ ■

정의

$\mathbf{R}^3$의 벡터 $\mathbf{x}=(x_1, x_2, x_3)$, $\mathbf{y}=(y_1, y_2, y_3)$와 스칼라 k에 대하여, 두 벡터의 **합**(vector sum) $\mathbf{x}+\mathbf{y}$와, k에 의한 $\mathbf{x}$의 **스칼라배**(scalar multiple) $k\mathbf{x}$를 다음과 같이 정의한다.

(i) $\mathbf{x}+\mathbf{y}=(x_1+y_1, x_2+y_2, x_3+y_3)$

(ii) $k\mathbf{x}=(kx_1, kx_2, kx_3)$

위 정의에서 $k>0$이면 벡터 $k\mathbf{x}$는 $\mathbf{x}$와 같은 방향이고 $k<0$이면 $\mathbf{x}$와 반대 방향이다. 또한

$$\begin{aligned}\|k\mathbf{x}\| &= \sqrt{(kx_1)^2+(kx_2)^2+(kx_3)^2}\\ &= |k|\sqrt{x_1^2+x_2^2+x_3^2}\\ &= |k|\,\|\mathbf{x}\|\end{aligned}$$

이므로 $k\mathbf{x}$의 크기는 $\mathbf{x}$의 크기에 $|k|$배 한 것과 같다.

모든 성분이 0인 벡터 (0, 0, 0)을 **영벡터**(zero vector)라 하며 $\mathbf{0}$으로 나타낸다. 그러면 임의의 벡터 $\mathbf{x}=(x_1, x_2, x_3)$에 대하여

$$\mathbf{x}+\mathbf{0}=\mathbf{x}, \qquad \mathbf{x}+(-1)\mathbf{x}=\mathbf{0}$$

이 성립함을 쉽게 알 수 있다. 여기서

$$(-1)\mathbf{x}=-\mathbf{x}$$

로 정의하며 $-\mathbf{x}$를 $\mathbf{x}$의 **음벡터**(negative vector)라 한다.

[예제 3] 두 벡터 $\mathbf{x}=(4, -2, 0)$, $\mathbf{y}=(-3, 2, 4)$에 대하여 다음이 성립함을 쉽게 알 수 있다.

$$\begin{aligned}\mathbf{x}+\mathbf{y} &= (4+(-3), -2+2, 0+4)=(1, 0, 4)\\ 3\mathbf{x} &= (3\cdot4, 3\cdot(-2), 3\cdot0)=(12, -6, 0)\\ 2\mathbf{x}-4\mathbf{y} &= (2\cdot4-4\cdot(-3), 2\cdot(-2)-4\cdot2, 2\cdot0-4\cdot4)\\ &= (20, -12, -16)\end{aligned}$$

■

$\mathbf{R}^3$에서 $\mathbf{0}$ 아닌 두 벡터 $\mathbf{x}=(x_1, x_2, x_3)$와 $\mathbf{y}=(y_1, y_2, y_3)$ 사이의 각을 $\theta(0\le\theta\le\pi)$라 하면 코사인 제 2 법칙으로부터

$$\|\mathbf{x}-\mathbf{y}\|^2=\|\mathbf{x}\|^2+\|\mathbf{y}\|^2-2\|\mathbf{x}\|\|\mathbf{y}\|\cos\theta$$

이고

$$\begin{aligned}\|\mathbf{x}-\mathbf{y}\|^2 &= (x_1-y_1)^2+(x_2-y_2)^2+(x_3-y_3)^2 \\ &= (x_1^2+x_2^2+x_3^2)+(y_1^2+y_2^2+y_3^2) \\ &\quad -2(x_1y_1+x_2y_2+x_3y_3) \\ &= \|\mathbf{x}\|^2+\|\mathbf{y}\|^2-2(x_1y_1+x_2y_2+x_3y_3)\end{aligned}$$

이므로

$$\cos\theta=\frac{x_1y_1+x_2y_2+x_3y_3}{\|\mathbf{x}\|\|\mathbf{y}\|}$$

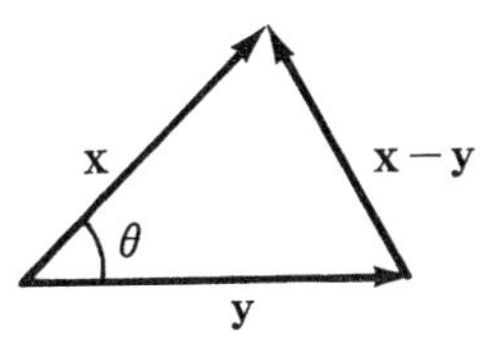

그림 3.6

정의

> $\mathbf{R}^3$의 두 벡터 $\mathbf{x}=(x_1, x_2, x_3)$, $\mathbf{y}=(y_1, y_2, y_3)$에 대하여 실수
>
> $$x_1y_1+x_2y_2+x_3y_3$$
>
> 를 $\mathbf{x}$와 $\mathbf{y}$의 **내적**(inner product 또는 scalar product)이라 하고 $\mathbf{x}\cdot\mathbf{y}$로 나타낸다. 즉
>
> $$\mathbf{x}\cdot\mathbf{y}=x_1y_1+x_2y_2+x_3y_3$$

위 정의로부터 $\mathbf{0}$ 아닌 두 벡터 $\mathbf{x}$, $\mathbf{y}$에 대하여 다음이 성립한다.

$$\cos\theta=\frac{\mathbf{x}\cdot\mathbf{y}}{\|\mathbf{x}\|\|\mathbf{y}\|} \quad \text{또는} \quad \mathbf{x}\cdot\mathbf{y}=\|\mathbf{x}\|\|\mathbf{y}\|\cos\theta$$

이 표현에서 보듯이 벡터의 내적을 이용하여 두 벡터 사이의 각 θ를 구할 수 있다. $\theta=\frac{\pi}{2}$이면 $\mathbf{x}$와 $\mathbf{y}$는 직교한다(orthogonal)고 하며 $\theta=0$이거나 $\theta=\pi$이면 $\mathbf{x}$와 $\mathbf{y}$는 평행하다(parallel)고 한다. 즉

$\mathbf{x}$와 $\mathbf{y}$는 직교한다. $\Leftrightarrow$ $\mathbf{x}\cdot\mathbf{y}=0$

$\mathbf{x}$와 $\mathbf{y}$는 평행하다. $\Leftrightarrow$ $\mathbf{x}=k\mathbf{y}$ 인 $k\in\mathbf{R}$가 존재한다.

영벡터는 모든 벡터와 직교하며 또한 평행하다고 할 수 있다. 특히 내적의 정의로부터 $\mathbf{x}=\mathbf{y}$ 이면

$$\mathbf{x}\cdot\mathbf{x}=x_1^2+x_2^2+x_3^2=\|\mathbf{x}\|^2$$

이므로 다음이 성립한다.

$$\|\mathbf{x}\|=\sqrt{\mathbf{x}\cdot\mathbf{x}}$$

【예제 4】 $\mathbf{x}=(-1, 2, 2)$, $\mathbf{y}=(2, 4, 4)$, $\mathbf{z}=(2, 1, 0)$, $\mathbf{w}=(3, -6, -6)$에 대하여

$$\mathbf{x}\cdot\mathbf{y}=-1\cdot2+2\cdot4+2\cdot4=14$$
$$\|\mathbf{x}\|=\sqrt{(-1)^2+2^2+2^2}=3$$
$$\|\mathbf{y}\|=\sqrt{2^2+4^2+4^2}=6$$

이므로 $\mathbf{x}$와 $\mathbf{y}$ 사이의 각을 θ라 하면

$$\cos\theta=\frac{14}{3\cdot6}=\frac{7}{9}$$

또한

$$\mathbf{x}\cdot\mathbf{z}=-1\cdot2+2\cdot1+2\cdot0=0$$
$$\mathbf{x}=(-1, 2, 2)=-\frac{1}{3}(3, -6, -6)=-\frac{1}{3}\mathbf{w}$$

이므로 $\mathbf{x}$는 $\mathbf{z}$와 직교하고 또한 $\mathbf{w}$와 평행하다. ∎

크기가 1인 벡터를 **단위벡터**(unit vector)라 하며 $\mathbf{0}$ 아닌 벡터 $\mathbf{x}$에 대하여

$$\left\|\frac{\mathbf{x}}{\|\mathbf{x}\|}\right\|=\frac{\|\mathbf{x}\|}{\|\mathbf{x}\|}=1$$

이므로

$$\mathbf{u}=\frac{\mathbf{x}}{\|\mathbf{x}\|}$$

는 항상 $\mathbf{x}$와 같은 방향을 갖는 단위벡터이다.

[예제 5] $\mathbf{x}=(-4,\ 3,\ 2)$에 대하여

$$\mathbf{u}=\frac{\mathbf{x}}{\|\mathbf{x}\|}=\frac{1}{\sqrt{29}}(-4,\ 3,\ 2)=\left(-\frac{4}{\sqrt{29}},\ \frac{3}{\sqrt{29}},\ \frac{2}{\sqrt{29}}\right)$$

는 $\mathbf{x}$와 같은 방향을 갖는 단위벡터이다(그림 3.7). ■

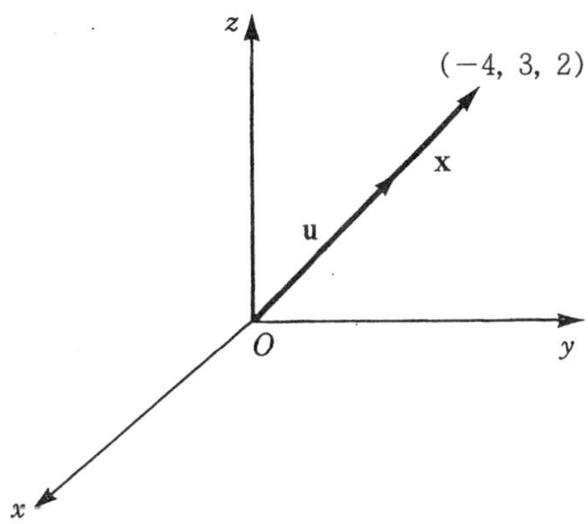

그림 3.7

$\mathbf{R}^3$의 단위벡터 중에서, 특히 세 벡터

$$\mathbf{i}=(1,\ 0,\ 0),\quad \mathbf{j}=(0,\ 1,\ 0),\quad \mathbf{k}=(0,\ 0,\ 1)$$

을 $\mathbf{R}^3$의 기본단위벡터라 한다. 이때

$$\begin{aligned}\mathbf{x}=(x_1,\ x_2,\ x_3)&=x_1(1,\ 0,\ 0)+x_2(0,\ 1,\ 0)+x_3(0,\ 0,\ 1)\\&=x_1\mathbf{i}+x_2\mathbf{j}+x_3\mathbf{k}\end{aligned}$$

이므로, $\mathbf{R}^3$의 임의의 벡터 $\mathbf{x}=(x_1,\ x_2,\ x_3)$는 단위벡터 $\mathbf{i},\ \mathbf{j},\ \mathbf{k}$로 표시할 수 있다(그림 3.8).

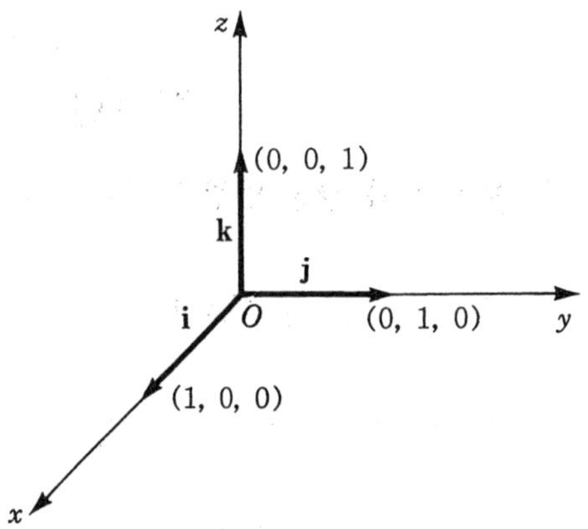

그림 3.8

연습문제 3.1

※ 다음에서 $\mathbf{R}^3$의 벡터 $\mathbf{x}$를 나타내는 유향선분을 그려라. [1~6]

1. $\mathbf{x}=(2, 3, 3)$
2. $\mathbf{x}=(-1, 4, 2)$
3. $\mathbf{x}=2\mathbf{i}-5\mathbf{j}+3\mathbf{k}$
4. $\mathbf{x}=-\mathbf{i}+5\mathbf{k}$
5. $\mathbf{x}=\begin{bmatrix} 4 \\ 2 \\ -3 \end{bmatrix}$
6. $\mathbf{x}=\begin{bmatrix} -2 \\ 3 \\ 1 \end{bmatrix}$

※ 다음에서 $\mathbf{i}, \mathbf{j}, \mathbf{k}$로 표시된 벡터는 3×1 행렬로, 3×1 행렬로 표시된 벡터는 $\mathbf{i}, \mathbf{j}, \mathbf{k}$로 나타내라. [7~10]

7. $\mathbf{x}=-3\mathbf{i}+5\mathbf{j}+2\mathbf{k}$
8. $\mathbf{x}=-7\mathbf{j}+\mathbf{k}$
9. $\mathbf{x}=\begin{bmatrix} 1 \\ 2 \\ 0 \end{bmatrix}$
10. $\mathbf{x}=\begin{bmatrix} -4 \\ 2 \\ -3 \end{bmatrix}$

※ 다음에서 $\mathbf{x}+\mathbf{y}$, $\mathbf{x}-\mathbf{y}$, $3\mathbf{x}$, $\|\mathbf{y}\|$, $\mathbf{x}\cdot\mathbf{y}$를 구하라. [11~16]

11. $\mathbf{x}=(1, 2, -3)$, $\mathbf{y}=(3, 0, 2)$
12. $\mathbf{x}=(-4, 6, -1)$, $\mathbf{y}=(\sqrt{2}, -3, 7)$
13. $\mathbf{x}=2\mathbf{i}+5\mathbf{j}-\mathbf{k}$, $\mathbf{y}=-\mathbf{i}+2\mathbf{j}+\mathbf{k}$
14. $\mathbf{x}=-\mathbf{i}+3\mathbf{j}-2\mathbf{k}$, $\mathbf{y}=8\mathbf{i}-3\mathbf{k}$
15. $\mathbf{x}=\begin{bmatrix} 6 \\ -2 \\ 3 \end{bmatrix}$, $\mathbf{y}=\begin{bmatrix} 0 \\ -1 \\ 0 \end{bmatrix}$
16. $\mathbf{x}=\begin{bmatrix} \sqrt{5} \\ -1 \\ -2 \end{bmatrix}$, $\mathbf{y}=\begin{bmatrix} 3 \\ 9 \\ 7 \end{bmatrix}$

※ 다음에서 두 벡터 $\mathbf{x}$, $\mathbf{y}$ 사이의 각을 θ라 할 때, $\cos\theta$를 구하라. [17~20]

17. $\mathbf{x}=(2, -3, 1)$, $\mathbf{y}=(1, 0, 0)$
18. $\mathbf{x}=(-4, -2, 3)$, $\mathbf{y}=(6, -2, -1)$
19. $\mathbf{x}=\mathbf{i}+\mathbf{j}-2\mathbf{k}$, $\mathbf{y}=\mathbf{i}-3\mathbf{k}$
20. $\mathbf{x}=-5\mathbf{i}+\mathbf{j}-3\mathbf{k}$, $\mathbf{y}=\mathbf{i}-\mathbf{j}+\mathbf{k}$

※ 다음에서 벡터 $\mathbf{x}$와 같은 방향을 갖는 단위벡터를 구하라. [21~23]

21. $\mathbf{x}=(0, -3, 2)$
22. $\mathbf{x}=-3\mathbf{i}-4\mathbf{j}+5\mathbf{k}$
23. $\mathbf{x}=\begin{bmatrix}4\\0\\3\end{bmatrix}$

※ 다음에서 두 점 사이의 거리를 구하라. [24~27]

24. $P(0, 0, 0)$, $Q(2, 3, -1)$
25. $P(2, -1, 5)$, $Q(3, 4, 0)$
26. $P(-1, 2, 1)$, $Q(-3, -4, 2)$
27. $P(1, 1, 1)$, $Q(2, 3, -5)$

※ 다음에서 주어진 벡터에 대하여 물음에 답하라. [28~29]

$\mathbf{x}_1=(1, 2, 3)$, $\mathbf{x}_2=(0, 1, 2)$, $\mathbf{x}_3=(-2, -4, -6)$, $\mathbf{x}_4=(0, 0, 0)$
$\mathbf{x}_5=(-2, 1, 0)$, $\mathbf{x}_6=(2, 4, 6)$, $\mathbf{x}_7=(-6, 6, -2)$, $\mathbf{x}_8=(-4, -2, 1)$

28. 서로 직교하는 것을 모두 찾아라.
29. 서로 평행하는 것을 모두 찾아라.

30. 벡터 $\mathbf{z}$가 $\mathbf{x}$, $\mathbf{y}$와 각각 직교하면 $\mathbf{z}$는 벡터 $a\mathbf{x}+b\mathbf{y}(a, b\in\mathbf{R})$와 직교함을 증명하라.

31. $\mathbf{R}^3$의 임의의 벡터 $\mathbf{x}$에 대하여 다음이 성립함을 증명하라.
$$\mathbf{x}=(\mathbf{x}\cdot\mathbf{i})\mathbf{i}+(\mathbf{x}\cdot\mathbf{j})\mathbf{j}+(\mathbf{x}\cdot\mathbf{k})\mathbf{k}$$

32. 다음의 세 점을 꼭지점으로 갖는 삼각형은 직각삼각형임을 보여라.
$$P(3, 1, 2),\quad Q(7, 0, 1)\quad R(2, 3, -4)$$

*3.2 벡터의 외적

기하학, 물리학, 공학 등에서 벡터를 응용할 때 종종 $\mathbf{R}^3$의 주어진 두 벡터에 동시에 수직인 제3의 벡터를 구하여야 할 때가 있다. $\mathbf{R}^3$에서만 정의되는 벡터의 외적을 이용하면 이 제3의 벡터를 쉽게 구할 수 있다.

정의

$\mathbf{R}^3$의 벡터 $\mathbf{x}=(x_1, x_2, x_3)$, $\mathbf{y}=(y_1, y_2, y_3)$에 대하여 $\mathbf{x}$, $\mathbf{y}$의 외적(cross product 또는 vector product)을 $\mathbf{x}\times\mathbf{y}$로 나타내며 다음과 같이 정의한다.

$$\mathbf{x}\times\mathbf{y}=(x_2y_3-x_3y_2)\mathbf{i}+(x_3y_1-x_1y_3)\mathbf{j}+(x_1y_2-x_2y_1)\mathbf{k}$$

두 벡터 $\mathbf{x}$, $\mathbf{y}$의 외적을 구할 때 $\mathbf{i}=(1, 0, 0)$, $\mathbf{j}=(0, 1, 0)$, $\mathbf{k}=(0, 0, 1)$을 실수와 같이 생각하여 다음과 같은 행렬식을 이용하면 편리하다.

$$\mathbf{x}\times\mathbf{y}=\begin{vmatrix} \mathbf{i} & \mathbf{j} & \mathbf{k} \\ x_1 & x_2 & x_3 \\ y_1 & y_2 & y_3 \end{vmatrix}$$

$$=\begin{vmatrix} x_2 & x_3 \\ y_2 & y_3 \end{vmatrix}\mathbf{i}-\begin{vmatrix} x_1 & x_3 \\ y_1 & y_3 \end{vmatrix}\mathbf{j}+\begin{vmatrix} x_1 & x_2 \\ y_1 & y_2 \end{vmatrix}\mathbf{k}$$

내적은 두 벡터로부터 스칼라를 생성하지만 외적은 두 벡터로부터 새로운 벡터를 생성한다.

[예제 1] $\mathbf{x}=(1, 2, -2)$와 $\mathbf{y}=(3, 0, 1)$에 대하여 $\mathbf{x}\times\mathbf{y}$, $\mathbf{x}\cdot\mathbf{y}$를 각각 구하라.

풀이

$$\mathbf{x}\times\mathbf{y}=\begin{vmatrix}\mathbf{i} & \mathbf{j} & \mathbf{k}\\ 1 & 2 & -2\\ 3 & 0 & 1\end{vmatrix}=2\mathbf{i}-7\mathbf{j}-6\mathbf{k}$$

$$\mathbf{x}\cdot\mathbf{y}=1\cdot 3+2\cdot 0+(-2)\cdot 1=1$$ ■

정리 3.1

벡터 $\mathbf{x}=(x_1, x_2, x_3)$, $\mathbf{y}=(y_1, y_2, y_3)$, $\mathbf{z}=(z_1, z_2, z_3)$에 대하여, 다음 등식이 성립한다.

$$\mathbf{x}\cdot(\mathbf{y}\times\mathbf{z})=\begin{vmatrix}x_1 & x_2 & x_3\\ y_1 & y_2 & y_3\\ z_1 & z_2 & z_3\end{vmatrix}$$

증명

$$\begin{aligned}\mathbf{x}\cdot(\mathbf{y}\times\mathbf{z})&=(x_1, x_2, x_3)\cdot(y_2z_3-y_3z_2, y_3z_1-y_1z_3, y_1z_2-y_2z_1)\\ &=x_1(y_2z_3-y_3z_2)-x_2(y_1z_3-y_3z_1)\\ &\quad +x_3(y_1z_2-y_2z_1)\\ &=\begin{vmatrix}x_1 & x_2 & x_3\\ y_1 & y_2 & y_3\\ z_1 & z_2 & z_3\end{vmatrix}\end{aligned}$$ ■

정리 3.2

$\mathbf{R}^3$의 벡터 $\mathbf{x}$, $\mathbf{y}$에 대하여 다음 등식이 성립한다.

(1) $\mathbf{x}\cdot(\mathbf{x}\times\mathbf{y})=0$

(2) $\mathbf{y}\cdot(\mathbf{x}\times\mathbf{y})=0$

(3) $\|\mathbf{x}\times\mathbf{y}\|^2=\|\mathbf{x}\|^2\|\mathbf{y}\|^2-(\mathbf{x}\cdot\mathbf{y})^2$

증명

$\mathbf{x}=(x_1, x_2, x_3)$, $\mathbf{y}=(y_1, y_2, y_3)$라 하자.

(1) 정리 3.1과 두 행이 같으면 행렬식이 0이라는 사실로부터 다음을 얻는다.

$$\mathbf{x}\cdot(\mathbf{x}\times\mathbf{y})=\begin{vmatrix}x_1 & x_2 & x_3\\ x_1 & x_2 & x_3\\ y_1 & y_2 & y_3\end{vmatrix}=0$$

(2) (1)과 같은 방법으로 증명된다.

(3)
$$\|\mathbf{x}\times\mathbf{y}\|^2=(x_2y_3-x_3y_2)^2+(x_3y_1-x_1y_3)^2+(x_1y_2-x_2y_1)^2,$$
$$\|\mathbf{x}\|^2\|\mathbf{y}\|^2-(\mathbf{x}\cdot\mathbf{y})^2=(x_1^2+x_2^2+x_3^2)(y_1^2+y_2^2+y_3^2)-(x_1y_1+x_2y_2+x_3y_3)^2$$

이고, 각각의 우변을 전개하면 서로 같다. 따라서 (3)이 성립한다. ■

위 정리 3.2로부터 $\mathbf{R}^3$의 주어진 두 벡터 $\mathbf{x}$, $\mathbf{y}$의 외적 $\mathbf{x}\times\mathbf{y}$의 기하학적 의미를 알 수 있다.

먼저 (1), (2)에서 알 수 있듯이 외적 $\mathbf{x}\times\mathbf{y}$는 두 벡터 $\mathbf{x}$, $\mathbf{y}$에 동시에 수직인 벡터이다. 따라서 $\mathbf{x}$와 $\mathbf{y}$가 평행이 아니면 $\mathbf{x}\times\mathbf{y}$는 이 두 벡터가 결정하는 평면에 수직인 벡터이다. 이 때 벡터 $\mathbf{x}\times\mathbf{y}$의 방향은 소위 **오른손법칙**(right-hand rule)에 의하여 결정된다. 즉 $\mathbf{x}$로부터 $\mathbf{y}$로의 회전방향으로 손가락을 감을 수 있도록 오른손을 그림 3.9(a)와 같이 이 두 벡터가 결정하는 평면에 놓으면 $\mathbf{x}\times\mathbf{y}$의 방향은 엄지손가락이 지시하는 방향이다. 또한 $\mathbf{x}$와 $\mathbf{y}$ 사이의 각을 θ라 하면 (3)으로부터 다음이 성립한다.

$$\begin{aligned}\|\mathbf{x}\times\mathbf{y}\|^2&=\|\mathbf{x}\|^2\|\mathbf{y}\|^2-(\mathbf{x}\cdot\mathbf{y})^2\\&=\|\mathbf{x}\|^2\|\mathbf{y}\|^2-\|\mathbf{x}\|^2\|\mathbf{y}\|^2\cos^2\theta\\&=\|\mathbf{x}\|^2\|\mathbf{y}\|^2(1-\cos^2\theta)\end{aligned}$$

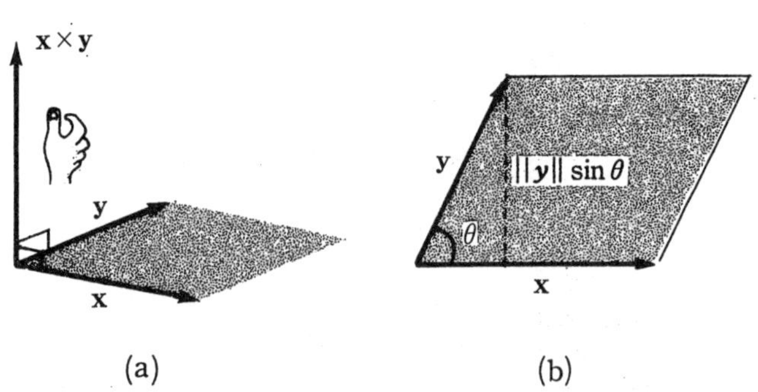

그림 3.9

$$= \|\mathbf{x}\|^2\|\mathbf{y}\|^2\sin^2\theta$$

따라서

$$\|\mathbf{x}\times\mathbf{y}\| = \|\mathbf{x}\|\|\mathbf{y}\|\sin\theta$$

이므로 벡터 $\mathbf{x}\times\mathbf{y}$의 크기 $\|\mathbf{x}\times\mathbf{y}\|$는 $\mathbf{x}$와 $\mathbf{y}$를 이웃하여 만드는 평행사변형의 넓이와 같다(그림 3.9(b)).

[예제 2] 세 점 $P(4, -3, 1)$, $Q(6, -4, 7)$, $R(1, 2, 2)$를 세 꼭지점으로 갖는 삼각형의 넓이를 구하라.

풀이 $\triangle PQR$의 넓이 S는 벡터

$$\overrightarrow{PQ} = (6-4)\mathbf{i} + (-4-(-3))\mathbf{j} + (7-1)\mathbf{k} = 2\mathbf{i} - \mathbf{j} + 6\mathbf{k}$$
$$\overrightarrow{PR} = (1-4)\mathbf{i} + (2-(-3))\mathbf{j} + (2-1)\mathbf{k} = -3\mathbf{i} + 5\mathbf{j} + \mathbf{k}$$

를 이웃하여 만드는 평행사변형의 넓이의 반이다.

$$\therefore\ S = \frac{1}{2}\|\overrightarrow{PQ}\times\overrightarrow{PR}\| = \frac{1}{2}\|-31\mathbf{i} - 20\mathbf{j} + 7\mathbf{k}\|$$
$$= \frac{1}{2}\sqrt{(-31)^2 + (-20)^2 + 7^2}$$
$$= \frac{1}{2}\sqrt{1410} \qquad \blacksquare$$

이제, 공간상의 네 점 P, Q, R, S에 대하여 벡터 $\overrightarrow{PQ}$, $\overrightarrow{PR}$, $\overrightarrow{PS}$가 서로 이웃하여 만드는 평행육면체의 부피를 생각해 보자. $\mathbf{x} = \overrightarrow{PQ}$, $\mathbf{y} = \overrightarrow{PR}$, $\mathbf{z} = \overrightarrow{PS}$라 하면 그림 3.10에서 보듯이 평행육면체의 밑면의 넓이는 $\|\mathbf{x}\times\mathbf{y}\|$이다. 이제 $\mathbf{z}$와 $\mathbf{x}\times\mathbf{y}$ 사이의 각을 θ라 하면 $\mathbf{x}\times\mathbf{y}$는 밑면에 수직이므로 평행육면체의 높이 h는

$$h = \|\mathbf{z}\|\,|\cos\theta|$$

이다. 따라서 부피 V는 다음과 같다.

$$V = \|\mathbf{x}\times\mathbf{y}\|\|\mathbf{z}\||\cos\theta|$$
$$= |(\mathbf{x}\times\mathbf{y})\cdot\mathbf{z}|$$

이 때 $\mathbf{x}=(x_1, x_2, x_3)$, $\mathbf{y}=(y_1, y_2, y_3)$, $\mathbf{z}=(z_1, z_2, z_3)$라 하면

$$(\mathbf{x}\times\mathbf{y})\cdot\mathbf{z} = \begin{vmatrix} x_1 & x_2 & x_3 \\ y_1 & y_2 & y_3 \\ z_1 & z_2 & z_3 \end{vmatrix} \quad \cdots (1)$$

이므로 평행육면체의 부피 V는 행렬식 (1)의 절대값과 같다.

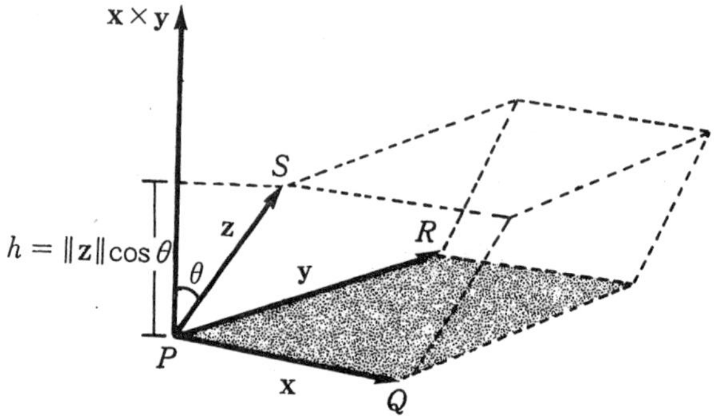

그림 3.10

[예제 3] 예제 2의 세 점 P, Q, R와 점 $S(4, -2, 3)$에 대하여 선분 PQ, PR, PS를 이웃하는 세 변으로 하는 평행육면체의 부피 V를 구하라.

풀이 $\mathbf{x}=\overrightarrow{PQ}$, $\mathbf{y}=\overrightarrow{PR}$, $\mathbf{z}=\overrightarrow{PS}$라 하면

$$\mathbf{x}=(2, -1, 6), \quad \mathbf{y}=(-3, 5, 1), \quad \mathbf{z}=(0, 1, 2)$$

이므로

$$(\mathbf{x}\times\mathbf{y})\cdot\mathbf{z} = \begin{vmatrix} 2 & -1 & 6 \\ -3 & 5 & 1 \\ 0 & 1 & 2 \end{vmatrix} = -6$$

$$\therefore\ V = |-6| = 6$$

■

다음의 외적에 관한 여러 가지 성질은 행렬식의 성질을 이용하여 쉽게 증명할 수 있다. 정리 3.3의 증명은 연습문제로 남긴다.

정리 3.3

$\mathbf{R}^3$의 벡터 $\mathbf{x}$, $\mathbf{y}$, $\mathbf{z}$와 실수 k에 대하여 다음 등식이 성립한다.

(1) $\mathbf{x}\times\mathbf{y}=-(\mathbf{y}\times\mathbf{x})$

(2) $\mathbf{x}\times(\mathbf{y}+\mathbf{z})=\mathbf{x}\times\mathbf{y}+\mathbf{x}\times\mathbf{z}$

(3) $(\mathbf{x}+\mathbf{y})\times\mathbf{z}=\mathbf{x}\times\mathbf{z}+\mathbf{y}\times\mathbf{z}$

(4) $k(\mathbf{x}\times\mathbf{y})=(k\mathbf{x})\times\mathbf{y}=\mathbf{x}\times(k\mathbf{y})$

(5) $\mathbf{x}\times\mathbf{x}=\mathbf{0}$

(6) $\mathbf{0}\times\mathbf{x}=\mathbf{x}\times\mathbf{0}=\mathbf{0}$

(7) $(\mathbf{x}\times\mathbf{y})\times\mathbf{z}=(\mathbf{x}\cdot\mathbf{z})\mathbf{y}-(\mathbf{y}\cdot\mathbf{z})\mathbf{x}$

(8) $\mathbf{x}\times(\mathbf{y}\times\mathbf{z})=(\mathbf{x}\cdot\mathbf{z})\mathbf{y}-(\mathbf{x}\cdot\mathbf{y})\mathbf{z}$

[예제 4] $\mathbf{x}=3\mathbf{i}+\mathbf{k}$, $\mathbf{y}=\mathbf{i}+2\mathbf{j}-2\mathbf{k}$와 $\mathbf{z}=2\mathbf{i}-\mathbf{k}$에 대하여 정리 3.3의 (7)이 성립함을 확인하라.

풀이 $\mathbf{x}\times\mathbf{y}=-2\mathbf{i}+7\mathbf{j}+6\mathbf{k}$ 이므로

$$(\mathbf{x}\times\mathbf{y})\times\mathbf{z}=\begin{vmatrix}\mathbf{i} & \mathbf{j} & \mathbf{k}\\ -2 & 7 & 6\\ 2 & 0 & -1\end{vmatrix}=-7\mathbf{i}+10\mathbf{j}-14\mathbf{k}$$

또한

$$(\mathbf{x}\cdot\mathbf{z})\mathbf{y}-(\mathbf{y}\cdot\mathbf{z})\mathbf{x}=5\mathbf{y}-4\mathbf{x}=-7\mathbf{i}+10\mathbf{j}-14\mathbf{k}$$

이므로 위 두 식으로부터 (7)이 성립한다. ∎

연습문제 3.2

※ 다음에서 $\mathbf{x}\times\mathbf{y}$와 $\mathbf{y}\times\mathbf{x}$를 구하라. [1~6]

1. $\mathbf{x}=-3\mathbf{i}-3\mathbf{j}+5\mathbf{k}$, $\mathbf{y}=-6\mathbf{i}-4\mathbf{j}+2\mathbf{k}$
2. $\mathbf{x}=(3, 0, -2)$, $\mathbf{y}=(0, -1, 3)$
3. $\mathbf{x}=\mathbf{i}-\mathbf{j}+2\mathbf{k}$, $\mathbf{y}=7\mathbf{i}+3\mathbf{j}$
4. $\mathbf{x}=(2, 0, 7)$, $\mathbf{y}=(1, -1, 0)$
5. $\mathbf{x}=-3\mathbf{i}-3\mathbf{j}+6\mathbf{k}$, $\mathbf{y}=\mathbf{i}+\mathbf{j}-2\mathbf{k}$
6. $\mathbf{x}=(0, -2, 0)$, $\mathbf{y}=(1, 2, 6)$

※ 다음에서 두 벡터 $\mathbf{x}$, $\mathbf{y}$에 동시에 직교하는 벡터를 구하라. [7~12]

7. $\mathbf{x}=\mathbf{i}-5\mathbf{j}+3\mathbf{k}$, $\mathbf{y}=-\mathbf{i}-\mathbf{j}-2\mathbf{k}$
8. $\mathbf{x}=(4, -3, 1)$, $\mathbf{y}=(2, 0, 3)$
9. $\mathbf{x}=4\mathbf{i}-3\mathbf{k}$, $\mathbf{y}=-2\mathbf{j}+5\mathbf{k}$
10. $\mathbf{x}=(0, 0, 0)$, $\mathbf{y}=(2, 4, -5)$
11. $\mathbf{x}=2\mathbf{j}$, $\mathbf{y}=-2\mathbf{i}+\mathbf{j}+\mathbf{k}$
12. $\mathbf{x}=(3, -1, 9)$, $\mathbf{y}=(2, 0, -7)$

※ 다음에서 세 점 P, Q, R에 의하여 결정되는 평면에 수직인 벡터를 구하고 $\triangle PQR$의 넓이를 구하라. 또한 점 $S(0, 1, 6)$에 대하여 선분 PQ, PR, PS를 이웃하는 세 변으로 하는 평행육면체의 부피를 구하라. [13~18]

13. $P(0, 0, 0)$, $Q(2, 4, 6)$, $R(-1, 2, 7)$
14. $P(3, 2, -1)$, $Q(1, 0, -1)$, $R(2, 1, 3)$
15. $P(0, -3, 1)$, $Q(4, -1, 7)$, $R(0, 0, 2)$
16. $P(1, 2, 3)$, $Q(3, 2, -1)$, $R(4, 3, 0)$
17. $P(6, 3, 5)$, $Q(1, 0, -1)$, $R(1, 1, 1)$
18. $P(1, -6, 1)$, $Q(7, 2, 1)$, $R(3, -2, 6)$

※ 다음에서 주어진 등식이 성립함을 보여라. [19~21]

19. $\mathbf{i}\times\mathbf{j}=\mathbf{k}$
20. $\mathbf{j}\times\mathbf{k}=\mathbf{i}$
21. $\mathbf{k}\times\mathbf{i}=\mathbf{j}$

22. 정리 3.3을 증명하라.

23. $\mathbf{R}^3$의 벡터 $\mathbf{x}$, $\mathbf{y}$에 대하여, $\mathbf{x}$와 $\mathbf{y}$가 평행일 필요충분조건은 $\mathbf{x}\times\mathbf{y}=\mathbf{0}$임을 보여라.

24. $\mathbf{R}^3$의 벡터 $\mathbf{x}$, $\mathbf{y}$, $\mathbf{z}$, $\mathbf{w}$가 같은 평면에 있을 때, $(\mathbf{x}\times\mathbf{y})\times(\mathbf{z}\times\mathbf{w})$는 어떤 벡터를 의미하는가?

25. $\mathbf{R}^3$의 벡터 $\mathbf{x}$와 $\mathbf{y}$가 평행하지 않을 때, 임의의 $\mathbf{R}^3$의 벡터 $\mathbf{z}$에 대하여 다음이 성립함을 증명하라.

    (1) $\mathbf{z}\times(\mathbf{x}\times\mathbf{y})=a\mathbf{x}+b\mathbf{y}$인 스칼라 a, b가 존재한다.

(2) $a(\mathbf{z}\cdot\mathbf{x})+b(\mathbf{z}\cdot\mathbf{y})=0$

※ 다음의 $\mathbf{R}^3$에서 주어진 등식이 성립함을 증명하라. [26~30]

26. $\mathbf{x}\cdot(\mathbf{y}\times\mathbf{z})=\mathbf{y}\cdot(\mathbf{z}\times\mathbf{x})=\mathbf{z}\cdot(\mathbf{x}\times\mathbf{y})$
27. $(\mathbf{x}+\mathbf{y})\times(\mathbf{x}-\mathbf{y})=2(\mathbf{y}\times\mathbf{x})$
28. $(\mathbf{x}\times\mathbf{y})\times\mathbf{z}+(\mathbf{y}\times\mathbf{z})\times\mathbf{x}+(\mathbf{z}\times\mathbf{x})\times\mathbf{y}=0$
29. $\|\mathbf{x}\times\mathbf{y}\|^2+(\mathbf{x}\cdot\mathbf{y})^2=\|\mathbf{x}\|^2\|\mathbf{y}\|^2$
30. $(\mathbf{x}\times\mathbf{y})\times(\mathbf{z}\times\mathbf{w})=[\mathbf{z}\cdot(\mathbf{w}\times\mathbf{x})]\mathbf{y}-[\mathbf{z}\cdot(\mathbf{w}\times\mathbf{y})]\mathbf{x}$

*3.3 직선과 평면의 방정식

이 절에서는 벡터를 이용하여 $\mathbf{R}^3$에서의 직선의 방정식과 평면의 방정식을 구하고 이와 관련된 거리문제를 알아본다.

평면 $\mathbf{R}^2$에서의 직선은 그 기울기와 한 점이 주어지면 유일하게 결정되며, 이 때 직선의 방정식은 다음과 같이 일반적으로 표현된다.

$$ax+by+c=0$$

여기서 a, b, c는 실수이며 a, b는 동시에 영이 아니다.

이제 $\mathbf{R}^3$에서의 직선의 방정식을 구하여 보자. 한 점 $P_0(x_0,\ y_0,\ z_0)$를 지나고 영 아닌 벡터 $\mathbf{a}=a\mathbf{i}+b\mathbf{j}+c\mathbf{k}$에 평행한 직선은 벡터 $\mathbf{a}$와 $\overrightarrow{P_0P}$가 평행, 즉

$$\overrightarrow{P_0P}=t\mathbf{a},\quad (t\in\mathbf{R}) \qquad \cdots (1)$$

를 만족하는 점 $P(x,\ y,\ z)$ 전체의 집합과 같다(그림 3.11). 식 (1)로부터

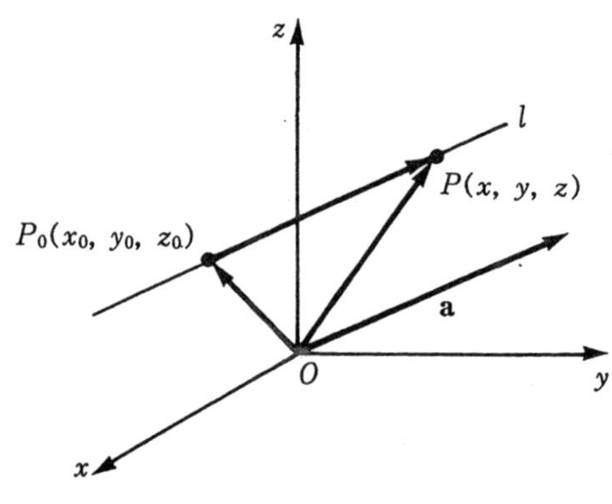

그림 3.11

$$(x-x_0)\mathbf{i}+(y-y_0)\mathbf{j}+(z-z_0)\mathbf{k}=ta\mathbf{i}+tb\mathbf{j}+tc\mathbf{k}$$

이므로 $\mathbf{R}^3$에서의 직선의 방정식은 다음과 같이 세 가지로 나타낼 수 있다.

(i) 매개변수방정식(parametric equations)

$$x=x_0+at$$
$$y=y_0+bt \qquad (-\infty<t<+\infty)$$
$$z=z_0+ct,$$

(ii) 벡터방정식(vector equations)

$$\mathbf{p}=\mathbf{p}_0+t\mathbf{a}, \quad (\mathbf{p}=\overrightarrow{OP},\ \mathbf{p}_0=\overrightarrow{OP_0})$$

(iii) 대칭방정식(symmetric equations)

$$\frac{x-x_0}{a}=\frac{y-y_0}{b}=\frac{z-z_0}{c}, \quad (a,\ b,\ c\neq 0)$$

[예제 1] 점 $P(2,\ -1,\ 3)$을 지나고 벡터 $\mathbf{a}=-3\mathbf{i}+2\mathbf{j}+4\mathbf{k}$에 평행한 직선의 방정식은 다음 세 가지로 나타낼 수 있다.

(i) $\begin{cases} x=2-3t \\ y=-1+2t \quad (-\infty<t<+\infty) \\ z=3+4t \end{cases}$

(ii) $x\mathbf{i}+y\mathbf{j}+z\mathbf{k}=2\mathbf{i}-\mathbf{j}+3\mathbf{k}+(-3\mathbf{i}+2\mathbf{j}+4\mathbf{k})t$

(iii) $\dfrac{x-2}{-3}=\dfrac{y+1}{2}=\dfrac{z-3}{4}$ ■

[예제 2] 두 점 $P(-1,\ 2,\ 4)$, $Q(2,\ 0,\ -1)$을 지나는 직선의 매개변수방정식을 구하라.

풀이 직선의 방정식을 구하기 위해서는 구하고자 하는 직선에 평행한 벡터와 그 직선을 지나는 한 점만 있으면 된다. 따라서 구하고자 하는 직선은 벡터

$$\mathbf{a}=\overrightarrow{PQ}=(3,\ -2,\ -5)$$

와 평행하고 점 P를 지나므로 직선의 매개변수방정식은 다음과 같다.

$$\begin{aligned} x&=-1+3t \\ y&=2-2t \qquad (-\infty<t<+\infty) \\ z&=4-5t \end{aligned}$$

■

다음으로 $\mathbf{R}^3$에서의 평면의 방정식을 구하여 보자. 한 점 $P_0(x_0,\ y_0,\ z_0)$를 지나고 영 아닌 벡터 $\mathbf{n}=a\mathbf{i}+b\mathbf{j}+c\mathbf{k}$에 수직인 평면 π는

$$\mathbf{n}\cdot\overrightarrow{P_0P}=0 \qquad \cdots (2)$$

을 만족하는 점 $P(x,\ y,\ z)$ 전체의 집합과 같다(그림 3.12). 여기서 $\mathbf{n}$을 평면 π의 **법선벡터**(normal vector)라 한다. 식 (2)로부터

$$a(x-x_0)+b(y-y_0)+c(z-z_0)=0 \qquad \cdots (3)$$

이 때 $d=-ax_0-by_0-cz_0$라 하면 식 (3)은 다음과 같이 나타낼 수 있다.

$$ax+by+cz+d=0 \qquad \cdots (4)$$

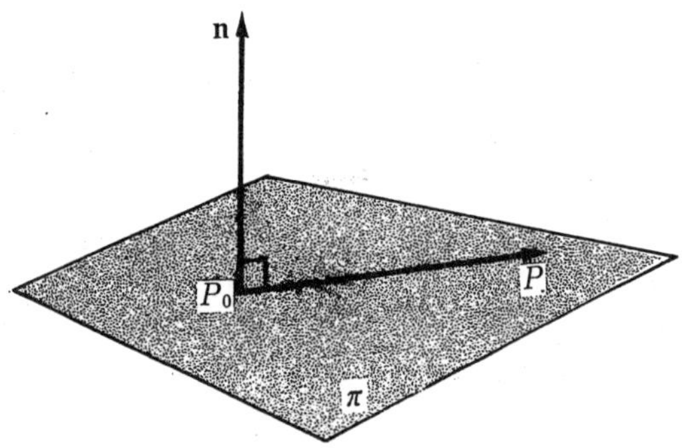

그림 3.12

식 (4)를 일반적인 평면의 방정식이라 하며, 이 평면의 법선백터는 $\mathbf{n}=(a,\ b,\ c)$이다.

[예제 3] 점 $P(1,\ -2,\ 3)$을 지나고 벡터 $\mathbf{n}=2\mathbf{i}+5\mathbf{j}-3\mathbf{k}$에 수직인 평면의 방정식을 구하라.

풀이 식 (3)으로부터

$$2(x-1)+5(y-(-2))-3(z-3)=0$$

이므로 평면의 방정식은 다음과 같다.

$$2x+5y-3z+17=0$$ ■

[예제 4] 세 점 $P(4,\ -3,\ 1)$, $Q(6,\ -4,\ 7)$, $R(1,\ 2,\ 2)$를 지나는 평면의 방정식을 구하라.

풀이 평면의 방정식을 구하기 위해서는 구하고자 하는 평면의 법선벡터와 그 평면을 지나는 한 점만 있으면 된다. 벡터의 외적으로부터 $\overrightarrow{PQ}\times\overrightarrow{PR}$는 주어진 세 점 P, Q, R를 지나는 평면에 수직이므로 평면의 법선벡터는

$$\mathbf{n}=\overrightarrow{PQ}\times\overrightarrow{PR}=-31\mathbf{i}-20\mathbf{j}+7\mathbf{k}$$

이고, 점 $P(4,\ -3,\ 1)$이 이 평면에 있으므로 평면의 방정식은

$$-31(x-4)-20(y-(-3))+7(z-1)=0$$

즉

$$-31x-20y+7z+57=0$$ ■

벡터의 정사영

$\mathbf{R}^3$에서 한 점과 평면 사이의 거리를 구하기 위하여, 먼저 벡터의 정사영의 개념을 소개한다. 벡터 $\mathbf{x}=\overrightarrow{OP}$와 $\mathbf{y}=\overrightarrow{OQ}$가 $\mathbf{R}^3$에 있다 하고 $\mathbf{y}\neq\mathbf{0}$라 하자. 그러면 점 P에서 직선 OQ에 내린 수선의 발을 R라 할 때 벡터 $\mathbf{x}_1=\overrightarrow{OR}$를 $\mathbf{y}$ 위로의 $\mathbf{x}$의 **정사영**(projection)이라 하고

$$\text{proj}_{\mathbf{y}}\mathbf{x}$$

로 나타낸다. 이 때 벡터 $\mathbf{x}_2=\overrightarrow{RP}$를 $\mathbf{y}$에 수직인 $\mathbf{x}$의 **벡터성분**(vector component)이라 한다(그림 3.13). 따라서 그림 3.13에서 보듯이 $\mathbf{x}$는 두 벡터의 합

$$\mathbf{x}=\mathbf{x}_1+\mathbf{x}_2$$

로 나타내어진다.

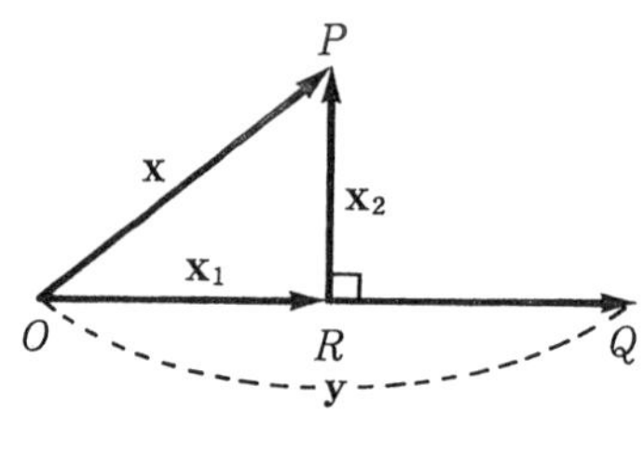

그림 3.13

정리 3.4

> $\mathbf{R}^3$의 벡터 $\mathbf{x}$, $\mathbf{y}\neq\mathbf{0}$에 대하여 $\mathbf{u}=\dfrac{\mathbf{y}}{\|\mathbf{y}\|}$일 때 다음이 성립한다.
>
> (1) $\text{proj}_{\mathbf{y}}\mathbf{x}=(\mathbf{x}\cdot\mathbf{u})\mathbf{u}$
>
> (2) $\|\text{proj}_{\mathbf{y}}\mathbf{x}\|=|\mathbf{x}\cdot\mathbf{u}|$

증명 (1) $\mathbf{x}_1$, $\mathbf{x}_2$를 각각 $\mathbf{y}$ 위로의 $\mathbf{x}$의 정사영과 $\mathbf{y}$에 수직인 $\mathbf{x}$의 벡터성분이라 하자. $\mathbf{x}_1$은 $\mathbf{y}$와 평행하므로 $\mathbf{x}_1 = k\mathbf{y}$ $(k \in \mathbf{R})$라 하면

$$\mathbf{x} = \mathbf{x}_1 + \mathbf{x}_2 = k\mathbf{y} + \mathbf{x}_2$$

이고, $\mathbf{x}_2$는 $\mathbf{y}$와 수직이므로 $\mathbf{x}_2 \cdot \mathbf{y} = 0$이다. 따라서

$$\mathbf{x} \cdot \mathbf{y} = (k\mathbf{y} + \mathbf{x}_2) \cdot \mathbf{y} = k\|\mathbf{y}\|^2 + \mathbf{x}_2 \cdot \mathbf{y} = k\|\mathbf{y}\|^2$$

즉

$$k = \frac{\mathbf{x} \cdot \mathbf{y}}{\|\mathbf{y}\|^2}$$

따라서 $\mathbf{u} = \dfrac{\mathbf{y}}{\|\mathbf{y}\|}$라 하면 다음과 같다.

$$\begin{aligned} \text{proj}_{\mathbf{y}}\mathbf{x} &= \mathbf{x}_1 = k\mathbf{y} = \frac{\mathbf{x} \cdot \mathbf{y}}{\|\mathbf{y}\|^2}\mathbf{y} = \left(\mathbf{x} \cdot \frac{\mathbf{y}}{\|\mathbf{y}\|}\right)\frac{\mathbf{y}}{\|\mathbf{y}\|} \\ &= (\mathbf{x} \cdot \mathbf{u})\mathbf{u} \end{aligned}$$

(2) $\mathbf{u}$가 단위벡터이므로 다음이 성립한다.

$$\|\text{proj}_{\mathbf{y}}\mathbf{x}\| = \|(\mathbf{x} \cdot \mathbf{u})\mathbf{u}\| = |\mathbf{x} \cdot \mathbf{u}|\,\|\mathbf{u}\| = |\mathbf{x} \cdot \mathbf{u}|$$ ■

[예제 5] $\mathbf{x} = (2, -1, 3)$, $\mathbf{y} = (4, -1, 2)$에 대하여 $\mathbf{y}$ 위로의 $\mathbf{x}$의 정사영 $\text{proj}_{\mathbf{y}}\mathbf{x}$와 $\mathbf{y}$에 수직인 $\mathbf{x}$의 벡터성분 $\mathbf{x}_2$를 구하라.

풀이

$$\mathbf{u} = \frac{\mathbf{y}}{\|\mathbf{y}\|} = \frac{1}{\sqrt{21}}(4, -1, 2), \quad \mathbf{x} \cdot \mathbf{u} = \frac{15}{\sqrt{21}}$$

이므로

$$\text{proj}_{\mathbf{y}}\mathbf{x} = (\mathbf{x} \cdot \mathbf{u})\mathbf{u} = \frac{15}{21}(4, -1, 2) = \left(\frac{20}{7}, -\frac{5}{7}, \frac{10}{7}\right)$$

$$\begin{aligned} \mathbf{x}_2 &= \mathbf{x} - \text{proj}_{\mathbf{y}}\mathbf{x} = (2, -1, 3) - \left(\frac{20}{7}, -\frac{5}{7}, \frac{10}{7}\right) \\ &= \left(-\frac{6}{7}, -\frac{2}{7}, \frac{11}{7}\right) \end{aligned}$$ ■

이제 $\mathbf{R}^3$에서 한 점과 직선, 한 점과 평면 사이의 거리를 구하는 방법을 각각 알아본다.

정리 3.5

$\mathbf{R}^3$의 한 점 P에서 직선 l에 이르는 거리 D는 다음과 같다.

$$D=\frac{1}{\|\overrightarrow{QR}\|}\|\overrightarrow{QR}\times\overrightarrow{QP}\|$$

여기서 Q, R는 직선 l 위에 있는 임의의 서로 다른 두 점이다.

증명 그림 3.14에서 보듯이 Q, R를 직선 l 위에 있는 임의의 서로 다른 두 점이라 하고, θ를 두 벡터 $\overrightarrow{QR}$와 $\overrightarrow{QP}$가 이루는 각이라 하자. 그러면

$$D=\|\overrightarrow{QP}\|\sin\theta$$

이므로

$$\|\overrightarrow{QR}\times\overrightarrow{QP}\|=\|\overrightarrow{QR}\|\|\overrightarrow{QP}\|\sin\theta=\|\overrightarrow{QR}\|\cdot D$$

따라서 거리 D는 다음과 같다.

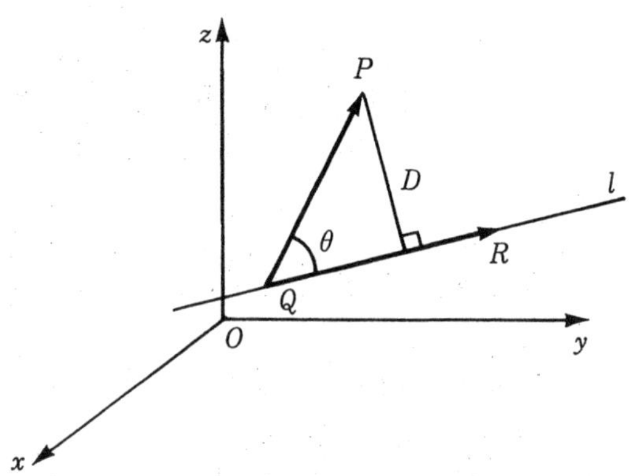

그림 3.14

$$D=\frac{1}{\|\overrightarrow{QR}\|}\|\overrightarrow{QR}\times\overrightarrow{QP}\|.$$ ■

[예제 6] 점 $P(1,\ 1,\ -1)$에서 다음 직선 l에 이르는 거리 D를 구하라.

$$x=1+2t$$
$$y=3-t$$
$$z=5t$$

풀이 직선 l에서 임의로 서로 다른 두 점 $Q(1,\ 3,\ 0)$, $R(3,\ 2,\ 5)$를 선택하자. 그러면

$$\overrightarrow{QR}=(2,\ -1,\ 5),\qquad \overrightarrow{QP}=(0,\ -2,\ -1)$$
$$\|\overrightarrow{QR}\|=\sqrt{2^2+(-1)^2+5^2}=\sqrt{30}$$
$$\|\overrightarrow{QR}\times\overrightarrow{QP}\|=\|(11,\ 2,\ -4)\|=\sqrt{141}$$
$$\therefore\ D=\frac{1}{\|\overrightarrow{QR}\|}\|\overrightarrow{QR}\times\overrightarrow{QP}\|=\sqrt{\frac{141}{30}}$$ ■

정리 3.6 점 $P_0(x_0,\ y_0,\ z_0)$와 평면 $\pi : ax+by+cz+d=0$ 사이의 거리 D는 다음과 같다.

$$D=\frac{|ax_0+by_0+cz_0+d|}{\sqrt{a^2+b^2+c^2}}$$

증명 벡터의 정사영을 이용하여 증명한다.

$Q(x_1,\ y_1,\ z_1)$을 평면 π 위의 임의의 점이라 하고 $\mathbf{n}=(a,\ b,\ c)$라 하면 $\mathbf{n}$은 평면 π의 법선벡터이다. 이제 그림 3.15에서처럼 벡터 $\mathbf{n}$을 처음점이 Q가 되도록 놓으면 구하고자 하는 거리 D는 $\|\mathrm{proj}_{\mathbf{n}}\overrightarrow{QP_0}\|$와 같다. 따라서 정리 3.4의 (2)로부터

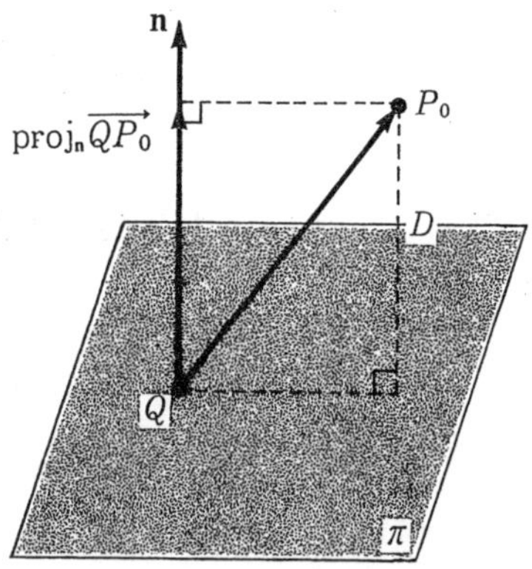

그림 3.15

$$D=\|\mathrm{proj}_{\mathbf{n}}\overrightarrow{QP_0}\|=|\overrightarrow{QP_0}\cdot\mathbf{u}|,\quad \left(\mathbf{u}=\frac{\mathbf{n}}{\|\mathbf{n}\|}\right)$$

여기서

$$\overrightarrow{QP_0}=(x_0-x_1,\ y_0-y_1,\ z_0-z_1)$$
$$\mathbf{u}=\frac{\mathbf{n}}{\|\mathbf{n}\|}=\frac{(a,\ b,\ c)}{\sqrt{a^2+b^2+c^2}}$$

이고, 점 Q가 평면 π 위에 있으므로 $ax_1+by_1+cz_1=-d$ 로부터

$$\begin{aligned}\overrightarrow{QP_0}\cdot\mathbf{n}&=a(x_0-x_1)+b(y_0-y_1)+c(z_0-z_1)\\&=ax_0+by_0+cz_0-(ax_1+by_1+cz_1)\\&=ax_0+by_0+cz_0+d\end{aligned}$$

따라서 거리 D는 다음과 같다.

$$D=|\overrightarrow{QP_0}\cdot\mathbf{u}|=\frac{|\overrightarrow{QP_0}\cdot\mathbf{n}|}{\|\mathbf{n}\|}=\frac{|ax_0+by_0+cz_0+d|}{\sqrt{a^2+b^2+c^2}}$$ ■

【예제 7】 점 $P(3,\ -1,\ 2)$에서 평면 $x+3y-2z-6=0$에 이르는 거리 D를 구하라.

풀이

$$D=\frac{|3+3(-1)-2(2)-6|}{\sqrt{1^2+3^2+(-2)^2}}=\frac{10}{\sqrt{14}}$$ ■

연습문제 3.3

※ 다음에서 점 P를 지나고 주어진 벡터 $\mathbf{a}$에 평행한 직선의 방정식을 구하라. [1~4]

1. $P(-2, 1, 3)$, $\mathbf{a}=2\mathbf{i}+5\mathbf{j}-2\mathbf{k}$
2. $P(3, 1, 0)$, $\mathbf{a}=(4, -1, 2)$
3. $P(1, 0, -2)$, $\mathbf{a}=3\mathbf{i}+\mathbf{j}$
4. $P(0, 0, 0)$, $\mathbf{a}=(2, -1, 5)$

※ 다음에서 두 점 P, Q를 지나는 직선의 방정식을 구하라. [5~8]

5. $P(2, -1, 3)$, $Q(3, 2, -4)$
6. $P(-3, 2, 5)$, $Q(1, -4, -1)$
7. $P(1, 7, -2)$, $Q(4, 0, 3)$
8. $P(0, 0, 0)$, $Q(2, 6, -5)$

※ 다음 주어진 직선에 평행한 벡터를 찾아라. [9~12]

9. $x=3+5t$, $y=2-3t$, $z=4+2t$ $\quad(-\infty<t<\infty)$
10. $\dfrac{x+3}{-2}=\dfrac{y}{3}=\dfrac{z+1}{5}$
11. $x=-1-2t$, $y=3+t$, $z=-t$ $\quad(-\infty<t<\infty)$
12. $x=\dfrac{y+1}{-2}=\dfrac{z}{3}$

※ 다음에서 점 P를 지나고 벡터 $\mathbf{n}$에 수직인 평면의 방정식을 구하라. [13~16]

13. $P(2, 3, -1)$, $\mathbf{n}=2\mathbf{i}-3\mathbf{j}+\mathbf{k}$
14. $P(4, 0, -3)$, $\mathbf{n}=(1, 2, -3)$
15. $P(3, 0, -1)$, $\mathbf{n}=-\mathbf{j}$
16. $P(6, -1, 5)$, $\mathbf{n}=(3, 0, 2)$

※ 다음에서 세 점 P, Q, R를 지나는 평면의 방정식을 구하라. [17~20]

17. $P(1, 2, -1)$, $Q(3, -2, 1)$, $R(-2, 4, 0)$
18. $P(3, 0, 1)$, $Q(2, 1, -4)$, $R(1, 1, 1)$
19. $P(0, 5, 0)$, $Q(-1, 3, 5)$, $R(7, 2, 4)$
20. $P(-1, 2, 0)$, $Q(0, 0, 0)$, $R(4, 7, -3)$

※ 다음 주어진 평면에 수직인 벡터를 찾아라. [21~24]

21. $x-3y+5z-6=0$
22. $z=-4x+3y-7$
23. $3x+5y-6z=1$
24. $z=y+3$

※ 다음 주어진 두 평면의 교선의 방정식을 구하라. [25~26]

25. $3x-2y-5z+1=0$, $2x+3y+4z-6=0$
26. $-x+2y+5z=0$, $2x-y+2z+8=0$

※ 다음에서 점 $P(2, 1, -1)$로부터 주어진 직선에 이르는 거리와, 또한 이 점에서 가장 가까운 직선 위의 점을 찾아라. [27~30]

27. $x=1-4t$, $y=3-t$ $(-\infty<t<\infty)$, $z=-5t$

28. $x-6=\dfrac{y+2}{-4}=\dfrac{z-3}{2}$

29. $x=3+5t$, $y=-4t$ $(-\infty<t<\infty)$, $z=2-t$

30. $\dfrac{3x+1}{2}=y=\dfrac{z}{3}$

※ 다음에서 점 $P(1, 0, -2)$로부터 주어진 평면에 이르는 거리와, 또한 이 점에서 가장 가까운 평면 위의 점을 찾아라. [31~34]

31. $2x+y-3z+1=0$

32. $z=5x-2y$

33. $-x-6y+3z=-5$

34. $z=-5x+y-7$

35. 세 점 $P(1, 2, -3)$, $Q(1, 6, 2)$, $R(7, 14, 11)$은 동일한 직선 위에 있는가?

36. 두 점 $P(1, 2, 4)$, $Q(2, 1, -1)$을 지나는 직선과 평면 $x+2y+5z=0$의 교점을 구하라.

37. 점 $P(1, -2, 3)$을 지나고 평면 $2x-3y+5z-7=0$과 평행한 평면의 방정식을 구하라.

38. 점 $P(2, -5, 4)$를 지나고 평면 $x+2y-4z+5=0$에 수직인 직선의 방정식을 구하라.

39. 동일 직선상에 있지 않은 세 점 $P_1(x_1, y_1, z_1)$, $P_2(x_2, y_2, z_2)$, $P_3(x_3, y_3, z_3)$을 지나는 평면의 방정식은 다음과 같이 나타낼 수 있음을 증명하라.

$$\begin{vmatrix} x & y & z & 1 \\ x_1 & y_1 & z_1 & 1 \\ x_2 & y_2 & z_2 & 1 \\ x_3 & y_3 & z_3 & 1 \end{vmatrix}=0$$

3.4 n 차원벡터

좌표평면 $\mathbf{R}^2$의 점 P는 두 실수의 순서쌍 (x_1, x_2)를 써서 표시할 수 있다. 좌표공간 $\mathbf{R}^3$의 점 P는 3.1절에서 본 바와 같이 z-축을 하나 더 추가함으로써 세 실수의 순서조 (x_1, x_2, x_3)를 써서 표시할 수 있다. 이와 같은 생각을 일반화하여 네 개의 실수의 순서조 (x_1, x_2, x_3, x_4)는 그림으로 나타낼 수는 없지만 $\mathbf{R}^4$ 공간의 점을 표시한다고 생각하는 것은 공간 개념의 자연스러운 확장이라 하겠다.

정의

n개의 실수의 순서조 $(x_1, x_2, \ldots, x_n)$을 **n차원벡터** (*n*-dimensional vector)라 하고

$$\mathbf{x}=(x_1, x_2, \ldots, x_n) \text{ 또는 } n\times 1 \text{ 행렬 } \mathbf{x}=\begin{bmatrix} x_1 \\ x_2 \\ \vdots \\ x_n \end{bmatrix}$$

으로 나타낸다. 이 때 실수 $x_1, x_2, \ldots, x_n$을 $\mathbf{x}$의 성분이라 한다.

모든 n 차원벡터 전체의 집합을 $\mathbf{R}^n$으로 나타낸다. 즉

$$\mathbf{R}^n=\{(x_1, x_2, \ldots, x_n)\,|\,x_i\in\mathbf{R},\ i=1, 2, \ldots, n\}$$

혼동할 염려가 없을 때는 $\mathbf{R}^n$의 원소를 간단히 벡터라 한다. 특히 $n=1$일 때 $\mathbf{R}^1$은 실수 전체의 집합과 일치하므로 $\mathbf{R}^1$을 간단히 $\mathbf{R}$로 나타낸다.

정의

$\mathbf{R}^n$의 벡터

$$\mathbf{x}=(x_1, \ldots, x_n)=\begin{bmatrix} x_1 \\ x_2 \\ \vdots \\ x_n \end{bmatrix}, \quad \mathbf{y}=(y_1, \ldots, y_n)=\begin{bmatrix} y_1 \\ y_2 \\ \vdots \\ y_n \end{bmatrix}$$

에 대하여 $x_i=y_i$ $(i=1, 2, \ldots, n)$이면 $\mathbf{x}=\mathbf{y}$라고 한다.

$\mathbf{R}^n$의 벡터에 대해서도 벡터의 합과 스칼라 배를 $\mathbf{R}^3$의 벡터의 경우와 마찬가지로 아래와 같이 정의한다.

정의

$\mathbf{R}^n$의 벡터

$$\mathbf{x}=\begin{bmatrix} x_1 \\ x_2 \\ \vdots \\ x_n \end{bmatrix}, \quad \mathbf{y}=\begin{bmatrix} y_1 \\ y_2 \\ \vdots \\ y_n \end{bmatrix}$$

와 스칼라 k에 대하여, 두 벡터의 합 $\mathbf{x}+\mathbf{y}$와 k에 의한 $\mathbf{x}$의 스칼라배 $k\mathbf{x}$를 각각 다음과 같이 정의한다.

$$\text{(i) } \mathbf{x}+\mathbf{y}=\begin{bmatrix} x_1+y_1 \\ x_2+y_2 \\ \vdots \\ x_n+y_n \end{bmatrix} \qquad \text{(ii) } k\mathbf{x}=\begin{bmatrix} kx_1 \\ kx_2 \\ \vdots \\ kx_n \end{bmatrix}$$

또한 $\mathbf{R}^n$에서 모든 성분이 0인 벡터를 영벡터라 하고 $\mathbf{0}$으로 나타낸다. 그러면 임의의 벡터 $\mathbf{x}\in\mathbf{R}$에 대하여

$$\mathbf{x}+\mathbf{0}=\mathbf{x}, \quad \mathbf{x}+(-1)\mathbf{x}=\mathbf{0}$$

이 성립함을 쉽게 알 수 있다. 여기서

$$(-1)\mathbf{x}=-\mathbf{x}$$

로 정의하며 $-\mathbf{x}$를 $\mathbf{x}$의 음벡터라 한다.

[예제 1] $\mathbf{R}^4$의 벡터

$$\mathbf{x}=\begin{bmatrix}1\\2\\-3\\4\end{bmatrix},\qquad \mathbf{y}=\begin{bmatrix}-2\\4\\1\\0\end{bmatrix}$$

에 대하여 다음이 성립함을 쉽게 알 수 있다.

$$\mathbf{x}+\mathbf{y}=\begin{bmatrix}1+(-2)\\2+4\\-3+1\\4+0\end{bmatrix}=\begin{bmatrix}-1\\6\\-2\\4\end{bmatrix}$$

$$(-2)\mathbf{x}=(-2)\begin{bmatrix}1\\2\\-3\\4\end{bmatrix}=\begin{bmatrix}-2\\-4\\6\\-8\end{bmatrix}$$

$$\mathbf{x}-\mathbf{y}=\begin{bmatrix}1-(-2)\\2-4\\-3-1\\4-0\end{bmatrix}=\begin{bmatrix}3\\-2\\-4\\4\end{bmatrix}$$ ■

벡터의 연산에 관한 정의와 실수의 성질로부터 다음의 기본성질이 성립함을 쉽게 알 수 있다.

정리 3.7

$\mathbf{R}^n$의 벡터 $\mathbf{x}$, $\mathbf{y}$, $\mathbf{z}$와 실수 h, k에 대하여 다음이 성립한다.

(1) $\mathbf{x}+\mathbf{y}=\mathbf{y}+\mathbf{x}$

(2) $(\mathbf{x}+\mathbf{y})+\mathbf{z}=\mathbf{x}+(\mathbf{y}+\mathbf{z})$

(3) $\mathbf{x}+\mathbf{0}=\mathbf{x}=\mathbf{0}+\mathbf{x}$

(4) $\mathbf{x}+(-\mathbf{x})=\mathbf{0}=(-\mathbf{x})+\mathbf{x}$

(5) $k(\mathbf{x}+\mathbf{y})=k\mathbf{x}+k\mathbf{y}$

(6) $(h+k)\mathbf{x}=h\mathbf{x}+k\mathbf{x}$

(7) $(hk)\mathbf{x}=h(k\mathbf{x})$

(8) $1\mathbf{x}=\mathbf{x}$

증명 여기서는 (6)만 증명하고 나머지는 연습문제로 남긴다.

$$\mathbf{x}=\begin{bmatrix} x_1 \\ x_2 \\ \vdots \\ x_n \end{bmatrix}$$

이라 하면 다음이 성립한다.

$$(h+k)\mathbf{x}=(h+k)\begin{bmatrix} x_1 \\ x_2 \\ \vdots \\ x_n \end{bmatrix}=\begin{bmatrix} (h+k)x_1 \\ (h+k)x_2 \\ \vdots \\ (h+k)x_n \end{bmatrix}=\begin{bmatrix} hx_1+kx_1 \\ hx_2+kx_2 \\ \vdots \\ hx_n+kx_n \end{bmatrix}$$

$$=\begin{bmatrix} hx_1 \\ hx_2 \\ \vdots \\ hx_n \end{bmatrix}+\begin{bmatrix} kx_1 \\ kx_2 \\ \vdots \\ kx_n \end{bmatrix}=h\begin{bmatrix} x_1 \\ x_2 \\ \vdots \\ x_n \end{bmatrix}+k\begin{bmatrix} x_1 \\ x_2 \\ \vdots \\ x_n \end{bmatrix}$$

$$=h\mathbf{x}+k\mathbf{x}$$ ■

이제 $\mathbf{R}^3$의 벡터에 대한 크기와 내적의 개념을 $\mathbf{R}^n$으로 확장한다.

정의

$\mathbf{R}^n$의 벡터 $\mathbf{x}=(x_1, x_2, \dots, x_n)$에 대하여

$$\|\mathbf{x}\|=\sqrt{x_1^2+x_2^2+\cdots+x_n^2}$$

을 $\mathbf{x}$의 **크기**(norm)라 한다.

위의 정의에서 $\|\mathbf{x}\|$는 원점에서 점 $P(x_1, x_2, \dots, x_n)$에 이르는 거리로 정의됨을 의미한다. 따라서 $\mathbf{R}^n$의 두 벡터 $\mathbf{x}=(x_1, x_2, \dots, x_n)$, $\mathbf{y}=(y_1, y_2, \dots, y_n)$에 대하여 $\|\mathbf{x}-\mathbf{y}\|$는 두 점 $P(x_1, x_2, \dots, x_n)$과 $Q(y_1, y_2, \dots, y_n)$ 사이의 거리로 정의한다. 즉

$$\|\mathbf{x}-\mathbf{y}\|=\sqrt{(x_1-y_1)^2+(x_2-y_2)^2+\cdots+(x_n-y_n)^2}$$

[예제 2] $\mathbf{R}^4$의 벡터 $\mathbf{x}=(2, -1, 3, 2)$, $\mathbf{y}=(3, 2, 1, -4)$에 대하여 다음이 성립한다.

$$\|\mathbf{x}\|=\sqrt{2^2+(-1)^2+3^2+2^2}=\sqrt{18}$$
$$\|\mathbf{y}\|=\sqrt{3^2+2^2+1^2+(-4)^2}=\sqrt{30}$$
$$\|\mathbf{x}+\mathbf{y}\|=\sqrt{(2+3)^2+(-1+2)^2+(3+1)^2+(2+(-4))^2}=\sqrt{46}$$
$$\|\mathbf{x}-\mathbf{y}\|=\sqrt{(2-3)^2+(-1-2)^2+(3-1)^2+(2-(-4))^2}=\sqrt{50}$$ ■

정의

> $\mathbf{R}^n$의 벡터 $\mathbf{x}=(x_1, x_2, \ldots, x_n)$, $\mathbf{y}=(y_1, y_2, \ldots, y_n)$에 대하여 실수
>
> $$x_1y_1+x_2y_2+\cdots+x_ny_n$$
>
> 을 $\mathbf{x}$와 $\mathbf{y}$의 내적이라 하고 $\mathbf{x}\cdot\mathbf{y}$로 나타낸다. 즉
>
> $$\mathbf{x}\cdot\mathbf{y}=x_1y_1+x_2y_2+\cdots+x_ny_n$$

내적의 정의로부터 $\mathbf{R}^n$의 벡터 $\mathbf{x}$에 대하여 다음을 얻는다.

$$\mathbf{x}\cdot\mathbf{x}=\|\mathbf{x}\|^2$$

[예제 3] 예제 2의 벡터 $\mathbf{x}$, $\mathbf{y}$에 대하여 $\mathbf{x}\cdot\mathbf{y}$를 구하라.

풀이 $\mathbf{x}\cdot\mathbf{y}=2\cdot3+(-1)\cdot2+3\cdot1+2\cdot(-4)=-1$ ■

정리 3.8

> $\mathbf{R}^n$의 벡터 $\mathbf{x}, \mathbf{y}, \mathbf{z}$와 실수 k에 대하여 다음이 성립한다.
>
> (1) $\mathbf{x}\cdot\mathbf{x}\geq0$, $\mathbf{x}\cdot\mathbf{x}=0 \Leftrightarrow \mathbf{x}=\mathbf{0}$
>
> (2) $\mathbf{x}\cdot\mathbf{y}=\mathbf{y}\cdot\mathbf{x}$
>
> (3) $(\mathbf{x}+\mathbf{y})\cdot\mathbf{z}=\mathbf{x}\cdot\mathbf{z}+\mathbf{y}\cdot\mathbf{z}$
>
> (4) $(k\mathbf{x})\cdot\mathbf{y}=\mathbf{x}\cdot(k\mathbf{y})=k(\mathbf{x}\cdot\mathbf{y})$

증명 (1), (2), (3)은 연습문제로 남기고 (4)만 증명한다.

$\mathbf{R}^n$의 벡터 $\mathbf{x}=(x_1, x_2, \ldots, x_n)$, $\mathbf{y}=(y_1, y_2, \ldots, y_n)$에 대하여

$$(k\mathbf{x})\cdot\mathbf{y}=(kx_1)y_1+(kx_2)y_2+\cdots+(kx_n)y_n$$
$$\mathbf{x}\cdot(k\mathbf{y})=x_1(ky_1)+x_2(ky_2)+\cdots+x_n(ky_n)$$
$$k(\mathbf{x}\cdot\mathbf{y})=k(x_1y_1)+k(x_2y_2)+\cdots+k(x_ny_n)$$

이므로 실수의 성질로부터 (4)가 성립한다. ■

정리 3.9

Cauchy-Schwarz 부등식

$\mathbf{R}^n$의 임의의 벡터 $\mathbf{x}$, $\mathbf{y}$에 대하여 다음 부등식이 성립한다.

$$|\mathbf{x}\cdot\mathbf{y}|\leq\|\mathbf{x}\|\|\mathbf{y}\| \qquad \cdots (1)$$

단 등호는 $\mathbf{x}$, $\mathbf{y}$ 중 하나가 다른 것의 실수배일 때만 성립한다.

증명 $\mathbf{x}=\mathbf{0}$ 또는 $\mathbf{y}=\mathbf{0}$이면 좌변$=0=$우변이므로 위 정리는 성립한다. 따라서 $\mathbf{x}\neq\mathbf{0}$이고 $\mathbf{y}\neq\mathbf{0}$일 경우에 대하여 증명하면 충분하다. 임의의 실수 t에 대하여

$$(\mathbf{x}+t\mathbf{y})\cdot(\mathbf{x}+t\mathbf{y})\geq 0$$

즉

$$(\mathbf{y}\cdot\mathbf{y})t^2+2(\mathbf{x}\cdot\mathbf{y})t+\mathbf{x}\cdot\mathbf{x}\geq 0 \qquad \cdots (2)$$

이므로 식 (2)가 임의의 실수 t에 대하여 항상 성립하기 위해서 판별식 D는 양이 아니어야 한다. 따라서

$$D=(\mathbf{x}\cdot\mathbf{y})^2-(\mathbf{x}\cdot\mathbf{x})(\mathbf{y}\cdot\mathbf{y})\leq 0$$
$$\Rightarrow (\mathbf{x}\cdot\mathbf{y})^2\leq(\mathbf{x}\cdot\mathbf{x})(\mathbf{y}\cdot\mathbf{y})$$
$$\Rightarrow |\mathbf{x}\cdot\mathbf{y}|\leq\sqrt{\mathbf{x}\cdot\mathbf{x}}\sqrt{\mathbf{y}\cdot\mathbf{y}}=\|\mathbf{x}\|\|\mathbf{y}\|$$

등호가 성립하는 것은 연습문제로 남긴다. ■

Cauchy-Schwarz 부등식으로부터 $\mathbf{R}^n$ 의 $\mathbf{0}$ 아닌 벡터 $\mathbf{x}$, $\mathbf{y}$ 에 대하여

$$-1 \le \frac{\mathbf{x}\cdot\mathbf{y}}{\|\mathbf{x}\|\|\mathbf{y}\|} \le 1$$

이므로

$$\cos\theta = \frac{\mathbf{x}\cdot\mathbf{y}}{\|\mathbf{x}\|\|\mathbf{y}\|}, \quad 0 \le \theta \le \pi$$

를 만족하는 실수 θ 가 단 하나 존재한다.

정의

$\mathbf{R}^n$ 의 벡터 $\mathbf{x}$, $\mathbf{y}$ 에 대하여

$$\mathbf{x}\cdot\mathbf{y} = \|\mathbf{x}\|\|\mathbf{y}\|\cos\theta, \quad 0 \le \theta \le \pi$$

인 θ 를 $\mathbf{x}$ 와 $\mathbf{y}$ 가 이루는 각(angle)이라 한다.

특히 $\mathbf{x}\cdot\mathbf{y}=0$ 일 때 $\mathbf{x}$ 와 $\mathbf{y}$ 는 서로 **직교한다고** 하고, 적당한 실수 k 에 대하여 $\mathbf{x}=k\mathbf{y}$ 인 경우에 $\mathbf{x}$ 는 $\mathbf{y}$ 와 **평행하다고** 한다.

이제까지 얻은 결과를 이용하면 $\mathbf{R}^n$ 에서도 평면 유클리드 기하학의 특성인 길이와 각을 정의할 수 있다. 이러한 의미에서 내적이 정의되어 있는 $\mathbf{R}^n$ 을 **n 차원 유클리드공간**(*n*-dimensional Euclidean space)이라고 한다.

[예제 4] 예제 2의 벡터 $\mathbf{x}$, $\mathbf{y}$ 에 대하여 Cauchy-Schwarz 부등식이 성립함을 확인하라.

풀이 예제 2로부터

$$\|\mathbf{x}\| = \sqrt{18}, \qquad \|\mathbf{y}\| = \sqrt{30}$$

이고, 예제 3으로부터

$$\mathbf{x}\cdot\mathbf{y}=-1$$

이므로

$$|\mathbf{x}\cdot\mathbf{y}|=1<\sqrt{18}\sqrt{30}=\|\mathbf{x}\|\|\mathbf{y}\|$$

따라서 Cauchy-Schwarz 부등식이 성립한다. ■

【예제 5】 $\mathbf{R}^4$의 벡터

$$\mathbf{x}=(1,\ 0,\ 1,\ 0),\quad \mathbf{y}=(-1,\ 0,\ 0,\ 1),$$
$$\mathbf{z}=(0,\ 1,\ 0,\ 1),\quad \mathbf{w}=(2,\ 0,\ 2,\ 0)$$

에 대하여

$$\|\mathbf{x}\|=\sqrt{2},\qquad \|\mathbf{y}\|=\sqrt{2},\qquad \mathbf{x}\cdot\mathbf{y}=-1$$

이므로 $\mathbf{x}$와 $\mathbf{y}$ 사이의 각을 θ라 하면

$$\cos\theta=-\frac{1}{2},\qquad 즉\qquad \theta=\frac{2}{3}\pi$$

이다. 또한

$$\mathbf{x}\cdot\mathbf{z}=0,\qquad \mathbf{x}=\frac{1}{2}\mathbf{w}$$

이므로 $\mathbf{x}$와 $\mathbf{z}$는 서로 직교하고, $\mathbf{x}$와 $\mathbf{w}$는 평행하다. ■

정리 3.10

삼각부등식

$\mathbf{R}^n$의 벡터 $\mathbf{x}, \mathbf{y}$에 대하여 다음 부등식이 성립한다.

$$\|\mathbf{x}+\mathbf{y}\|\leq\|\mathbf{x}\|+\|\mathbf{y}\| \qquad \cdots (3)$$

단 등호는 $\mathbf{x}, \mathbf{y}$ 중 하나가 다른 것의 $k\geq 0$배일 때만 성립한다.

증명 $\mathbf{x}\cdot\mathbf{y}\le|\mathbf{x}\cdot\mathbf{y}|$와 Cauchy-Schwarz부등식을 이용하면

$$\begin{aligned}\|\mathbf{x}+\mathbf{y}\|^2&=(\mathbf{x}+\mathbf{y})\cdot(\mathbf{x}+\mathbf{y})\\&=\mathbf{x}\cdot\mathbf{x}+2(\mathbf{x}\cdot\mathbf{y})+(\mathbf{y}\cdot\mathbf{y})\\&\le\mathbf{x}\cdot\mathbf{x}+2|\mathbf{x}\cdot\mathbf{y}|+(\mathbf{y}\cdot\mathbf{y})\\&\le\|\mathbf{x}\|^2+2\|\mathbf{x}\|\|\mathbf{y}\|+\|\mathbf{y}\|^2\\&=(\|\mathbf{x}\|+\|\mathbf{y}\|)^2\end{aligned}$$

이므로 식 (3)이 성립한다. 등호가 성립하는 것은 연습문제로 남긴다. ■

[예제 6] 예제 2에 있는 벡터 $\mathbf{x}$, $\mathbf{y}$에 대하여 삼각부등식이 성립함을 확인하라.

풀이 예제 2로부터

$$\|\mathbf{x}\|=\sqrt{18},\qquad \|\mathbf{y}\|=\sqrt{30},\qquad \|\mathbf{x}+\mathbf{y}\|=\sqrt{46}$$

이므로

$$\|\mathbf{x}+\mathbf{y}\|=\sqrt{46}<\sqrt{18}+\sqrt{30}=\|\mathbf{x}\|+\|\mathbf{y}\|$$

따라서 삼각부등식이 성립한다. ■

$\mathbf{R}^3$에서와 마찬가지로 $\mathbf{R}^n$에서도 크기가 1인 벡터를 단위벡터라 하며, 임의의 벡터 $\mathbf{x}(\neq\mathbf{0})$에 대하여

$$\mathbf{u}=\frac{\mathbf{x}}{\|\mathbf{x}\|}$$

는 단위벡터임을 쉽게 알 수 있다. $\mathbf{R}^n$의 단위벡터 중에서 다음 n개의 벡터

$$\mathbf{e}_1=(1,0,\ldots,0),\quad \mathbf{e}_2=(0,1,0,\ldots,0),\quad \ldots,$$
$$\mathbf{e}_n=(0,0,\ldots,0,1)$$

을 기본단위벡터라 한다. 이것들이 서로 직교함은 쉽게 알

수 있다.

$\mathbf{x}=(x_1, x_2, \ldots, x_n)$을 $\mathbf{R}^n$의 임의의 벡터라 할 때 기본단위벡터를 사용하여 다음과 같이 나타낼 수 있다.

$$\mathbf{x}=x_1\mathbf{e}_1+x_2\mathbf{e}_2+\cdots+x_n\mathbf{e}_n$$

특히 $\mathbf{R}^3$인 경우에는 3.1절에서 본 바와 같이 기본단위벡터 $\mathbf{e}_1$, $\mathbf{e}_2$, $\mathbf{e}_3$ 대신에 각각 $\mathbf{i}$, $\mathbf{j}$, $\mathbf{k}$를 일반적으로 쓴다.

연습문제 3.4

※ 다음 벡터에 대하여 새로운 벡터 $\mathbf{x}+\mathbf{y}$, $\mathbf{x}-\mathbf{y}$, $3\mathbf{x}$, $2\mathbf{x}-3\mathbf{y}$를 각각 구하라. [1~2]

1. $\mathbf{x}=(1, -2, 4, 0)$, $\mathbf{y}=(3, 0, -1, 2)$

2. $\mathbf{x}=\begin{bmatrix} 2 \\ -1 \\ 3 \\ -4 \end{bmatrix}$, $\mathbf{y}=\begin{bmatrix} 1 \\ 0 \\ -2 \\ 1 \end{bmatrix}$

※ $\mathbf{x}=(2, 1, 0, -1)$, $\mathbf{y}=(3, -4, 1, 2)$일 때 다음을 만족하는 벡터 $\mathbf{z}$를 구하라. [3~5]

3. $\mathbf{z}=2\mathbf{x}-3\mathbf{y}$

4. $\mathbf{z}=-\dfrac{2}{3}\mathbf{x}$

5. $\mathbf{x}+\mathbf{z}=2\mathbf{x}-5\mathbf{y}$

※ 다음 벡터에서 $\mathbf{e}_1$, $\mathbf{e}_2$, $\mathbf{e}_3$, $\mathbf{e}_4$로 표시된 것은 4×1 행렬로, 4×1 행렬로 표시된 것은 $\mathbf{e}_1$, $\mathbf{e}_2$, $\mathbf{e}_3$, $\mathbf{e}_4$로 나타내라. [6~7]

6. $\mathbf{x}=-3\mathbf{e}_1+2\mathbf{e}_2-\mathbf{e}_3+\mathbf{e}_4$

7. $\mathbf{y}=\begin{bmatrix} 1 \\ -3 \\ 4 \\ 5 \end{bmatrix}$

※ 다음에서 벡터의 크기를 구하라. [8~10]

8. $\mathbf{x}=(2, 1, 0, -1, \sqrt{3})$

9. $\mathbf{y}=-2\mathbf{e}_1+3\mathbf{e}_2+\mathbf{e}_4$

10. $\mathbf{z}=\begin{bmatrix} -2 \\ 0 \\ 3 \\ 1 \end{bmatrix}$

※ 다음에서 두 점 사이의 거리를 구하라. [11~12]

11. $P(0, 0, 0, 0)$, $Q(1, 2, 3, 4)$ 12. $P(-1, 1, 2, 0)$, $Q(3, 0, 4, 1)$

※ 다음에서 주어진 벡터와 같은 방향을 갖는 단위벡터를 구하라. [13~14]

13. $\mathbf{x}=(2, -3, 1, 2)$ 14. $\mathbf{y}=(-3, 0, 2, 1)$

※ 다음에서 두 벡터의 내적 $\mathbf{x}\cdot\mathbf{y}$를 구하라. [15~16]

15. $\mathbf{x}=(2, 3, 1, 5)$, $\mathbf{y}=(3, -2, 0, 4)$
16. $\mathbf{x}=(2, 0, -1, 3)$, $\mathbf{y}=(-3, -5, 2, -1)$

17. 문제 [15~16]의 두 벡터 $\mathbf{x}$, $\mathbf{y}$ 사이의 각을 θ라 할 때 $\cos\theta$를 구하라.

18. $\mathbf{x}=(a, 2, 1, a)$, $\mathbf{y}=(a, -1, -2, -3)$일 때, $\mathbf{x}\cdot\mathbf{y}=0$을 만족하는 실수 a를 모두 구하라.

19. $\mathbf{x}$, $\mathbf{y}$를 $n\times 1$ 행렬이라 할 때, $\mathbf{x}\cdot\mathbf{y}=\mathbf{x}^T\mathbf{y}$ 임을 증명하라.

20. 정리 3.8 의 (1), (2), (3)을 증명하라.

21. 정리 3.9 의 Cauchy-Schwarz 부등식에서 등호가 성립하는 경우를 증명하라.

22. 정리 3.10 의 삼각부등식에서 등호가 성립하는 경우를 증명하라.

23. $\mathbf{R}^n$에서 다음이 성립함을 증명하라.

$$\mathbf{x}\cdot\mathbf{y}=\frac{1}{4}\|\mathbf{x}+\mathbf{y}\|^2-\frac{1}{4}\|\mathbf{x}-\mathbf{y}\|^2$$

24. $\mathbf{R}^n$에서 다음이 성립함을 증명하라.

$$\|\mathbf{x}+y\|^2=\|\mathbf{x}\|^2+\|\mathbf{y}\|^2 \Longleftrightarrow \mathbf{x}\cdot\mathbf{y}=0$$

(이것을 $\mathbf{R}^n$에서의 Pythagoras 정리라고 한다.)

25. $\mathbf{R}^n$에서 다음이 성립함을 증명하라.

$$\|\mathbf{x}+\mathbf{y}\|^2+\|\mathbf{x}-\mathbf{y}\|^2=2\|\mathbf{x}\|^2+2\|\mathbf{y}\|^2$$

(이것을 $\mathbf{R}^n$에서의 **평행사변형법칙**(parallelogram law)이라고 한다.)

4

벡터공간

제

3장에서 다룬 벡터의 합과 스칼라배가 갖는 연산 법칙은 여기에 그치지 않고 수학체계의 일반적인 이론으로서 수학의 여러 분야에 적용된다.

이 장에서는 벡터공간을 정의하고, 정의를 이용하여 벡터공간의 이론을 추상적으로 개발한다. 이러한 접근방법은 추상적인 현대수학에 대한 최초의 진지한 소개가 될 것이다.

4.1 벡터공간의 기본개념

3.4절에서 $\mathbf{R}^n$을 정의하고 $\mathbf{R}^n$의 벡터에 대하여 성립하는 여러 가지 기본 성질을 다루었다. 이 절에서는 벡터의 개념을 더욱 일반화하여 어떤 공리계를 주고서 그것을 만족하는 원소들의 집합을 벡터공간이라 하고 그 집합의 원소를 벡터라 할 것이다. 벡터에 대한 이러한 추상적인 개념은 수학에서 많이 이용되며 이러한 추상성이 현대수학의 특징이다.

정의

임의의 집합 $V(\neq\phi)$에서 두 연산, 덧셈(addition) '+'와 스칼라배(scalar multiplication) '·'이 정의되어 있고, 그 정의 아래서 임의의 $\mathbf{x}$, $\mathbf{y}$, $\mathbf{z}\in V$와 h, $k\in\mathbf{R}$에 대하여 두 개의 기본법칙

A. $\mathbf{x}, \mathbf{y}\in V \Longrightarrow \mathbf{x}+\mathbf{y}\in V$
SM. $\mathbf{x}\in V,\ k\in\mathbf{R} \Longrightarrow k\mathbf{x}\in V$

와, 다음 여덟 개의 연산법칙이 성립할 때, 집합 V를 주어진 연산에 관한 $\mathbf{R}$상의 **벡터공간**(vector space)이라 한다. 이 때 벡터공간 V의 원소를 **벡터**(vector)라 한다.

A1. $\mathbf{x}+\mathbf{y}=\mathbf{y}+\mathbf{x}$
A2. $(\mathbf{x}+\mathbf{y})+\mathbf{z}=\mathbf{x}+(\mathbf{y}+\mathbf{z})$
A3. 모든 $\mathbf{x}\in V$에 대하여 다음을 만족하는 원소 $\mathbf{0}$이 V에 단 하나 존재한다.

$$\mathbf{x}+\mathbf{0}=\mathbf{x}=\mathbf{0}+\mathbf{x}$$

A4. V의 각 원소 $\mathbf{x}$에 대하여, 다음을 만족하는 $-\mathbf{x}$

가 V에 단 하나 존재한다.

$$\mathbf{x}+(-\mathbf{x})=\mathbf{0}=(-\mathbf{x})+\mathbf{x}$$

SM1. $k(\mathbf{x}+\mathbf{y})=k\mathbf{x}+k\mathbf{y}$

SM2. $(h+k)\mathbf{x}=h\mathbf{x}+k\mathbf{x}$

SM3. $(hk)\mathbf{x}=h(k\mathbf{x})=k(h\mathbf{x})$

SM4. $1\mathbf{x}=\mathbf{x}$

여기서 조건 A3를 만족하는 $\mathbf{0}$을 영벡터, 조건 A4를 만족하는 $-\mathbf{x}$를 $\mathbf{x}$의 음벡터라 한다.

이 책에서는 스칼라를 실수로 제한했으므로 특별한 언급이 없는 한 벡터공간은 $\mathbf{R}$상의 벡터공간을 의미한다. 어떤 경우에는 스칼라를 실수에서 복소수로 확장하는 것이 필요한데, 이 경우 $\mathbf{C}$상의 벡터공간을 **복소벡터공간**(complex vector space)이라 부른다. 복소벡터공간에 대해서는 제 7 장에서 다루도록 한다.

[예제 1] 집합 $\mathbf{R}^n$에서의 두 연산 덧셈과 스칼라배를 각각 3.4 절에서처럼 정의하면, $\mathbf{R}^n$은 이 연산에 관하여 벡터공간이다. ∎

[예제 2] 집합 $\mathbf{R}^3$에서 임의의 $\mathbf{x}=(x_1,\ x_2,\ x_3)$, $\mathbf{y}=(y_1,\ y_2,\ y_3)$와 스칼라 k에 대하여 덧셈과 스칼라배를 각각

$$\mathbf{x}+\mathbf{y}=(x_1+y_1,\ x_2+y_2,\ x_3+y_3)$$
$$k\mathbf{x}=(kx_1,\ x_2,\ x_3)$$

과 같이 정의하면 $\mathbf{R}^3$은 이런 연산에 관하여는 벡터공간이 아니다. 왜냐하면 $\mathbf{R}^3$은 이 연산에 관하여 닫혀 있지만 여덟 개의 연산법칙 중에서 SM2가 성립하지 않기 때문이다. 실제로 $h,\ k\in\mathbf{R}$에 대하여

$$(h+k)\mathbf{x}=((h+k)x_1,\ x_2,\ x_3)$$
$$h\mathbf{x}+k\mathbf{x}=(hx_1,\ x_2,\ x_3)+(kx_1,\ x_2,\ x_3)$$
$$=((h+k)x_1,\ 2x_2,\ 2x_3)$$
$$\therefore\ (h+k)\mathbf{x}\neq h\mathbf{x}+k\mathbf{x}$$

∎

[예제 3] 집합 $V=\{\mathbf{0}\}$에서 스칼라 k에 대하여 덧셈과 스칼라배를 각각

$$\mathbf{0}+\mathbf{0}=\mathbf{0}, \qquad k\mathbf{0}=\mathbf{0}$$

과 같이 정의하면 V는 이 연산에 관하여 벡터공간이다. 이 벡터공간을 **영벡터공간**(zero vector space)이라 한다. ■

[예제 4] 집합 L_0, L_1을 각각 직선 $y=x$, $y=x+1$ 위의 점의 집합이라 하자. 즉

$$L_0=\{(x, y)\in\mathbf{R}^2 | x-y=0\}$$
$$L_1=\{(x, y)\in\mathbf{R}^2 | x-y+1=0\}$$

L_0, L_1에서의 덧셈과 스칼라배를 각각 예제 1의 $\mathbf{R}^2(n=2)$에서와 같이 정의하면 이 연산에 관하여 L_0는 벡터공간이지만 L_1은 벡터공간이 아님을 보여라.

풀이 (i) 집합 L_0의 경우:

A: $\mathbf{x}=(x_1, x_2)$, $\mathbf{y}=(y_1, y_2)\in L_0$이면 $x_1-x_2=0$, $y_1-y_2=0$이고 $\mathbf{x}+\mathbf{y}=(x_1+y_1, x_2+y_2)$이다. 따라서

$$(x_1+y_1)-(x_2+y_2)=(x_1-x_2)+(y_1-y_2)=0$$

이므로 $\mathbf{x}+\mathbf{y}\in L_0$이다.

SM: $\mathbf{x}=(x_1, x_2)\in L_0$, $k\in\mathbf{R}$이면 $x_1-x_2=0$이고 $k\mathbf{x}=(kx_1, kx_2)$이다. 따라서

$$kx_1-kx_2=k(x_1-x_2)=0$$

이므로 $k\mathbf{x}\in L_0$이다.

그리고 집합 L_0에서 나머지 여덟 개의 연산법칙(A1~A4, SM1~SM4)이 성립하는 것은 쉽게 보일 수 있다. 따라서 L_0는 이 연산에 관하여 벡터공간이다. 이 경우에 벡터는 직선 $y=x$ 위에 있는 점이다.

(ii) 집합 L_1의 경우:

A: $\mathbf{x}=(x_1, x_2)$, $\mathbf{y}=(y_1, y_2)\in L_1$이면 $x_1-x_2+1=0$, $y_1-y_2+1=0$이고 $\mathbf{x}+\mathbf{y}=(x_1+y_1, x_2+y_2)$이다. 그런데

$$(x_1+y_1)-(x_2+y_2)+1=(x_1-x_2+1)+(y_1-y_2) \\ =-1$$

이므로 $\mathbf{x}+\mathbf{y}\notin L_1$이다.

따라서 L_1은 이 연산에 관하여 벡터공간이 아니다. ■

다음에 제시하는 벡터공간의 예들이 두 개의 기본법칙과 여덟 개의 연산법칙을 만족함을 보이는 것은 연습문제로 남긴다.

【예제 5】 집합 $M_{m,n}$을 모든 성분이 실수인 $m\times n$행렬 전체의 집합이라 하자. 즉

$$M_{m,n}=\{A=[a_{ij}]_{m\times n}\,|\,a_{ij}\in\mathbf{R},\ 1\leq i\leq m,\ 1\leq j\leq n\}$$

이 때 $m=n$이면 $M_{m,n}$을 M_n으로 쓴다.

$M_{m,n}$에서 덧셈과 스칼라배를 각각 통상적인 행렬의 합과 스칼라배로 정의하면 $M_{m,n}$은 이 연산에 관하여 벡터공간을 이룬다. 이 때 영벡터는 영행렬 $\mathbf{0}$이고, 각 $A=[a_{ij}]\in M_{m,n}$에 대하여 $-A=[-a_{ij}]$이다. 이 경우에 벡터는 실수 성분을 갖는 $m\times n$행렬이다. ■

【예제 6】 집합 $\mathscr{C}$를 $\mathbf{R}$에서 $\mathbf{R}$로의 연속함수 전체의 집합이라 하자. 즉

$$\mathscr{C}=\{f\,|\,f:\mathbf{R}\to\mathbf{R}\text{는 연속함수}\}$$

$f, g\in\mathscr{C}$와 스칼라 $k\in\mathbf{R}$에 대하여 덧셈과 스칼라배를 각각

$$(f+g)(x)=f(x)+g(x)$$
$$(kf)(x)=kf(x)$$

와 같이 정의하면 $\mathscr{C}$는 이 연산에 관하여 벡터공간을 이룬다. 이 때 영벡터는 영함수 $\mathbf{0}(x)=0$이고 각 $f\in\mathscr{C}$에 대하여 $-f$는 $(-f)(x)=-f(x)$로 정의된 함수이다. 이 경우에 벡터는 $\mathbf{R}$에서 $\mathbf{R}$로의 연속함수이다. ■

[예제 7] 집합 P_n을 계수가 실수인 n차 이하의 다항식 전체의 집합이라 하자. 즉

$$P_n=\{a_0+a_1t+a_2t^2+\cdots+a_nt^n \mid a_0,\ a_1,\ \ldots,\ a_n\in\mathbf{R}\}$$

$p(t)=a_0+a_1t+\cdots+a_nt^n$, $q(t)=b_0+b_1t+\cdots+b_nt^n\in P_n$과 스칼라 $k\in\mathbf{R}$에 대하여 덧셈과 스칼라배를 각각

$$p(t)+q(t)=(a_0+b_0)+(a_1+b_1)t+\cdots+(a_n+b_n)t^n$$
$$kp(t)=(ka_0)+(ka_1)t+\cdots+(ka_n)t^n$$

과 같이 정의하면, P_n은 이 연산에 관하여 벡터공간이다. 이 때 영벡터는 영다항식 $\mathbf{0}(t)=0+0t+\cdots+0t^n$이고 각 $p(t)\in P_n$에 대하여 $-p(t)$는

$$-p(t)=-a_0-a_1t-\cdots-a_nt^n$$

으로 정의된 다항식이다. 이 경우에 벡터는 실수계수를 갖는 n차 이하의 다항식이다. ■

정리 4.1

> V를 벡터공간이라 할 때, 임의의 벡터 $\mathbf{x}\in V$와 스칼라 k에 대하여 다음이 성립한다.
> (1) $0\mathbf{x}=\mathbf{0}$
> (2) $k\mathbf{0}=\mathbf{0}$
> (3) $(-1)\mathbf{x}=-\mathbf{x}$
> (4) $k\mathbf{x}=\mathbf{0} \Leftrightarrow k=0$ 또는 $\mathbf{x}=\mathbf{0}$

증명 (1) 수 0의 성질과 SM2에 의하여

$$0\mathbf{x}=(0+0)\mathbf{x}=0\mathbf{x}+0\mathbf{x}$$

이고, A4에 의하여 벡터 $0\mathbf{x}$의 역원 $-0\mathbf{x}$가 존재하므로 이것을 위 식의 양변에 더하면 A2, A3, A4로부터 다음이 성립한다.

$$\begin{aligned}\mathbf{0}&=0\mathbf{x}+(-0\mathbf{x})=(0\mathbf{x}+0\mathbf{x})+(-0\mathbf{x})\\&=0\mathbf{x}+(0\mathbf{x}+(-0\mathbf{x}))\\&=0\mathbf{x}+\mathbf{0}=0\mathbf{x}\end{aligned}$$

(2) $$k\mathbf{0}+k\mathbf{0}=k(\mathbf{0}+\mathbf{0})=k\mathbf{0}$$

이고, 벡터 $k\mathbf{0}$의 역원 $-k\mathbf{0}$를 위 식의 양변에 더하면 다음이 성립한다.

$$\begin{aligned}&(k\mathbf{0}+k\mathbf{0})+(-k\mathbf{0})=k\mathbf{0}+(-k\mathbf{0})\\&\Rightarrow k\mathbf{0}+(k\mathbf{0}+(-k\mathbf{0}))=\mathbf{0}\\&\Rightarrow k\mathbf{0}+\mathbf{0}=\mathbf{0}\\&\Rightarrow k\mathbf{0}=\mathbf{0}\end{aligned}$$

(3) $\mathbf{x}+(-1)\mathbf{x}=\mathbf{0}$임을 밝히면 된다. 실제로

$$\begin{aligned}\mathbf{x}+(-1)\mathbf{x}&=1\mathbf{x}+(-1)\mathbf{x}\\&=(1+(-1))\mathbf{x}\\&=0\mathbf{x}=\mathbf{0}\end{aligned}$$

(4) $k=0$ 또는 $\mathbf{x}=\mathbf{0}$이면 (1), (2)에 의하여 $k\mathbf{x}=\mathbf{0}$이다. 역으로 $k\mathbf{x}=\mathbf{0}$이고 $k\neq 0$라 하자. $k\mathbf{x}=\mathbf{0}$의 양변에 $\frac{1}{k}$을 곱하면

$$\begin{aligned}\frac{1}{k}(k\mathbf{x})=\frac{1}{k}\mathbf{0}&\Rightarrow\left(\frac{1}{k}k\right)\mathbf{x}=\mathbf{0}\\&\Rightarrow 1\mathbf{x}=\mathbf{0}\\&\Rightarrow \mathbf{x}=\mathbf{0}\end{aligned}$$

이므로 $k\mathbf{x}=\mathbf{0}$이면 $k=0$ 또는 $\mathbf{x}=\mathbf{0}$이다. ■

연습문제 4.1

※ 집합 $\mathbf{R}^2$상의 덧셈과 스칼라배를 각각 다음과 같이 정의할 때, $\mathbf{R}^2$는 주어진 연산에 관하여 벡터공간인가? [1~4]

1. $(a_1, a_2)+(b_1, b_2)=(a_1+b_1, a_2+b_2)$, $k(a_1, a_2)=(ka_1, a_2)$
2. $(a_1, a_2)+(b_1, b_2)=(a_1+b_1, a_2+b_2)$, $k(a_1, a_2)=(a_1, 0)$
3. $(a_1, a_2)+(b_1, b_2)=(a_1+2b_1, a_2+3b_2)$, $k(a_1, a_2)=(ka_1, ka_2)$
4. $(a_1, a_2)+(b_1, b_2)=(a_1-b_1, a_2-b_2)$, $k(a_1, a_2)=(ka_1, ka_2)$

※ 집합 M_2상의 덧셈과 스칼라배를 각각 다음과 같이 정의할 때, M_2는 주어진 연산에 관하여 벡터공간인가? [5~6]

5. $\begin{bmatrix} a_1 & a_2 \\ a_3 & a_4 \end{bmatrix}=\begin{bmatrix} b_1 & b_2 \\ b_3 & b_4 \end{bmatrix}=\begin{bmatrix} a_1+b_1 & a_2+b_2 \\ a_3+b_3 & a_4+b_4 \end{bmatrix}$, $k\begin{bmatrix} a_1 & a_2 \\ a_3 & a_4 \end{bmatrix}=\begin{bmatrix} ka_1 & a_2 \\ a_3 & ka_4 \end{bmatrix}$
6. $\begin{bmatrix} a_1 & a_2 \\ a_3 & a_4 \end{bmatrix}=\begin{bmatrix} b_1 & b_2 \\ b_3 & b_4 \end{bmatrix}=\begin{bmatrix} a_1+b_1 & a_2b_2 \\ a_3b_3 & a_4+b_4 \end{bmatrix}$, $k\begin{bmatrix} a_1 & a_2 \\ a_3 & a_4 \end{bmatrix}=\begin{bmatrix} ka_1 & ka_2 \\ ka_3 & ka_4 \end{bmatrix}$

※ 집합 P_2상의 덧셈과 스칼라배를 각각 다음과 같이 정의할 때, P_2는 주어진 연산에 관하여 벡터공간인가? [7~8]

7. $(a_0+a_1t+a_2t^2)+(b_0+b_1t+b_2t^2)=a_0b_0+a_1b_1t+a_2b_2t^2$
   $k(a_0+a_1t+a_2t^2)=ka_0+ka_1t+ka_2t^2$
8. $(a_0+a_1t+a_2t^2)+(b_0+b_1t+b_2t^2)=(a_0+b_0)+(a_1+b_1)t+(a_2+b_2)t^2$
   $k(a_0+a_1t+a_2t^2)=ka_0+a_1t+a_2t^2$

9. 예제 3의 집합 $V=\{\mathbf{0}\}$이 주어진 연산에 관하여 벡터공간임을 보여라.

10. 예제 4의 집합 L_0에서 여덟 개의 연산법칙이 성립하는 것을 보여라.

11. 예제 5의 집합 $M_{m,n}$은 주어진 연산에 관하여 벡터공간임을 보여라.

12. 예제 6의 집합 $\mathscr{C}$는 주어진 연산에 관하여 벡터공간임을 보여라.

13. 예제 7의 집합 P_n은 주어진 연산에 관하여 벡터공간임을 보여라.

14. 벡터공간 V에 대하여 다음이 성립함을 보여라.

$$k\mathbf{x}=\mathbf{x}\ (\mathbf{x}\in V,\ k\in\mathbf{R}) \Longleftrightarrow k=1 \text{ 또는 } \mathbf{x}=\mathbf{0}$$

4.2 부분공간

한 집합에 대하여 그 부분집합을 생각할 수 있듯이 벡터공간에서도 부분공간이라고 부르는 특수한 부분집합을 생각할 수 있다.

정의

집합 V를 벡터공간이라 하고 $W(\neq\phi)$를 V의 부분집합이라 하자. 이 때 벡터공간 V에서 정의된 덧셈과 스칼라배에 관하여 W가 벡터공간을 이룰 때, W를 V의 **부분공간**(subspace)이라고 한다.

[예제 1] V가 벡터공간일 때, $\{\mathbf{0}\}$과 V는 V의 부분공간이다. ■

[예제 2] 4.1절의 예제 4에서 벡터공간 $\mathbf{R}^2$의 부분집합 L_0, 즉 직선 $y=x$ 위의 점의 집합은 벡터공간을 이루므로 L_0는 $\mathbf{R}^2$의 부분공간이다. 그러나 $\mathbf{R}^2$의 부분집합 L_1, 즉 직선 $y=x+1$ 위의 점의 집합은 벡터공간을 이루지 못하므로 L_1은 $\mathbf{R}^2$의 부분공간이 아니다. ■

실제로 $\mathbf{R}^2$의 부분공간은 $\{\mathbf{0}\}$, $\mathbf{R}^2$, 그리고 원점을 지나는 직선 이외에는 존재하지 않는다. 이것의 증명은 연습문제로 남긴다.

일반적으로, 벡터공간 V의 부분집합 $W(\neq\phi)$가 부분공간임을 밝히기 위해서는 벡터공간이 되기 위한 두 개의 기본법칙과 여덟 개의 연산법칙이 모두 성립한다는 것을 보여야 한다. 그러나 다음 정리는 W가 V에서 정의된 연산에 관하여 두 개의 기본법칙만 만족하면 W는 V의 부분공간이 됨을 말해준다.

정리 4.2

> 집합 V를 벡터공간이라 하고 $W(\neq\phi)$가 V의 부분집합이라 하자. 이 때 다음 두 조건을 만족하면 W는 V의 부분공간이다.
>
> (i) $\mathbf{x},\ \mathbf{y}\in W \Longrightarrow \mathbf{x}+\mathbf{y}\in W$
>
> (ii) $\mathbf{x}\in W,\ k\in\mathbf{R} \Longrightarrow k\mathbf{x}\in W$

증명 조건 (i), (ii)를 만족하므로 벡터공간이 되기 위한 여덟 가지 연산법칙이 W에서 성립함을 보이면 된다. W는 벡터공간 V의 부분집합이므로 연산법칙 A1, A2, SM1~SM4가 W에서도 성립한다. 또한 조건 (ii)로부터 임의의 $\mathbf{x}\in W$에 대하여 $k=0$, $k=-1$이라 놓으면 각각

$$\mathbf{0}=0\mathbf{x}\in W, \qquad -\mathbf{x}=(-1)\mathbf{x}\in W$$

이므로 연산법칙 A3, A4도 역시 W에서 성립한다. ■

[예제 3] 집합 $W=\left\{\begin{bmatrix}0 & a & b\\ c & d & 0\end{bmatrix}\middle|\, a,\ b,\ c,\ d\in\mathbf{R}\right\}$는 통상적인 두 개의 연산을 갖는 벡터공간 $M_{2,3}$의 부분공간임을 보여라.

풀이 임의의

$$\mathbf{x}=\begin{bmatrix}0 & a_1 & b_1\\ c_1 & d_1 & 0\end{bmatrix}, \quad \mathbf{y}=\begin{bmatrix}0 & a_2 & b_2\\ c_2 & d_2 & 0\end{bmatrix}\in W, \quad k\in\mathbf{R}$$

에 대하여 다음이 성립한다.

(i) $\mathbf{x}+\mathbf{y}=\begin{bmatrix}0 & a_1+a_2 & b_1+b_2\\ c_1+c_2 & d_1+d_2 & 0\end{bmatrix}\in W$

(ii) $k\mathbf{x}=\begin{bmatrix}0 & ka_1 & kb_1\\ kc_1 & kd_1 & 0\end{bmatrix}\in W$

따라서 정리 4.2에 의하여 W는 $M_{2,3}$의 부분공간이다. ■

[예제 4] 행렬 $A \in M_{m,n}$에 대하여 집합

$$W=\{\mathbf{x}\in\mathbf{R}^n \mid A\mathbf{x}=\mathbf{0}\}$$

은 벡터공간 $\mathbf{R}^n$의 부분공간임을 보여라.

풀이 $A\mathbf{0}=\mathbf{0}$이므로 $\mathbf{0}\in W$이다. 따라서 $W\neq\varnothing$이다. 이제 $\mathbf{x}, \mathbf{y}\in W$와 $k\in\mathbf{R}$에 대하여 $A\mathbf{x}=\mathbf{0}$, $A\mathbf{y}=\mathbf{0}$이므로

$$A(\mathbf{x}+\mathbf{y})=A\mathbf{x}+A\mathbf{y}=\mathbf{0}+\mathbf{0}=\mathbf{0}$$
$$A(k\mathbf{x})=k(A\mathbf{x})=k\mathbf{0}=\mathbf{0}$$
$$\therefore\ \mathbf{x}+\mathbf{y}\in W, \qquad k\mathbf{x}\in W$$

따라서 W는 $\mathbf{R}^n$의 부분공간이다. ■

위 예제 4에 있는 $\mathbf{R}^n$의 부분공간 W를 $A\mathbf{x}=\mathbf{0}$의 해공간(solution space) 또는 A의 **영공간**(null space)이라 한다.

[예제 5] V가 벡터공간일 때 $S=\{\mathbf{x}_1, \mathbf{x}_2, \ldots, \mathbf{x}_t\}\subseteq V$에 대하여

$$W=\{c_1\mathbf{x}_1+c_2\mathbf{x}_2+\cdots+c_t\mathbf{x}_t \mid c_1, c_2, \ldots, c_t\in\mathbf{R}\}$$

는 V의 부분공간임을 보여라.

풀이 $\mathbf{x}, \mathbf{y}\in W$라 하면 적당한 $c_i, d_i\in\mathbf{R}$ $(i=1, 2, \ldots, t)$에 대하여

$$\mathbf{x}=c_1\mathbf{x}_1+c_2\mathbf{x}_2+\cdots+c_t\mathbf{x}_t, \quad \mathbf{y}=d_1\mathbf{x}_1+d_2\mathbf{x}_2+\cdots+d_t\mathbf{x}_t$$

이므로 $k\in\mathbf{R}$에 대하여

$$\mathbf{x}+\mathbf{y}=(c_1+d_1)\mathbf{x}_1+(c_2+d_2)\mathbf{x}_2+\cdots+(c_t+d_t)\mathbf{x}_t$$
$$k\mathbf{x}=(kc_1)\mathbf{x}_1+(kc_2)\mathbf{x}_2+\cdots+(kc_t)\mathbf{x}_t$$

그런데 각 $i=1, 2, \ldots, t$에 대하여 $c_i+d_i\in\mathbf{R}$, $kc_i\in\mathbf{R}$이므로

$$\mathbf{x}+\mathbf{y}\in W, \qquad k\mathbf{x}\in W$$

따라서 W는 V의 부분공간이다. ∎

연습문제 4.2

※ 다음 집합은 $\mathbf{R}^3$의 부분공간인가? [1~4]

1. $W_1=\{(x_1, x_2, x_3)\mid x_1+x_2+x_3=0\}$
2. $W_2=\{(x_1, x_2, x_3)\mid x_2=2x_1+1\}$
3. $W_3=\{(x_1, x_2, x_3)\mid x_1^2+x_2^2+x_3^2=1\}$
4. $W_4=\{(x_1, x_2, x_3)\mid x_1^2-x_2^2+x_3^2=-1\}$

※ 다음 곡선 위의 점의 집합은 $\mathbf{R}^2$의 부분공간인가? [5~8]

5. 기울기가 3이고 원점을 지나는 직선
6. 기울기가 3이고 점 (1, 1)을 지나는 직선
7. 포물선 $y=x^2$
8. 단위원 $x^2+y^2=1$

※ 다음 집합은 $M_{3,2}$의 부분공간인가? [9~10]

9. $W_1=\left\{\begin{bmatrix} a & b \\ c & d \\ e & f \end{bmatrix} \middle| a=2b+1,\ a, b, c, d, e, f\in\mathbf{R}\right\}$
10. $W_2=\left\{\begin{bmatrix} a & 0 \\ c & d \\ 1 & f \end{bmatrix} \middle| a, c, d, f\in\mathbf{R}\right\}$

※ 다음 집합은 P_2의 부분공간인가? [11~12]

11. $W_1=\{a_0+a_2t^2\mid a_0, a_2\in\mathbf{R}\}$
12. $W_2=\{a_0+a_1t+a_2t^2\mid a_0+a_1+a_2=3,\ a_0, a_1, a_2\in\mathbf{R}\}$

※ 다음 조건을 만족하는 M_n의 각 부분집합은 M_n의 부분공간인가? [13~18]

13. 대칭행렬
14. 반대칭행렬
15. 대각행렬
16. 가역행렬
17. 비가역행렬
18. 행렬식의 값이 1인 행렬

19. 벡터 $\mathbf{x}\in\mathbf{R}^3$에 대하여 $W=\{\mathbf{y}\in\mathbf{R}^3\mid \mathbf{x}\cdot\mathbf{y}=0\}$은 $\mathbf{R}^3$의 부분공간임을 보여라.

20. V가 임의의 벡터공간일 때, $\{\mathbf{0}\}$과 V 자신은 항상 V의 부분공간임을 보여라.

21. $\mathbf{R}^2$의 부분공간은 $\{\mathbf{0}\}$, $\mathbf{R}^2$ 자신, 그리고 원점을 지나는 직선 이외에는 존재하지 않음을 밝혀라.

22. W_1, W_2가 벡터공간 V의 부분공간이면 $W_1 \cap W_2$도 V의 부분공간임을 증명하라.

23. W_1, W_2가 벡터공간 V의 부분공간이고 W_1+W_2를 다음과 같이 정의하면 W_1+W_2는 V의 부분공간임을 증명하라.

$$W_1+W_2=\{\mathbf{x}+\mathbf{y} \mid \mathbf{x}\in W_1,\ \mathbf{y}\in W_2\}$$

24. W_1, W_2가 벡터공간 V의 부분공간이고, W_1+W_2를 문제 23에서와 같이 정의할 때 다음 두 조건을 만족하면, V를 W_1과 W_2의 직합(direct sum)이라 하고 $V=W_1 \oplus W_2$로 나타낸다.

$$\text{(i) } V=W_1+W_2, \qquad \text{(ii) } W_1 \cap W_2=\{\mathbf{0}\}$$

이제 $\mathbf{R}^3$의 두 부분공간

$$W_1=\{(x,\ y,\ 0) \mid x,\ y\in \mathbf{R}\}, \qquad W_2=\{(0,\ 0,\ z) \mid z\in \mathbf{R}\}$$

에 대하여 $\mathbf{R}^3=W_1 \oplus W_2$임을 증명하라.

4.3 일차독립과 일차종속

이 절에서는 벡터공간과 그의 부분공간의 구조를 이해하는 데 필요한 기본적인 개념을 소개한다.

정의

집합 V가 벡터공간일 때 $\{\mathbf{x}_1, \mathbf{x}_2, \ldots, \mathbf{x}_k\} \subseteq V$에 대하여 $\mathbf{x} \in V$가

$$\mathbf{x} = c_1\mathbf{x}_1 + c_2\mathbf{x}_2 + \cdots + c_k\mathbf{x}_k, \quad (c_1, c_2, \ldots, c_k \in \mathbf{R})$$

의 꼴로 표시되면, $\mathbf{x}$를 $\mathbf{x}_1, \mathbf{x}_2, \ldots, \mathbf{x}_k$의 **일차결합**(linear combination)이라고 한다.

[예제 1] $\mathbf{R}^2$의 벡터 $\mathbf{x}_1 = (1, 0)$, $\mathbf{x}_2 = (0, 1)$에 대하여

$$\begin{aligned}\mathbf{x} = (4, -2) &= 4(1, 0) + (-2)(0, 1)\\ &= 4\mathbf{x}_1 + (-2)\mathbf{x}_2\end{aligned}$$

이므로 $\mathbf{x}$는 $\mathbf{x}_1$, $\mathbf{x}_2$의 일차결합이다. ∎

[예제 2] $\mathbf{R}^3$의 벡터 $\mathbf{x}_1 = (1, -2, -1)$, $\mathbf{x}_2 = (3, -5, 4)$에 대하여 $\mathbf{x} = (2, -6, 3)$은 $\mathbf{x}_1$, $\mathbf{x}_2$의 일차결합으로 표시할 수 있는가?

풀이 이것은 방정식

$$\mathbf{x} = c_1\mathbf{x}_1 + c_2\mathbf{x}_2$$

를 만족하는 실수 c_1, c_2가 존재하는가에 의해서 결정된다.

따라서 위의 식으로부터 다음을 얻는다.

$$(2,\ -6,\ 3)=c_1(1,\ -2,\ -1)+c_2(3,\ -5,\ 4)$$

$$\begin{aligned} & c_1+3c_2= 2 \\ \Rightarrow \quad & -2c_1-5c_2=-6 \\ & -c_1+4c_2= 3 \end{aligned}$$

그런데 이 연립방정식을 만족하는 실수 c_1, c_2는 존재하지 않으므로 $\mathbf{x}$는 $\mathbf{x}_1$, $\mathbf{x}_2$의 일차결합으로 표시할 수 없다. ■

V가 벡터공간일 때 $S=\{\mathbf{x}_1,\ \mathbf{x}_2,\ \ldots,\ \mathbf{x}_k\}\subseteq V$에 대하여 S에 있는 k개 벡터의 일차결합 전체의 집합, 즉

$$W=\{c_1\mathbf{x}_1+c_2\mathbf{x}_2+\cdots+c_k\mathbf{x}_k \mid c_1,\ c_2,\ \ldots,\ c_k\in\mathbf{R}\}$$

는 4.2절의 예제 5에서 보았듯이 V의 부분공간이다. 이 W를 S에 의하여 **생성된**(spaned) **V의 부분공간**이라고 한다. 이 때 집합 S는 W를 **생성**(span)한다고 하고, S를 W의 **생성집합**(spanning set)이라고 하며 기호로는 다음과 같이 나타낸다.

$$W=\text{span}(S) \quad \text{또는} \quad W=\langle S\rangle$$

특히 V에 있는 모든 벡터가 S에 있는 k개 벡터들의 일차결합이면 집합 S는 벡터공간 V를 생성한다. 즉

$$V=\langle S\rangle=\{c_1\mathbf{x}_1+c_2\mathbf{x}_2+\cdots+c_k\mathbf{x}_k \mid c_1,\ c_2,\ \ldots,\ c_k\in\mathbf{R}\}$$

【예제 3】 $\mathbf{R}^3$의 기본단위벡터

$$\mathbf{i}=(1,\ 0,\ 0),\quad \mathbf{j}=(0,\ 1,\ 0),\quad \mathbf{k}=(0,\ 0,\ 1)$$

에 대하여 $S=\{\mathbf{i},\ \mathbf{j},\ \mathbf{k}\}$라 하면 $\mathbf{R}^3$의 임의의 벡터 $\mathbf{x}=(x,\ y,\ z)$는

$$(x,\ y,\ z)=x\mathbf{i}+y\mathbf{j}+z\mathbf{k}$$

와 같이 $\mathbf{i}$, $\mathbf{j}$, $\mathbf{k}$의 일차결합으로 표시되므로 S는 $\mathbf{R}^3$을 생성한다. 즉 $\mathbf{R}^3=\langle S\rangle$이다. ■

[예제 4] $\mathbf{R}^3$의 벡터

$$\mathbf{x}_1=(1,\ 0,\ 1),\quad \mathbf{x}_2=(-3,\ 1,\ 1),\quad \mathbf{x}_3=(-2,\ 1,\ 2)$$

에 대하여 $S=\{\mathbf{x}_1,\ \mathbf{x}_2,\ \mathbf{x}_3\}$은 $\mathbf{R}^3$를 생성하는가?

풀이 $\mathbf{R}^3$의 임의의 벡터 $\mathbf{x}=(x,\ y,\ z)$에 대하여

$$\begin{aligned}&\mathbf{x}=c_1\mathbf{x}_1+c_2\mathbf{x}_2+c_3\mathbf{x}_3\quad (c_i\in\mathbf{R})\\ \Rightarrow\ &(x,y,z)=c_1(1,0,1)+c_2(-3,1,1)+c_3(-2,1,2)\\ \Rightarrow\ &\begin{cases}c_1-3c_2-2c_3=x\\ \qquad\ c_2+\ c_3=y\\ c_1+\ c_2+2c_3=z\end{cases}\end{aligned}$$

이므로, 이 문제는 위의 연립방정식이 모든 x, y, z에 대하여 해가 존재하는지에 관한 문제로 바뀐다. 그런데 연립방정식의 계수행렬식이

$$\begin{vmatrix}1 & -3 & -2\\ 0 & 1 & 1\\ 1 & 1 & 2\end{vmatrix}=0$$

이므로 x, y, z가 모두 0이 아닐 때는 해가 존재하지 않을 수도 있다. 예를 들어 $(x,\ y,\ z)=(0,\ 1,\ 5)$라 하면 해는 존재하지 않는다. 따라서 S는 $\mathbf{R}^3$를 생성하지 않는다. ■

[예제 5] M_2의 벡터

$$\mathbf{x}_1=\begin{bmatrix}1 & 0\\ 0 & 0\end{bmatrix},\quad \mathbf{x}_2=\begin{bmatrix}0 & 1\\ 0 & 0\end{bmatrix},\quad \mathbf{x}_3=\begin{bmatrix}0 & 0\\ 1 & 0\end{bmatrix},\quad \mathbf{x}_4=\begin{bmatrix}0 & 0\\ 0 & 1\end{bmatrix}$$

에 대하여 $S=\{\mathbf{x}_1, \mathbf{x}_2, \mathbf{x}_3, \mathbf{x}_4\}$라 하면 M_2의 임의의 벡터

$$\mathbf{x}=\begin{bmatrix} a & b \\ c & d \end{bmatrix}$$

는

$$\begin{aligned}\begin{bmatrix} a & b \\ c & d \end{bmatrix}&=a\begin{bmatrix} 1 & 0 \\ 0 & 0 \end{bmatrix}+b\begin{bmatrix} 0 & 1 \\ 0 & 0 \end{bmatrix}+c\begin{bmatrix} 0 & 0 \\ 1 & 0 \end{bmatrix}+d\begin{bmatrix} 0 & 0 \\ 0 & 1 \end{bmatrix}\\ &=a\mathbf{x}_1+b\mathbf{x}_2+c\mathbf{x}_3+d\mathbf{x}_4\end{aligned}$$

이므로 $\mathbf{x}_1, \mathbf{x}_2, \mathbf{x}_3, \mathbf{x}_4$의 일차결합이다. 따라서 S는 M_2를 생성한다. ■

정의

집합 V를 벡터공간이라 하자. $S=\{\mathbf{x}_1, \mathbf{x}_2, \ldots, \mathbf{x}_k\}\subseteq V$에 대하여

$$\begin{aligned}&c_1\mathbf{x}_1+c_2\mathbf{x}_2+\cdots+c_k\mathbf{x}_k=\mathbf{0} \quad (c_1, c_2, \ldots, c_k\in\mathbf{R})\\ &\Rightarrow c_1=c_2=\cdots=c_k=0\end{aligned}$$

일 때, $\mathbf{x}_1, \mathbf{x}_2, \ldots, \mathbf{x}_k$(또는 집합 S)를 **일차독립**(linearly independent)이라 하고, $\mathbf{x}_1, \mathbf{x}_2, \ldots, \mathbf{x}_k$(또는 집합 S)가 일차독립이 아니면 **일차종속**(linearly dependent)이라고 한다. 즉 집합 S가 일차종속이면

$$c_1\mathbf{x}_1+c_2\mathbf{x}_2+\cdots+c_k\mathbf{x}_k=\mathbf{0}$$

을 만족하는 모두는 영 아닌 스칼라 $c_1, c_2, \ldots, c_k$가 존재한다.

[예제 6] $\mathbf{R}^2$의 기본 단위벡터 $\mathbf{e}_1=(1, 0)$, $\mathbf{e}_2=(0, 1)$과 $c_1, c_2\in\mathbf{R}$에 대하여

$$\begin{aligned}c_1\mathbf{e}_1+c_2\mathbf{e}_2=\mathbf{0} &\Rightarrow c_1(1, 0)+c_2(0, 1)=(0, 0)\\ &\Rightarrow (c_1, c_2)=(0, 0)\end{aligned}$$

따라서 $c_1=c_2=0$ 이므로 $S=\{\mathbf{e}_1, \mathbf{e}_2\}$는 일차독립이다. ■

일반적으로 $\mathbf{R}^n$의 기본 단위벡터

$$\mathbf{e}_1=(1,0,\ldots,0),\ \mathbf{e}_2=(0,1,\ldots,0),\ \ldots,\ \mathbf{e}_n=(0,\ldots,0,1)$$

에 대하여 $S=\{\mathbf{e}_1, \mathbf{e}_2, \ldots, \mathbf{e}_n\}$은 일차독립이다.

[예제 7] $\mathbf{R}^2$의 벡터 $\mathbf{x}_1=(2, -1)$, $\mathbf{x}_2=(1, 3)$에 대하여 $S=\{\mathbf{x}_1, \mathbf{x}_2\}$는 일차독립임을 보여라.

풀이 임의의 $c_1, c_2\in\mathbf{R}$에 대하여

$$\begin{aligned} c_1\mathbf{x}_1+c_2\mathbf{x}_2=\mathbf{0} &\Rightarrow c_1(2, -1)+c_2(1, 3)=(0, 0) \\ &\Rightarrow 2c_1+c_2=0, \quad -c_1+3c_2=0 \end{aligned}$$

따라서 $c_1=c_2=0$ 이므로 S는 일차독립이다. ■

[예제 8] 벡터공간 V의 벡터 $\mathbf{x}_1, \mathbf{x}_2, \mathbf{x}_3$가 일차독립이면

$$\mathbf{x}_1, \quad \mathbf{x}_1+\mathbf{x}_2, \quad \mathbf{x}_1+\mathbf{x}_2+\mathbf{x}_3$$

도 일차독립임을 보여라.

풀이 임의의 $c_1, c_2, c_3\in\mathbf{R}$에 대하여

$$\begin{aligned} &c_1\mathbf{x}_1+c_2(\mathbf{x}_1+\mathbf{x}_2)+c_3(\mathbf{x}_1+\mathbf{x}_2+\mathbf{x}_3)=\mathbf{0} \\ \Rightarrow\ &(c_1+c_2+c_3)\mathbf{x}_1+(c_2+c_3)\mathbf{x}_2+c_3\mathbf{x}_3=\mathbf{0} \end{aligned}$$

그런데 $\mathbf{x}_1, \mathbf{x}_2, \mathbf{x}_3$가 일차독립이므로

$$\begin{aligned} &c_1+c_2+c_3=0, \quad c_2+c_3=0, \quad c_3=0 \\ \Rightarrow\ &c_1=c_2=c_3=0 \end{aligned}$$

따라서 $\mathbf{x}_1, \mathbf{x}_1+\mathbf{x}_2, \mathbf{x}_1+\mathbf{x}_2+\mathbf{x}_3$는 일차독립이다. ■

【예제 9】 $\mathbf{R}^3$의 벡터

$$\mathbf{x}_1=(1,\ 0,\ -1),\quad \mathbf{x}_2=(1,\ 1,\ 0),\quad \mathbf{x}_3=(0,\ 1,\ 1)$$

에 대하여 $S=\{\mathbf{x}_1,\ \mathbf{x}_2,\ \mathbf{x}_3\}$는 일차종속임을 보여라.

풀이 임의의 $c_1,\ c_2,\ c_3\in\mathbf{R}$에 대하여

$$\begin{aligned} & c_1\mathbf{x}_1+c_2\mathbf{x}_2+c_3\mathbf{x}_3=\mathbf{0} \\ \Rightarrow\ & c_1(1,\ 0,\ -1)+c_2(1,\ 1,\ 0)+c_3(0,\ 1,\ 1)=(0,\ 0,\ 0) \\ \Rightarrow\ & \begin{cases} c_1 \qquad -c_3=0 \\ c_1+c_2 \qquad =0 \\ \qquad c_2+c_3=0 \end{cases} \quad \Rightarrow \begin{cases} c_1+c_2 \qquad =0 \\ \qquad c_2+c_3=0 \end{cases} \end{aligned}$$

이 동차연립방정식은 미지수의 개수가 실제의 방정식의 수보다 많으므로 제 1 장의 정리 1.9에 의하여 자명하지 않은 해가 존재한다. 그 중의 하나는 $c_1=1,\ c_2=-1,\ c_3=1$이다. 따라서 모두는 영이 아닌 스칼라 $c_1,\ c_2,\ c_3$가 존재하므로 S는 일차종속이다. ■

이제, 벡터의 일차독립과 일차종속에 관한 중요한 정리를 소개한다.

정리 4.3

벡터공간 $\mathbf{R}^n$에서 n개의 벡터

$$\mathbf{x}_1=(x_{11},\ x_{21},\ \ldots,\ x_{n1}),\ \ldots,\ \mathbf{x}_n=(x_{n1},\ x_{2n},\ \ldots,\ x_{nn})$$

이 일차독립일 필요충분조건은 다음이 성립하는 것이다.

$$\Delta=\begin{vmatrix} x_{11} & x_{21} & \cdots & x_{n1} \\ x_{12} & x_{22} & \cdots & x_{n2} \\ & & \vdots & \\ x_{1n} & x_{2n} & \cdots & x_{nn} \end{vmatrix}\neq 0$$

증명 임의의 $c_1,\ \ldots,\ c_n\in\mathbf{R}$에 대하여

$$\begin{aligned} & c_1\mathbf{x}_1+\cdots+c_n\mathbf{x}_n=\mathbf{0} \\ \Rightarrow\ & c_1(x_{11},\ x_{12},\ \ldots,\ x_{1n})+\cdots+c_n(x_{n1},\ x_{n2},\ \ldots,x_{nn}) \\ & =(c_1x_{11}+\cdots+c_nx_{n1},\ \ldots,\ c_1x_{1n}+\cdots+c_nx_{nn}) \\ & =(0,\ \ldots,\ 0) \end{aligned}$$

이므로 다음 연립방정식을 얻는다.

$$\begin{array}{c} c_1x_{11}+\cdots+c_nx_{n1}=0 \\ \vdots \qquad\qquad \vdots \\ c_1x_{1n}+\cdots+c_nx_{nn}=0 \end{array}$$

이 연립방정식이 자명한 해

$$c_1=0,\ \ldots,\ c_n=0$$

을 갖기 위한 필요충분조건은 $\varDelta\neq0$ 이다. 그러므로 $\mathbf{x}_1,\ \ldots,$ $\mathbf{x}_n$ 이 일차독립일 필요충분조건은 $\varDelta\neq0$ 이다. ■

[예제 10] $\mathbf{R}^3$ 의 벡터 $\mathbf{x}_1=(1,\ 2,\ 3)$, $\mathbf{x}_2=(-1,\ 0,\ 2)$, $\mathbf{x}_3=(3,\ 1,\ 1)$ 에 대하여

$$\varDelta=\begin{vmatrix} 1 & -1 & 3 \\ 2 & 0 & 1 \\ 3 & 2 & 1 \end{vmatrix}=9\neq0$$

이므로 $\mathbf{x}_1$, $\mathbf{x}_2$, $\mathbf{x}_3$ 는 일차독립이다. ■

정리 4.4

집합 V 가 벡터공간일 때 $S=\{\mathbf{x}_1,\ \mathbf{x}_2,\ \ldots,\ \mathbf{x}_k\}\subseteq V$ 에 대하여, 다음이 성립한다.

(1) S 가 일차종속일 필요충분조건은 S 에 속하는 한 벡터가 나머지 벡터의 일차결합으로 표시되는 것이다.

(2) S 가 영벡터를 포함하면 S 는 일차종속이다.

(3) S 의 부분집합 S' 이 일차종속이면 S 도 일차종속이고, S 가 일차독립이면 S' 도 일차독립이다.

증명 (1) (⇒) S가 일차종속이면

$$c_1\mathbf{x}_1+c_2\mathbf{x}_2+\cdots+c_k\mathbf{x}_k=\mathbf{0}$$

을 만족하는 모두는 영이 아닌 스칼라 $c_1, c_2, \ldots, c_k$가 존재한다. 만일 $c_1\neq 0$이면

$$\mathbf{x}_1=\left(-\frac{c_2}{c_1}\right)\mathbf{x}_2+\cdots+\left(-\frac{c_k}{c_1}\right)\mathbf{x}_k$$

이므로 $\mathbf{x}_1$은 S에 속하는 나머지 벡터들의 일차결합으로 표시된다.

(⇐) 일반성을 잃지 않고

$$\mathbf{x}_1=c_2\mathbf{x}_2+\cdots+c_k\mathbf{x}_k$$

라 하면

$$(-1)\mathbf{x}_1+c_2\mathbf{x}_2+\cdots+c_k\mathbf{x}_k=\mathbf{0}$$

따라서 $-1\neq 0$이므로 S는 일차종속이다.

(2) 만일 $\mathbf{x}_1=\mathbf{0}$이라 하면 임의의 스칼라 $c_1(\neq 0)$에 대하여

$$c_1\mathbf{0}+0\mathbf{x}_2+\cdots+0\mathbf{x}_k=\mathbf{0}$$

이므로 $S=\{\mathbf{x}_1=\mathbf{0}, \mathbf{x}_2, \ldots, \mathbf{x}_k\}$는 일차종속이다.

(3) S의 부분집합 S'을

$$S'=\{\mathbf{x}_1, \mathbf{x}_2, \ldots, \mathbf{x}_h\}, \qquad (2\leq h\leq k)$$

라 하고 S'이 일차종속이라 하면 $c_i\neq 0(1\leq i\leq h)$에 대하여

$$c_1\mathbf{x}_1+\cdots+c_i\mathbf{x}_i+\cdots+c_h\mathbf{x}_h=\mathbf{0}$$

을 만족한다. 따라서

$$c_1\mathbf{x}_1+\cdots+c_i\mathbf{x}_i+\cdots+c_h\mathbf{x}_h+0\mathbf{x}_{h+1}+\cdots+0\mathbf{x}_k=\mathbf{0}$$

이므로 S는 일차종속이다. 또한 이 명제의 대우도 참이므로 S가 일차독립이면 S'도 일차독립이다. ■

다음 정리는 $\mathbf{R}^n$의 일차독립인 집합은 기껏해야 n개의 벡터로 이루어져 있음을 알려준다. 이 정리의 증명은 연습문제로 남긴다.

정리 4.5 벡터공간 $\mathbf{R}^n$에서 $m(>n)$개의 벡터는 항상 일차종속이다.

[예제 11] $\mathbf{R}^3$의 벡터 $\mathbf{x}_1=(1, 0, 0)$, $\mathbf{x}_2=(1, 1, 0)$, $\mathbf{x}_3=(1, 1, 1)$, $\mathbf{x}_4=(0, 1, 1)$에 대하여 $S=\{\mathbf{x}_1, \mathbf{x}_2, \mathbf{x}_3, \mathbf{x}_4\}$는 정리 4.5에 의하여 일차종속임을 쉽게 알 수 있다. ■

연습문제 4.3

※ 다음에서 $\mathbf{R}^3$의 벡터 $\mathbf{x}=(2, 1, -3)$을 주어진 벡터들의 일차결합으로 나타내라. [1~2]

1. $\mathbf{x}_1=(1, 1, 0)$, $\mathbf{x}_2=(1, 1, 1)$, $\mathbf{x}_3=(0, 1, -1)$
2. $\mathbf{x}_1=(-3, 1, 2)$, $\mathbf{x}_2=(1, 0, -1)$

※ 다음에서 M_2의 벡터 $\mathbf{x}=\begin{bmatrix} 4 & 2 \\ -1 & 6 \end{bmatrix}$을 주어진 벡터들의 일차결합으로 나타내라. [3~4]

3. $\mathbf{x}_1=\begin{bmatrix} 1 & 1 \\ 0 & 2 \end{bmatrix}$, $\mathbf{x}_2=\begin{bmatrix} 2 & 2 \\ -1 & 1 \end{bmatrix}$, $\mathbf{x}_3=\begin{bmatrix} 1 & -1 \\ 0 & 3 \end{bmatrix}$
4. $\mathbf{x}_1=\begin{bmatrix} 2 & -4 \\ 2 & 2 \end{bmatrix}$, $\mathbf{x}_2=\begin{bmatrix} 1 & -2 \\ 2 & 7 \end{bmatrix}$, $\mathbf{x}_3=\begin{bmatrix} -1 & -3 \\ 2 & 1 \end{bmatrix}$, $\mathbf{x}_4=\begin{bmatrix} 1 & 0 \\ 0 & 1 \end{bmatrix}$

※ 다음에서 P_2의 벡터 $p(t)=2t^2+3t+1$을 주어진 벡터의 일차결합으로 나타내라. [5~6]

5. $p_1(t)=t^2+2t+1$, $p_2(t)=t^2-1$, $p_3(t)=t+1$
6. $p_1(t)=t^2+t-1$, $p_2(t)=t^2+t+1$, $p_3(t)=t^2+2t+4$

7. 다음 집합 S 중에서 $\mathbf{R}^3$을 생성하는 집합을 찾아라.
(1) $S=\{(1, -1, 2), (0, 1, 1)\}$
(2) $S=\{(2, 2, 3), (0, 1, 0), (-1, -2, 1)\}$
(3) $S=\{(1, 0, 0), (0, 1, 0), (0, 0, 1), (1, 1, 1)\}$
(4) $S=\{(1, 2, -1), (6, 3, 0), (4, -1, 2), (2, -5, 4)\}$

8. 다음 집합 S 중에서 P_2를 생성하는 집합을 찾아라.
(1) $S=\{t^2+2t-1, t^2-1\}$
(2) $S=\{t^2+1, t^2+t, t+1\}$
(3) $S=\{t^2+1, t^2+t, t-1\}$
(4) $S=\{t^2+2, t^2+t+4, 2t^2-t+1, t+2\}$

※ 다음에서 주어진 벡터들이 주어진 벡터공간에서 일차독립인지, 일차종속인지를 결정하라. [9~16]

9. $\mathbf{R}^2$: $\mathbf{x}_1=(3, 2)$, $\mathbf{x}_2=(-1, 4)$
10. $\mathbf{R}^3$: $\mathbf{x}_1=(1, -2, 3)$, $\mathbf{x}_2=(1, -3, 2)$, $\mathbf{x}_3=(2, -1, 5)$
11. $M_{2,3}$: $\mathbf{x}_1=\begin{bmatrix}1 & 2 & -3\\6 & -5 & 4\end{bmatrix}$, $\mathbf{x}_2=\begin{bmatrix}6 & -5 & 4\\1 & 2 & -3\end{bmatrix}$
12. M_2 : $\mathbf{x}_1=\begin{bmatrix}1 & 2\\3 & 1\end{bmatrix}$, $\mathbf{x}_2=\begin{bmatrix}1 & -5\\-4 & 0\end{bmatrix}$, $\mathbf{x}_3=\begin{bmatrix}3 & -1\\2 & 2\end{bmatrix}$
13. P_2 : $p_1(t)=t^2+t-2$, $p_2(t)=-t^2+t+1$
14. P_3 : $p_1(t)=t^3+4t^2-2t+3$, $p_2(t)=t^3+6t^2-t+4$, $p_3(t)=3t^3+8t^2-8t+7$
15. $\mathscr{C}$: $f_1(t)=e^t$, $f_2(t)=t^2$, $f_3(t)=t$
16. $\mathscr{C}$: $f_1(t)=\cos t$, $f_2(t)=\sin t$, $f_3(t)=t$

17. $\mathbf{R}^n$의 기본단위벡터의 집합 $S=\{\mathbf{e}_1, \mathbf{e}_2, \ldots, \mathbf{e}_n\}$은 일차독립임을 증명하라.

18. 벡터공간 V의 임의의 벡터 $\mathbf{x}_1, \mathbf{x}_2, \mathbf{x}_3$에 대하여 다음 세 벡터는 항상 일차종속임을 밝혀라.

$$\mathbf{x}_1-\mathbf{x}_2,\quad \mathbf{x}_2+\mathbf{x}_3,\quad \mathbf{x}_1+\mathbf{x}_3$$

19. 벡터공간 V에서 집합 S_1, S_2가 일차독립일 때, 다음이 성립함을 증명하라.
(1) $S_1\cap S_2$는 일차독립이다.
(2) $S_1\cup S_2$가 일차독립 $\Longleftrightarrow$ $\langle S_1\rangle\cap\langle S_2\rangle=\{\mathbf{0}\}$

20. 정리 4.5를 증명하라.

4.4 기저와 차원

이 절에서는 벡터공간 V를 생성하는 벡터의 최소의 집합을 결정함으로써 벡터공간 V의 구조를 알아본다.

정의

> 집합 V가 벡터공간일 때, 다음의 두 조건을 만족하는 집합 $S \subseteq V$를 V의 기저(basis)라 한다.
> (i) S는 일차독립이다.
> (ii) S는 V를 생성한다.

[예제 1] $\mathbf{R}^2$의 기본 단위벡터 $\mathbf{e}_1=(1, 0)$, $\mathbf{e}_2=(0, 1)$에 대하여 $S=\{\mathbf{e}_1, \mathbf{e}_2\}$라 할 때, S는 일차독립이고 $\mathbf{R}^2$를 생성하므로 S는 $\mathbf{R}^2$의 기저이다. ∎

일반적으로 $\mathbf{R}^n$의 기본단위벡터

$\mathbf{e}_1=(1, 0, \ldots, 0)$, $\mathbf{e}_2=(0, 1, \ldots, 0)$, $\ldots$, $\mathbf{e}_n=(0, \ldots, 0, 1)$

에 대하여

$$S=\{\mathbf{e}_1, \mathbf{e}_2, \ldots, \mathbf{e}_n\}$$

은 $\mathbf{R}^n$의 기저이다. 이 S를 $\mathbf{R}^n$의 표준기저(standard basis)라고 한다.

[예제 2] $\mathbf{R}^3$의 벡터

$$\mathbf{x}_1=(1, 0, 0), \quad \mathbf{x}_2=(1, 1, 0), \quad \mathbf{x}_3=(1, 1, 1)$$

에 대하여 $S=\{\mathbf{x}_1, \mathbf{x}_2, \mathbf{x}_3\}$는 $\mathbf{R}^3$의 기저임을 보여라.

풀이

$$\Delta=\begin{vmatrix} 1 & 1 & 1 \\ 0 & 1 & 1 \\ 0 & 0 & 1 \end{vmatrix}=1\neq 0$$

이므로 S는 일차독립이다. 이제 S가 $\mathbf{R}^3$을 생성함을 보이자. $\mathbf{R}^3$의 임의의 벡터를 $\mathbf{x}=(x, y, z)$라 하고

$$\mathbf{x}=c_1\mathbf{x}_1+c_2\mathbf{x}_2+c_3\mathbf{x}_3, \ (c_i\in\mathbf{R})$$

라 놓으면

$$\begin{aligned}(x, y, z)&=c_1(1, 0, 0)+c_2(1, 1, 0)+c_3(1, 1, 1)\\ &=(c_1+c_2+c_3, \ c_2+c_3, \ c_3)\end{aligned}$$

이므로 c_1, c_2, c_3에 관한 연립방정식

$$\begin{aligned} c_1+c_2+c_3&=x \\ c_2+c_3&=y \\ c_3&=z \end{aligned} \qquad \cdots (1)$$

를 얻는다. 따라서 S가 $\mathbf{R}^3$를 생성함을 보이려면 위 연립방정식 (1)이 항상 해를 가짐을 보이면 된다.

실제로, 연립방정식 (1)의 계수행렬은 가역행렬이므로, 항상 해를 갖는다. 따라서 S는 $\mathbf{R}^3$의 기저이다. ∎

【예제 3】 벡터공간 $M_{m,n}$에서, $E_{ij}\in M_{m,n}$를 (i, j) 성분만 1이고 그 밖의 나머지 성분은 모두 0인 행렬이라 하자. 그러면

$$S=\{E_{ij}\,|\,1\leq i\leq m, \ 1\leq j\leq n\}$$

은 $M_{m,n}$의 기저이다. 이 S를 $M_{m,n}$의 표준기저라 한다. ∎

[예제 4] 벡터공간 P_n에서

$$S=\{1, x, \dots, x^n\}$$

은 P_n의 기저이다. 이 S를 P_n의 표준기저라 한다. ■

정리 4.6 집합 $S=\{\mathbf{x}_1, \mathbf{x}_2, \dots, \mathbf{x}_n\}$이 벡터공간 V의 기저일 때, V의 $r(>n)$개의 벡터의 집합 $T=\{\mathbf{y}_1, \mathbf{y}_2, \dots, \mathbf{y}_r\}$는 항상 일차종속이다. 따라서 T가 일차독립이면 $r\leq n$이다.

증명 S가 벡터공간 V의 기저이므로 $T=\{\mathbf{y}_1, \mathbf{y}_2, \dots, \mathbf{y}_r\}$에 속하는 모든 벡터는 $\mathbf{x}_1, \mathbf{x}_2, \dots, \mathbf{x}_n$의 일차결합으로 표시된다. 즉 $a_{ij}\in\mathbf{R}$에 대하여

$$\begin{aligned}\mathbf{y}_j&=a_{1j}\mathbf{x}_1+a_{2j}\mathbf{x}_2+\cdots+a_{nj}\mathbf{x}_n\\&=\sum_{i=1}^{n}a_{ij}\mathbf{x}_i, \quad (j=1, 2, \dots, r)\end{aligned} \qquad \cdots (2)$$

이제, 임의의 $c_1, c_2, \dots, c_r\in\mathbf{R}$에 대하여

$$c_1\mathbf{y}_1+c_2\mathbf{y}_2+\cdots+c_r\mathbf{y}_r=\sum_{j=1}^{r}c_j\mathbf{y}_j=\mathbf{0}$$

이라 하면 식 (2)로부터 다음을 얻는다.

$$\sum_{j=1}^{r}c_j\left(\sum_{i=1}^{n}a_{ij}\mathbf{x}_i\right)=\sum_{i=1}^{n}\left(\sum_{j=1}^{r}a_{ij}c_j\right)\mathbf{x}_i=\mathbf{0}$$

따라서 $\mathbf{x}_1, \mathbf{x}_2, \dots, \mathbf{x}_n$이 일차독립이므로

$$\sum_{j=1}^{r}a_{ij}c_j=0, \quad (i=1, 2, \dots, n)$$

즉, 다음 연립방정식을 얻는다.

$$\begin{matrix}a_{11}c_1+\cdots+a_{1r}c_r=0\\a_{21}c_1+\cdots+a_{21}c_r=0\\\vdots \qquad \vdots\\a_{n1}c_1+\cdots+a_{nr}c_r=0\end{matrix} \qquad \cdots (3)$$

식 (3)은 r개의 미지수 $c_1, c_2, \ldots, c_r$를 갖고 n개의 식으로 된 동차연립방정식이다. 그런데 $r>n$이므로 동차연립방정식 (3)은 자명하지 않은 해를 갖는다. 따라서 T는 일차종속이다. ■

정리 4.7 집합 $S=\{\mathbf{x}_1, \mathbf{x}_2, \ldots, \mathbf{x}_n\}$과 $T=\{\mathbf{y}_1, \mathbf{y}_2, \ldots, \mathbf{y}_m\}$이 벡터공간 V의 기저이면 $n=m$이다.

증명 S와 T는 V의 기저이므로 모두 일차독립이다. 따라서 정리 4.6에 의하여 $m \le n$이고, 또한 $n \le m$이므로 $n=m$이다. ■

집합 $\{\mathbf{x}_1, \mathbf{x}_2, \ldots, \mathbf{x}_n\}$이 벡터공간 V의 기저이면 스칼라 $c \ne 0$에 대하여 $\{c\mathbf{x}_1, \mathbf{x}_2, \ldots, \mathbf{x}_n\}$도 V의 기저이다. 일반적으로 벡터공간은 무수히 많은 기저를 갖는다. 그러나 벡터공간 V가 비록 많은 기저를 가지고 있다 하더라도 정리 4.7에 의하여 V의 각 기저에 속하는 벡터의 개수는 항상 같다.

정의 집합 S가 벡터공간 V의 기저일 때, S에 속하는 벡터의 개수를 V의 **차원**(dimension)이라 하며 $\dim V$로 나타낸다.

[예제 5] 예제 1, 예제 3, 예제 4로부터

$$\dim \mathbf{R}^n = n, \quad \dim M_{m,n} = mn, \quad \dim P_n = n+1$$

또한 영벡터공간 $V=\{\mathbf{0}\}$인 경우에는 공집합 $\varnothing$를 V의 기저로 생각하고 $\dim V=0$으로 한다. ■

벡터공간의 차원이 유한일 때 이 벡터공간을 **유한차원 벡터공간**(finite dimensional vector space)이라 하고, 그렇

지 않은 경우에는 **무한차원 벡터공간**(infinite dimensional vector space)이라고 한다.

정리 4.8

> 집합 V가 n차원 벡터공간일 때, n개의 벡터들의 집합 $S=\{\mathbf{x}_1, \mathbf{x}_2, \dots, \mathbf{x}_n\}\subseteq V$에 대하여 다음이 성립한다.
> (1) S가 일차독립이면 S는 V의 기저이다.
> (2) $\langle S\rangle=V$이면 S는 V의 기저이다.

증명 (1) V가 n차원 벡터공간이므로 임의의 벡터 $\mathbf{x}\in V$에 대하여 $\{\mathbf{x}_1, \mathbf{x}_2, \dots, \mathbf{x}_n, \mathbf{x}\}$는 정리 4.6에 의하여 일차종속이다. 따라서

$$c_1\mathbf{x}_1+c_2\mathbf{x}_2+\cdots+c_n\mathbf{x}_n+c_{n+1}\mathbf{x}=\mathbf{0} \qquad \cdots (4)$$

을 만족하는 모두는 영 아닌 스칼라 $c_1, c_2, \dots, c_n, c_{n+1}$이 존재한다. 만일 $c_{n+1}=0$이라면 S가 일차종속이 되어 모순이므로 $c_{n+1}\neq 0$이다. 따라서 식 (4)를 $\mathbf{x}$에 관하여 풀면

$$\mathbf{x}=\alpha_1\mathbf{x}_1+\alpha_2\mathbf{x}_2+\cdots+\alpha_n\mathbf{x}_n \quad \left(\alpha_i=-\frac{c_i}{c_{n+1}},\ i=1, 2, \dots, n\right)$$

이므로 $\langle S\rangle=V$이다. 그러므로 S가 일차독립이면 S는 V의 기저이다.

(2) S가 일차종속이면 정리 4.4의 (1)에 의하여

$$\mathbf{x}_j=d_1\mathbf{x}_1+d_2\mathbf{x}_2+\cdots+d_{j-1}\mathbf{x}_{j-1}+d_{j+1}\mathbf{x}_{j+1}+\cdots+d_n\mathbf{x}_n$$

인 $j\,(1\leq j\leq n)$가 존재한다. 따라서

$$S_1=\{\mathbf{x}_1, \mathbf{x}_2, \dots, \mathbf{x}_{j-1}, \mathbf{x}_{j+1}, \dots, \mathbf{x}_n\}$$

이라 하면 S_1도 V를 생성한다. S_1이 일차독립이면 S_1은 V의 기저이다. S_1이 일차종속이면 위와 같은 방법으로 $V=\langle S_2\rangle$인 집합 S_2를 얻는다. S가 유한집합이므로 이러한 과정을 계속하면 일차독립이면서 V를 생성하는 S의 부분

집합 T를 찾을 수 있다. 이 T가 바로 V의 한 기저인데, 이것은 정리 4.7에 의하여 모순이다. 따라서 S는 일차독립이고 V의 기저가 된다. ■

위 정리 4.8로부터 $\mathbf{R}^n$의 n개의 일차독립인 벡터의 집합은 항상 $\mathbf{R}^n$의 기저임을 알 수 있다.

[예제 6] $\mathbf{R}^3$의 벡터

$$\mathbf{x}_1=(1,\ 2,\ -1),\quad \mathbf{x}_2=(1,\ 3,\ 1),\quad \mathbf{x}_3=(2,\ 0,\ 0)$$

에 대하여

$$\begin{vmatrix} 1 & 1 & 2 \\ 2 & 3 & 0 \\ -1 & 1 & 0 \end{vmatrix}=10\neq 0$$

이므로 $S=\{\mathbf{x}_1,\ \mathbf{x}_2,\ \mathbf{x}_3\}$은 일차독립이다. 따라서 S는 $\mathbf{R}^3$의 기저이다. ■

[예제 7] P_2의 벡터

$$\mathbf{x}_1=t+1,\quad \mathbf{x}_2=t-1,\quad \mathbf{x}_3=t^2+t-1$$

에 대하여 $S=\{\mathbf{x}_1,\ \mathbf{x}_2,\ \mathbf{x}_3\}$는 P_2의 기저인가?

풀이 임의의 $c_1,\ c_2,\ c_3\in\mathbf{R}$에 대하여

$$\begin{aligned}
&c_1\mathbf{x}_1+c_2\mathbf{x}_2+c_3\mathbf{x}_3=\mathbf{0}\\
\Rightarrow\ &c_1(t+1)+c_2(t-1)+c_3(t^2+t-1)=\mathbf{0}\\
\Rightarrow\ &c_3t^2+(c_1+c_2+c_3)t+(c_1-c_2-c_3)=0t^2+0t+0\\
\Rightarrow\ &c_3=0,\ c_1+c_2+c_3=0,\ c_1-c_2-c_3=0\\
&\quad\therefore\ c_1=c_2=c_3=0
\end{aligned}$$

따라서 S는 일차독립이다. $\dim P_2=3$이므로 정리 4.8의 (1)에 의하여 집합 S는 P_2의 기저이다. ■

연습문제 4.4

※ 다음에 주어진 집합 S가 $\mathbf{R}^3$의 기저인지를 판정하라. [1~4]

1. $S=\{(1, 0, -2), (2, 1, 3)\}$
2. $S=\{(1, 0, 0), (1, 1, 0), (1, 1, 1)\}$
3. $S=\{(1, 2, -1), (2, 1, 3), (0, -2, 1)\}$
4. $S=\{(1, 0, -1), (2, 3, 1), (1, -1, 2), (2, -1, 4)\}$

※ 다음에 주어진 집합 S가 M_2의 기저인지를 판정하라. [5~8]

5. $S=\left\{\begin{bmatrix}1 & 1\\0 & 1\end{bmatrix}, \begin{bmatrix}1 & 0\\1 & 1\end{bmatrix}, \begin{bmatrix}0 & 1\\1 & 1\end{bmatrix}\right\}$
6. $S=\left\{\begin{bmatrix}1 & 0\\0 & 1\end{bmatrix}, \begin{bmatrix}0 & 0\\1 & 1\end{bmatrix}, \begin{bmatrix}1 & 1\\0 & 0\end{bmatrix}, \begin{bmatrix}0 & 1\\1 & 1\end{bmatrix}\right\}$
7. $S=\left\{\begin{bmatrix}1 & 1\\4 & 0\end{bmatrix}, \begin{bmatrix}1 & 2\\0 & 1\end{bmatrix}, \begin{bmatrix}1 & 3\\0 & 0\end{bmatrix}, \begin{bmatrix}2 & 0\\1 & 0\end{bmatrix}\right\}$
8. $S=\left\{\begin{bmatrix}1 & 1\\-1 & 5\end{bmatrix}, \begin{bmatrix}1 & -5\\-4 & 2\end{bmatrix}, \begin{bmatrix}2 & -4\\-5 & 7\end{bmatrix}, \begin{bmatrix}1 & -7\\-5 & 1\end{bmatrix}\right\}$

※ 다음에 주어진 집합 S가 P_2의 기저인지를 판정하라. [9~12]

9. $S=\{t^2+t+1, t^2+1\}$
10. $S=\{1, t+1, t^2+t+1\}$
11. $S=\{t^2-1, t^2+t-1, t^2+2t-1\}$
12. $S=\{t^2+1, t^2+t+3, t^2-t+1, t+1\}$

※ 다음에 주어진 $\mathbf{R}^3$의 부분공간 W의 기저와 차원을 결정하라. [13~16]

13. 평면 $W-\{(x, y, z)\,|\,x+y+z=0\}$
14. 평면 $W=\{(x, y, z)\,|\,x-3z=0\}$
15. 직선 $W=\{(x, y, z)\,|\,x=2t, y=t, z=3t\}$
16. 직선 $W=\{(x, y, z)\,|\,x=t, y=-2t, z=4t\}$

17. 예제 3의 집합 $S=\{E_{ij}\,|\,1\le i\le m, 1\le j\le n\}$은 M_{mn}의 기저임을 보여라.

18. 예제 4의 집합 $S=\{1, x, \dots, x^n\}$은 P_n의 기저임을 보여라.

19. 집합 $S=\{\mathbf{x}_1, \mathbf{x}_2, \dots, \mathbf{x}_n\}$을 $\mathbf{R}^n$의 기저라 할 때, A가 n차의 정사각행렬이고 가역이면 $\{A\mathbf{x}_1, A\mathbf{x}_2, \dots, A\mathbf{x}_n\}$도 $\mathbf{R}^n$의 기저임을 증명하라.

20. V가 n차원 벡터공간일 때, V의 임의의 두 부분공간 W_1, W_2에 대하여 W_1+W_2

를 연습문제 4.2의 문제 23에서와 같이 정의하면 다음이 성립함을 증명하라.

$$\dim(W_1+W_2)=\dim W_1+\dim W_2-\dim(W_1\cap W_2)$$

21. $\mathbf{R}^4$의 두 부분공간 W_1, W_2를 각각

$$W_1=\langle(1,\ 1,\ 0,\ -1),\ (1,\ 2,\ 3,\ 0),\ (2,\ 3,\ 3,\ -1)\rangle$$
$$W_2=\langle(1,\ 2,\ 2,\ -2),\ (2,\ 3,\ 2,\ -3),\ (1,\ 3,\ 4,\ -3)\rangle$$

이라 할 때 문제 20을 이용하여 다음을 구하라.

(1) $\dim(W_1+W_2)$　　　　(2) $\dim(W_1\cap W_2)$

22. 집합 $S=\{\mathbf{x}_1,\ \mathbf{x}_2,\ \ldots,\ \mathbf{x}_n\}$이 V의 기저이면 V의 임의의 벡터 $\mathbf{x}$는 $\mathbf{x}_1, \mathbf{x}_2, \ldots, \mathbf{x}_n$의 일차결합으로 유일하게 표현됨을 보여라.

4.5 $A\mathbf{x}=\mathbf{0}$의 해공간

이 절에서는 동차연립방정식의 해공간과 이 해공간의 기저를 찾는 방법에 대하여 알아본다.

$m\times n$ 행렬 A와 $\mathbf{x}=(x_1,\ x_2,\ \ldots,\ x_n)\in\mathbf{R}^n$에 대하여 동차연립방정식

$$A\mathbf{x}=\mathbf{0} \qquad \cdots (1)$$

의 해집합은 $\mathbf{R}^n$의 부분공간임을 4.2절에서 보았다. 이 해공간의 기저와 차원을 결정하여 보자.

연립방정식 (1)의 첨가행렬 $[A \vdots \mathbf{0}]$의 RREF를 $[B \vdots \mathbf{0}]$라 하고 이때 행렬 B는 첫 행부터 $r\,(1\leq r\leq n)$개의 영 아닌 행을 갖는다고 하자. 먼저 $r=n$이라 하면 $A\mathbf{x}=\mathbf{0}$의 해는 $\mathbf{x}=\mathbf{0}$만을 갖는다. 따라서 해공간은 영공간이고 차원은 0이다. 이제 $r<n$이라 하면

$$[B \vdots \mathbf{0}]=\left[\begin{array}{ccccc|ccc:c} 1 & 0 & 0 & \cdots & 0 & b_{1r+1} & \cdots & b_{1n} & 0 \\ 0 & 1 & 0 & \cdots & 0 & b_{2r+1} & \cdots & b_{2n} & 0 \\ \vdots & \vdots & \ddots & & \vdots & \vdots & & \vdots & \vdots \\ 0 & 0 & 0 & \cdots & 1 & b_{rr+1} & \cdots & b_{rn} & 0 \\ \hline 0 & 0 & 0 & \cdots & 0 & 0 & \cdots & 0 & 0 \\ \vdots & \vdots & \vdots & & \vdots & \vdots & & \vdots & \vdots \\ 0 & 0 & 0 & \cdots & 0 & 0 & \cdots & 0 & 0 \end{array}\right]$$

라 가정할 수 있으므로 연립방정식 (1)은 다음과 동치이다.

$$\begin{aligned} x_1 &= -b_{1r+1}x_{r+1}-b_{1r+2}x_{r+2}-\cdots-b_{1n}x_n \\ x_2 &= -b_{2r+1}x_{r+1}-b_{2r+2}x_{r+2}-\cdots-b_{2n}x_n \\ &\vdots \\ x_r &= -b_{rr+1}x_{r+1}-b_{rr+2}x_{r+2}-\cdots-b_{rn}x_n \end{aligned}$$

따라서 $n-r$개의 임의의 실수 $s_1, \ldots, s_{n-r}$에 대하여

$$x_{r+1}=s_1, \ldots, x_n=s_{n-r}$$

이라 하면, 식 (1)의 일반해는 다음과 같다.

$$\mathbf{x}=\begin{bmatrix} x_1 \\ x_2 \\ \vdots \\ x_r \\ x_{r+1} \\ x_{r+2} \\ x_{r+3} \\ \vdots \\ x_n \end{bmatrix}=s_1\begin{bmatrix} -b_{1r+1} \\ -b_{2r+1} \\ \vdots \\ -b_{rr+1} \\ 1 \\ 0 \\ 0 \\ \vdots \\ 0 \end{bmatrix}+s_2\begin{bmatrix} -b_{1r+2} \\ -b_{2r+2} \\ \vdots \\ -b_{rr+2} \\ 0 \\ 1 \\ 0 \\ \vdots \\ 0 \end{bmatrix}+\cdots+s_{n-r}\begin{bmatrix} -b_{1n} \\ -b_{2n} \\ \vdots \\ -b_{rn} \\ 0 \\ 0 \\ \vdots \\ 0 \\ 1 \end{bmatrix}$$

여기서 $s_1, \ldots, s_{n-r}$이 임의의 실수이므로

$$\mathbf{x}_1=\begin{bmatrix} -b_{1r+1} \\ -b_{2r+1} \\ \vdots \\ -b_{rr+1} \\ 1 \\ 0 \\ 0 \\ \vdots \\ 0 \end{bmatrix}, \quad \mathbf{x}_2=\begin{bmatrix} -b_{1r+2} \\ -b_{2r+2} \\ \vdots \\ -b_{rr+2} \\ 0 \\ 1 \\ 0 \\ \vdots \\ 0 \end{bmatrix}, \ldots, \mathbf{x}_{n-r}=\begin{bmatrix} -b_{1n} \\ -b_{2n} \\ \vdots \\ -b_{rn} \\ 0 \\ 0 \\ \vdots \\ 0 \\ 1 \end{bmatrix}$$

도 식 (1)의 해이다. 따라서 임의의 해는

$$\mathbf{x}=s_1\mathbf{x}_1+s_2\mathbf{x}_2+\cdots+s_{n-r}\mathbf{x}_{n-r}$$

로 나타내어지므로 $S=\{\mathbf{x}_1, \mathbf{x}_2, \ldots, \mathbf{x}_{n-r}\}$은 $A\mathbf{x}=\mathbf{0}$의 해공간을 생성한다. 또 S가 일차독립임을 쉽게 알 수 있다. 따라서 S는 이 해공간의 기저이고 해공간의 차원은 $n-r$이다.

$m\times n$행렬 A에 대하여 $A\mathbf{x}=\mathbf{0}$의 해공간, 즉 A의 영공

간의 차원을 **nullity**(A)라고 나타낸다.

[예제 1] 다음 행렬 A에 대하여 $A\mathbf{x}=\mathbf{0}$의 해공간의 기저와 차원을 구하라.

$$A=\begin{bmatrix} 1 & 1 & 0 & 2 \\ -2 & -2 & 1 & -5 \\ 1 & 1 & -1 & 3 \\ 4 & 4 & -1 & 9 \end{bmatrix}$$

풀이 $A\mathbf{x}=\mathbf{0}$의 첨가행렬 $[A : \mathbf{0}]$의 RREF를 구하면 다음과 같다.

$$\begin{bmatrix} 1 & 1 & 0 & 2 & : & 0 \\ 0 & 0 & 1 & -1 & : & 0 \\ 0 & 0 & 0 & 0 & : & 0 \\ 0 & 0 & 0 & 0 & : & 0 \end{bmatrix}$$

따라서 $A\mathbf{x}=\mathbf{0}$는 다음과 동치이다.

$$\begin{aligned} x_1+x_2 \quad +2x_4&=0 \\ x_3-x_4&=0 \end{aligned}$$

임의의 실수 s, t에 대하여 $x_2=s$, $x_4=t$라 하면 일반해는

$$\mathbf{x}=\begin{bmatrix} x_1 \\ x_2 \\ x_3 \\ x_4 \end{bmatrix}=\begin{bmatrix} -s-2t \\ s \\ t \\ t \end{bmatrix}=s\begin{bmatrix} -1 \\ 1 \\ 0 \\ 0 \end{bmatrix}+t\begin{bmatrix} -2 \\ 0 \\ 1 \\ 1 \end{bmatrix} \quad (s,\ t\in\mathbf{R})$$

이므로 해공간의 기저와 차원은 각각 다음과 같다.

$$S=\{(-1,\ 1,\ 0,\ 0),\ (-2,\ 0,\ 1,\ 1)\},$$
$$\text{nullity}(A)=2$$

■

【예제 2】 다음 동차연립방정식의 해공간의 기저와 차원을 구하라.

$$\begin{aligned} 4x_1+12x_2-7x_3+\ \ 6x_4&=0 \\ x_1+\ \ 3x_2-2x_3+\ \ \ \ x_4&=0 \\ 3x_1+\ \ 9x_2-2x_3+11x_4&=0 \end{aligned}$$

풀이 먼저 연립방정식의 첨가행렬

$$[A \vdots \mathbf{0}]=\begin{bmatrix} 4 & 12 & -7 & 6 & : & 0 \\ 1 & 3 & -2 & 1 & : & 0 \\ 3 & 9 & -2 & 11 & : & 0 \end{bmatrix}$$

의 RREF를 구하면 다음과 같다.

$$[B \vdots \mathbf{0}]=\begin{bmatrix} 1 & 3 & 0 & 5 & : & 0 \\ 0 & 0 & 1 & 2 & : & 0 \\ 0 & 0 & 0 & 0 & : & 0 \end{bmatrix}$$

따라서 다음과 동치이다.

$$\begin{aligned} x_1&=-3x_2-5x_4 \\ x_3&=\qquad\ \ -2x_4 \end{aligned}$$

임의의 실수 r, s에 대하여 $x_2=r$, $x_4=s$라 하면 일반해는

$$\mathbf{x}=\begin{bmatrix} x_1 \\ x_2 \\ x_3 \\ x_4 \end{bmatrix}=\begin{bmatrix} -3r-5s \\ r \\ -2s \\ s \end{bmatrix}=r\begin{bmatrix} -3 \\ 1 \\ 0 \\ 0 \end{bmatrix}+s\begin{bmatrix} -5 \\ 0 \\ -2 \\ 1 \end{bmatrix}\quad (r,\ s\in\mathbf{R})$$

이므로 해공간의 기저와 차원은 각각 다음과 같다.

$$S=\{(-3,1,0,0),(-5,0,-2,1)\},$$
$$\text{nullity}(A)=2$$

■

연습문제 4.5

※ 나음에 주어신 동차연립방정식의 해공간의 기저와 차원을 구하라. [1~4]

1. $\begin{aligned} x_1-2x_2+x_3&=0 \\ 2x_1-3x_2+x_3&=0 \end{aligned}$

2. $\begin{aligned} x_1+x_2-x_3 \quad &=0 \\ x_2 \quad -x_4&=0 \end{aligned}$

3. $\begin{bmatrix} 1 & 2 & 1 \\ -1 & 0 & 3 \\ 1 & 5 & 7 \end{bmatrix}\begin{bmatrix} x_1 \\ x_2 \\ x_3 \end{bmatrix}=\begin{bmatrix} 0 \\ 0 \\ 0 \end{bmatrix}$

4. $\begin{bmatrix} 1 & 1 & 2 & 0 \\ 2 & 4 & 2 & 4 \\ 2 & 1 & 5 & -2 \end{bmatrix}\begin{bmatrix} x_1 \\ x_2 \\ x_3 \\ x_4 \end{bmatrix}=\begin{bmatrix} 0 \\ 0 \\ 0 \end{bmatrix}$

※ 다음에 주어진 행렬 A의 영공간의 기저와 nullity(A)를 구하라. [5~8]

5. $A=\begin{bmatrix} 1 & 2 & 3 & -1 \\ 1 & 1 & -1 & 1 \\ 3 & 4 & 1 & 1 \\ 2 & 3 & 2 & 0 \end{bmatrix}$

6. $A=\begin{bmatrix} 1 & 2 & 1 & 2 & 1 \\ 1 & 2 & 2 & 1 & 2 \\ 2 & 4 & 3 & 3 & 3 \\ 0 & 0 & 1 & -1 & -1 \end{bmatrix}$

7. $A=\begin{bmatrix} 1 & 3 & -1 & 0 \\ 2 & 1 & 1 & -2 \\ -1 & 1 & -2 & 1 \\ 1 & 2 & 2 & 2 \end{bmatrix}$

8. $A=\begin{bmatrix} 1 & -1 & 1 & 2 \\ 1 & -2 & 0 & -1 \\ -2 & 3 & -1 & 0 \end{bmatrix}$

9. 예제 2에서 첨가행렬 $[A \,\vdots\, \mathbf{0}]$의 RREF가 $[B \,\vdots\, \mathbf{0}]$임을 보여라.

10. $S=\{\mathbf{x}_1, \mathbf{x}_2, \dots, \mathbf{x}_k\}$가 $A\mathbf{x}=\mathbf{0}$의 해집합의 부분집합일 때, $\langle S\rangle$에 속하는 모든 벡터는 $A\mathbf{x}=\mathbf{0}$의 해임을 증명하라.

4.6 행렬의 행공간과 열공간

이 절에서는 행렬의 계수를 정의하고, 연립방정식의 해의 존재성과 행렬의 계수 사이의 관계를 알아본다.

정의

$m\times n$ 행렬

$$A=\begin{bmatrix} a_{11} & a_{12} & \cdots & a_{1n} \\ a_{21} & a_{22} & \cdots & a_{2n} \\ \vdots & \vdots & & \vdots \\ a_{m1} & a_{m2} & \cdots & a_{mn} \end{bmatrix}$$

에 대하여 A의 각 행으로 이루어진 m개의 벡터

$\mathbf{r}_1=(a_{11}, a_{12}, \ldots, a_{1n}),\quad \mathbf{r}_2=(a_{21}, a_{22}, \ldots, a_{2n}), \ldots,$
$\mathbf{r}_m=(a_{m1}, a_{m2}, \ldots, a_{mn})$

과 A의 각 열로 이루어진 n개의 벡터

$$\mathbf{c}_1=\begin{bmatrix} a_{11} \\ a_{21} \\ \vdots \\ a_{m1} \end{bmatrix},\quad \mathbf{c}_2=\begin{bmatrix} a_{12} \\ a_{22} \\ \vdots \\ a_{m2} \end{bmatrix}, \ldots,\quad \mathbf{c}_n=\begin{bmatrix} a_{1n} \\ a_{2n} \\ \vdots \\ a_{mn} \end{bmatrix}$$

을 각각 A의 **행벡터**(row vector), **열벡터**(column vector)라고 한다. 이들 행벡터에 의해서 생성된 $\mathbf{R}^n$의 부분공간을 A의 **행공간**(row space), 열벡터에 의해서 생성된 $\mathbf{R}^m$의 부분공간을 A의 **열공간**(column space)이라 하고, 각각 Row(A), Col(A)로 나타낸다. 그리고 행공간의 차원을 A의 **행계수**(row rank), 열공간의 차

원을 A의 **열계수**(column rank)라 하고, 각각 $r(A)$, $c(A)$로 나타낸다. 즉

$$\dim \mathrm{Row}(A)=r(A), \quad \dim \mathrm{Col}(A)=c(A)$$

정리 4.9 두 행렬 A, B가 행동치이면 이들은 같은 행공간을 갖는다.

증명 두 행렬 A, B가 행동치이면 B는 A에 기본행연산을 유한번 시행하여 얻어지므로 B의 각 행은 A의 행의 일차결합이다. 따라서

$$\mathrm{Row}(B)\subset \mathrm{Row}(A)$$

마찬가지로 A는 B에 기본행연산을 유한번 시행하여 얻어지므로

$$\mathrm{Row}(A)\subset \mathrm{Row}(B)$$

따라서 A, B는 같은 행공간을 갖는다. ■

위 정리는 열에 대해서도 성립한다. 또한 정리 4.9로부터 행렬 A의 RREF에 나타나는 영 아닌 행벡터는 A의 행공간을 생성함을 알 수 있다. 그런데 행렬의 RREF에 나타나는 영 아닌 행벡터는 일차독립이므로 행공간의 기저를 이룬다. 이 사실을 이용하면 $\mathbf{R}^n$의 벡터들에 의해서 생성된 벡터공간의 기저를 쉽게 찾을 수 있다.

[예제 1] 집합 S가 다음과 같을 때, $\mathbf{R}^5$의 부분공간 $W=\langle S\rangle$의 기저를 찾아라.

$$S=\{(1,\ 2,\ 1,\ 3,\ 2),\ (3,\ 4,\ 9,\ 0,\ 7),\ (2,\ 3,\ 5,\ 1,\ 8),\\ (2,\ 2,\ 8,\ -3,\ 5)\}$$

풀이 W는 S에 있는 벡터를 행으로 갖는 행렬

$$A=\begin{bmatrix}1&2&1&3&2\\3&4&9&0&7\\2&3&5&1&8\\2&2&8&-3&5\end{bmatrix}$$

의 행공간 $\text{Row}(A)$와 같으므로 A의 RREF

$$B=\begin{bmatrix}1&0&7&0&-39\\0&1&-3&0&31\\0&0&0&1&-7\\0&0&0&0&0\end{bmatrix}$$

의 행공간과 같다. 따라서 B의 영 아닌 행벡터의 집합

$$\{(1, 0, 7, 0, -39), (0, 1, -3, 0, 31), (0, 0, 0, 1, -7)\}$$

은 $W=\text{Row}(A)$의 기저이다. ∎

[예제 2] 다음 행렬 A의 열공간의 기저를 찾아라.

$$A=\begin{bmatrix}1&2&1&3&2\\3&4&9&0&7\\2&3&5&1&8\\2&2&8&-3&5\end{bmatrix}$$

풀이 A의 열공간은 $A^T=\begin{bmatrix}1&3&2&2\\2&4&3&2\\1&9&5&8\\3&0&1&-3\\2&7&8&5\end{bmatrix}$의 행공간과 같으므로

A^T의 RREF $B=\begin{bmatrix}1&0&0&-1\\0&1&0&1\\0&0&1&0\\0&0&0&0\\0&0&0&0\end{bmatrix}$의 행공간과 같다.

따라서

$$S=\left\{\begin{bmatrix}1\\0\\0\\-1\end{bmatrix}, \begin{bmatrix}0\\1\\0\\1\end{bmatrix}, \begin{bmatrix}0\\0\\1\\0\end{bmatrix}\right\}$$

은 A의 열공간의 기저이다. ■

예제 1과 예제 2로부터 행렬 A의 행계수와 열계수는

$$r(A)=c(A)=3$$

으로 같음을 알 수 있다. 이것은 실수성분을 갖는 임의의 행렬에 대하여도 성립한다.

정리 4.10 임의의 행렬 $A \in M_{m,n}$에 대하여 A의 행계수와 열계수는 같다.

정의 행렬 A의 행공간이나 열공간의 차원을 간단히 A의 계수(rank)라 하고 rank(A)로 나타낸다.

4.5절에서 행렬 $A \in M_{m,n}$에 대하여 $A\mathbf{x}=\mathbf{0}$의 해공간, 즉 A의 영공간의 차원 nullity(A)는 A의 RREF B가 r개의 영 아닌 행을 가질 때 $n-r$임을 알았다. 따라서 A의 계수와 영공간의 차원 사이에는 다음과 같은 관계가 있음을 알 수 있다.

정리 4.11

임의의 행렬 $A \in M_{m,n}$에 대하여 다음이 성립한다.

$$\text{rank}(A) + \text{nullity}(A) = n$$

[예제 3] 예제 2에서 정의된 4×5행렬 A에 대하여 $\text{rank}(A)=3$이고 $n=5$이므로 $A\mathbf{x}=\mathbf{0}$의 해공간의 차원은 $\text{nullity}(A)=5-3=2$이다. ∎

다음 정리는 비동차연립방정식 $A\mathbf{x}=\mathbf{b}$에 관한 해의 존재성과 행렬 A의 계수 사이의 관계를 말해준다.

정리 4.12

연립방정식 $A\mathbf{x}=\mathbf{b}$가 해를 가질 필요충분조건은 다음과 같다.

$$\text{rank}(A) = \text{rank}[A \,\vdots\, \mathbf{b}]$$

증명 행렬 A, $\mathbf{x}$, $\mathbf{b}$를 각각

$$A=[a_{ij}] \in M_{m,n},\ \ \mathbf{x}=\begin{bmatrix} x_1 \\ x_2 \\ \vdots \\ x_n \end{bmatrix},\ \ \mathbf{b}=\begin{bmatrix} b_1 \\ b_2 \\ \vdots \\ b_m \end{bmatrix}$$

이라 하면 연립방정식 $A\mathbf{x}=\mathbf{b}$는

$$x_1\begin{bmatrix} a_{11} \\ a_{21} \\ \vdots \\ a_{m1} \end{bmatrix} + x_2\begin{bmatrix} a_{12} \\ a_{22} \\ \vdots \\ a_{m2} \end{bmatrix} + \cdots + x_n\begin{bmatrix} a_{1n} \\ a_{2n} \\ \vdots \\ a_{mn} \end{bmatrix} = \begin{bmatrix} b_1 \\ b_2 \\ \vdots \\ b_m \end{bmatrix} \quad \cdots (1)$$

과 동치이므로 다음이 성립한다.

$A\mathbf{x}=\mathbf{b}$가 해를 갖는다.

$\Leftrightarrow$ 방정식 (1)을 만족하는 $x_1, x_2, \ldots, x_n$이 존재한다.

$\Leftrightarrow$ $\mathbf{b}$는 A의 열벡터의 일차결합이다.

$\Leftrightarrow$ $\mathbf{b}\in\mathrm{Col}(A)$

$\Leftrightarrow$ $\mathrm{rank}(A)=\mathrm{rank}[A \vdots \mathbf{b}]$ ■

【예제 4】 연립방정식

$$\begin{aligned} x-2y+2z&=1 \\ x+4y+3z&=2 \\ 2x+2y+5z&=3 \end{aligned} \qquad \cdots (2)$$

은

$$\begin{bmatrix} 1 & -2 & 2 \\ 1 & 4 & 3 \\ 2 & 2 & 5 \end{bmatrix}\begin{bmatrix} x \\ y \\ z \end{bmatrix}=\begin{bmatrix} 1 \\ 2 \\ 3 \end{bmatrix}$$

으로 나타낼 수 있고,

$$\mathrm{rank}(A)=\mathrm{rank}[A \vdots \mathbf{b}]=2$$

이므로 정리 4.12에 의하여 해가 존재한다. ■

이제 정리 2.14에 동치조건을 더 첨가하여 만든 n차의 정사각행렬의 계수와 관련된 중요한 정리를 소개하고 이 절을 마친다. 이 정리의 증명은 연습문제로 남긴다.

정리 4.13

행렬 A가 n차의 정사각행렬일 때 다음은 동치이다.

(1) $\mathrm{rank}(A)=n$

(2) $\mathrm{nullity}(A)=0$

(3) A의 모든 행(열) 벡터는 $\mathbf{R}^n$에서 일차독립이다.

(4) $A\mathbf{x}=\mathbf{0}$은 자명한 해 $\mathbf{x}=\mathbf{0}$만을 갖는다.

(5) $A\mathbf{x}=\mathbf{b}$는 모든 $n\times 1$행렬 $\mathbf{b}$에 대하여 유일한 해를 갖는다.

(6) A는 I_n과 행동치이다.
(7) A는 가역이다.
(8) $\det(A) \neq 0$

연습문제 4.6

※ 다음에 주어진 행렬 A의 행공간 Row(A)와 열공간 Col(A)의 기저와 차원을 각각 구하라. [1∼4]

1. $A=\begin{bmatrix} 1 & 1 & 2 \\ 1 & 2 & 5 \\ 5 & 3 & 4 \end{bmatrix}$

2. $A=\begin{bmatrix} 1 & 1 & 2 \\ 4 & 5 & 5 \\ 5 & 8 & 1 \\ -1 & -2 & 2 \end{bmatrix}$

3. $A=\begin{bmatrix} 1 & 3 & -2 & 5 & 4 \\ 1 & 4 & 1 & 3 & 5 \\ 1 & 4 & 2 & 4 & 3 \\ 2 & 7 & -3 & 6 & 13 \end{bmatrix}$

4. $A=\begin{bmatrix} 1 & 1 & 2 & 1 \\ 1 & 0 & -3 & 1 \\ 1 & 0 & 0 & 1 \\ 0 & 1 & 1 & 2 \\ 0 & 0 & 1 & 1 \end{bmatrix}$

5. 문제 1∼4에서 주어진 행렬 A에 대하여 rank(A)와 nullity(A)를 각각 구하라.

※ 다음에 주어진 행렬 A의 행계수 $r(A)$와 열계수 $c(A)$를 각각 구하라. [6∼7]

6. $\begin{bmatrix} 1 & 2 & -1 & 3 \\ -1 & 0 & -2 & 7 \\ 0 & 1 & 2 & 1 \\ 3 & 5 & 2 & 0 \end{bmatrix}$

7. $\begin{bmatrix} 2 & 1 & -2 & 3 & 7 \\ 2 & 0 & -2 & 4 & 8 \\ 3 & 4 & -3 & 2 & 8 \\ -2 & -7 & 4 & 1 & -5 \end{bmatrix}$

※ 다음에 주어진 연립방정식의 해가 존재하는지를 판정하라. [8∼11]

8. $\begin{aligned} -x_2+x_3+x_4&=2 \\ x_1+2x_2+2x_3-x_4&=3 \\ x_1+3x_2+x_3&=2 \end{aligned}$

9. $\begin{aligned} 2x_1+2x_2-x_3&=1 \\ -2x_1-2x_2+4x_3&=1 \\ 2x_1+2x_2+5x_3&=5 \\ -2x_1-2x_2-2x_3&=-3 \end{aligned}$

10. $\begin{aligned} 7x_1+3x_2+x_3&=1 \\ 3x_1+2x_2-x_3&=1 \\ x_1-x_2+3x_3&=3 \end{aligned}$

11. $\begin{aligned} 4x_1+x_2+2x_3+2x_4&=3 \\ 12x_1+3x_2+6x_3+6x_4&=9 \\ 8x_1+2x_2+4x_3+6x_4&=6 \\ 4x_1+x_2+2x_3+4x_4&=3 \end{aligned}$

12. 다음 연립방정식이 해를 갖기 위한 k의 값을 구하라.

$$\begin{aligned} x_1+2x_2-\ 4x_3+3x_4&=-1 \\ 2x_1-3x_2+13x_3-8x_4&=\ \ 5 \\ 3x_1-\ x_2+\ 9x_3-5x_4&=\ \ k \end{aligned}$$

13. 예제 4에서 $\text{rank}(A)=\text{rank}[A \,\vdots\, \mathbf{b}]=2$임을 보여라.

14. 정리 4.13을 증명하라.
(힌트: (1)⇒(2)⇒(6)⇒(7)⇒(8)⇒(7)⇒(5)⇒(4)⇒(3)⇒(1)임을 보일 것.)

15. [4.2의 문제 21] $\mathbf{R}^2$의 부분공간은 $\{\mathbf{0}\}$, $\mathbf{R}^2$ 자신, 그리고 원점을 지나는 직선 이외에는 존재하지 않음을 차원(dimension)을 이용하여 보여라.

*4.7 좌표벡터와 기저변환

유한차원 벡터공간에서 기저의 개념은 좌표계의 개념과 밀접한 관계가 있다. 이 절에서는 벡터공간의 한 기저가 주어질 때, 이 기저에 관한 벡터의 좌표벡터를 소개하고 이 기저에 관한 좌표벡터를 다른 기저로 변환하여 표현하는 것에 대하여 알아본다.

$\mathbf{R}^3$의 점 $P(a_1,\ a_2,\ a_3)$에 대하여 벡터 $\mathbf{x}=\overrightarrow{OP}=(a_1,\ a_2,\ a_3)$는 벡터공간 $\mathbf{R}^3$의 표준기저 $\{\mathbf{e}_1,\ \mathbf{e}_2,\ \mathbf{e}_3\}$에 관하여 다음과 같은 유일한 표현을 갖는다.

$$\mathbf{x}=a_1\mathbf{e}_1+a_2\mathbf{e}_2+a_3\mathbf{e}_3$$

이 때 a_1, a_2, a_3는 점 P의 좌표이므로 벡터 $\mathbf{x}=(a_1,\ a_2,\ a_3)$는 표준기저 $\{\mathbf{e}_1,\ \mathbf{e}_2,\ \mathbf{e}_3\}$에 관한 좌표로 $a_1,\ a_2,\ a_3$을 갖는 것으로 생각할 수 있다.

일반적으로 $S=\{\mathbf{x}_1,\ \mathbf{x}_2,\ \dots,\ \mathbf{x}_n\}$이 n차원 벡터공간 V의 기저이면 V에 속하는 모든 벡터 $\mathbf{x}$는 이 기저에 관하여 다음과 같이 유일하게 표현된다(연습문제 4.4의 22번).

$$\mathbf{x}=c_1\mathbf{x}_1+c_2\mathbf{x}_2+\cdots+c_n\mathbf{x}_n \quad (c_i\in\mathbf{R}) \qquad \cdots (1)$$

정의

식 (1)의 스칼라 $c_1,\ c_2,\ \dots,\ c_n$을 순서기저(ordered basis) S에 관한 벡터 $\mathbf{x}$의 좌표(coordinates)라 한다. 또한 $\mathbf{R}^n$의 벡터

$$\begin{bmatrix} c_1 \\ c_2 \\ \vdots \\ c_n \end{bmatrix}$$

을 기저 S에 관한 $\mathbf{x}$의 **좌표벡터**(coordinate vector)라 하며, $[\mathbf{x}]_S$로 나타낸다.

집합 S를 n차원 벡터공간 V의 기저라 할 때, 좌표벡터의 정의로부터 V의 한 벡터 $\mathbf{x}$에 대하여 $\mathbf{R}^n$의 한 벡터 $[\mathbf{x}]_S$가 대응되고, 역으로 $\mathbf{R}^n$의 한 벡터 $[\mathbf{x}]_S$가 주어지면 이것을 좌표벡터로 갖는 V의 벡터 $\mathbf{x}$가 유일하게 정해진다.

【예제 1】 $\mathbf{R}^3$의 벡터 $\mathbf{x}=(2, -3, 5)$는 표준기저 $S=\{\mathbf{e}_1, \mathbf{e}_2, \mathbf{e}_3\}$에 대하여

$$\mathbf{x}=(2, -3, 5)=2\mathbf{e}_1+(-3)\mathbf{e}_2+5\mathbf{e}_3$$

이므로 기저 S에 관한 $\mathbf{x}$에 좌표벡터는 다음과 같다.

$$[\mathbf{x}]_S=\begin{bmatrix} 2 \\ -3 \\ 5 \end{bmatrix}$$ ■

일반적으로 $\mathbf{R}^n$의 표준기저 $S=\{\mathbf{e}_1, \mathbf{e}_2, \dots, \mathbf{e}_n\}$에 관한 $\mathbf{x}=(a_1, a_2, \dots, a_n)$의 좌표벡터 $[\mathbf{x}]_S$는 다음과 같다.

$$[\mathbf{x}]_S=\begin{bmatrix} a_1 \\ a_2 \\ \vdots \\ a_n \end{bmatrix}$$

【예제 2】 $\mathbf{R}^3$의 벡터

$$\mathbf{x}_1=(1, 1, 0),\ \mathbf{x}_2=(1, 1, 1),\ \mathbf{x}_3=(0, 1, -1)$$

에 대하여 기저 $S=\{\mathbf{x}_1, \mathbf{x}_2, \mathbf{x}_3\}$에 관한 $\mathbf{x}=(1, 2, 3)$의 좌표벡터 $[\mathbf{x}]_S$를 구하라.

풀이 $\mathbf{x}=(1,\ 2,\ 3)=c_1\mathbf{x}_1+c_2\mathbf{x}_2+c_3\mathbf{x}_3\quad(c_i\in\mathbf{R})$
$=c_1(1,\ 1,\ 0)+c_2(1,\ 1,\ 1)+c_3(0,\ 1,\ -1)$

이므로

$$\begin{aligned} c_1+c_2 \qquad &=1\\ c_1+c_2+c_3&=2\\ c_2-c_3&=3 \end{aligned}$$

이 연립방정식을 풀면

$$c_1=-3,\quad c_2=4,\quad c_3=1$$

$$\therefore\ [\mathbf{x}]_S=\begin{bmatrix}-3\\4\\1\end{bmatrix}$$ ■

[예제 3] 벡터공간

$$P_1=\{p(t)\,|\,p(t)=at+b,\ a,\ b\in\mathbf{R}\}$$

의 두 기저를 $S=\{t,\ 1\}$, $T=\{t+1,\ t-1\}$이라 할 때, S와 T에 관한 $\mathbf{x}=5t-2$의 좌표벡터 $[\mathbf{x}]_S$와 $[\mathbf{x}]_T$를 각각 구하라.

풀이 (i) $\mathbf{x}=5t-2=5t+(-2)(1)$이므로

$$[\mathbf{x}]_S=\begin{bmatrix}5\\-2\end{bmatrix}$$

(ii) $\mathbf{x}=5t-2=c_1(t+1)+c_2(t-1)\quad(c_i\in\mathbf{R})$
$=(c_1+c_2)t+c_1-c_2$

이므로 $c_1=\dfrac{3}{2}$, $c_2=\dfrac{7}{2}$ 이다. 따라서

$$[\mathbf{x}]_T=\begin{bmatrix}\dfrac{3}{2}\\[2mm]\dfrac{7}{2}\end{bmatrix}$$ ■

정리 4.14 집합 S가 n차원 벡터공간 V의 기저일 때, V의 벡터 $\mathbf{x}$, $\mathbf{y}$와 스칼라 c에 대하여 다음이 성립한다.
(1) $[\mathbf{x}+\mathbf{y}]_S=[\mathbf{x}]_S+[\mathbf{y}]_S$
(2) $[c\mathbf{x}]_S=c[\mathbf{x}]_S$

증명 (1) $S=\{\mathbf{v}_1, \mathbf{v}_2, \ldots, \mathbf{v}_n\}$이라 하면 V의 벡터 $\mathbf{x}$, $\mathbf{y}$는

$$\mathbf{x}=\sum_{i=1}^{n} a_i\mathbf{v}_i, \quad \mathbf{y}=\sum_{i=1}^{n} b_i\mathbf{v}_i \quad (a_i,\ b_i\in\mathbf{R})$$

로 유일하게 표현되므로

$$[\mathbf{x}]_S=\begin{bmatrix} a_1 \\ a_2 \\ \vdots \\ a_n \end{bmatrix}, \qquad [\mathbf{y}]_S=\begin{bmatrix} b_1 \\ b_2 \\ \vdots \\ b_n \end{bmatrix}$$

또한

$$\mathbf{x}+\mathbf{y}=\sum_{i=1}^{n}(a_i+b_i)\mathbf{v}_i$$

따라서

$$[\mathbf{x}+\mathbf{y}]_S=\begin{bmatrix} a_1+b_1 \\ a_2+b_2 \\ \vdots \\ a_n+b_n \end{bmatrix}=\begin{bmatrix} a_1 \\ a_2 \\ \vdots \\ a_n \end{bmatrix}+\begin{bmatrix} b_1 \\ b_2 \\ \vdots \\ b_n \end{bmatrix}=[\mathbf{x}]_S+[\mathbf{y}]_S$$

(2)의 증명도 (1)과 유사한 방법으로 쉽게 증명할 수 있다. ■

일반적으로 집합 S가 n차원 벡터공간 V의 기저일 때 $\mathbf{v}_i\in V$, $c_i\in\mathbf{R}\ (i=1, 2, \ldots, n)$에 대하여 다음이 성립한다.

$$\begin{aligned} &[c_1\mathbf{v}_1+c_2\mathbf{v}_2+\cdots+c_n\mathbf{v}_n]_S \\ &=c_1[\mathbf{v}_1]_S+c_2[\mathbf{v}_2]_S+\cdots+c_n[\mathbf{v}_n]_S \end{aligned}$$

좌표벡터를 이용하면 임의의 n차원 벡터공간 V의 부분집합 S가 V의 기저인지 아닌지를 $\mathbf{R}^n$에서 쉽게 알 수 있다. 이를 다음에서 알아본다.

정리 4.15

집합 B가 n차원 벡터공간 $\mathbf{v}$의 기저일 때 S, T를 각각

$$S=\{\mathbf{v}_1, \mathbf{v}_2, \ldots, \mathbf{v}_n\}\subset V,$$
$$T=\{[\mathbf{v}_1]_B, [\mathbf{v}_2]_B, \ldots, [\mathbf{v}_n]_B\}\subset \mathbf{R}^n$$

라 하면 S가 V의 기저일 필요충분조건은 T가 $\mathbf{R}^n$의 기저인 것이다.

증명 (i) $\langle S\rangle=V$

$$\Leftrightarrow \forall \mathbf{x}\in V,\ \mathbf{x}=c_1\mathbf{v}_1+c_2\mathbf{v}_2+\cdots+c_n\mathbf{v}_n \quad (c_i\in\mathbf{R})$$
$$\Leftrightarrow [\mathbf{x}]_B=[c_1\mathbf{v}_1+c_2\mathbf{v}_2+\cdots+c_n\mathbf{v}_n]_B\in\mathbf{R}^n$$
$$\Leftrightarrow [\mathbf{x}]_B=c_1[\mathbf{v}_1]_B+c_2[\mathbf{v}_2]_B+\cdots+c_n[\mathbf{v}_n]_B$$
$$\Leftrightarrow [\mathbf{x}]_B\in\langle T\rangle$$
$$\Leftrightarrow \mathbf{R}^n\subset\langle T\rangle$$

따라서 $\langle T\rangle\subset\mathbf{R}^n$이므로 $\langle T\rangle=\mathbf{R}^n$이다.

(ii) $c_1\mathbf{v}_1+c_2\mathbf{v}_2+\cdots+c_n\mathbf{v}_n=\mathbf{0} \quad (c_i\in\mathbf{R})$

$$\Leftrightarrow [c_1\mathbf{v}_1+c_2\mathbf{v}_2+\cdots+c_n\mathbf{v}_n]_B=[\mathbf{0}]_B$$
$$\Leftrightarrow c_1[\mathbf{v}_1]_B+c_2[\mathbf{v}_2]_B+\cdots+c_n[\mathbf{v}_n]_B=\mathbf{0}$$

따라서 S가 V에서 일차독립일 필요충분조건은 T가 $\mathbf{R}^n$에서 일차독립인 것이다. ■

[예제 4] 좌표벡터를 이용하여 $S=\{1,\ 1+x,\ 1+2x+x^2\}$이 벡터공간 P_2의 기저인지 아닌지를 결정하라.

풀이 P_2의 표준기저 $B=\{1,\ x,\ x^2\}$에 관한 $1,\ 1+x,\ 1+2x+x^2$의 좌표벡터는 각각 다음과 같다.

$$[1]_B=\begin{bmatrix}1\\0\\0\end{bmatrix},\quad [1+\mathrm{x}]_B=\begin{bmatrix}1\\1\\0\end{bmatrix},\quad [1+2x+x^2]_B=\begin{bmatrix}1\\2\\1\end{bmatrix}$$

그런데

$$T=\left\{\begin{bmatrix}1\\0\\0\end{bmatrix},\ \begin{bmatrix}1\\1\\0\end{bmatrix},\ \begin{bmatrix}1\\2\\1\end{bmatrix}\right\}$$

는 $\mathbf{R}^3$에서 일차독립이므로 T는 $\mathbf{R}^3$의 기저이다. 따라서 정리 4.15에 의하여 S는 P_2의 기저이다. ■

이제, 두 집합 $S=\{\mathbf{x}_1, \mathbf{x}_2, \ldots, \mathbf{x}_n\}$, $T=\{\mathbf{y}_1, \mathbf{y}_2, \ldots, \mathbf{y}_n\}$을 n차원 벡터공간 V의 서로 다른 기저라 하자. 이 때 S와 T에 관한 $\mathbf{x}\in V$의 두 좌표벡터 $[\mathbf{x}]_S$와 $[\mathbf{x}]_T$ 사이의 관계를 생각해 보자.

$$\mathbf{x}=c_1\mathbf{y}_1+c_2\mathbf{y}_2+\cdots+c_n\mathbf{y}_n \quad (c_i\in\mathbf{R})$$

이라 하면 T에 관한 $\mathbf{x}\in V$의 좌표벡터 $[\mathbf{x}]_T$는

$$[\mathbf{x}]_T=\begin{bmatrix}c_1\\c_2\\\vdots\\c_n\end{bmatrix}$$

이고, 또한 S에 관한 $\mathbf{x}\in V$의 좌표벡터 $[\mathbf{x}]_S$는 다음과 같이 나타낼 수 있다.

$$\begin{aligned}[\mathbf{x}]_S&=[c_1\mathbf{y}_1+c_2\mathbf{y}_2+\cdots+c_n\mathbf{y}_n]_S\\&=c_1[\mathbf{y}_1]_S+c_2[\mathbf{y}_2]_S+\cdots+c_n[\mathbf{y}_n]_S\end{aligned}$$

여기서 S에 관한 $\mathbf{y}_j$의 좌표벡터를

$$[\mathbf{y}_j]_S=\begin{bmatrix} p_{1j} \\ p_{2j} \\ \vdots \\ p_{nj} \end{bmatrix}$$

라 하고

$$\begin{aligned} P&=[[\mathbf{y}_1]_S\ [\mathbf{y}_2]_S\ \cdots\ [\mathbf{y}_n]_S] \\ &=\begin{bmatrix} p_{11} & p_{12} & \cdots & p_{1n} \\ p_{21} & p_{22} & \cdots & p_{2n} \\ \vdots & \vdots & & \vdots \\ p_{n1} & p_{n2} & \cdots & p_{nn} \end{bmatrix} \end{aligned}$$

이라 하면 다음이 성립한다.

$$\begin{aligned} [\mathbf{x}]_S&=c_1\begin{bmatrix} p_{11} \\ p_{21} \\ \vdots \\ p_{n1} \end{bmatrix}+c_2\begin{bmatrix} p_{12} \\ p_{22} \\ \vdots \\ p_{n2} \end{bmatrix}+\cdots+c_n\begin{bmatrix} p_{1n} \\ p_{2n} \\ \vdots \\ p_{nn} \end{bmatrix} \\ &=\begin{bmatrix} p_{11} & p_{12} & \cdots & p_{1n} \\ p_{21} & p_{22} & \cdots & p_{2n} \\ \vdots & \vdots & & \vdots \\ p_{n1} & p_{n2} & \cdots & p_{nn} \end{bmatrix}\begin{bmatrix} c_1 \\ c_2 \\ \vdots \\ c_n \end{bmatrix} \\ &=P[\mathbf{x}]_T \end{aligned}$$

즉

$$[\mathbf{x}]_S=P[\mathbf{x}]_T \qquad \cdots (2)$$

식 (2)에서 행렬 P는 $[\mathbf{x}]_T$를 $[\mathbf{x}]_S$로 변환시키는 역할을 한다. 이 때 행렬

$$P=[[\mathbf{y}_1]_S\ [\mathbf{y}_2]_S\ \cdots\ [\mathbf{y}_n]_S]$$

를 기저 T에서 기저 S로의 **전이행렬**(transitionmatrix)이라 하고

$$P=[I]_{T,S}$$

로 쓰기로 한다.

【예제 5】 $S=\{\mathbf{e}_1, \mathbf{e}_2\}$가 $\mathbf{R}^2$의 표준기저이고

$$\mathbf{y}_1=\begin{bmatrix}1\\2\end{bmatrix},\qquad \mathbf{y}_2=\begin{bmatrix}-1\\1\end{bmatrix}$$

일 때, 두 기저 $S, T=\{\mathbf{y}_1, \mathbf{y}_2\}$에 관하여 다음 물음에 답하라.

(1) 기저 T에서 기저 S로의 전이행렬 $P=[I]_{T,S}$를 구하라.

(2) $[\mathbf{x}]_T=\begin{bmatrix}2\\3\end{bmatrix}$일 때, 좌표벡터 $[\mathbf{x}]_S$를 구하라.

(3) $\mathbf{x}=\begin{bmatrix}3\\9\end{bmatrix}$일 때, 식 (2)가 성립함을 보여라.

풀이 (1) $P=[I]_{T,S}=[[\mathbf{y}_1]_S\ [\mathbf{y}_2]_S]$이므로 기저 S에 관한 $\mathbf{y}_1$, $\mathbf{y}_2$의 좌표벡터를 각각 구한다.

$$\mathbf{y}_1=\ \ \mathbf{e}_1+2\mathbf{e}_2$$
$$\mathbf{y}_2=-\mathbf{e}_1+\ \mathbf{e}_2$$

이므로

$$[\mathbf{y}_1]_S=\begin{bmatrix}1\\2\end{bmatrix},\ [\mathbf{y}_2]_S=\begin{bmatrix}-1\\1\end{bmatrix}$$
$$\therefore\ P=\begin{bmatrix}1&-1\\2&1\end{bmatrix}$$

(2) $[\mathbf{x}]_S=P[\mathbf{x}]_T=\begin{bmatrix}1&-1\\2&1\end{bmatrix}\begin{bmatrix}2\\3\end{bmatrix}=\begin{bmatrix}-1\\7\end{bmatrix}$

(3) $\mathbf{x}=\begin{bmatrix}3\\9\end{bmatrix}=3\mathbf{e}_1+9\mathbf{e}_2$

또한

$$\mathbf{x}=\begin{bmatrix}3\\9\end{bmatrix}=4\mathbf{y}_1+1\mathbf{y}_2$$

이므로

$$[\mathbf{x}]_S=\begin{bmatrix}3\\9\end{bmatrix}, \qquad [\mathbf{x}]_T=\begin{bmatrix}4\\1\end{bmatrix}$$

$$\therefore\ [\mathbf{x}]_S=\begin{bmatrix}3\\9\end{bmatrix}=\begin{bmatrix}1 & -1\\2 & 1\end{bmatrix}\begin{bmatrix}4\\1\end{bmatrix}=P[\mathbf{x}]_T$$ ■

[예제 6]

$$\mathbf{x}_1=(1,\ 2,\ 0), \quad \mathbf{x}_2=(1,\ 1,\ 1),\ \mathbf{x}_3=(2,\ 0,\ 1)$$
$$\mathbf{y}_1=(4,\ -1,\ 3),\ \mathbf{y}_2=(5,\ 5,\ 2),\ \mathbf{y}_3=(6,\ 3,\ 3)$$

일 때, $\mathbf{R}^3$의 두 기저

$$S=\{\mathbf{x}_1,\ \mathbf{x}_2,\ \mathbf{x}_3\}, \qquad T=\{\mathbf{y}_1,\ \mathbf{y}_2,\ \mathbf{y}_3\}$$

에 대하여 $P=[I]_{T,S}$를 구하라.

풀이 기저 T에서 기저 S로의 전이행렬 $P=[I]_{T,S}$는

$$P=[[\mathbf{y}_1]_S\ [\mathbf{y}_2]_S\ [\mathbf{y}_3]_S]$$

이므로 기저 S에 관한 $\mathbf{y}_1$, $\mathbf{y}_2$ $\mathbf{y}_3$의 좌표벡터를 각각 구한다.

$$a_1\mathbf{x}_1+a_2\mathbf{x}_2+a_3\mathbf{x}_3=\mathbf{y}_1 \quad (a_i\in\mathbf{R})$$
$$b_1\mathbf{x}_1+b_2\mathbf{x}_2+b_3\mathbf{x}_3=\mathbf{y}_2 \quad (b_i\in\mathbf{R})$$
$$c_1\mathbf{x}_1+c_2\mathbf{x}_2+c_3\mathbf{x}_3=\mathbf{y}_3 \quad (c_i\in\mathbf{R})$$

라 하면, 다음과 같은 세 개의 연립방정식

$$\begin{aligned} a_1+a_2+2a_3&=\ \ 4\\ 2a_1+a_2\qquad\ &=-1\\ a_2+\ a_3&=\ \ 3 \end{aligned}$$

$$\begin{aligned} b_1+b_2+2b_3&=5\\ 2b_1+b_2\qquad\ &=5\\ b_2+\ b_3&=2 \end{aligned}$$

$$\begin{aligned} c_1+c_2+2c_3&=6\\ 2c_1+c_2\qquad\ &=3\\ c_2+\ c_3&=3 \end{aligned}$$

은 모두 계수행렬로

$$A=\begin{bmatrix}1 & 1 & 2\\ 2 & 1 & 0\\ 0 & 1 & 1\end{bmatrix}$$

을 갖는다. 따라서 행렬

$$[A \vdots \mathbf{y}_1 \vdots \mathbf{y}_2 \vdots \mathbf{y}_3]$$

를 RREF로 변환함으로써 a_i, b_i, $c_i(i=1, 2, 3)$를 구할 수 있다.

$$A=\begin{bmatrix}1 & 1 & 2 & \vdots & 4 & \vdots & 5 & \vdots & 6\\ 2 & 1 & 0 & \vdots & -1 & \vdots & 5 & \vdots & 3\\ 0 & 1 & 1 & \vdots & 3 & \vdots & 2 & \vdots & 3\end{bmatrix}$$

의 RREF는

$$B=\begin{bmatrix}1 & 0 & 0 & \vdots & -1 & \vdots & 2 & \vdots & 1\\ 0 & 1 & 0 & \vdots & 1 & \vdots & 1 & \vdots & 1\\ 0 & 0 & 1 & \vdots & 2 & \vdots & 1 & \vdots & 2\end{bmatrix}$$

이므로 기저 T에서 기저 S로의 전이행렬은 다음과 같다.

$$P=[I]_{T,S}=\begin{bmatrix}-1 & 2 & 1\\ 1 & 1 & 1\\ 2 & 1 & 2\end{bmatrix}$$ ■

정리 4.16 두 집합 S, T를 n차원 벡터공간 V의 서로 다른 기저라 하고 P를 기저 T에서 기저 S로의 전이행렬이라 하자. 그러면 P는 가역이고 P^{-1}는 기저 S에서 기저 T로의 전이행렬이다. 즉 $P^{-1}=[I]_{S,T}$.

증명 먼저, P가 가역임을 증명하기 위하여 동차연립방정식 $P[\mathbf{x}]_T=\mathbf{0}$이 자명한 해만을 가짐을 보이자.

V의 임의의 벡터 $\mathbf{x}$에 대하여 $P[\mathbf{x}]_T=\mathbf{0}$이라 하면 식 (2)로부터 $[\mathbf{x}]_S=\mathbf{0}$이므로 $\mathbf{x}=\mathbf{0}$이다. 그리고 T가 일차독립이므로 $[\mathbf{x}]_T=\mathbf{0}$이다. 따라서 P는 가역이다. 이제 $P[\mathbf{x}]_T=[\mathbf{x}]_S$의 양변에 P^{-1}를 곱하면

$$[\mathbf{x}]_T=P^{-1}[\mathbf{x}]_S$$

이므로 P^{-1}는 기저 S에서 기저 T로의 전이행렬이다. ■

【예제 7】 예제 6에 있는 $\mathbf{R}^3$의 두 기저 S, T에 대하여 다음을 구하라.

(1) 기저 S에서 기저 T로의 전이행렬 $Q=[I]_{S,T}$

(2) $[\mathbf{x}]_S=\begin{bmatrix}1\\5\\2\end{bmatrix}$일 때, 좌표벡터 $[\mathbf{x}]_T$

풀이 (1) 기저 T에서 기저 S로의 전이행렬은

$$P=\begin{bmatrix}-1 & 2 & 1\\ 1 & 1 & 1\\ 2 & 1 & 2\end{bmatrix}$$

이므로 정리 4.16에 의하여

$$Q=[I]_{S,T}=P^{-1}=-\frac{1}{2}\begin{bmatrix}1 & -3 & 1\\ 0 & -4 & 2\\ -1 & 5 & -3\end{bmatrix}$$

(2) $[\mathbf{x}]_T=Q[\mathbf{x}]_S$

$$=-\frac{1}{2}\begin{bmatrix}1 & -3 & 1\\ 0 & -4 & 2\\ -1 & 5 & -3\end{bmatrix}\begin{bmatrix}1\\5\\2\end{bmatrix}=\begin{bmatrix}6\\8\\-9\end{bmatrix}$$ ■

연습문제 4.7

※ 다음에 주어진 벡터공간 V의 기저 S에 관한 $\mathbf{x}$의 좌표벡터 $[\mathbf{x}]_S$를 구하라. [1~6]

1. $V=\mathbf{R}^3$, $S=\{(1, -2, 1), (-1, 0, 1), (0, 1, 0)\}$, $\mathbf{x}=(2, -1, 3)$

2. $V=\mathbf{R}^2$, $S=\{(1, -2), (-1, 1)\}$, $\mathbf{x}=(3, -2)$
3. $V=M_2$, $S=\left\{\begin{bmatrix}1 & 0\\0 & 0\end{bmatrix}, \begin{bmatrix}0 & 1\\0 & 0\end{bmatrix}, \begin{bmatrix}0 & 0\\1 & 0\end{bmatrix}, \begin{bmatrix}0 & 0\\0 & 1\end{bmatrix}\right\}$, $\mathbf{x}=\begin{bmatrix}2 & 4\\0 & -1\end{bmatrix}$
4. $V=M_2$, $S=\left\{\begin{bmatrix}1 & 0\\0 & 0\end{bmatrix}, \begin{bmatrix}1 & -1\\0 & 0\end{bmatrix}, \begin{bmatrix}0 & 2\\1 & 0\end{bmatrix}, \begin{bmatrix}-3 & 0\\2 & 1\end{bmatrix}\right\}$, $\mathbf{x}=\begin{bmatrix}-1 & 2\\3 & -4\end{bmatrix}$
5. $V=P_1$, $S=\{t+1, t-1\}$, $\mathbf{x}=2t-3$
6. $V=P_2$, $S=\{t^2+1, t^2-t+1, t+1\}$, $\mathbf{x}=-3t^2+2t-4$

※ 다음에 좌표벡터를 이용하여 주어진 벡터공간 V의 부분집합 S가 일차독립인지 일차종속인지를 결정하라. [7~10]

7. $V=M_2$, $S=\left\{\begin{bmatrix}1 & 1\\2 & 1\end{bmatrix}, \begin{bmatrix}3 & 0\\0 & 2\end{bmatrix}, \begin{bmatrix}2 & 1\\2 & 1\end{bmatrix}\right\}$
8. $V=M_2$, $S=\left\{\begin{bmatrix}1 & 1\\1 & 0\end{bmatrix}, \begin{bmatrix}1 & -1\\0 & 1\end{bmatrix}, \begin{bmatrix}0 & 1\\1 & 1\end{bmatrix}, \begin{bmatrix}-1 & 0\\1 & 1\end{bmatrix}\right\}$
9. $V=P_1$, $S=\{t+1, 2t-1\}$
10. $V=P_2$, $S=\{t^2, 2t^2-3t-1, t+2\}$

11. 좌표벡터를 이용하여 문제 3~6에 주어진 S가 주어진 벡터공간 V의 기저임을 보여라.

12. $\mathbf{R}^2$의 두 기저 $S=\{(0, 1), (1, 2)\}$, $T=\{(1, 1), (2, 3)\}$과 벡터 $\mathbf{x}=(5, 4)$, $\mathbf{y}=(1, 5)$에 대하여 다음을 구하라.
(1) 기저 T에 관한 $\mathbf{x}$, $\mathbf{y}$의 좌표벡터
(2) 기저 T에서 기저 S로의 전이행렬 $P=[I]_{T,S}$
(3) 기저 S에 관한 $\mathbf{x}$, $\mathbf{y}$의 좌표벡터
(4) 기저 S에서 기저 T로의 전이행렬 $Q=[I]_{S,T}$

13. 벡터공간 M_2의 두 기저

$$S=\left\{\begin{bmatrix}1 & 0\\0 & 0\end{bmatrix}, \begin{bmatrix}0 & 1\\1 & 0\end{bmatrix}, \begin{bmatrix}0 & 2\\0 & 1\end{bmatrix}, \begin{bmatrix}0 & 0\\1 & 1\end{bmatrix}\right\},$$

$$T=\left\{\begin{bmatrix}1 & 1\\0 & 0\end{bmatrix}, \begin{bmatrix}1 & 0\\1 & -1\end{bmatrix}, \begin{bmatrix}1 & 0\\0 & 0\end{bmatrix}, \begin{bmatrix}0 & 0\\1 & 1\end{bmatrix}\right\}$$

과 벡터 $\mathbf{x}=\begin{bmatrix}1 & 1\\1 & 1\end{bmatrix}$, $\mathbf{y}=\begin{bmatrix}-2 & 3\\-1 & 2\end{bmatrix}$에 대하여 문제 12의 (1)~(4)를 모두 구하라.

14. 집합 S가 n차원 벡터공간 V의 기저일 때, $\mathbf{v}_i \in V$, $c_i \in \mathbf{R}$ $(i=1, 2, \ldots, n)$에 대하여 다음이 성립함을 보여라.

$$[c_1\mathbf{v}_1+c_2\mathbf{v}_2+\cdots+c_n\mathbf{v}_n]_S=c_1[\mathbf{v}_1]_S+c_2[\mathbf{v}_2]_S+\cdots+c_n[\mathbf{v}_n]_S$$

4.8 Gram-Schmidt의 정규직교화과정

이 절에서는 $\mathbf{R}^n$의 부분공간의 기저 중에서 표준기저처럼 서로 직교하며 크기가 1인 기저를 찾는 방법에 대하여 알아본다.

정의

$\mathbf{R}^n$의 벡터 $\mathbf{x}_1, \mathbf{x}_2, \dots, \mathbf{x}_k$에 대하여 $S=\{\mathbf{x}_1, \mathbf{x}_2, \dots, \mathbf{x}_k\}$라 하자. 이 때 S의 서로 다른 어느 두 벡터도 모두 직교하면 S를 직교집합(orthogonal set)이라 한다. 특히 직교집합 S에 속하는 벡터가 모두 단위벡터일 때 S를 정규직교집합(orthonormal set)이라고 한다.

위 정의로부터 다음이 성립함을 알 수 있다.

S: 직교집합 $\Leftrightarrow \mathbf{x}_i \cdot \mathbf{x}_j = 0 \quad (i \neq j)$

S: 정규직교집합 $\Leftrightarrow \mathbf{x}_i \cdot \mathbf{x}_j = \begin{cases} 0 & (i \neq j) \\ 1 & (i = j) \end{cases}$

【예제 1】

(1) $\mathbf{R}^3$의 표준기저 $\{\mathbf{e}_1, \mathbf{e}_2, \mathbf{e}_3\}$는 정규직교집합이다.

(2) $\mathbf{R}^3$에서 $\mathbf{x}_1=(0, 1, 0)$, $\mathbf{x}_2=(2, 0, 1)$, $\mathbf{x}_3=(1, 0, -2)$라 하면 $\{\mathbf{x}_1, \mathbf{x}_2, \mathbf{x}_3\}$은 직교집합이지만 정규직교집합은 아니다.

(3) $\mathbf{R}^3$에서

$$\mathbf{y}_1=(0, 1, 0), \quad \mathbf{y}_2=\left(\frac{2}{\sqrt{5}}, 0, \frac{1}{\sqrt{5}}\right),$$

$$\mathbf{y}_3=\left(\frac{1}{\sqrt{5}}, 0, -\frac{2}{\sqrt{5}}\right)$$

라 하면 $\{\mathbf{y}_1, \mathbf{y}_2, \mathbf{y}_3\}$는 정규직교집합이다. ■

정리 4.17

$\mathbf{R}^n$의 영 아닌 벡터들의 집합 $S=\{\mathbf{x}_1, \mathbf{x}_2, \ldots, \mathbf{x}_k\}$가 직교집합이면 S는 일차독립이다.

증명 임의의 $c_1, c_2, \ldots, c_k \in \mathbf{R}$에 대하여

$$c_1\mathbf{x}_1+c_2\mathbf{x}_2+\cdots+c_k\mathbf{x}_k=\mathbf{0}$$

이라 하면, 각 i $(i=1, 2, \ldots, k)$에 대하여

$$(c_1\mathbf{x}_1+c_2\mathbf{x}_2+\cdots+c_k\mathbf{x}_k)\cdot\mathbf{x}_i=\mathbf{0}\cdot\mathbf{x}_i$$

이다. 즉

$$c_1(\mathbf{x}_1\cdot\mathbf{x}_i)+c_2(\mathbf{x}_2\cdot\mathbf{x}_i)+\cdots+c_k(\mathbf{x}_k\cdot\mathbf{x}_i)=\mathbf{0}\cdot\mathbf{x}_i=0$$

이 때 $i\neq j$이면 $\mathbf{x}_j\cdot\mathbf{x}_i=0$이므로 위 식으로부터 다음을 얻는다.

$$c_i(\mathbf{x}_i\cdot\mathbf{x}_i)=c_i\|\mathbf{x}_i\|^2=0 \quad (i=1, 2, \ldots, k)$$

그런데 $\mathbf{x}_i\neq\mathbf{0}$이므로

$$c_1=c_2=\cdots=c_k=0$$

따라서 S는 일차독립이다. ■

정의

$\mathbf{R}^n$의 기저 S가 직교집합이면 **직교기저**(orthogonal basis), 정규직교집합이면 **정규직교기저**(orthonormal basis)라고 한다.

정의와 정리 4.17에 의하여 $\mathbf{R}^n$의 n개의 영이 아닌 벡터의 집합 $S=\{\mathbf{x}_1, \mathbf{x}_2, \ldots, \mathbf{x}_n\}$이 직교집합(정규직교집합)이면 S는 $\mathbf{R}^n$의 직교기저(정규직교기저)이다.

【예제 2】 예제 1에서 (1)과 (3)에 있는 집합은 $\mathbf{R}^3$의 정규직교기저이고, (2)에 있는 집합은 $\mathbf{R}^3$의 직교기저이다. ■

n개의 벡터의 집합 $S=\{\mathbf{x}_1, \mathbf{x}_2, \ldots, \mathbf{x}_n\}$이 $\mathbf{R}^n$의 기저이면 $\mathbf{R}^n$의 임의의 벡터 $\mathbf{x}$는 다음과 같이 유일하게 표시된다는 것은 잘 알고 있는 사실이다.

$$\mathbf{x}=c_1\mathbf{x}_1+c_2\mathbf{x}_2+\cdots+c_n\mathbf{x}_n \quad (c_i\in\mathbf{R})$$

이 때 $c_1, c_2, \ldots, c_n$을 구하려면 n개의 미지수를 갖는 연립방정식을 풀어야 한다. 그러나 S가 $\mathbf{R}^n$의 정규직교기저이면 $i\neq j$일 때 $\mathbf{x}_i\cdot\mathbf{x}_j=0$임을 이용하여 $c_1, c_2, \ldots, c_n$을 쉽게 구할 수 있다.

정리 4.18 $S=\{\mathbf{x}_1, \mathbf{x}_2, \ldots, \mathbf{x}_n\}$이 $\mathbf{R}^n$의 정규직교기저이면 $\mathbf{R}^n$의 임의의 벡터 $\mathbf{x}$는 다음과 같이 표현된다.

$$\mathbf{x}=c_1\mathbf{x}_1+c_2\mathbf{x}_2+\cdots+c_n\mathbf{x}_n$$

여기서 $c_i=\mathbf{x}\cdot\mathbf{x}_i\,(i=1, 2, \ldots, n)$이다.

증명 S가 $\mathbf{R}^n$의 기저이므로 임의의 $\mathbf{x}\in\mathbf{R}^n$은

$$\mathbf{x}=c_1\mathbf{x}_1+c_2\mathbf{x}_2+\cdots+c_n\mathbf{x}_n \quad (c_i\in\mathbf{R})$$

으로 표현되고 각 $i\,(i=1, 2, \ldots, n)$에 대하여

$$\begin{aligned}\mathbf{x}\cdot\mathbf{x}_i&=(c_1\mathbf{x}_1+c_2\mathbf{x}_2+\cdots+c_n\mathbf{x}_n)\cdot\mathbf{x}_i\\&=c_1(\mathbf{x}_1\cdot\mathbf{x}_i)+c_2(\mathbf{x}_2\cdot\mathbf{x}_i)+\cdots+c_n(\mathbf{x}_n\cdot\mathbf{x}_i)\end{aligned}$$

그런데 S가 정규직교기저이므로

$$\mathbf{x}_i\cdot\mathbf{x}_j=\begin{cases}0 & (i\neq j)\\1 & (i=j)\end{cases}$$

따라서

$$c_i = \mathbf{x} \cdot \mathbf{x}_i. \quad (i=1, 2, \ldots, n)$$ ■

[예제 3] $\mathbf{y}=(2, -3, 5)$를 예제 1의 (3)에 있는 $\mathbf{R}^3$의 정규직교기저

$$\left\{\mathbf{y}_1=(0, 1, 0), \quad \mathbf{y}_2=\left(\frac{2}{\sqrt{5}}, 0, \frac{1}{\sqrt{5}}\right), \right.$$
$$\left. \mathbf{y}_3=\left(\frac{1}{\sqrt{5}}, 0, -\frac{2}{\sqrt{5}}\right)\right\}$$

의 일차결합으로 표시하라.

풀이

$$\mathbf{y}=c_1\mathbf{y}_1+c_2\mathbf{y}_2+c_3\mathbf{y}_3$$

라 하면 정리 4.18에 의하여

$$c_i=\mathbf{y}\cdot\mathbf{y}_i \quad (i=1, 2, 3)$$

이므로

$$c_1=\mathbf{y}\cdot\mathbf{y}_1=-3, \quad c_2=\mathbf{y}\cdot\mathbf{y}_2=\frac{9}{\sqrt{5}}, \quad c_3=\mathbf{y}\cdot\mathbf{y}_3=-\frac{8}{\sqrt{5}}$$

$$\therefore \ \mathbf{y}=-3\mathbf{y}_1+\frac{9}{\sqrt{5}}\mathbf{y}_2-\frac{8}{\sqrt{5}}\mathbf{y}_3$$ ■

이제 $\mathbf{R}^n$의 정규직교기저를 만드는 방법에 대하여 알아보기 위하여 먼저 3.3절에서 공부했던 정사영의 개념을 다음과 같이 일반화하여 보자.

집합 $S=\{\mathbf{x}_1, \mathbf{x}_2, \ldots, \mathbf{x}_m\}$을 $\mathbf{R}^n$의 정규직교집합이고 W를 S에 의하여 생성된 $\mathbf{R}^n$의 부분공간이라 하자. 이때 $\mathbf{R}^n$의 임의의 벡터 $\mathbf{y}$에 대하여

$$\mathbf{y}_1=(\mathbf{y}\cdot\mathbf{x}_1)\mathbf{x}_1+(\mathbf{y}\cdot\mathbf{x}_2)\mathbf{x}_2+\cdots+(\mathbf{y}\cdot\mathbf{x}_m)\mathbf{x}_m$$
$$\mathbf{y}_2=\mathbf{y}-\mathbf{y}_1$$

이라 하면 각 $i, j=1, 2, \ldots, m$에 대하여 $\mathbf{x}_i \cdot \mathbf{x}_j=\begin{cases} 0 & (i \neq j) \\ 1 & (i=j) \end{cases}$

이므로

$$\mathbf{y}_2 \cdot \mathbf{x}_1=0,\ \mathbf{y}_2 \cdot \mathbf{x}_2=0,\ \ldots,\ \mathbf{y}_2 \cdot \mathbf{x}_m=0$$

그리고 $W=\langle S\rangle$의 임의의 벡터 $\mathbf{w}$는

$$\mathbf{w}=c_1\mathbf{x}_1+c_2\mathbf{x}_2+\cdots+c_m\mathbf{x}_m \qquad (c_i \in \mathbf{R})$$

이므로 $\mathbf{y}_2 \cdot \mathbf{w}=0$이다. 따라서 $\mathbf{y}_2$는 W의 모든 벡터와 직교한다. 이때, $\mathbf{y}_1$을 W 위로의 직교정사영이라 하고 $\mathbf{y}_1=\text{proj}_W\mathbf{y}$로 나타내며 $\mathbf{y}_2$를 W에 관한 $\mathbf{y}$의 직교성분이라고 한다. $\mathbf{R}^3$인 경우에 그림 4.1을 참조하라.

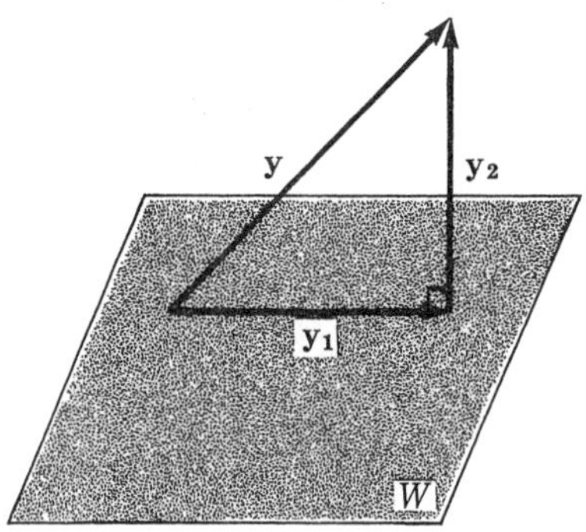

그림 4.1

[예제 4] $\mathbf{R}^3$의 두 벡터

$$\mathbf{x}_1=(0,\ 1,\ 0),\ \mathbf{x}_2=\left(\frac{5}{13},\ 0,\ -\frac{12}{13}\right)$$

로 이루어진 정규직교집합 $S=\{\mathbf{x}_1,\ \mathbf{x}_2\}$에 의하여 생성되는 부분공간을 W라 하자. 벡터 $\mathbf{y}=(2,\ 1,\ 1)$의 W 위로의 (직교)정사영과 W에 관한 $\mathbf{y}$의 직교성분을 구하라.

풀이

$$\begin{aligned}\text{proj}_W\mathbf{y}&=(\mathbf{y}\cdot\mathbf{x}_1)\mathbf{x}_1+(\mathbf{y}\cdot\mathbf{x}_2)\mathbf{x}_2\\&=1(0,\ 1,\ 0)+\left(-\frac{2}{13}\right)\left(\frac{5}{13},\ 0,\ -\frac{12}{13}\right)\end{aligned}$$

$$=\left(-\frac{10}{169},\ 1,\ \frac{24}{169}\right)$$

또, W에 관한 $\mathbf{y}$의 직교성분은

$$\mathbf{y}-\mathrm{proj}_W\mathbf{y}=(2,\ 1,\ 1)-\left(-\frac{10}{169},\ 1,\ \frac{24}{169}\right)$$
$$=\left(\frac{348}{169},\ 0,\ \frac{145}{169}\right)$$ ■

이제 **Gram-Schmidt 정규직교화과정**(Gram-Schmidt orthonormalization process)이라 불리는 $\mathbf{R}^n$의 임의의 기저를 정규직교기저로 만드는 방법에 관하여 알아보자.

정리 4.19 집합 $S=\{\mathbf{x}_1,\ \mathbf{x}_2,\ \ldots,\ \mathbf{x}_n\}$을 $\mathbf{R}^n$의 임의의 기저라 하자. 그러면 S로부터 얻어지는 정규직교기저가 존재한다.

풀이 **Gram-Schmidt 정규직교화과정**

먼저 $\mathbf{R}^n$의 기저 S로부터 정규직교집합 $T=\{\mathbf{y}_1,\ \mathbf{y}_2,\ \ldots,\ \mathbf{y}_n\}$을 다음 단계로 만든다.

단계 1: $\mathbf{y}_1=\dfrac{\mathbf{x}_1}{\|\mathbf{x}_1\|}$이라 하면 $\mathbf{y}_1$의 크기는 1이다.

단계 2: $\mathbf{y}_1$에 의하여 생성되는 부분공간 W_1에 관한 $\mathbf{x}_2$의 직교성분을 구하여 $\mathbf{z}_2$라 하자. 즉

$$\mathbf{z}_2=\mathbf{x}_2-\mathrm{proj}_{W_1}\mathbf{x}_2=\mathbf{x}_2-(\mathbf{x}_2\cdot\mathbf{y}_1)\mathbf{y}_1$$

다음으로 $\mathbf{y}_2=\dfrac{\mathbf{z}_2}{\|\mathbf{z}_2\|}$라 하면 $\mathbf{y}_2$는 $\mathbf{y}_1$과 직교하고 크기가 1이다.

단계 3: 먼저 $\mathbf{y}_1,\ \mathbf{y}_2$에 직교하는 벡터를 만들기 위하여 $\{\mathbf{y}_1,\ \mathbf{y}_2\}$에 의하여 생성되는 부분공간 W_2에 관한 $\mathbf{x}_3$의 직교성분을 $\mathbf{z}_3$라 하자. 즉

$$\mathbf{z}_3=\mathbf{x}_3-\mathrm{proj}_{W_2}\mathbf{x}_3$$
$$=\mathbf{x}_3-(\mathbf{x}_3\cdot\mathbf{y}_1)\mathbf{y}_1-(\mathbf{x}_3\cdot\mathbf{y}_2)\mathbf{y}_2$$

다음으로 $\mathbf{y}_3 = \frac{\mathbf{z}_3}{\|\mathbf{z}_3\|}$ 이라 하면 $\mathbf{y}_3$는 $\mathbf{y}_1$, $\mathbf{y}_2$와 각각 직교하고, 크기가 1 이다.

단계 4: 이와 같은 방법으로 $\mathbf{y}_4, \dots, \mathbf{y}_n$을 모두 만들 수 있다. 즉

$$\mathbf{z}_i = \mathbf{x}_i - \mathrm{proj}_{W_{i-1}}\mathbf{x}_i$$
$$= \mathbf{x}_i - (\mathbf{x}_i \cdot \mathbf{y}_1)\mathbf{y}_1 - (\mathbf{x}_i \cdot \mathbf{y}_2)\mathbf{y}_2 - \cdots$$
$$- (\mathbf{x}_i \cdot \mathbf{y}_{i-1})\mathbf{y}_{i-1}$$
$$\mathbf{y}_i = \frac{\mathbf{z}_i}{\|\mathbf{z}_i\|} \quad (i=4, \dots, n)$$

$T = \{\mathbf{y}_1, \mathbf{y}_2, \dots, \mathbf{y}_n\}$은 $\mathbf{R}^n$에서의 정규직교집합이고 정리 4.17에 의하여 일차독립이다. 따라서 T는 $\mathbf{R}^n$의 정규직교기저가 된다. ■

[예제 5] $\mathbf{x}_1 = (1, 1, 0)$, $\mathbf{x}_2 = (0, 1, 2)$, $\mathbf{x}_3 = (1, 2, 1)$일 때, Gram-Schmidt 정규직교화과정을 이용하여 $\mathbf{R}^3$의 기저 $S = \{\mathbf{x}_1, \mathbf{x}_2, \mathbf{x}_3\}$으로부터 $\mathbf{R}^3$의 정규직교기저 $T = \{\mathbf{y}_1, \mathbf{y}_2, \mathbf{y}_3\}$를 구하라.

풀이 Gram-Schmidt 정규직교화과정으로부터 $\mathbf{y}_1$, $\mathbf{y}_2$, $\mathbf{y}_3$는 각각 다음과 같다.

$$\mathbf{y}_1 = \frac{\mathbf{x}_1}{\|\mathbf{x}_1\|} = \frac{1}{\sqrt{2}}(1, 1, 0) = \left(\frac{1}{\sqrt{2}}, \frac{1}{\sqrt{2}}, 0\right)$$
$$\mathbf{z}_2 = \mathbf{x}_2 - \mathrm{proj}_{W_1}\mathbf{x}_2 = \mathbf{x}_2 - (\mathbf{x}_2 \cdot \mathbf{y}_1)\mathbf{y}_1$$
$$= (0, 1, 2) - \frac{1}{\sqrt{2}}\left(\frac{1}{\sqrt{2}}, \frac{1}{\sqrt{2}}, 0\right)$$
$$= \left(-\frac{1}{2}, \frac{1}{2}, 2\right)$$

따라서

$$\mathbf{y}_2 = \frac{\mathbf{z}_2}{\|\mathbf{z}_2\|} = \frac{\sqrt{2}}{3}\left(-\frac{1}{2}, \frac{1}{2}, 2\right) = \left(-\frac{\sqrt{2}}{6}, \frac{\sqrt{2}}{6}, \frac{2\sqrt{2}}{3}\right)$$

$$\begin{aligned}\mathbf{z}_3&=\mathbf{x}_3-\text{proj}_{W_2}\mathbf{x}_3\\&=\mathbf{x}_3-(\mathbf{x}_3\cdot\mathbf{y}_1)\mathbf{y}_1-(\mathbf{x}_3\cdot\mathbf{y}_2)\mathbf{y}_2\\&=(1,\ 2,\ 1)-\frac{3}{\sqrt{2}}\left(\frac{1}{\sqrt{2}},\ \frac{1}{\sqrt{2}},\ 0\right)\\&\quad-\frac{5\sqrt{2}}{6}\left(-\frac{\sqrt{2}}{6},\ \frac{\sqrt{2}}{6},\ \frac{2\sqrt{2}}{3}\right)\\&=\left(-\frac{2}{9},\ \frac{2}{9},\ -\frac{1}{9}\right)\end{aligned}$$

$$\mathbf{y}_3=\frac{\mathbf{z}_3}{\|\mathbf{z}_3\|}=3\left(-\frac{2}{9},\ \frac{2}{9},\ -\frac{1}{9}\right)=\left(-\frac{2}{3},\ \frac{2}{3},\ -\frac{1}{3}\right)$$

$$\therefore\ T=\left\{\left(\frac{1}{\sqrt{2}},\ \frac{1}{\sqrt{2}},\ 0\right),\ \left(-\frac{\sqrt{2}}{6},\ \frac{\sqrt{2}}{6},\ \frac{2\sqrt{2}}{3}\right),\ \left(-\frac{2}{3},\ \frac{2}{3},\ -\frac{1}{3}\right)\right\}$$ ■

[예제 6] $\mathbf{x}_1=(1,\ 1,\ 2)$, $\mathbf{x}_2=(0,\ 2,\ -4)$일 때, Gram-Schmidt 정규직교화과정을 이용하여 $S=\{\mathbf{x}_1,\ \mathbf{x}_2\}$를 기저로 갖는 $\mathbf{R}^3$의 부분공간 W의 정규직교기저 $T=\{\mathbf{y}_1,\ \mathbf{y}_2\}$를 구하라.

풀이 Gram-Schmidt 정규직교화과정으로부터 $\mathbf{y}_1$, $\mathbf{y}_2$는 각각 다음과 같다.

$$\mathbf{y}_1=\frac{\mathbf{x}_1}{\|\mathbf{x}_1\|}=\frac{1}{\sqrt{6}}(1,\ 1,\ 2)=\left(\frac{1}{\sqrt{6}},\ \frac{1}{\sqrt{6}},\ \frac{2}{\sqrt{6}}\right)$$

$$\begin{aligned}\mathbf{z}_2&=\mathbf{x}_2-\text{proj}_{W_1}\mathbf{x}_2=\mathbf{x}_2-(\mathbf{x}_2\cdot\mathbf{y}_1)\mathbf{y}_1\\&=(0,\ 2,\ -4)-(-\sqrt{6})\left(\frac{1}{\sqrt{6}},\ \frac{1}{\sqrt{6}},\ \frac{2}{\sqrt{6}}\right)\\&=(1,\ 3,\ -2)\end{aligned}$$

따라서

$$\mathbf{y}_2=\frac{\mathbf{z}_2}{\|\mathbf{z}_2\|}=\frac{1}{\sqrt{14}}(1,\ 3,\ -2)=\left(\frac{1}{\sqrt{14}},\ \frac{3}{\sqrt{14}},\ -\frac{2}{\sqrt{14}}\right)$$

$$\therefore\ T=\left\{\left(\frac{1}{\sqrt{6}},\ \frac{1}{\sqrt{6}},\ \frac{2}{\sqrt{6}}\right),\ \left(\frac{1}{\sqrt{14}},\ \frac{3}{\sqrt{14}},\ -\frac{2}{\sqrt{14}}\right)\right\}$$ ■

연습문제 4.8

※ 다음에서 주어진 집합이 직교집합인지 아닌지를 결정하라. [1~4]

1. $\{(1,\ 1,\ 1),\ (-1,\ 2,\ -1),\ (-1,\ 0,\ 1)\}$
2. $\{(0,\ -1,\ 3),\ (2,\ 3,\ 1),\ (3,\ 0,\ 0)\}$
3. $\{(1,\ 0,\ 0,\ -1),\ (1,\ 2,\ -1,\ 1),\ (0,\ -1,\ -2,\ 0)\}$
4. $\{(1,\ 0,\ 1,\ 1),\ (0,\ 1,\ 0,\ -1),\ (1,\ -1,\ -1,\ 0),\ (0,\ 1,\ 1,\ 1)\}$

※ 다음에서 주어진 집합이 직교집합이 되도록 상수 a, b, c의 값을 결정하라. [5~6]

5. $\{(1,\ 1,\ 1),\ (2,\ 2,\ -4),\ (a,\ b,\ c)\}$
6. $\{(1,\ 0,\ 0,\ -1),\ (1,\ -3,\ a,\ b),\ (c,\ 1,\ -2,\ 0)\}$

※ 다음에서 주어진 집합이 정규직교집합인지 아닌지를 결정하라. [7~10]

7. $\left\{\left(\frac{2}{3},\ \frac{1}{3},\ -\frac{2}{3}\right),\ \left(\frac{2}{3},\ -\frac{2}{3},\ \frac{1}{3}\right),\ \left(\frac{1}{3},\ \frac{2}{3},\ \frac{2}{3}\right)\right\}$
8. $\left\{(0,\ 1,\ 0),\ \left(\frac{1}{\sqrt{2}},\ 0,\ -\frac{1}{\sqrt{2}}\right),\ \left(\frac{1}{\sqrt{3}},\ \frac{1}{\sqrt{3}},\ \frac{1}{\sqrt{3}}\right)\right\}$
9. $\{(1,\ -1,\ 0,\ 1),\ (0,\ 1,\ 1,\ 1),\ (-1,\ 1,\ -1,\ 0)\}$
10. $\left\{\left(\frac{1}{\sqrt{2}},\ 0,\ 0,\ -\frac{1}{\sqrt{2}}\right),\ \left(\frac{1}{\sqrt{7}},\ \frac{2}{\sqrt{7}},\ -\frac{1}{\sqrt{7}},\ \frac{1}{\sqrt{7}}\right),\ \left(0,\ -\frac{1}{\sqrt{5}},\ -\frac{2}{\sqrt{5}},\ 0\right)\right\}$

11. 다음 집합이 정규직교집합이 되도록 상수 a, b의 값을 결정하라.

$$\left\{\left(\frac{1}{\sqrt{2}},\ 0,\ \frac{1}{\sqrt{2}}\right),\ \left(a,\ \frac{1}{\sqrt{2}},\ -b\right)\right\}$$

12. 벡터 $\mathbf{x}=(3,\ -2,\ 1)$을 $\mathbf{R}^3$의 정규직교기저

$$S=\left\{\left(\frac{1}{\sqrt{2}},\ 0,\ -\frac{1}{\sqrt{2}}\right),\ (0,\ 1,\ 0),\ \left(\frac{1}{\sqrt{2}},\ 0,\ \frac{1}{\sqrt{2}}\right)\right\}$$

에 있는 벡터들의 일차결합으로 표시하라.

13. Gram-Schmidt 정규직교화과정을 이용하여 $\mathbf{R}^3$의 기저 $\{(1,\ -1,\ 0),\ (1,\ 1,\ -1),\ (1,\ -2,\ 1)\}$을 정규직교기저로 변환하라.

14. Gram-Schmidt 정규직교화과정을 이용하여 다음에서 주어진 평면 위의 점들로 구성된 $\mathbf{R}^3$의 부분공간 W의 정규직교기저를 구하라.

$$x+y+z=0$$

15. $\mathbf{R}^n$의 n개의 벡터의 집합 $S=\{\mathbf{x}_1,\ \mathbf{x}_2,\ \dots,\ \mathbf{x}_n\}$이 정규직교집합이면 S는 $\mathbf{R}^n$의 정규직교기저임을 보여라.

5

선형변환과 행렬

제

4장에서 행렬의 집합이 두 개의 연산에 의하여 벡터공간이라는 대수적 구조체로서 다시 태어나는 것을 보았다. 이 장에서는 임의의 벡터공간의 구조를 보존한다는 의미를 갖는 함수인 선형변환에 관하여 알아본다. 또한 n차원벡터공간 V에서 m차원벡터공간 W로의 선형변환은 $m \times n$행렬 A를 이용하여 나타낼 수 있음을 보이고, $\mathbf{R}^2$에서 $\mathbf{R}^2$로의 선형변환에 대한 기하학적 의미를 살펴본다.

5.1 선형변환

V와 W를 임의의 두 벡터공간이라 할 때, V의 각 벡터 $\mathbf{v}$에 W의 벡터 $\mathbf{w}$를 대응시키는 것을 V에서 W로의 **사상** (mapping)이라 하고 $L : V \longrightarrow W$로 나타낸다. 이 때 사상 L에 의하여 벡터 $\mathbf{v}$에 대응하는 벡터를 $\mathbf{w}$라 하면 $\mathbf{w}$를 L에 의한 $\mathbf{v}$의 **상**(image)이라 하고 $\mathbf{w}=L(\mathbf{v})$로 나타낸다. 또한 벡터공간 V를 L의 **정의역**(domain)이라 한다.

정의

V, W를 벡터공간이라 하자. 사상 $L : V \longrightarrow W$가 임의의 벡터 $\mathbf{v}_1$, $\mathbf{v}_2 \in V$와 임의의 스칼라 k에 대하여 다음 두 조건을 만족하면 L을 V에서 W로의 **선형변환** (linear transformation)이라고 한다.

(i) $L(\mathbf{v}_1+\mathbf{v}_2)=L(\mathbf{v}_1)+L(\mathbf{v}_2)$

(ii) $L(k\mathbf{v}_1)=kL(\mathbf{v}_1)$

특히 V에서 V 자신으로의 선형변환 $L : V \longrightarrow V$를 V 위의 **선형연산자**(linear operator)라고 한다.

【예제 1】 $\mathbf{R}^2$의 벡터 $\mathbf{v}=\begin{bmatrix} x \\ y \end{bmatrix}$에 대하여 $L : \mathbf{R}^2 \longrightarrow \mathbf{R}^3$을 다음과 같이 정의하면 L은 선형변환임을 보여라.

$$L(\mathbf{v})=\begin{bmatrix} x \\ y \\ x-y \end{bmatrix}$$

풀이 $\mathbf{R}^2$의 임의의 두 벡터 $\mathbf{v}_1=\begin{bmatrix}x_1\\y_1\end{bmatrix}$, $\mathbf{v}_2=\begin{bmatrix}x_2\\y_2\end{bmatrix}$와 임의의 스칼라 k에 대하여

$$\text{(i)}\ L(\mathbf{v}_1+\mathbf{v}_2)=\begin{bmatrix}x_1+x_2\\y_1+y_2\\(x_1+x_2)-(y_1+y_2)\end{bmatrix}$$

$$=\begin{bmatrix}x_1\\y_1\\x_1-y_1\end{bmatrix}+\begin{bmatrix}x_2\\y_2\\x_2-y_2\end{bmatrix}=L(\mathbf{v}_1)+L(\mathbf{v}_2)$$

$$\text{(ii)}\ L(k\mathbf{v})=\begin{bmatrix}kx\\ky\\kx-ky\end{bmatrix}=k\begin{bmatrix}x\\y\\x-y\end{bmatrix}=kL(\mathbf{v})$$

이므로 L은 $\mathbf{R}^2$에서 $\mathbf{R}^3$로의 선형변환이다. ■

【예제 2】 $L:\mathbf{R}^3\longrightarrow\mathbf{R}^2$을 다음과 같이 정의하면 L은 선형변환임을 보여라.

$$L(x,\ y,\ z)=(x,\ y)$$

풀이 $\mathbf{R}^3$의 임의의 두 벡터 $\mathbf{v}_1=(x_1,\ y_1,\ z_1)$, $\mathbf{v}_2=(x_2,\ y_2,\ z_2)$와 임의의 스칼라 k에 대하여

(i) $L(\mathbf{v}_1+\mathbf{v}_2)=L(x_1+x_2,\ y_1+y_2,\ z_1+z_2)$

$=(x_1+x_2,\ y_1+y_2)$

$=(x_1,\ y_1)+(x_2,\ y_2)=L(\mathbf{v}_1)+L(\mathbf{v}_2)$

(ii) $L(k\mathbf{v})=L(kx,\ ky,\ kz)=(kx,\ ky)=k(x,\ y)=kL(\mathbf{v})$

이므로 L은 선형변환이다. 이러한 선형변환을 정사영(projection)이라 한다. ■

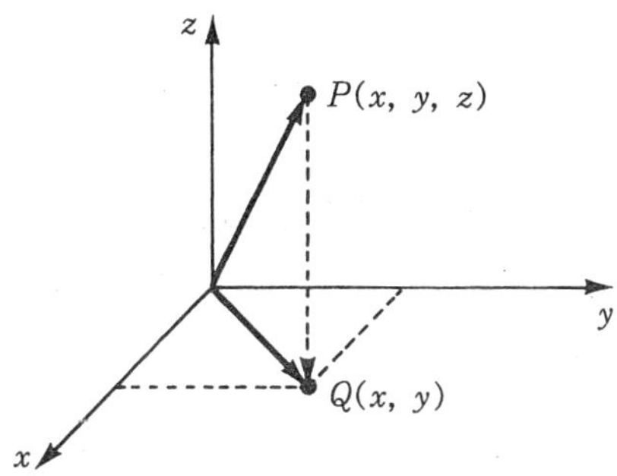

그림 5.1 정사영

[예제 3] $L: \mathbf{R}^2 \longrightarrow \mathbf{R}^2$을 다음과 같이 정의하면 L은 선형변환이 아님을 보여라.

$$L\begin{bmatrix} x \\ y \end{bmatrix} = \begin{bmatrix} x \\ y+1 \end{bmatrix}$$

풀이 $\mathbf{R}^2$의 임의의 두 벡터 $\mathbf{u}=\begin{bmatrix} x_1 \\ y_1 \end{bmatrix}$, $\mathbf{v}=\begin{bmatrix} x_2 \\ y_2 \end{bmatrix}$에 대하여

$$\begin{aligned} L(\mathbf{u}+\mathbf{v}) &= L\left(\begin{bmatrix} x_1 \\ y_1 \end{bmatrix}+\begin{bmatrix} x_2 \\ y_2 \end{bmatrix}\right) = L\begin{bmatrix} x_1+x_2 \\ y_1+y_2 \end{bmatrix} \\ &= \begin{bmatrix} x_1+x_2 \\ y_1+y_2+1 \end{bmatrix} \end{aligned}$$

그런데

$$\begin{aligned} L(\mathbf{u})+L(\mathbf{v}) &= L\begin{bmatrix} x_1 \\ y_1 \end{bmatrix}+L\begin{bmatrix} x_2 \\ y_2 \end{bmatrix} \\ &= \begin{bmatrix} x_1 \\ y_1+1 \end{bmatrix}+\begin{bmatrix} x_2 \\ y_2+1 \end{bmatrix} \\ &= \begin{bmatrix} x_1+x_2 \\ y_1+y_2+2 \end{bmatrix} \end{aligned}$$

이므로

$$L(\mathbf{u}+\mathbf{v}) \neq L(\mathbf{u})+L(\mathbf{v})$$

이다. 따라서 L은 선형변환이 아니다. ■

[예제 4] V와 W가 벡터공간일 때, 임의의 $\mathbf{v} \in V$에 대하여 $L: V \longrightarrow W$를 $L(\mathbf{v})=0$으로 정의하면 $\mathbf{v}_1$, $\mathbf{v}_2 \in V$와 임의의 스칼라 k에 대하여

$$L(\mathbf{v}_1+\mathbf{v}_2)=0=L(\mathbf{v}_1)+L(\mathbf{v}_2),\ L(k\mathbf{v})=0=kL(\mathbf{v})$$

이므로 L은 선형변환이다. 이러한 선형변환을 **영변환**(zero transformation)이라 한다. ■

[예제 5] V가 벡터공간일 때, 모든 $\mathbf{v} \in V$에 대하여 $L: V \longrightarrow V$를 $L(\mathbf{v})=\mathbf{v}$로 정의하면 L이 선형변환임을 쉽게 보일 수 있다. 이 선형변환을 **항등변환**(identity transformation)이라고 한다. ■

[예제 6] $L: \mathbf{R}^3 \longrightarrow \mathbf{R}^2$을 다음과 같이 정의하면 L은 선형변환임을 보여라.

$$L\begin{bmatrix} x \\ y \\ z \end{bmatrix}=\begin{bmatrix} 1 & 1 & 0 \\ 0 & 1 & -1 \end{bmatrix}\begin{bmatrix} x \\ y \\ z \end{bmatrix}$$

풀이 $\mathbf{R}^3$의 임의의 두 벡터 $\mathbf{u}=\begin{bmatrix} u_1 \\ u_2 \\ u_3 \end{bmatrix}$, $\mathbf{v}=\begin{bmatrix} v_1 \\ v_2 \\ v_3 \end{bmatrix}$와 임의의 스칼라 k에 대하여

(i) $L(\mathbf{u}+\mathbf{v})=\begin{bmatrix} 1 & 1 & 0 \\ 0 & 1 & -1 \end{bmatrix}\begin{bmatrix} u_1+v_1 \\ u_2+v_2 \\ u_3+v_3 \end{bmatrix}$

$$=\begin{bmatrix}1 & 1 & 0\\0 & 1 & -1\end{bmatrix}\left(\begin{bmatrix}u_1\\u_2\\u_3\end{bmatrix}+\begin{bmatrix}v_1\\v_2\\v_3\end{bmatrix}\right)$$

$$=\begin{bmatrix}1 & 1 & 0\\0 & 1 & -1\end{bmatrix}\begin{bmatrix}u_1\\u_2\\u_3\end{bmatrix}+\begin{bmatrix}1 & 1 & 0\\0 & 1 & -1\end{bmatrix}\begin{bmatrix}v_1\\v_2\\v_3\end{bmatrix}$$

$$=L(\mathbf{u})+L(\mathbf{v})$$

(ii) $$L(k\mathbf{u})=\begin{bmatrix}1 & 1 & 0\\0 & 1 & -1\end{bmatrix}\begin{bmatrix}ku_1\\ku_2\\ku_3\end{bmatrix}$$

$$=k\begin{bmatrix}1 & 1 & 0\\0 & 1 & -1\end{bmatrix}\begin{bmatrix}u_1\\u_2\\u_3\end{bmatrix}$$

$$=kL(\mathbf{u})$$

이므로 L은 선형변환이다. ■

[예제 7] A가 $m\times n$행렬일 때 $\mathbf{R}^n$의 임의의 벡터 $\mathbf{x}=\begin{bmatrix}x_1\\x_2\\\vdots\\x_n\end{bmatrix}$에 대하여 L을 $L(\mathbf{x})=A\mathbf{x}$라고 정의하자. $\mathbf{x}$가 $n\times 1$행렬이므로 $A\mathbf{x}$는 $m\times 1$행렬이다. 따라서 L은 $\mathbf{R}^n$에서 $\mathbf{R}^m$으로의 사상이다. 그리고 임의의 두 벡터 $\mathbf{u}$, $\mathbf{v}\in\mathbf{R}^n$에 대하여

$$\begin{aligned}L(\mathbf{u}+\mathbf{v})&=A(\mathbf{u}+\mathbf{v})=A\mathbf{u}+A\mathbf{v}\\&=L(\mathbf{u})+L(\mathbf{v})\end{aligned}$$

이고, 임의의 스칼라 k에 대하여

$$\begin{aligned}L(k\mathbf{u})&=A(k\mathbf{u})=kA\mathbf{u}\\&=kL(\mathbf{u})\end{aligned}$$

이므로 L은 선형변환이다. 이러한 선형변환을 행렬변환(matrix transformation)이라고 한다. ■

[예제 8] 예제 1에 주어진 선형변환 L은

$$L\begin{bmatrix} x \\ y \end{bmatrix} = \begin{bmatrix} x \\ y \\ x-y \end{bmatrix} = \begin{bmatrix} 1 & 0 \\ 0 & 1 \\ 1 & -1 \end{bmatrix}\begin{bmatrix} x \\ y \end{bmatrix}$$

이므로 행렬변환이다. ■

연습문제 5.1

※ 다음 사상 중 선형변환인 것을 찾아라. [1~6]

1. $L:\mathbf{R}^3 \longrightarrow \mathbf{R}^2,\ L(x, y, z)=(x, z)$
2. $L:\mathbf{R}^2 \longrightarrow \mathbf{R}^2,\ L(x, y)=(3x-2y, x^2)$
3. $L:\mathbf{R}^2 \longrightarrow \mathbf{R}^3,\ L(x, y)=(x+1, y, 2x+y)$
4. $L:\mathbf{R}^2 \longrightarrow \mathbf{R},\ L(x, y)=xy$
5. $L\begin{bmatrix} x \\ y \\ z \end{bmatrix} = \begin{bmatrix} x+y \\ y \\ x-z \end{bmatrix}$
6. $L\begin{bmatrix} x \\ y \\ z \end{bmatrix} = \begin{bmatrix} 2x-3y \\ 3y-2z \\ x \end{bmatrix}$

※ 다음 사상은 선형변환이 아니다. 그 이유를 밝혀라. [7~10]

7. $L:P_2 \longrightarrow P_2,\ L(a+bx+cx^2)=(cx)^2$
8. $L:\mathbf{R}^3 \longrightarrow \mathbf{R}^2,\ L(x, y, y)=(|x|, 0)$
9. $L:\mathbf{R} \longrightarrow \mathbf{R}^2,\ L(x)=(x, 1)$
10. $L:M_2 \longrightarrow \mathbf{R},\ L(A)=|A|$

※ $L:\mathbf{R}^3 \longrightarrow \mathbf{R}^2$이 선형변환이고

$$L(1, 0, 0)=(2, -4),\quad L(0, 1, 0)=(3, -5),\quad L(0, 0, 1)=(2, 3)$$

일 때 다음을 구하라. [11~14]

11. $L(1, 2, 3)$
12. $L(1, -2, 3)$
13. $L(1, 1, -1)$
14. $L(x, y, z)$

※ $L:P_2 \longrightarrow P_3$가 선형변환이고 $L(1)=1$, $L(x)=x^2$, $L(x^2)=2x^3+2x$일 때 다음을 구하라. [15~16]

15. $L(3x^2-5x-2)$
16. $L(ax^2+bx+c)$

※ $L: \mathbf{R}^3 \longrightarrow \mathbf{R}^2$ 이 선형변환이고

$$L\begin{bmatrix}1\\0\\0\end{bmatrix}=\begin{bmatrix}1\\1\end{bmatrix},\quad L\begin{bmatrix}0\\1\\0\end{bmatrix}=\begin{bmatrix}3\\0\end{bmatrix},\quad L\begin{bmatrix}0\\0\\1\end{bmatrix}=\begin{bmatrix}4\\-7\end{bmatrix}$$

일 때 다음을 구하라. [17~18]

17. $L\begin{bmatrix}-1\\2\\-3\end{bmatrix}$

18. $L\begin{bmatrix}a\\b\\c\end{bmatrix}$ (a, b, c는 임의의 실수)

19. 모두는 영이 아닌 임의의 두 실수 a, b에 대하여 $L: \mathbf{R}^2 \longrightarrow \mathbf{R}^2$를 $L(x, y)=(x+a, y+b)$로 정의되는 평행이동이라 하면, L은 선형변환이 아님을 보여라.

20. $L: P_1 \longrightarrow P_2$를 $L(p(x))=xp(x)$로 정의할 때 L은 선형변환임을 보여라.

21. 임의의 벡터공간 V, W에 대하여 $L: V \longrightarrow W$가 선형변환일 필요충분조건은 임의의 실수 a, b와 임의의 벡터 $\mathbf{v}_1$, $\mathbf{v}_2 \in V$에 대하여 $L(a\mathbf{v}_1+b\mathbf{v}_2)=aL(\mathbf{v}_1)+bL(\mathbf{v}_2)$임을 보여라.

22. n차의 정사각행렬 $A=[a_{ij}]$의 **대각합**(trace)은 $\mathrm{tr}(A)=a_{11}+a_{22}+\cdots+a_{nn}$과 같이 정의한다. 이 때 $L: M_n \longrightarrow \mathbf{R}$를 $L(A)=\mathrm{tr}(A)$라 정의하면 L은 선형변환임을 보여라.

23. 벡터공간 $\mathscr{C}[0, 1]$을 구간 $[0, 1]$에서 연속인 함수의 집합이라 하자. $L: \mathscr{C}[0, 1] \longrightarrow \mathbf{R}$를 $L(f)=\int_0^1 f(x)dx$로 정의하면 L은 선형변환임을 보여라.

24. 벡터공간 W를 모든 실수값함수(real-valued function)의 집합이라 하고, V를 W의 부분집합으로 미분 가능한 함수의 집합이라고 하자. $L: V \longrightarrow W$를 $L(f(x))=f'(x)$로 정의하면 L은 선형변환임을 보여라. 여기서 $f'(x)$는 $f(x)$의 도함수이다.

5.2 선형변환의 성질

이 절에서는 앞으로 자주 이용할 선형변환의 몇 가지 기본적인 성질을 알아본다.

정리 5.1

V, W가 벡터공간이고 $L: V \longrightarrow W$를 선형변환이라 하면 다음이 성립한다.

(1) $L(\mathbf{0})=\mathbf{0}$

(2) $\forall \mathbf{v} \in V, \quad L(-\mathbf{v})=-L(\mathbf{v})$

(3) $\forall \mathbf{v}, \mathbf{w} \in V, \quad L(\mathbf{v}-\mathbf{w})=L(\mathbf{v})-L(\mathbf{w})$

증명

(1) $\forall \mathbf{v} \in V$, $0\mathbf{v}=\mathbf{0}$ 이므로 $L(\mathbf{0})=L(0\mathbf{v})=0L(\mathbf{v})=\mathbf{0}$ 이다.

(2) $L(-\mathbf{v})=L((-1)\mathbf{v})=(-1)L(\mathbf{v})=-L(\mathbf{v})$

(3) $L(\mathbf{v}-\mathbf{w})=L(\mathbf{v}+(-1)\mathbf{w})$

$$=L(\mathbf{v})+(-1)L(\mathbf{w})$$

$$=L(\mathbf{v})-L(\mathbf{w})$$ ■

정의

V, W가 벡터공간이고 $L: V \longrightarrow W$를 선형변환이라 하자. 임의의 두 벡터 $\mathbf{v}_1, \mathbf{v}_2 \in V$에 대하여

$$\mathbf{v}_1 \neq \mathbf{v}_2 \Rightarrow L(\mathbf{v}_1) \neq L(\mathbf{v}_2)$$

일 때, L을 단사(injective 또는 1-1)라고 한다.

위 정의의 대우로서 임의의 두 벡터 $\mathbf{v}_1, \mathbf{v}_2 \in V$에 대하여

$$L(\mathbf{v}_1)=L(\mathbf{v}_2) \Rightarrow \mathbf{v}_1=\mathbf{v}_2$$

일 때, L은 단사이다. 이것은 실제로 주어진 선형변환이 단사임을 보일 때 많이 쓰인다.

[예제 1] 선형변환 $L: \mathbf{R}^2 \longrightarrow \mathbf{R}^2$을 $L(x, y)=(x+y, x-y)$로 정의하면 L은 단사임을 보여라.

풀이 임의의 두 벡터를 $\mathbf{v}_1=(x_1, y_1)$, $\mathbf{v}_2=(x_2, y_2)$라 하고 $L(\mathbf{v}_1)=L(\mathbf{v}_2)$라고 하면

$$x_1+y_1=x_2+y_2$$
$$x_1-y_1=x_2-y_2$$

이므로

$$x_1=x_2, \ y_1=y_2$$
$$\therefore \ \mathbf{v}_1=\mathbf{v}_2$$

따라서 L은 단사이다. ■

정의 V, W가 벡터공간이고 $L: V \longrightarrow W$가 선형변환일 때, L에 의한 상이 $\mathbf{0}$인 V의 벡터 전체의 집합을 L의 핵(kernel)이라 하고 $\ker L$로 나타낸다. 즉

$$\ker L=\{\mathbf{v} \in V \mid L(\mathbf{v})=\mathbf{0}\}$$

[예제 2] 선형변환 $L: \mathbf{R}^2 \longrightarrow \mathbf{R}^2$, $L(x, y)=(x-y, 0)$에 대하여

$$\begin{aligned}\ker L&=\{(x, y) \in \mathbf{R}^2 \mid (x-y, 0)=(0, 0)\}\\&=\{(x, y) \in \mathbf{R}^2 \mid y=x\}\end{aligned}$$ ■

[예제 3] 선형변환 L이 예제 1과 같이 정의될 때 $\ker L$을 구하라.

풀이 $L(x, y)=(x+y, x-y)=(0, 0) \Rightarrow x+y=0, x-y=0$

$$\therefore \ker L=\{(0, 0)\}$$

■

정리 5.2 V, W가 벡터공간이고 $L: V \longrightarrow W$를 선형변환이라 할 때 L이 단사일 필요충분조건은 $\ker L=\{\mathbf{0}\}$이다.

증명 $(\Rightarrow)$ $\forall \mathbf{v} \in \ker L$에 대하여 $L(\mathbf{v})=\mathbf{0}=L(\mathbf{0})$이고, L이 단사이므로 $\mathbf{v}=\mathbf{0}$이다.

$$\therefore \ker L=\{\mathbf{0}\}$$

$(\Leftarrow)$ $L(\mathbf{v}_1)=L(\mathbf{v}_2)$이면

$$\mathbf{0}=L(\mathbf{v}_1)-L(\mathbf{v}_2)=L(\mathbf{v}_1-\mathbf{v}_2)$$

이므로

$$\mathbf{v}_1-\mathbf{v}_2 \in \ker L=\{\mathbf{0}\}$$
$$\therefore \mathbf{v}_1=\mathbf{v}_2$$

그러므로 L은 단사이다. ■

[예제 4] 선형변환 $L: \mathbf{R}^3 \longrightarrow \mathbf{R}^3$을 $L(x, y, z)=(x+2y-z, y+z, x+y-2z)$로 정의하면

$$L(x, y, z)=(0, 0, 0) \Leftrightarrow \begin{array}{r} x+2y-z=0 \\ y+z=0 \\ x+y-2z=0 \end{array} \Leftrightarrow \begin{array}{r} x+2y-z=0 \\ y+z=0 \end{array}$$

그런데 이 연립일차방정식은 무수히 많은 해를 가지므로 $\ker L \neq \{\mathbf{0}\}$이다. 따라서 L은 단사가 아니다. ■

정리 5.3 V, W가 벡터공간이고 $L: V \longrightarrow W$를 선형변환이라 하면 $\ker L$은 V의 부분공간이다. 이 $\mathrm{Ker}\, L$을 **핵공간**이라 한다.

증명 $\forall \mathbf{v}_1, \mathbf{v}_2 \in \ker L$, $L(\mathbf{v}_1) = L(\mathbf{v}_2) = \mathbf{0}$ 이므로

$$\begin{aligned} L(\mathbf{v}_1 + \mathbf{v}_2) &= L(\mathbf{v}_1) + L(\mathbf{v}_2) \\ &= \mathbf{0} + \mathbf{0} \\ &= \mathbf{0} \end{aligned}$$

$$\therefore \ \mathbf{v}_1 + \mathbf{v}_2 \in \ker L$$

또 임의의 스칼라 k에 대하여

$$L(k\mathbf{v}_1) = kL(\mathbf{v}_1) = k\mathbf{0} = \mathbf{0}$$

$$\therefore \ k\mathbf{v}_1 \in \ker L$$

따라서 $\ker L$은 V의 부분공간이다. ■

[예제 5] 선형변환 $L: \mathbf{R}^4 \longrightarrow \mathbf{R}^2$을 $L(x, y, z, w) = (x+y, z+w)$로 정의하면 $\ker L$은 연립일차방정식

$$\begin{aligned} x + y &= 0 \\ z + w &= 0 \end{aligned}$$

의 해공간이다. 따라서

$$\ker L = \{(s, -s, t, -t) \mid s, t \in \mathbf{R}\}$$

이고, 이것은 $\mathbf{R}^4$의 부분공간이다. ■

일반적으로 A가 $m \times n$ 행렬일 때, 선형변환 $L: \mathbf{R}^n \longrightarrow \mathbf{R}^m$을 $L(\mathbf{x}) = A\mathbf{x}$로 정의하면 $\ker L$은 $A\mathbf{x} = \mathbf{0}$인 동차연립방정식의 해공간이다.

정의

V, W가 벡터공간이고 $L: V \longrightarrow W$가 선형변환일 때, $\mathbf{v} \in V$의 상 $L(\mathbf{v})$ 전체의 집합을 L의 **치역**(range)이라 하고 $\mathrm{Im}\, L$로 나타낸다. 즉

$$\mathrm{Im}(L) = \{L(\mathbf{v}) : \mathbf{v} \in V\}$$

특히 $\mathrm{Im}\, L = W$이면 L을 **전사**(surjective 또는 onto)라고 한다. 또한 선형변환 L이 단사이고 전사이면 L을 V에서 W로의 **동형사상**(isomorphism)이라고 한다.

[예제 6] 예제 2에 주어진 선형변환 $L(x, y) = (x-y, 0)$의 치역은

$$\begin{aligned} \mathrm{Im}\, L &= \{L(x, y) : (x, y) \in \mathbf{R}^2\} \\ &= \{(x-y, 0) : (x, y) \in \mathbf{R}^2\} \\ &= \{(x', 0) : x' \in \mathbf{R}\} \end{aligned}$$

이다. 즉 L의 치역은 y성분이 0인 $\mathbf{R}^4$의 벡터 전체의 집합이다. 그리고 $\mathrm{Im}\, L \neq \mathbf{R}^2$이므로 L은 전사가 아니다. ■

정리 5.4

V, W가 벡터공간이고 $L: V \longrightarrow W$가 선형변환일 때, $\mathrm{Im}\, L$은 W의 부분공간이다.

증명 $\forall \mathbf{w}_1, \mathbf{w}_2 \in \mathrm{Im}\, L$이라 하면 $L(\mathbf{v}_1) = \mathbf{w}_1$, $L(\mathbf{v}_2) = \mathbf{w}_2$인 $\mathbf{v}_1, \mathbf{v}_2$가 V에 존재하므로 임의의 스칼라 k에 대하여

$$\begin{aligned} \mathbf{w}_1 + \mathbf{w}_2 &= L(\mathbf{v}_1) + L(\mathbf{v}_2) \\ &= L(\mathbf{v}_1 + \mathbf{v}_2) \in \mathrm{Im}\, L \\ k\mathbf{w}_1 &= kL(\mathbf{v}_1) \\ &= L(k\mathbf{v}_1) \in \mathrm{Im}\, L \end{aligned}$$

이다. 따라서 $\mathrm{Im}\, L$은 W의 부분공간이다. ■

[예제 7] A가 $m\times n$행렬일 때, 선형변환 $L:\mathbf{R}^n\longrightarrow\mathbf{R}^m$을 $L(\mathbf{x})=A\mathbf{x}$로 정의하면 $\operatorname{Im}L$은 행렬 A의 열공간임을 보여라.

풀이 c_i를 $m\times n$행렬 A의 i번째 열벡터라 하고 $A=[\mathbf{c}_1\ \mathbf{c}_2\ \cdots\ \mathbf{c}_n]$이라 하자. 그러면 임의의 $\mathbf{x}=[x_1\ x_2\ \cdots\ x_n]^T\in\mathbf{R}^n$에 대하여

$$\begin{aligned}A\mathbf{x}&=[\mathbf{c}_1\ \mathbf{c}_2\ \cdots\ \mathbf{c}_n]\begin{bmatrix}x_1\\x_2\\\vdots\\x_n\end{bmatrix}\\&=x_1\mathbf{c}_1+x_2\mathbf{c}_2+\cdots+x_n\mathbf{c}_n\\&=<\mathbf{c}_1,\ \mathbf{c}_2,\ \ldots,\ \mathbf{c}_n>\end{aligned}$$

이므로

$$\operatorname{Im}L=\{L(\mathbf{x})=A\mathbf{x}:\mathbf{x}\in\mathbf{R}^n\}=<\mathbf{c}_1,\ \mathbf{c}_2,\ \ldots,\ \mathbf{c}_n>$$

이다. ▮

정의 V, W가 벡터공간이고 $L:V\longrightarrow W$가 선형변환일 때, $\operatorname{Im}L$의 차원을 L의 계수(rank)라 하고 $\operatorname{rank}(L)$로 나타낸다. 또한 $\ker L$의 차원을 핵공간의 차원(nullity)이라 하고 $\operatorname{nullity}(L)$로 나타낸다. 즉

$$\operatorname{rank}(L)=\dim(\operatorname{Im}L),\quad \operatorname{nullity}(L)=\dim(\ker L)$$

따라서 위의 정의와 예제 7로부터 선형변환 $L(\mathbf{x})=A\mathbf{x}$에 대하여 다음이 성립함을 알 수 있다.

$$\begin{aligned}\operatorname{rank}(L)&=\dim(\operatorname{Im}L)\\&=A\text{의 열공간의 차원}\\&=\operatorname{rank}(A)\end{aligned}$$

【예제 8】 다음 선형변환 L의 계수와 핵공간의 차원을 구하라.

$$L\begin{bmatrix} x_1 \\ x_2 \\ x_3 \end{bmatrix} = A\begin{bmatrix} x_1 \\ x_2 \\ x_3 \end{bmatrix}, \quad A = \begin{bmatrix} 1 & 3 & 1 \\ 2 & 7 & -1 \end{bmatrix}.$$

풀이 $\text{rank}(L) = \text{rank}(A)$이고 $\text{rank}(A) = 2$이므로 L의 계수는 2이다. $\ker L$은 다음 동차연립방정식의 해공간이다.

$$\begin{bmatrix} 1 & 3 & 1 \\ 2 & 7 & -1 \end{bmatrix}\begin{bmatrix} x_1 \\ x_2 \\ x_3 \end{bmatrix} = \begin{bmatrix} 0 \\ 0 \end{bmatrix}$$

이 방정식의 해는 $x_1 = -10s$, $x_2 = 3s$, $x_3 = s\,(s \in R)$이므로

$$\ker L = \left\{ s\begin{bmatrix} -10 \\ 3 \\ 1 \end{bmatrix} \middle|\, s \in R \right\}$$

이다. 따라서 L의 핵공간의 차원은

$$\text{nullity}(L) = \dim(\ker L) = 1$$

이다. ■

위의 예제에서 보듯이

$$\text{rank}(L) + \text{nullity}(L) = 2 + 1 = 3 = \dim(\mathbf{R}^3)$$

이다. 이것은 다음과 같이 일반적으로 확장된다.

정리 5.5

rank-nullity 정리

n차원벡터공간 V와 임의의 벡터공간 W에 대하여 $L : V \longrightarrow W$가 선형변환일 때 다음이 성립한다.

$$\text{rank}(L) + \text{nullity}(L) = \dim(V) = n$$

증명 만일 $\mathrm{Im}\,L=\{O\}$이라면 $\ker L=V$ 이므로 위 정리는 명백히 성립한다. 이제 $\mathrm{Im}\,L\neq\{O\}$이라 하면 $\ker L\neq V$ 이고, $\mathrm{nullity}(L)=r$ 라 놓으면 $r<n$ 이다. 집합 $\{\mathbf{v}_1, \mathbf{v}_2, \ldots, \mathbf{v}_r\}$를 $\ker L$ 의 기저라 하면 $\dim V=n$ 이므로

$$S=\{\mathbf{v}_1, \mathbf{v}_2, \ldots, \mathbf{v}_r, \mathbf{v}_{r+1}, \ldots, \mathbf{v}_n\}$$

이 V 의 기저가 되는 $n-r$개의 벡터 $\{\mathbf{v}_{r+1}, \ldots, \mathbf{v}_n\}$이 존재한다. 이 때

$$T=\{L(\mathbf{v}_{r+1}), \ldots, L(\mathbf{v}_n)\}$$

이 $\mathrm{Im}\,L$ 의 기저임을 보이면

$$\mathrm{rank}(L)=\dim(\mathrm{Im}\,L)=n-r$$

이 되어 정리의 증명은 완성된다.

$\mathbf{w}$가 $\mathrm{Im}\,L$ 의 임의의 벡터라면 $\mathbf{w}=L(\mathbf{v})$인 벡터 $\mathbf{v}\in V$가 존재하고 S가 V 의 기저이므로 적당한 스칼라 $c_1, c_2, \ldots, c_n$에 대하여

$$\mathbf{v}=c_1\mathbf{v}_1+\cdots+c_r\mathbf{v}_r+c_{r+1}\mathbf{v}_{r+1}+\cdots+c_n\mathbf{v}_n$$

이다. 그런데 $\mathbf{v}_1, \ldots, \mathbf{v}_r\in\ker L$ 이므로

$$L(\mathbf{v}_1)=\cdots=L(\mathbf{v}_r)=\mathbf{0}$$

따라서

$$\begin{aligned}\mathbf{w}&=L(\mathbf{v})\\&=c_1L(\mathbf{v}_1)+\cdots+c_rL(\mathbf{v}_r)+c_{r+1}L(\mathbf{v}_{r+1})+\cdots+c_nL(\mathbf{v}_n)\\&=c_{r+1}L(\mathbf{v}_{r+1})+\cdots+c_nL(\mathbf{v}_n)\end{aligned}$$

이므로 T는 $\mathrm{Im}\,L$을 생성한다. 또 L이 선형변환이므로 적당한 스칼라 $k_{r+1}, \ldots, k_n$에 대하여

$$\begin{aligned}&k_{r+1}L(\mathbf{v}_{r+1})+\cdots+k_nL(\mathbf{v}_n)=\mathbf{0}\\ \Rightarrow\ &L(k_{r+1}\mathbf{v}_{r+1}+\cdots+k_n\mathbf{v}_n)=\mathbf{0}\end{aligned}$$

$$\Rightarrow k_{r+1}\mathbf{v}_{r+1}+\cdots+k_n\mathbf{v}_n\in\ker L$$

그런데 집합 $\{\mathbf{v}_1, \mathbf{v}_2, \ldots, \mathbf{v}_r\}$가 $\ker L$의 기저이므로 적당한 스칼라 $k_1, \ldots, k_r$에 대하여

$$\begin{aligned} &k_{r+1}\mathbf{v}_{r+1}+\cdots+k_n\mathbf{v}_n=k_1\mathbf{v}_1+\cdots+k_r\mathbf{v}_r \\ &\Rightarrow k_1\mathbf{v}_1+\cdots+k_r\mathbf{v}_r-k_{r+1}\mathbf{v}_{r+1}-\cdots-k_n\mathbf{v}_n=\mathbf{0} \end{aligned}$$

이고, S는 일차독립이므로 $k_1=\cdots=k_n=0$ 이다.

$$\therefore\ k_{r+1}=\cdots=k_n=0$$

따라서 T는 일차독립이 되어 $\operatorname{Im}L$의 기저가 된다. ■

[예제 9] 선형변환 $L: P_2\longrightarrow P_1$이 $L(ax^2+bx+c)=(a+2b)x+(b+c)$일 때 정리 5.5가 성립함을 확인하라.

풀이

$$\begin{aligned} L(ax^2+bx+c)=0 &\Leftrightarrow (a+2b)x+(b+c)=0 \\ &\Leftrightarrow \begin{cases} a+2b=0 \\ b+\ c=0 \end{cases} \\ &\Leftrightarrow \begin{bmatrix} a \\ b \\ c \end{bmatrix}=s\begin{bmatrix} 2 \\ -1 \\ 1 \end{bmatrix} \qquad (s\in R) \end{aligned}$$

따라서 $\left\{\begin{bmatrix} 2 \\ -1 \\ 1 \end{bmatrix}\right\}=\{2x^2-x+1\}$은 $\ker L$의 기저이므로

$$\operatorname{nullity}(L)=\dim(\ker L)=1$$

이다. 또한 $\operatorname{Im}L$에 있는 모든 벡터는 $(a+2b)x+(b+c)$의 형태이므로 집합 $\{x, 1\}$은 $\operatorname{Im}L$을 생성하고 일차독립이다. 따라서 $\{x, 1\}$은 $\operatorname{Im}L$의 기저이므로

$$\operatorname{rank}(L)=\dim(\operatorname{Im}L)=2$$

이다.

$$\therefore \text{nullity}(L)+\text{rank}(L)=1+2=3=\dim(P_2)$$ ■

연습문제 5.2

※ 선형변환 $L:\mathbf{R}^2\longrightarrow\mathbf{R}^2$ 이 $L(x, y)=(0, y)$일 때, 다음 물음에 답하라. [1~6]

1. $(1, 0)$은 $\ker L$의 원소인가?
2. $(1, 1)$은 $\ker L$의 원소인가?
3. $(0, 1)$은 $\operatorname{Im} L$의 원소인가?
4. $(1, 1)$은 $\operatorname{Im} L$의 원소인가?
5. $\ker L$을 구하라.
6. $\operatorname{Im} L$을 구하라.

※ 선형변환 $L:\mathbf{R}^2\longrightarrow\mathbf{R}^2$ 이 $L\begin{bmatrix}x\\y\end{bmatrix}=\begin{bmatrix}1 & 2\\1 & -1\end{bmatrix}\begin{bmatrix}x\\y\end{bmatrix}$일 때, 다음 물음에 답하라. [7~10]

7. $\begin{bmatrix}1\\0\end{bmatrix}$은 $\ker L$의 원소인가?
8. $\begin{bmatrix}2\\1\end{bmatrix}$은 $\operatorname{Im} L$의 원소인가?
9. $\ker L$을 구하라.
10. $\operatorname{Im} L$을 구하라.

11. 선형변환 $L:P_2\longrightarrow P_3$ 이 $L(p(x))=xp(x)$일 때 $\ker L$을 구하라.

※ 벡터공간 V에 대하여 선형변환 $L:V\longrightarrow V$ 이 $L(\mathbf{v})=2\mathbf{v}$일 때, 다음을 구하라. [12~13]

12. $\ker L$
13. $\operatorname{Im} L$

※ 선형변환 $L:\mathbf{R}^4\longrightarrow\mathbf{R}^3$ 이 $L(x, y, s, t)=(x-y+s+t, x-2s-t, x+y+3s-3t)$일 때, 다음을 구하라. [14~15]

14. $\dim(\ker L)$
15. $\dim(\operatorname{Im} L)$

※ $L:\mathbf{R}^3\longrightarrow\mathbf{R}^3$ 이 $L(x, y, z)=(x+2y-z, y+z, x+y-2z)$일 때, 다음을 구하라. [16~17]

16. $\dim(\ker L)$
17. $\dim(\operatorname{Im} L)$

18. 행렬 $A=\begin{bmatrix}1 & 2\\0 & 3\end{bmatrix}\in M_2$에 대하여 선형변환 $L:M_2\longrightarrow M_2$가 $L(X)=XA-AX$일 때, $\ker L$의 기저를 구하여라.

※ 선형변환 $L: \mathbf{R}^3 \longrightarrow \mathbf{R}^5$에 대하여 다음을 구하라. [19~20]

19. $\text{nullity}(L)=2$일 때 $\text{rank}(L)$은?

20. $\text{rank}(L)=3$일 때 $\text{nullity}(L)$은?

21. 선형변환 $L: \mathbf{R}^4 \longrightarrow \mathbf{R}^3$이 $L\begin{bmatrix} x_1 \\ x_2 \\ x_3 \\ x_4 \end{bmatrix} = \begin{bmatrix} x_1+x_2 \\ x_2-x_3 \\ x_3-x_4 \end{bmatrix}$일 때, 정리 5.5를 확인하라.

22. 선형변환 $L: \mathbf{R}^5 \longrightarrow \mathbf{R}^4$이 $L\begin{bmatrix} x_1 \\ x_2 \\ x_3 \\ x_4 \\ x_5 \end{bmatrix} = \begin{bmatrix} x_1-x_3+3x_4-x_5 \\ x_1+2x_4-x_5 \\ 2x_1-x_3+5x_4-x_5 \\ -x_3+x_4 \end{bmatrix}$일 때, 정리 5.5를 확인하라.

23. 행렬 $A \in M_n$에 대하여 선형변환 $L: \mathbf{R}^n \longrightarrow \mathbf{R}^n$이 $L(\mathbf{x})=A\mathbf{x}$일 때, L이 단사일 필요충분조건은 $\det(A) \neq 0$임을 보여라.

24. 선형변환 $L: V \longrightarrow W$가 단사일 필요충분조건은 $\dim(\operatorname{Im} L)=\dim V$임을 보여라.

25. V, W가 n차원벡터공간이고 선형변환 $L: V \longrightarrow W$가 전사이면 $\ker L=\{\mathbf{0}\}$임을 보여라.

26. 선형변환 $L: V \longrightarrow W$가 전사이면 $\dim W \leq \dim V$임을 보여라.

※ V, W가 벡터공간일 때 V에서 W로의 동형사상이 존재하면 V와 W는 동형(isomorphic)이라고 한다. 다음을 보여라. [27~28]

27. $\mathbf{R}^4$과 M_2는 동형이다.

28. $M_{m,n}$과 $M_{n,m}$은 동형이다.

*5.3 $\mathbf{R}^n$에서 $\mathbf{R}^m$으로의 선형변환의 표준행렬

5.1절의 예제 7에서 보았듯이 A가 $m\times n$ 행렬일 때, 모든 $\mathbf{x}\in\mathbf{R}^n$에 대하여 $L(\mathbf{x})=A\mathbf{x}$로 정의하면 $L:\mathbf{R}^n\longrightarrow\mathbf{R}^m$은 선형변환이다. 이 절에서는 $\mathbf{R}^n$에서 $\mathbf{R}^m$으로의 모든 선형변환은 행렬변환임을 보이고, 그의 표준행렬에 대하여 알아본다. 그리고, 특히 $\mathbf{R}^2$에서 $\mathbf{R}^2$로의 여러 가지 선형변환의 기하학적 성질을 살펴본다. 예를들어

$$L:\mathbf{R}^3\longrightarrow\mathbf{R}^2 \text{를 } L\begin{bmatrix}x_1\\x_2\\x_3\end{bmatrix}=\begin{bmatrix}x_1-2x_2+x_3\\2x_1-x_2\end{bmatrix}$$

로 정의된 선형변환이라 하면 임의의 벡터 $\mathbf{x}\in\mathbf{R}^3$는

$$\mathbf{x}=\begin{bmatrix}x_1\\x_2\\x_3\end{bmatrix}=x_1\begin{bmatrix}1\\0\\0\end{bmatrix}+x_2\begin{bmatrix}0\\1\\0\end{bmatrix}+x_3\begin{bmatrix}0\\0\\1\end{bmatrix}$$

이므로

$$\begin{aligned}L(\mathbf{x})&=L\begin{bmatrix}x_1\\x_2\\x_3\end{bmatrix}\\&=L\left(x_1\begin{bmatrix}1\\0\\0\end{bmatrix}+x_2\begin{bmatrix}0\\1\\0\end{bmatrix}+x_3\begin{bmatrix}0\\0\\1\end{bmatrix}\right)\\&=x_1L\begin{bmatrix}1\\0\\0\end{bmatrix}+x_2L\begin{bmatrix}0\\1\\0\end{bmatrix}+x_3L\begin{bmatrix}0\\0\\1\end{bmatrix}\end{aligned}$$

$$=x_1\begin{bmatrix}1\\2\end{bmatrix}+x_2\begin{bmatrix}-2\\-1\end{bmatrix}+x_3\begin{bmatrix}1\\0\end{bmatrix}$$

$$=\begin{bmatrix}1 & -2 & 1\\2 & -1 & 0\end{bmatrix}\begin{bmatrix}x_1\\x_2\\x_3\end{bmatrix}$$

이다. 따라서 선형변환 L은 $A=\begin{bmatrix}1 & -2 & 1\\2 & -1 & 0\end{bmatrix}$일 때, $L(\mathbf{x})=A\mathbf{x}$형태로 표시된다.

일반적으로 $L:\mathbf{R}^n\longrightarrow\mathbf{R}^m$을 임의의 선형변환이라 할 때 $\mathbf{R}^n$의 표준기저 $\{\mathbf{e}_1, \mathbf{e}_2, \ldots, \mathbf{e}_n\}$에 대하여 $L(\mathbf{e}_1)$, $L(\mathbf{e}_2), \ldots, L(\mathbf{e}_n)$은 각각 $m\times1$행렬이므로

$$L(\mathbf{e}_1)=\begin{bmatrix}a_{11}\\a_{21}\\\vdots\\a_{m1}\end{bmatrix},\quad L(\mathbf{e}_2)=\begin{bmatrix}a_{12}\\a_{22}\\\vdots\\a_{m2}\end{bmatrix},\quad \ldots,\quad L(\mathbf{e}_n)=\begin{bmatrix}a_{1n}\\a_{2n}\\\vdots\\a_{mn}\end{bmatrix}$$

이라 할 수 있다. 여기서 $L(\mathbf{e}_1), L(\mathbf{e}_2), \ldots, L(\mathbf{e}_n)$을 열벡터로 갖는 $m\times n$행렬을 A라 하자. 즉

$$A=[L(\mathbf{e}_1)\ L(\mathbf{e}_2)\ \cdots\ L(\mathbf{e}_n)]=\begin{bmatrix}a_{11} & a_{12} & \cdots & a_{1n}\\a_{21} & a_{22} & \cdots & a_{2n}\\\vdots & \vdots & \cdots & \vdots\\a_{m1} & a_{m2} & \cdots & a_{mn}\end{bmatrix}$$

이 때 행렬 $A=[a_{ij}]$를 선형변환 L의 **표준행렬**(standard matrix)이라고 한다.

정리 5.6

$L:\mathbf{R}^n\longrightarrow\mathbf{R}^m$이 선형변환이면 L의 표준행렬 A와 $\mathbf{x}\in\mathbf{R}^n$에 대하여 다음이 성립한다.

$$L(\mathbf{x})=A\mathbf{x}$$

증명 $\mathbf{R}^n$의 표준기저 $\{\mathbf{e}_1, \mathbf{e}_2, \dots, \mathbf{e}_n\}$에 대하여 모든 $x \in \mathbf{R}^n$은

$$\mathbf{x} = \begin{bmatrix} x_1 \\ x_2 \\ \vdots \\ x_n \end{bmatrix} = x_1\mathbf{e}_1 + x_2\mathbf{e}_2 + \cdots + x_n\mathbf{e}_n$$

과 같이 나타낼 수 있으므로

$$\begin{aligned} L(\mathbf{x}) &= x_1L(\mathbf{e}_1) + x_2L(\mathbf{e}_2) + \cdots + x_nL(\mathbf{e}_n) \\ &= x_1\begin{bmatrix} a_{11} \\ a_{21} \\ \vdots \\ a_{m1} \end{bmatrix} + x_2\begin{bmatrix} a_{12} \\ a_{22} \\ \vdots \\ a_{m2} \end{bmatrix} + \cdots + x_n\begin{bmatrix} a_{1n} \\ a_{2n} \\ \vdots \\ a_{mn} \end{bmatrix} \\ &= \begin{bmatrix} a_{11}x_1 + a_{12}x_2 + \cdots + a_{1n}x_n \\ a_{21}x_1 + a_{22}x_2 + \cdots + a_{2n}x_n \\ \vdots \\ a_{m1}x_1 + a_{m2}x_2 + \cdots + a_{mn}x_n \end{bmatrix} \\ &= \begin{bmatrix} a_{11} & a_{12} & \cdots & a_{1n} \\ a_{21} & a_{22} & \cdots & a_{2n} \\ \vdots & \vdots & \vdots & \vdots \\ a_{m1} & a_{m2} & \cdots & a_{mn} \end{bmatrix}\begin{bmatrix} x_1 \\ x_2 \\ \vdots \\ x_n \end{bmatrix} \\ &= A\mathbf{x} \end{aligned}$$

따라서 $L(\mathbf{x}) = A\mathbf{x}$이다. ■

[예제 1] 선형변환 $L : \mathbf{R}^2 \longrightarrow \mathbf{R}^3$이 $L\begin{bmatrix} x \\ y \end{bmatrix} = \begin{bmatrix} x-y \\ x+y \\ 3x-y \end{bmatrix}$일 때, L의 표준행렬 A를 구하라.

풀이 $L(\mathbf{e}_1) = L\begin{bmatrix} 1 \\ 0 \end{bmatrix} = \begin{bmatrix} 1 \\ 1 \\ 3 \end{bmatrix}, \quad L(\mathbf{e}_2) = L\begin{bmatrix} 0 \\ 1 \end{bmatrix} = \begin{bmatrix} -1 \\ 1 \\ -1 \end{bmatrix}$

이므로

$$A=\begin{bmatrix}1 & -1\\ 1 & 1\\ 3 & -1\end{bmatrix}$$ ■

[예제 2] 선형변환 $L:\mathbf{R}^3 \longrightarrow \mathbf{R}^4$ 이 $L\begin{bmatrix}x_1\\ x_2\\ x_3\end{bmatrix}=\begin{bmatrix}x_1+2x_2\\ -x_1-x_2\\ x_3\\ x_1+x_3\end{bmatrix}$ 일 때, L을 행렬변환으로 표시하라.

풀이 먼저 표준행렬 A를 구한다.

$$L(\mathbf{e}_1)=L\begin{bmatrix}1\\ 0\\ 0\end{bmatrix}=\begin{bmatrix}1\\ -1\\ 0\\ 1\end{bmatrix},\quad L(\mathbf{e}_2)=L\begin{bmatrix}0\\ 1\\ 0\end{bmatrix}=\begin{bmatrix}2\\ -1\\ 0\\ 0\end{bmatrix},$$

$$L(\mathbf{e}_3)=L\begin{bmatrix}0\\ 0\\ 1\end{bmatrix}=\begin{bmatrix}0\\ 0\\ 1\\ 1\end{bmatrix}$$

이므로

$$A=\begin{bmatrix}1 & 2 & 0\\ -1 & -1 & 0\\ 0 & 0 & 1\\ 1 & 0 & 1\end{bmatrix}$$

따라서

$$L\begin{bmatrix}x_1\\ x_2\\ x_3\end{bmatrix}=\begin{bmatrix}x_1+2x_2\\ -x_1-x_2\\ x_3\\ x_1+x_3\end{bmatrix}=\begin{bmatrix}1 & 2 & 0\\ -1 & -1 & 0\\ 0 & 0 & 1\\ 1 & 0 & 1\end{bmatrix}\begin{bmatrix}x_1\\ x_2\\ x_3\end{bmatrix}$$ ■

이제 $\mathbf{R}^2$에서 $\mathbf{R}^2$로의 선형변환 중 중요한 몇 가지에 대하여 기하학적 성질을 알아보자.

선형변환 $L : \mathbf{R}^2 \longrightarrow \mathbf{R}^2$이

$$L\begin{bmatrix} x \\ y \end{bmatrix} = \begin{bmatrix} ax+by \\ cx+dy \end{bmatrix}$$

로 정의될 때 L의 표준행렬을 알면 임의의 벡터 $\mathbf{x} = \begin{bmatrix} x \\ y \end{bmatrix}$가 L에 의하여 옮겨지는 상을 쉽게 찾을 수 있다. 즉 $L(\mathbf{x}) = A\mathbf{x}$이므로 그림 5.2에서 보듯이 $\mathbf{R}^2$의 벡터 $\overrightarrow{OP} = \begin{bmatrix} x \\ y \end{bmatrix}$는 선형변환 L의 표준행렬 A에 의하여 다른 벡터 $\overrightarrow{OQ} = \begin{bmatrix} ax+by \\ cx+dy \end{bmatrix}$로 옮기는 결과이므로 행렬 A는 $\mathbf{R}^2$의 점 $P(x, y)$를 점 $Q(ax+by, cx+dy)$로 옮긴다고 생각할 수 있다.

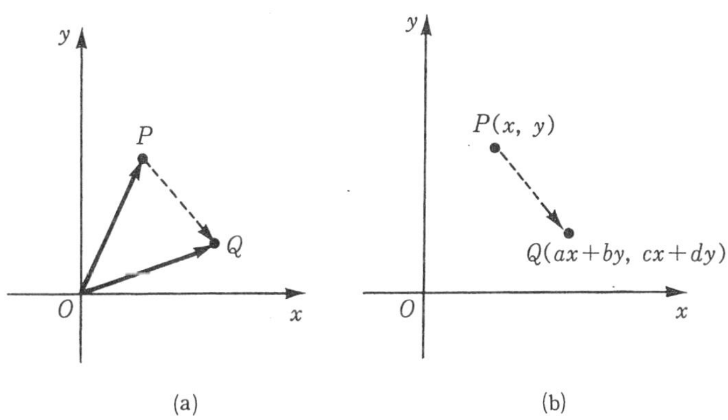

그림 5.2

[예제 3] $\mathbf{R}^2$의 점 $P(x, y)$를 다음에 관하여 대칭으로 옮기는 선형변환의 표준행렬 A를 각각 구하라.

(1) x-축 (2) y-축 (3) 직선 $y=x$

풀이 (1) x-축에 관한 대칭이동은

$$L\begin{bmatrix} x \\ y \end{bmatrix} = \begin{bmatrix} x \\ -y \end{bmatrix}$$

이므로

$$L\begin{bmatrix}1\\0\end{bmatrix}=\begin{bmatrix}1\\0\end{bmatrix},\ L\begin{bmatrix}0\\1\end{bmatrix}=\begin{bmatrix}0\\-1\end{bmatrix}$$

$$\therefore\ A=\begin{bmatrix}1 & 0\\0 & -1\end{bmatrix}$$

(2) y-축에 관한 대칭이동은

$$L\begin{bmatrix}x\\y\end{bmatrix}=\begin{bmatrix}-x\\y\end{bmatrix}$$

이므로

$$L\begin{bmatrix}1\\0\end{bmatrix}=\begin{bmatrix}-1\\0\end{bmatrix},\ L\left(\begin{bmatrix}0\\1\end{bmatrix}\right)=\begin{bmatrix}0\\1\end{bmatrix}$$

$$\therefore\ A=\begin{bmatrix}-1 & 0\\0 & 1\end{bmatrix}$$

(3) $y=x$에 관한 대칭이동은

$$L\begin{bmatrix}x\\y\end{bmatrix}=\begin{bmatrix}y\\x\end{bmatrix}$$

이므로

$$L\begin{bmatrix}1\\0\end{bmatrix}=\begin{bmatrix}0\\1\end{bmatrix},\quad L\begin{bmatrix}0\\1\end{bmatrix}=\begin{bmatrix}1\\0\end{bmatrix}$$

$$\therefore\ A=\begin{bmatrix}0 & 1\\1 & 0\end{bmatrix}$$ ■

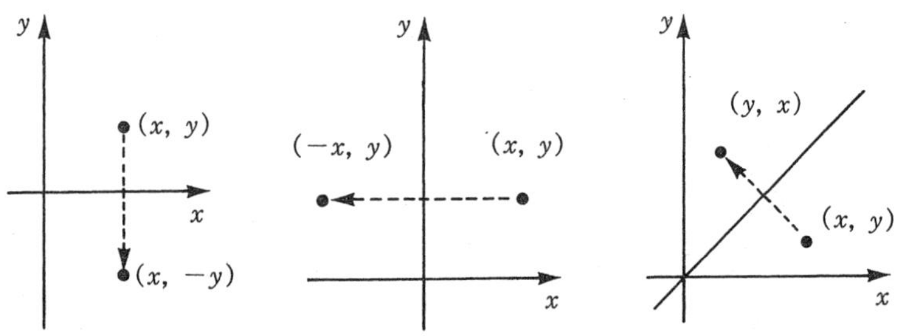

그림 5.3 (1) x축에 관한 대칭이동 (2) y축에 관한 대칭이동 (3) $y=x$에 관한 대칭이동

[예제 4] $\mathbf{R}^2$의 점 $P(x, y)$를 원점에 관하여 반시계방향으로 θ만큼 회전이동하여 점 $Q(x', y')$로 옮기는 선형변환 L의 표준행렬 A를 구하고, $\theta=\dfrac{\pi}{6}$일 때 이 선형변환에 의하여 점 $(1, 2)$가 옮겨지는 점을 구하라.

풀이 그림 5.4의 오른쪽 그림에서 알 수 있듯이

$$L(\mathbf{e}_1)=\begin{bmatrix}\cos\theta\\ \sin\theta\end{bmatrix},\quad L(\mathbf{e}_2)=\begin{bmatrix}-\sin\theta\\ \cos\theta\end{bmatrix}$$

이므로 표준행렬은

$$A=\begin{bmatrix}\cos\theta & -\sin\theta\\ \sin\theta & \cos\theta\end{bmatrix}$$

이다. 이 때 이 선형변환 L을 원점에 관하여 반시계방향으로 θ만큼 회전한 **회전이동**(rotation)이라고 한다.

$$\theta=\frac{\pi}{6}\text{이면 } A=\begin{bmatrix}\frac{\sqrt{3}}{2} & -\frac{1}{2}\\ \frac{1}{2} & \frac{\sqrt{3}}{2}\end{bmatrix}\text{이므로}$$

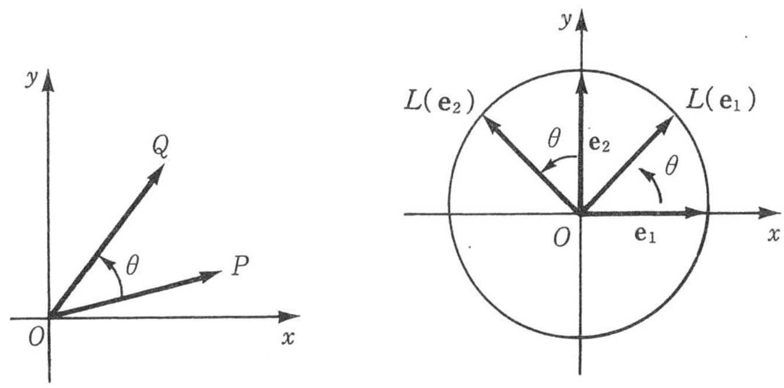

그림 5.4 **회전이동**

$$L\begin{bmatrix}1\\2\end{bmatrix}=\begin{bmatrix}\frac{\sqrt{3}}{2} & -\frac{1}{2}\\ \frac{1}{2} & \frac{\sqrt{3}}{2}\end{bmatrix}\begin{bmatrix}1\\2\end{bmatrix}=\begin{bmatrix}\frac{\sqrt{3}}{2}-1\\ \frac{1}{2}+\sqrt{3}\end{bmatrix}$$

따라서 점 (1, 2)는 이 선형변환에 의하여 점

$$\left(\frac{\sqrt{3}}{2}-1,\ \frac{1}{2}+\sqrt{3}\right)$$

으로 옮겨진다. ■

선형변환 $L: \mathbf{R}^2 \longrightarrow \mathbf{R}^2$의 표준행렬 A가 가역이고

$$L\begin{bmatrix}x\\y\end{bmatrix}=A\begin{bmatrix}x\\y\end{bmatrix}=\begin{bmatrix}x'\\y'\end{bmatrix}$$

이면

$$\begin{bmatrix}x\\y\end{bmatrix}=A^{-1}\begin{bmatrix}x'\\y'\end{bmatrix}$$

이므로 A^{-1}는 $\begin{bmatrix}x'\\y'\end{bmatrix}$를 $\begin{bmatrix}x\\y\end{bmatrix}$로 옮기는 선형변환의 표준행렬을 생각할 수 있다. 이 선형변환을 L의 역변환(inverse transformation)이라 하고 L^{-1}로 나타낸다. 즉

$$L^{-1}(\mathbf{x})=A^{-1}\mathbf{x}$$

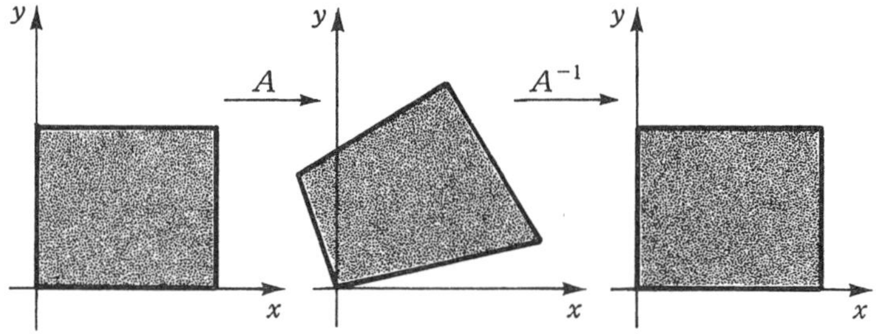

그림 5.5

연습문제 5.3

※ 다음에 주어진 선형변환의 표준행렬을 구하라. [1～6]

1. $L\begin{bmatrix} x_1 \\ x_2 \end{bmatrix}=\begin{bmatrix} x_1 \\ x_2 \end{bmatrix}$

2. $L\begin{bmatrix} x_1 \\ x_2 \end{bmatrix}=\begin{bmatrix} 2x_1 \\ -3x_2 \end{bmatrix}$

3. $L\begin{bmatrix} x_1 \\ x_2 \end{bmatrix}=\begin{bmatrix} 3x_1+x_2 \\ 2x_1+x_2 \end{bmatrix}$

4. $L\begin{bmatrix} x_1 \\ x_2 \\ x_3 \end{bmatrix}=\begin{bmatrix} 0 \\ 0 \\ 0 \end{bmatrix}$

5. $L\begin{bmatrix} x_1 \\ x_2 \\ x_3 \end{bmatrix}=\begin{bmatrix} x_1+x_2 \\ x_2+x_3 \end{bmatrix}$

6. $L\begin{bmatrix} x_1 \\ x_2 \\ x_3 \end{bmatrix}=\begin{bmatrix} x_1+2x_2+x_3 \\ x_1+5x_2 \\ x_3 \end{bmatrix}$

※ 다음과 같은 선형변환 $L:\mathbf{R}^2 \longrightarrow \mathbf{R}^2$의 표준행렬을 각각 구하라. [7～12]

7. $y=-x$에 관한 대칭이동
8. $y=ax$에 관한 대칭이동(단 $a\neq 0$)
9. 원점에 관한 대칭이동
10. x-축 위로의 정사영
11. y-축 위로의 정사영
12. 원점에 대하여 $\theta=45°$만큼 회전이동

※ 세 점 $A(1, 1)$, $B(-3, -3)$, $C(2, -1)$로 이루어진 삼각형에 대하여 다음 물음에 답하라. [13～16]

13. $\triangle ABC$의 넓이를 구하라.
14. 표준행렬 $A=\begin{bmatrix} 4 & -3 \\ -4 & 2 \end{bmatrix}$를 갖는 선형변환 L에 의하여 옮겨지는 도형을 좌표평면에 나타내라.
15. 문제 14에서 구한 도형의 넓이를 구하라.
16. 문제 14의 선형변환 L의 역변환 L^{-1}의 표준행렬을 구하라.

17. 표준행렬 $A=\begin{bmatrix} 1 & 2 \\ 3 & 6 \end{bmatrix}$를 갖는 선형변환 $L:\mathbf{R}^2 \longrightarrow \mathbf{R}^2$에 의하여 $\mathbf{R}^2$의 모든 점은 직선 $y=3x$ 위로 사상됨을 보여라.

18. $\mathbf{R}^2$상의 임의의 직사각형은 원점에 대한 θ만큼의 회전이동에 의하여 넓이가 변하지 않음을 보여라.

19. 선형변환 $L:\mathbf{R}^2 \longrightarrow \mathbf{R}^2$의 표준행렬이 $A=\begin{bmatrix} 1 & 1 \\ 1 & 2 \end{bmatrix}$일 때 직선 $2x-y+1=0$에 대한 L의 상을 구하라.

20. 선형변환 $L:\mathbf{R}^2 \longrightarrow \mathbf{R}^2$의 표준행렬 $A=\begin{bmatrix} a & b \\ c & d \end{bmatrix}$가 가역행렬일 때 L에 의하여 임의의 직선은 직선으로 옮겨짐을 보여라(Hint: 문제 19번과 같은 방법을 이용).

*5.4 선형변환의 행렬

5.3절에서 $\mathbf{R}^n$에서 $\mathbf{R}^m$으로의 모든 선형변환은 표준행렬을 이용하여 행렬변환으로 나타낼 수 있음을 보았다. 이 때 이 표준행렬은 벡터공간 $\mathbf{R}^n$과 $\mathbf{R}^m$의 임의의 벡터는 항상 표준기저로 표시된다는 것으로부터 얻어졌다. 이 절에서는 보다 일반적으로 임의의 유한차원벡터공간 V에서 W로의 선형변환도 행렬변환으로 나타낼 수 있음을 4.7절의 좌표벡터를 이용하여 알아본다.

n차원벡터공간 V와 m차원벡터공간 W의 순서기저(ordered basis)를 각각 $S=\{\mathbf{x}_1, \dots, \mathbf{x}_n\}$, $T=\{\mathbf{y}_1, \dots, \mathbf{y}_m\}$이라 하고 $L: V \longrightarrow W$를 선형변환이라 하자. 그러면 각 벡터 $\mathbf{x}_j \in V (j=1, 2, \dots, n)$에 대하여 $L(\mathbf{x}_j)$는 W의 벡터이고, T가 W의 기저이므로 $L(\mathbf{x}_j)$는 다음과 같이 유일한 일차결합을 갖는다.

$$L(\mathbf{x}_j)=a_{1j}\mathbf{y}_1+a_{2j}\mathbf{y}_2+\cdots+a_{mj}\mathbf{y}_m \quad (1 \le j \le n)$$

따라서 T에 관한 $L(\mathbf{x}_j)$의 좌표벡터는

$$[L(\mathbf{x}_j)]_T=\begin{bmatrix} a_{1j} \\ a_{2j} \\ \vdots \\ a_{mj} \end{bmatrix}$$

이다. 여기서 $[L(\mathbf{x}_1)]_T$, $[L(\mathbf{x}_2)]_T$, $\dots$, $[L(\mathbf{x}_n)]_T$를 열벡터로 갖는 $m \times n$행렬을 A라 하자. 즉

$$A=[[L(\mathbf{x}_1)]_T \ [L(\mathbf{x}_2)]_T \ \cdots \ [L(\mathbf{x}_n)]_T]$$

$$=\begin{bmatrix} a_{11} & a_{12} & \cdots & a_{1n} \\ a_{21} & a_{22} & \cdots & a_{2n} \\ \vdots & \vdots & \cdots & \vdots \\ a_{m1} & a_{m2} & \cdots & a_{mn} \end{bmatrix}$$

이 때 이 행렬 $A=[a_{ij}]$를 **기저 S와 T에 관한 선형변환 L의 행렬**이라 하고, 간단히 기호로 다음과 같이 표시한다.

$$A=[L]_{S,T}$$

특히 $V=W$일 때 선형변환 $L: V \longrightarrow V$을 **선형작용소**(linear operator)라 한다. 이 경우 기저를 $S=T$로 택하여 위와 같은 방법으로 얻은 행렬 A를 **기저 S에 관한 선형변환 L의 행렬**이라 하고, 기호로 $A=[L]_S$로 표시한다.

정리 5.7

n차원벡터공간 V와 m차원벡터공간 W에 대하여 $L: V \longrightarrow W$를 $\mathbf{y}=L(\mathbf{x})$ $(\mathbf{x}\in V)$로 정의된 선형변환이라 하고, $S=\{\mathbf{x}_1, \ldots, \mathbf{x}_n\}$과 $T=\{\mathbf{y}_1, \ldots, \mathbf{y}_m\}$을 각각 V와 W의 순서기저라 하자. 그러면

$$[\mathbf{y}]_T=A[\mathbf{x}]_S (\text{여기서 } A=[L]_{S,T})$$

이고, 행렬 A는 유일하게 존재한다.

증명 임의의 벡터 $\mathbf{x}\in V$는 V의 기저 $S=\{\mathbf{x}_1, \ldots, \mathbf{x}_n\}$에 있는 벡터에 의하여 적당한 스칼라 $c_1, c_2, \ldots, c_n$에 대하여

$$\mathbf{x}=c_1\mathbf{x}_1+c_2\mathbf{x}_2+\cdots+c_n\mathbf{x}_n$$

으로 표시되며, S에 관한 $\mathbf{x}$의 좌표벡터는

$$[\mathbf{x}]_S=\begin{bmatrix} c_1 \\ c_2 \\ \vdots \\ c_n \end{bmatrix}$$

이다. L의 선형성에 의하여

$$\mathbf{y}=L(\mathbf{x})=c_1L(\mathbf{x}_1)+c_2L(\mathbf{x}_2)+\cdots+c_nL(\mathbf{x}_n)$$

이고, $\mathbf{y}$는 W의 벡터이므로 기저 T에 관하여 다음이 성립한다.

$$\begin{aligned}[\mathbf{y}]_T&=c_1[L(\mathbf{x}_1)]_T+c_2[L(\mathbf{x}_2)]_T+\cdots+c_n[L(\mathbf{x}_n)]_T\\&=[[L(\mathbf{x}_1)]_T\ [L(\mathbf{x}_2)]_T\ \cdots\ [L(\mathbf{x}_n)]_T]\begin{bmatrix}c_1\\c_2\\\vdots\\c_n\end{bmatrix}\\&=A[\mathbf{x}]_S\end{aligned}$$

여기서 행렬 A의 유일성에 관한 증명은 연습문제로 남긴다. ■

그림 5.6은 $\mathbf{y}=L(\mathbf{x})$로 정의된 선형변환 $L:V\longrightarrow W$의 A에 의한 행렬 표현을 예시해준다.

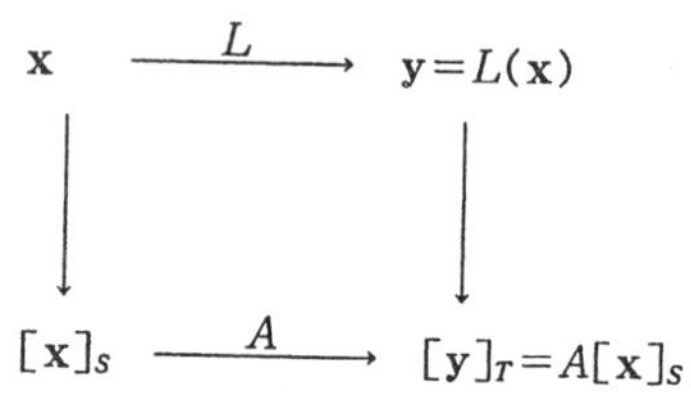

그림 5.6

[예제 5] 선형변환 $L:\mathbf{R}^3\longrightarrow\mathbf{R}^2$를

$$L\begin{bmatrix}x\\y\\z\end{bmatrix}=\begin{bmatrix}x-y\\y-z\end{bmatrix}$$

라 정의하고

$$S=\left\{\mathbf{x}_1=\begin{bmatrix}1\\0\\1\end{bmatrix},\ \mathbf{x}_2=\begin{bmatrix}0\\1\\1\end{bmatrix},\ \mathbf{x}_3=\begin{bmatrix}1\\1\\0\end{bmatrix}\right\}$$

과

$$T=\left\{\mathbf{y}_1=\begin{bmatrix}1\\1\end{bmatrix},\ \mathbf{y}_2=\begin{bmatrix}-1\\1\end{bmatrix}\right\}$$

을 각각 $\mathbf{R}^3$와 $\mathbf{R}^2$의 기저라 하자. 이 때 $A=[L]_{S,T}$를 구하라.

풀이 $A=[L]_{S,T}=[[L(\mathbf{x}_1)]_T\ [L(\mathbf{x}_2)]_T\ [L(\mathbf{x}_3)]_T]_{2\times 3}$이므로 먼저 $L(\mathbf{x}_1)$, $L(\mathbf{x}_2)$, $L(\mathbf{x}_3)$을 구하면 다음과 같다.

$$L(\mathbf{x}_1)=\begin{bmatrix}1\\-1\end{bmatrix},\ L(\mathbf{x}_2)=\begin{bmatrix}-1\\0\end{bmatrix},\ L(\mathbf{x}_3)=\begin{bmatrix}0\\1\end{bmatrix}$$

이제 기저 T에 관한 이 벡터의 좌표벡터를 각각 구하자.

$$L(\mathbf{x}_1)=\begin{bmatrix}1\\-1\end{bmatrix}=a_1Y_1+a_2Y_2=a_1\begin{bmatrix}1\\1\end{bmatrix}+a_2\begin{bmatrix}-1\\1\end{bmatrix}$$

$$L(\mathbf{x}_2)=\begin{bmatrix}-1\\0\end{bmatrix}=b_1Y_1+b_2Y_2=b_1\begin{bmatrix}1\\1\end{bmatrix}+b_2\begin{bmatrix}-1\\1\end{bmatrix}$$

$$L(\mathbf{x}_3)=\begin{bmatrix}0\\1\end{bmatrix}=c_1Y_1+c_2Y_2=c_1\begin{bmatrix}1\\1\end{bmatrix}+c_2\begin{bmatrix}-1\\1\end{bmatrix}$$

이므로 이 세 개의 연립방정식을 각각 풀어야 한다. 이 연립방정식의 계수행렬이 모두

$$\begin{bmatrix}1&-1\\1&1\end{bmatrix}$$

이므로 행렬

$$\left[\begin{array}{cc:c:c:c}1&-1&1&-1&0\\1&1&-1&0&1\end{array}\right]$$

을 RREF로 변환하여 다음 행렬을 구한다.

$$\left[\begin{array}{cc:c:c:c} 1 & 0 & 0 & -\frac{1}{2} & \frac{1}{2} \\ 0 & 1 & -1 & \frac{1}{2} & -\frac{1}{2} \end{array}\right]$$

따라서

$$A=[L]_{S,T}=\begin{bmatrix} 0 & -\frac{1}{2} & \frac{1}{2} \\ -1 & \frac{1}{2} & \frac{1}{2} \end{bmatrix}$$ ■

【주】 위의 예제 1에서 보았듯이, 특히 선형변환이 $L:\mathbf{R}^n \longrightarrow \mathbf{R}^m$ 이고 $S=\{\mathbf{x}_1, \ldots, \mathbf{x}_n\}$과 $T=\{\mathbf{y}_1, \ldots, \mathbf{y}_m\}$이 각각 $\mathbf{R}^n$과 $\mathbf{R}^m$의 임의의 순서기저일 때, 다음과 같은 방법으로 쉽게 $A=[L]_{S,T}$를 구할 수 있다. 행렬

$$[\mathbf{y}_1\ \mathbf{y}_2\ \cdots\ \mathbf{y}_m \vdots L(\mathbf{x}_1) \vdots L(\mathbf{x}_2) \vdots \cdots \vdots L(\mathbf{x}_n)]$$

을 다음과 같은 형태의 RREF로 변환한다.

$$[I_n \vdots A]$$

【예제 6】 선형변환 $L:\mathbf{R}^2 \longrightarrow \mathbf{R}^3$를

$$L\begin{bmatrix} x \\ y \end{bmatrix}=\begin{bmatrix} x \\ 2x-3y \\ -3x+y \end{bmatrix}$$

라 정의하고

$$S=\left\{\mathbf{x}_1=\begin{bmatrix} 1 \\ 1 \end{bmatrix},\ \mathbf{x}_2=\begin{bmatrix} 2 \\ 1 \end{bmatrix}\right\}$$

과

$$T=\left\{\mathbf{y}_1=\begin{bmatrix} 1 \\ 0 \\ -1 \end{bmatrix},\ \mathbf{y}_2=\begin{bmatrix} -1 \\ 2 \\ 1 \end{bmatrix},\ \mathbf{y}_3=\begin{bmatrix} 0 \\ 1 \\ 1 \end{bmatrix}\right\}$$

을 각각 $\mathbf{R}^2$와 $\mathbf{R}^3$의 기저라 하자. 이 때 $A=[L]_{S,T}$를 구하라.

풀이

$$L(\mathbf{x}_1)=\begin{bmatrix}1\\-1\\-2\end{bmatrix},\quad L(\mathbf{x}_2)=\begin{bmatrix}2\\1\\-5\end{bmatrix}$$

이므로

$$[\mathbf{y}_1\ \mathbf{y}_2\ \mathbf{y}_3 \vdots L(\mathbf{x}_1) \vdots L(\mathbf{x}_2)] =\left[\begin{array}{ccc:c:c}1&-1&0&1&2\\0&2&1&-1&1\\-1&1&1&-2&-5\end{array}\right]$$

이다. RREF로 변환하면

$$\left[\begin{array}{ccc:c:c}1&-1&0&1&2\\0&2&1&-1&1\\-1&1&1&-2&-5\end{array}\right] \longrightarrow \left[\begin{array}{ccc:c:c}1&-1&0&1&2\\0&2&0&0&4\\0&0&1&-1&-3\end{array}\right] \longrightarrow \left[\begin{array}{ccc:c:c}1&0&0&1&4\\0&1&0&0&2\\0&0&1&-1&-3\end{array}\right]$$

이므로

$$A=[L]_{S,T}=\begin{bmatrix}1&4\\0&2\\-1&-3\end{bmatrix}$$ ■

【예제 7】 선형변환 $L: P_1 \longrightarrow P_2$를 $L(p(x))=xp(x)$로 정의하고, $S=\{x,\ 1\}$과 $T=\{x^2,\ x-1,\ x+1\}$을 각각 P_1과 P_2의 순서기저라고 할 때 $A=[L]_{S,T}$를 구하라.

풀이

$$L(x)=x^2=1\cdot x^2+0\cdot(x-1)+0\cdot(x+1),$$
$$L(1)=x=0\cdot x^2+\frac{1}{2}(x-1)+\frac{1}{2}(x+1)$$

이므로

$$[L(x)]_T=\begin{bmatrix}1\\0\\0\end{bmatrix},\quad [L(1)]_T=\begin{bmatrix}0\\\frac{1}{2}\\\frac{1}{2}\end{bmatrix}$$

따라서

$$A=[L]_{S,T}=[[L(x)]_T[L(1)]_T]=\begin{bmatrix}1&0\\0&\frac{1}{2}\\0&\frac{1}{2}\end{bmatrix}$$ ■

[예제 8] 선형변환 $L: M_2 \longrightarrow M_2$를 $L(A)=A^T$로 정의하고, M_2의 순서기저를

$$S=\left\{\mathbf{x}_1=\begin{bmatrix}1&0\\0&1\end{bmatrix}, \mathbf{x}_2=\begin{bmatrix}0&0\\1&1\end{bmatrix}, \mathbf{x}_3=\begin{bmatrix}1&1\\0&0\end{bmatrix}, \mathbf{x}_4=\begin{bmatrix}0&1\\1&1\end{bmatrix}\right\}$$

이라 할 때, $A=[L]_S$를 구하라.

풀이

$$L(\mathbf{x}_1)=\begin{bmatrix}1&0\\0&1\end{bmatrix}^T=\begin{bmatrix}1&0\\0&1\end{bmatrix},\quad L(\mathbf{x}_2)=\begin{bmatrix}0&0\\1&1\end{bmatrix}^T=\begin{bmatrix}0&1\\0&1\end{bmatrix}$$
$$L(\mathbf{x}_3)=\begin{bmatrix}1&1\\0&0\end{bmatrix}^T=\begin{bmatrix}1&0\\1&0\end{bmatrix},\quad L(\mathbf{x}_4)=\begin{bmatrix}0&1\\1&1\end{bmatrix}^T=\begin{bmatrix}0&1\\1&1\end{bmatrix}$$

이므로 기저 S에 관한 이 벡터의 좌표벡터를 각각 구한다. 이제, 각 $j=1, 2, 3, 4$에 대하여

$$L(\mathbf{x}_j)=a_{1j}\begin{bmatrix}1&0\\0&1\end{bmatrix}+a_{2j}\begin{bmatrix}0&0\\1&1\end{bmatrix}+a_{3j}\begin{bmatrix}1&1\\0&0\end{bmatrix}+a_{4j}\begin{bmatrix}0&1\\1&1\end{bmatrix}$$

라 하면

$$[L(\mathbf{x}_j)]_S=\begin{bmatrix}a_{1j}\\a_{2j}\\a_{3j}\\a_{4j}\end{bmatrix}$$

이므로 $a_{ij}(i,\ j=1,\ 2,\ 3,\ 4)$를 결정한다. 따라서

$$A=[L]_S=\begin{bmatrix}1&1&-1&0\\0&-2&3&0\\0&-1&2&0\\0&2&-2&1\end{bmatrix}$$ ■

연습문제 5.4

※ 다음에 주어진 선형변환 $L:\mathbf{R}^2\longrightarrow\mathbf{R}^2$의 표준기저에 대한 행렬을 구하라. [1~4]

1. $L\begin{bmatrix}x\\y\end{bmatrix}=\begin{bmatrix}2y\\3x-y\end{bmatrix}$

2. $L\begin{bmatrix}x\\y\end{bmatrix}=\begin{bmatrix}3x-4y\\x+5y\end{bmatrix}$

3. $L\begin{bmatrix}x\\y\end{bmatrix}=\begin{bmatrix}x\\2x-y\end{bmatrix}$

4. $L\begin{bmatrix}x\\y\end{bmatrix}=\begin{bmatrix}ax+by\\cx+dy\end{bmatrix}$

※ $\mathbf{R}^3$와 $\mathbf{R}^2$의 순서기저를 각각

$$S=\left\{\begin{bmatrix}1\\1\\1\end{bmatrix},\begin{bmatrix}1\\1\\0\end{bmatrix},\begin{bmatrix}1\\0\\0\end{bmatrix}\right\},\qquad T=\left\{\begin{bmatrix}1\\1\end{bmatrix},\begin{bmatrix}1\\0\end{bmatrix}\right\}$$

라 할 때, 주어진 선형변환 $L:\mathbf{R}^3\longrightarrow\mathbf{R}^2$에 대하여 $A=[L]_{S,T}$를 구하라. [5~8]

5. $L\begin{bmatrix}x\\y\\z\end{bmatrix}=\begin{bmatrix}y\\z\end{bmatrix}$

6. $L\begin{bmatrix}x\\y\\z\end{bmatrix}=\begin{bmatrix}2x\\x-y\end{bmatrix}$

7. $L\begin{bmatrix}x\\y\\z\end{bmatrix}=\begin{bmatrix}x-y\\-x+y\end{bmatrix}$

8. $L\begin{bmatrix}x\\y\\z\end{bmatrix}=\begin{bmatrix}x-z\\y-x\end{bmatrix}$

※ $\mathbf{R}^3$ 의 순서기저를

$$S=\left\{\begin{bmatrix}1\\0\\1\end{bmatrix}, \begin{bmatrix}0\\1\\1\end{bmatrix}, \begin{bmatrix}1\\1\\0\end{bmatrix}\right\}$$

라 할 때, 주어진 선형변환 $L:\mathbf{R}^3\longrightarrow\mathbf{R}^3$ 에 대하여 $A=[L]_S$ 를 구하라. [9~10]

9. $L\begin{bmatrix}x\\y\\z\end{bmatrix}=\begin{bmatrix}x-y\\y-x\\x-z\end{bmatrix}$

10. $L\begin{bmatrix}x\\y\\z\end{bmatrix}=\begin{bmatrix}y-x\\x-y\\z-x\end{bmatrix}$

※ 주어진 선형변환과 주어진 각 벡터공간의 순서기저에 대하여 $A=[L]_{S,T}$ 를 구하라. [11~14]

11. $L:P_1\longrightarrow P_2$, $L(p(x))=xp(x)$, $S=\{1, x\}$, $T=\{1, x, x^2\}$
12. $L:P_1\longrightarrow P_2$, $L(p(x))=xp(x)$, $S=\{x, 1\}$, $T=\{x^2, x, 1\}$
13. $L:P_2\longrightarrow P_1$, $L(p(x))=p'(x)$, $S=\{x^2, x, 1\}$, $T=\{x, 1\}$
14. $L:P_2\longrightarrow P_1$, $L(p(x))=p'(x)$, $S=\{1, x, x^2\}$, $T=\{x+1, x-1\}$

※ 선형변환 $L:M_2\longrightarrow M_2$ 을 $L(A)=A^T$ 로 정의하고, M_2 의 순서기저를 각각

$$S=\left\{\begin{bmatrix}1&0\\0&0\end{bmatrix}, \begin{bmatrix}0&1\\0&0\end{bmatrix}, \begin{bmatrix}0&0\\1&0\end{bmatrix}, \begin{bmatrix}0&0\\0&1\end{bmatrix}\right\},$$

$$T=\left\{\begin{bmatrix}1&1\\0&0\end{bmatrix}, \begin{bmatrix}0&1\\0&0\end{bmatrix}, \begin{bmatrix}0&0\\1&1\end{bmatrix}, \begin{bmatrix}1&0\\0&1\end{bmatrix}\right\}$$

이라 할 때 다음을 구하라. [15~18]

15. $[L]_S$
16. $[L]_{S,T}$
17. $[L]_{T,S}$
18. $[L]_T$

19. V 가 유한차원벡터공간이고 선형변환 $L:V\longrightarrow V$ 를 임의의 스칼라 k 에 대하여 다음과 같이 정의하면 V 의 임의의 기저 S 에 대하여 $[L]_S$ 는 스칼라행렬임을 보여라.

$$L(\mathbf{x})=k\mathbf{x}$$

20. 선형변환 $L:P_1\longrightarrow\mathbf{R}^2$ 가 $L(p(x))=\begin{bmatrix}\int_0^1 p(x)dx\\ p(0)\end{bmatrix}$ 일 때

$$L(ax+b)=A\begin{bmatrix}b\\a\end{bmatrix}$$

인 행렬 A 를 구하라(힌트: S 와 T 를 각각 P_1, $\mathbf{R}^2$ 의 표준기저라 할 때 $[L]_{S,T}$ 를 이용하라).

21. S와 T를 각각 벡터공간 V, W의 기저라 하고 선형변환 $L: V \longrightarrow W$가 영변환일 때 $[L]_{S,T}$는 영행렬임을 보여라.

22. 정리 5.7에서 $[\mathbf{y}]_T = A[\mathbf{x}]_S$를 만족하는 행렬 A가 유일하게 존재함을 증명하라.

5.5 행렬의 닮음

5.4절에서 본 바와 같이 선형변환 $L: V \longrightarrow V$의 행렬은 벡터공간 V의 기저에 의존한다. 따라서 V의 기저가 바뀌면 L의 행렬도 바뀐다. 그러나 L은 V에서 V 자신으로의 선형변환이므로 서로 다른 기저에 대한 L의 행렬 사이에는 적당한 관계가 성립할 것이다. 이 절에서는 V를 유한차원벡터공간이라 하고 L의 행렬 사이의 관계를 4.7절에서 공부했던 전이행렬을 이용하여 알아본다.

정리 5.8 $L: V \longrightarrow V$가 선형변환이고 S와 T가 V의 두 순서기저일 때

$$A=[L]_S, \quad A'=[L]_T$$

라 하자. 이 때 기저 T에서 기저 S로의 전이행렬 P에 대하여 다음이 성립한다.

$$A'=P^{-1}AP$$

증명 A, A'이 각각 기저 S, T에 관한 L의 행렬이므로 정리 5.7로부터 임의의 $\mathbf{x} \in V$에 대하여

$$A[\mathbf{x}]_S=[L(\mathbf{x})]_S$$
$$A'[\mathbf{x}]_T=[L(\mathbf{x})]_T$$

이다. 또한 P를 T에서 S로의 전이행렬이라 하면 P^{-1}는 S에서 T로의 전이행렬이고 임의의 $\mathbf{x} \in V$에 대하여 $L(\mathbf{x}) \in V$이므로 다음이 성립한다.

$$P[\mathbf{x}]_T=[\mathbf{x}]_S$$
$$P^{-1}[L(\mathbf{x})]_S=[L(\mathbf{x})]_T$$

따라서 임의의 $\mathbf{x}\in V$에 대하여

$$\begin{aligned}A'[\mathbf{x}]_T&=[L(\mathbf{x})]_T=P^{-1}[L(\mathbf{x})]_S\\&=P^{-1}A[\mathbf{x}]_S=P^{-1}AP[\mathbf{x}]_T\end{aligned}$$

이므로 다음이 성립한다.

$$A'=P^{-1}AP$$ ■

[예제 1] 선형변환 $L:\mathbf{R}^2\longrightarrow\mathbf{R}^2$을 $L\begin{bmatrix}x_1\\x_2\end{bmatrix}=\begin{bmatrix}x_1-x_2\\x_1+x_2\end{bmatrix}$로 정의하자. $\mathbf{R}^2$의 표준기저를 S라 하고, 또 다른 기저를

$$T=\left\{\mathbf{y}_1=\begin{bmatrix}0\\1\end{bmatrix},\ \mathbf{y}_2=\begin{bmatrix}-1\\1\end{bmatrix}\right\}$$

이라 할 때, 전이행렬을 이용하여 $A'=[L]_T$를 구하라.

풀이 표준기저 S에 관한 L의 표준행렬을 A라 하면

$$A=\begin{bmatrix}1&-1\\1&1\end{bmatrix}$$

이고, 기저 T에서 표준기저 S로의 전이행렬을 P라 하면

$$P=[[\mathbf{y}_1]_S\,[\mathbf{y}_2]_S]=\begin{bmatrix}0&-1\\1&1\end{bmatrix}$$

이므로 $P^{-1}=\begin{bmatrix}1&1\\-1&0\end{bmatrix}$이다.

$$\begin{aligned}\therefore\ A'&=P^{-1}AP\\&=\begin{bmatrix}1&1\\-1&0\end{bmatrix}\begin{bmatrix}1&-1\\1&1\end{bmatrix}\begin{bmatrix}0&-1\\1&1\end{bmatrix}\\&=\begin{bmatrix}0&-2\\1&2\end{bmatrix}\end{aligned}$$ ■

정의

정사각행렬 A, B에 대하여 다음을 만족하는 가역행렬 P가 존재할 때 B는 A와 닮은(similar)행렬이라고 한다.

$$B=P^{-1}AP$$

[예제 2] 행렬

$$A=\begin{bmatrix}1&0&0\\0&1&0\\0&0&-1\end{bmatrix},\quad B=\begin{bmatrix}1&0&0\\0&-1&0\\0&0&1\end{bmatrix},\quad P=\begin{bmatrix}1&0&0\\0&0&1\\0&1&0\end{bmatrix}$$

에 대하여 $B=P^{-1}AP$ 이므로 B는 A와 닮은행렬이다. ■

다음의 정리는 닮은행렬에 관한 몇 가지 기본적인 성질이다.

정리 5.9

n차의 정사각행렬 A, B, C에 대하여 다음이 성립한다.

(1) A는 A와 닮은행렬이다.

(2) B가 A와 닮은행렬이면 A는 B와 닮은행렬이다.

(3) B가 A와 닮은행렬이고 A가 C와 닮은행렬이면 B는 C와 닮은행렬이다.

증명

(1) n차의 단위행렬 I_n에 대하여 $A=I_n^{-1}AI_n$ 이므로 A는 A와 닮은행렬이다.

(2) B가 A와 닮은행렬이므로 $B=P^{-1}AP$를 만족하는 가역행렬 P가 존재한다. 따라서 $A=PBP^{-1}=(P^{-1})^{-1}B(P^{-1})$ 이므로 A는 B와 닮은행렬이다.

(3) B가 A와 닮은행렬이고 A가 C와 닮은행렬이므로

$$B=P^{-1}AP, \quad A=Q^{-1}CQ$$

를 만족하는 가역행렬 P, Q가 존재한다. 따라서

$$B=P^{-1}AP=P^{-1}(Q^{-1}CQ)P=(QP)^{-1}C(QP)$$

이고 QP가 가역행렬이므로 B는 C와 닮은행렬이다. ■

연습문제 5.5

※ 다음 주어진 기저 S에 대한 선형변환 L의 행렬을 찾고, 정리 5.8을 이용하여 기저 T에 대한 L의 행렬을 구하라. [1~6]

1. $L\begin{bmatrix} x_1 \\ x_2 \end{bmatrix}=\begin{bmatrix} x_1-2x_2 \\ -x_2 \end{bmatrix}$, $S=\left\{\begin{bmatrix} 1 \\ 0 \end{bmatrix}, \begin{bmatrix} 0 \\ 1 \end{bmatrix}\right\}$, $T=\left\{\begin{bmatrix} 2 \\ 1 \end{bmatrix}, \begin{bmatrix} -3 \\ 4 \end{bmatrix}\right\}$

2. $L\begin{bmatrix} x_1 \\ x_2 \end{bmatrix}=\begin{bmatrix} x_1-2x_2 \\ x_1-x_2 \end{bmatrix}$, $S=\left\{\begin{bmatrix} 1 \\ 0 \end{bmatrix}, \begin{bmatrix} 0 \\ 1 \end{bmatrix}\right\}$, $T=\left\{\begin{bmatrix} 2 \\ 1 \end{bmatrix}, \begin{bmatrix} -3 \\ 4 \end{bmatrix}\right\}$

3. $L\begin{bmatrix} x_1 \\ x_2 \end{bmatrix}=\begin{bmatrix} 3x_1+2x_2 \\ x_1+2x_2 \end{bmatrix}$, $S=\left\{\begin{bmatrix} 1 \\ 0 \end{bmatrix}, \begin{bmatrix} 0 \\ 1 \end{bmatrix}\right\}$, $T=\left\{\begin{bmatrix} 1 \\ -1 \end{bmatrix}, \begin{bmatrix} 2 \\ 1 \end{bmatrix}\right\}$

4. $L\begin{bmatrix} x_1 \\ x_2 \end{bmatrix}=\begin{bmatrix} 3x_1+2x_2 \\ x_1+2x_2 \end{bmatrix}$, $S=\left\{\begin{bmatrix} 1 \\ 1 \end{bmatrix}, \begin{bmatrix} 0 \\ 1 \end{bmatrix}\right\}$, $T=\left\{\begin{bmatrix} 2 \\ 1 \end{bmatrix}, \begin{bmatrix} 3 \\ 1 \end{bmatrix}\right\}$

5. $L\begin{bmatrix} x_1 \\ x_2 \\ x_3 \end{bmatrix}=\begin{bmatrix} x_1-x_2 \\ x_2-x_3 \\ x_3-x_1 \end{bmatrix}$, $S=\left\{\begin{bmatrix} 1 \\ 1 \\ 1 \end{bmatrix}, \begin{bmatrix} 1 \\ 1 \\ 0 \end{bmatrix}, \begin{bmatrix} 1 \\ 0 \\ 0 \end{bmatrix}\right\}$, $T=\left\{\begin{bmatrix} 1 \\ 1 \\ 0 \end{bmatrix}, \begin{bmatrix} 0 \\ 1 \\ 1 \end{bmatrix}, \begin{bmatrix} 1 \\ 0 \\ 1 \end{bmatrix}\right\}$

6. $L\begin{bmatrix} x_1 \\ x_2 \\ x_3 \end{bmatrix}=\begin{bmatrix} x_1-2x_2 \\ -x_2 \\ x_1-x_3 \end{bmatrix}$, $S=\left\{\begin{bmatrix} 1 \\ 1 \\ 1 \end{bmatrix}, \begin{bmatrix} 1 \\ 1 \\ 0 \end{bmatrix}, \begin{bmatrix} 1 \\ 0 \\ 0 \end{bmatrix}\right\}$, $T=\left\{\begin{bmatrix} 1 \\ 1 \\ 0 \end{bmatrix}, \begin{bmatrix} 0 \\ 1 \\ 1 \end{bmatrix}, \begin{bmatrix} 1 \\ 0 \\ 1 \end{bmatrix}\right\}$

※ 두 행렬 A와 B가 닮은행렬일 때, 다음을 보여라. [7~12]

7. $|A|=|B|$
8. A^2과 B^2은 닮은행렬이다.
9. 임의의 양의 정수 k에 대하여 A^k와 B^k은 닮은행렬이다.
10. $\mathrm{tr}(A)=\mathrm{tr}(B)$
11. $\mathrm{tr}(A^k)=\mathrm{tr}(B^k)$
12. 행렬 A가 가역행렬이면 A^{-1}와 B^{-1}는 닮은행렬이다.

6

고유값과 행렬의 대각화

고유값을 의미하는 eigenvalue라는 단어는 Dirac이 명명했다고 알려져 있으며, $A\mathbf{x}=\lambda\mathbf{x}$라는 방정식은 양자역학에 등장하는 고유값문제 $H\varphi=E\varphi$에서 유래되었는데 이 방정식을 풀면 파동함수 φ와 에너지의 값(에너지 고유값) E를 구할 수 있다.

고유값은 이론적으로도 중요할 뿐만 아니라 미분방정식의 해, 행렬의 거듭제곱 등을 구할 때도 이용된다. 이 장에서는 행렬의 고유값과 고유벡터를 알아보고 이것을 이용하여 주어진 행렬을 대각화하는 문제를 살펴본다.

6.1 고유값과 고유벡터

5.3절에서 모든 선형변환 $L : \mathbf{R}^n \longrightarrow \mathbf{R}^n$은 L의 표준행렬인 n차의 정사각행렬 A와 $\mathbf{x} \in \mathbf{R}^n$에 대하여 $L(\mathbf{x}) = A\mathbf{x}$로 표현됨을 보았다. 따라서 $A\mathbf{x}$도 $\mathbf{R}^n$의 한 벡터이고 $A\mathbf{x}$가 벡터 $\mathbf{x}$의 스칼라배가 되는 $\mathbf{x}(\neq \mathbf{0})$가 존재하기도 하는데, 이와 같은 벡터는 선형변환을 이용하는 경우에 매우 중요하다. 이 절에서는 이러한 벡터에 대하여 알아본다.

정의

A를 n차의 정사각행렬이라 하자. $\mathbf{0}$ 아닌 임의의 벡터 $\mathbf{x} \in \mathbf{R}^n$가 적당한 스칼라 λ에 대하여 다음을 만족하면 λ를 A의 **고유값**(eigenvalue)이라 하고, $\mathbf{x}$를 λ에 대응하는 A의 **고유벡터**(eigenvector)라고 한다.

$$A\mathbf{x} = \lambda\mathbf{x}$$

[예제 1] $A = \begin{bmatrix} 1 & 2 \\ 2 & 1 \end{bmatrix}$, $\mathbf{x} = \begin{bmatrix} 1 \\ 1 \end{bmatrix}$일 때

$$A\mathbf{x} = \begin{bmatrix} 1 & 2 \\ 2 & 1 \end{bmatrix}\begin{bmatrix} 1 \\ 1 \end{bmatrix} = \begin{bmatrix} 3 \\ 3 \end{bmatrix} = 3\begin{bmatrix} 1 \\ 1 \end{bmatrix} = 3\mathbf{x}$$

이므로 3은 A의 고유값이고 $\mathbf{x}$는 고유값 3에 대응하는 A의 고유벡터이다. ■

[예제 2] 임의의 $\mathbf{x} \in \mathbf{R}^n$에 대하여 $I_n\mathbf{x} = 1\mathbf{x}$이므로 단위행렬 I_n의 고유값은 $\lambda = 1$ 하나뿐이고 모든 영 아닌 벡터 $\mathbf{x} \in \mathbf{R}^n$는 고유값 1에 대응하는 I_n의 고유벡터이다. ■

$\mathbf{x}\in\mathbf{R}^n$가 고유값 λ에 대응하는 A의 고유벡터, 즉 $A\mathbf{x}=\lambda\mathbf{x}$일 때 임의의 스칼라 k에 대하여

$$A(k\mathbf{x})=k(A\mathbf{x})=k(\lambda\mathbf{x})=\lambda(k\mathbf{x})$$

이므로 $k\mathbf{x}$도 λ에 대응하는 A의 고유벡터이다. 따라서 λ에 대응하는 A의 고유벡터는 무수히 많다.

[예제 3] $A=\begin{bmatrix}5 & -6\\ 2 & -2\end{bmatrix}$일 때 A의 모든 고유값과 이에 대응하는 고유벡터를 모두 구하라.

풀이 $\mathbf{0}$ 아닌 임의의 벡터 $\mathbf{x}=\begin{bmatrix}x_1\\ x_2\end{bmatrix}$에 대하여 $A\mathbf{x}=\lambda\mathbf{x}$라 하면

$$\begin{bmatrix}5 & -6\\ 2 & -2\end{bmatrix}\begin{bmatrix}x_1\\ x_2\end{bmatrix}=\lambda\begin{bmatrix}x_1\\ x_2\end{bmatrix}\Leftrightarrow\begin{matrix}5x_1-6x_2=\lambda x_1\\ 2x_1-2x_2=\lambda x_2\end{matrix}$$

$$\therefore\ \begin{matrix}(\lambda-5)x_1+6x_2 & =0\\ -2x_1+(\lambda+2)x_2 & =0\end{matrix}\qquad\cdots\ (1)$$

식 (1)은 동차연립방정식이고 이것이 영 아닌 해를 가질 필요충분조건은 계수행렬의 행렬식의 값이 0이다. 즉

$$\begin{vmatrix}\lambda-5 & 6\\ -2 & \lambda+2\end{vmatrix}=0\Leftrightarrow\lambda^2-3\lambda+2=0$$

$$\Leftrightarrow(\lambda-1)(\lambda-2)=0$$

$$\therefore\ \lambda=1,\ 2$$

따라서 행렬 A의 고유값은 $\lambda_1=1$, $\lambda_2=2$이다. 이제 $\lambda_1=1$과 $\lambda_2=2$에 대응하는 A의 고유벡터를 구해보자.

(i) $\lambda_1=1$에 대응하는 고유벡터를 $\mathbf{x}=\begin{bmatrix}x_1\\ x_2\end{bmatrix}$라 하면 식 (1)로부터

$$\begin{matrix}-4x_1+6x_2=0\\ -2x_1+3x_2=0\end{matrix}\Leftrightarrow x_1-\frac{3}{2}x_2=0$$

이므로 $\lambda_1=1$에 대응하는 A의 고유벡터는 영 아닌 임의의 실수 s에 대하여 다음과 같다.

$$\mathbf{x}=\begin{bmatrix} x_1 \\ x_2 \end{bmatrix}=\begin{bmatrix} \frac{3}{2}s \\ s \end{bmatrix}$$

(ii) $\lambda_2=2$에 대응하는 고유벡터를 $\mathbf{x}=\begin{bmatrix} x_1 \\ x_2 \end{bmatrix}$라 하면 식 (1)로부터

$$\begin{matrix} -3x_1+6x_2=0 \\ -2x_1+4x_2=0 \end{matrix} \Leftrightarrow x_1-2x_2=0$$

이므로 $\lambda_2=2$에 대응하는 A의 고유벡터는 영 아닌 임의의 실수 t에 대하여 다음과 같다.

$$\mathbf{x}=\begin{bmatrix} x_1 \\ x_2 \end{bmatrix}=\begin{bmatrix} 2t \\ t \end{bmatrix}$$ ■

이제 n차의 정사각행렬 A의 고유값을 구하는 일반적인 방법을 알아보자. λ를 A의 고유값이라 하면

$$\begin{aligned} A\mathbf{x}=\lambda\mathbf{x} &\Leftrightarrow A\mathbf{x}=\lambda I_n\mathbf{x} \\ &\Leftrightarrow (\lambda I_n-A)\mathbf{x}=\mathbf{0} \end{aligned}$$

이고, 또한 $\mathbf{x}\neq\mathbf{0}$이므로 동차연립방정식 $(\lambda I_n-A)\mathbf{x}=\mathbf{0}$은 영 아닌 해를 가져야 한다. 따라서

$$|\lambda I_n-A|=0 \qquad \cdots (2)$$

이 때 식 (2)를 A의 **특성방정식**(characteristic equation)이라 하고 $|\lambda I_n-A|$를 A의 **특성다항식**(characteristic polynomial)이라고 한다.

[예제 4] 행렬 $A=\begin{bmatrix} 1 & -3 \\ -3 & 1 \end{bmatrix}$의 고유값과 고유벡터를 구하라.

풀이 A의 특성방정식은

$$|\lambda I_2 - A| = \begin{vmatrix} \lambda-1 & 3 \\ 3 & \lambda-1 \end{vmatrix} = 0 \Leftrightarrow \lambda^2 - 2\lambda - 8 = 0$$
$$\Leftrightarrow (\lambda+2)(\lambda-4) = 0$$

이므로

$$\lambda = -2,\ 4$$

이다. 따라서 $\lambda_1 = -2$, $\lambda_2 = 4$가 A의 고유값이다. A의 각 고유값 λ에 대응하는 A의 고유벡터를 $\mathbf{x} = \begin{bmatrix} x_1 \\ x_2 \end{bmatrix}$라 하면 $(\lambda I_2 - A)\mathbf{x} = \mathbf{0}$으로부터 다음 연립방정식을 얻는다.

$$\begin{aligned} (\lambda-1)x_1 + 3x_2 &= 0 \\ 3x_1 + (\lambda-1)x_2 &= 0 \end{aligned} \qquad \cdots (3)$$

(i) $\lambda_1 = -2$일 때 식 (3)으로부터

$$\begin{aligned} -3x_1 + 3x_2 &= 0 \\ 3x_1 - 3x_2 &= 0 \end{aligned} \Leftrightarrow x_1 - x_2 = 0$$

이므로 $\lambda_1 = -2$에 대응하는 A의 고유벡터는 영 아닌 임의의 실수 s에 대하여 다음과 같다.

$$\mathbf{x} = \begin{bmatrix} s \\ s \end{bmatrix} = s\begin{bmatrix} 1 \\ 1 \end{bmatrix}$$

(ii) $\lambda_2 = 4$일 때 식 (3)으로부터

$$\begin{aligned} 3x_1 + 3x_2 &= 0 \\ 3x_1 + 3x_2 &= 0 \end{aligned} \Leftrightarrow x_1 + x_2 = 0$$

이므로 $\lambda_2 = 4$에 대응하는 A의 고유벡터는 영 아닌 임의의 실수 t에 대하여 다음과 같다.

$$\mathbf{x} = \begin{bmatrix} -t \\ t \end{bmatrix} = t\begin{bmatrix} -1 \\ 1 \end{bmatrix}$$ ■

【예제 5】 행렬 $A=\begin{bmatrix}1 & 2 & 2\\1 & 2 & -1\\3 & -3 & 0\end{bmatrix}$의 고유값과 고유벡터를 구하라.

풀이 A의 특성방정식은

$$|\lambda I_3-A|=\begin{vmatrix}\lambda-1 & -2 & -2\\-1 & \lambda-2 & 1\\-3 & 3 & \lambda\end{vmatrix}=(\lambda-3)^2(\lambda+3)=0$$

이므로 A의 고유값은 $\lambda_1=3$, $\lambda_2=-3$이다. 각 고유값에 대응하는 고유벡터를 $\mathbf{x}=\begin{bmatrix}x_1\\x_2\\x_3\end{bmatrix}$라 하면 $(\lambda I_3-A)\mathbf{x}=\mathbf{0}$으로부터 다음 연립방정식을 얻는다.

$$\begin{aligned}(\lambda-1)x_1-2x_2-2x_3&=0\\-x_1+(\lambda-2)x_2+x_3&=0\\-3x_1+3x_2+\lambda x_3&=0\end{aligned}\qquad\cdots\ (4)$$

(i) $\lambda_1=3$일 때 식 (4)로부터

$$\begin{aligned}2x_1-2x_2-2x_3&=0\\-x_1+x_2+x_3&=0 \Leftrightarrow x_1-x_2-x_3=0\\-3x_1+3x_2+3x_3&=0\end{aligned}$$

이므로 $\lambda_1=3$에 대응하는 A의 고유벡터는 동시에 영 아닌 임의의 실수 s, t에 대하여 다음과 같다.

$$\mathbf{x}=\begin{bmatrix}s+t\\s\\t\end{bmatrix}=s\begin{bmatrix}1\\1\\0\end{bmatrix}+t\begin{bmatrix}1\\0\\1\end{bmatrix}$$

(ii) $\lambda_2=-3$일 때 식 (4)로부터

$$\begin{array}{r} -4x_1-2x_2-2x_3=0 \\ -\ x_1-5x_2+\ x_3=0 \\ -3x_1+3x_2-3x_3=0 \end{array} \Leftrightarrow \begin{array}{r} x_1-x_2+x_3=0 \\ 3x_2-x_3=0 \end{array}$$

이므로 $\lambda_2=-3$에 대응하는 A의 고유벡터는 영 아닌 임의의 실수 r에 대하여 다음과 같다.

$$\mathbf{x}=\begin{bmatrix} -2r \\ r \\ 3r \end{bmatrix}=r\begin{bmatrix} -2 \\ 1 \\ 3 \end{bmatrix}$$ ■

【예제 6】 $A=\begin{bmatrix} -2 & -1 \\ 5 & 2 \end{bmatrix}$의 특성방정식은

$$|\lambda I_2-A|=\begin{vmatrix} \lambda+2 & 1 \\ -5 & \lambda-2 \end{vmatrix}=\lambda^2+1=0$$

이다. 그러나 $\lambda^2+1=0$을 만족하는 실수해는 존재하지 않으므로 A의 고유값은 실수범위에서는 존재하지 않는다. 그러나 복소수범위에서는 고유값이 존재한다. 이 경우는 제 7 장에서 다룬다. ■

정의

> λ가 n차의 정사각행렬 A의 고유값일 때, 동차연립방정식 $(\lambda I_n-A)\mathbf{x}=\mathbf{0}$의 해공간을 λ에 대응하는 A의 **고유공간**(eigenspace)이라 한다.

위 정의에 의하여 λ에 대응하는 A의 고유공간은 λ에 대응하는 A의 고유벡터 전체와 영벡터로 이루어진 집합이며, 이는 벡터공간 $\mathbf{R}^n$의 부분공간이다.

【예제 7】 예제 5에 주어진 행렬 A의 고유값 $\lambda_1=3$, $\lambda_2=-3$에 대응하는 고유공간의 기저를 각각 구하라.

풀이 $\lambda_1=3$에 대응하는 식 (3)의 해집합은

$$\begin{bmatrix} s+t \\ s \\ t \end{bmatrix} = s\begin{bmatrix} 1 \\ 1 \\ 0 \end{bmatrix} + t\begin{bmatrix} 1 \\ 0 \\ 1 \end{bmatrix} \quad (s,\ t \in R)$$

이므로 λ_1에 대응하는 A의 고유공간은

$$S=\left\{\begin{bmatrix} 1 \\ 1 \\ 0 \end{bmatrix}, \begin{bmatrix} 1 \\ 0 \\ 1 \end{bmatrix}\right\}$$

에 의하여 생성된다. 그런데 S는 일차독립이므로 $\lambda_1=3$에 대응하는 고유공간의 기저는 S이다.

같은 방법으로 $\lambda_2=-3$에 대응하는 고유공간의 기저는 다음과 같다.

$$\left\{\begin{bmatrix} -2 \\ 1 \\ 3 \end{bmatrix}\right\}$$

■

연습문제 6.1

※ 다음 행렬의 특성다항식을 구하라. [1~4]

1. $\begin{bmatrix} 3 & 0 \\ 2 & 1 \end{bmatrix}$

2. $\begin{bmatrix} 2 & 0 \\ 0 & -3 \end{bmatrix}$

3. $\begin{bmatrix} 5 & 6 & 2 \\ 0 & -1 & 2 \\ 1 & 0 & -1 \end{bmatrix}$

4. $\begin{bmatrix} 1 & 2 & 3 \\ 1 & 2 & 3 \\ 1 & 2 & 3 \end{bmatrix}$

※ 다음 행렬의 고유값을 구하라. [5~10]

5. $\begin{bmatrix} 1 & 0 \\ 0 & 1 \end{bmatrix}$

6. $\begin{bmatrix} 0 & 0 \\ 0 & 0 \end{bmatrix}$

7. $\begin{bmatrix} 1 & 0 & 0 \\ -1 & 3 & 0 \\ 3 & 2 & -2 \end{bmatrix}$

8. $\begin{bmatrix} 2 & -2 & 0 \\ 2 & -2 & -1 \\ -2 & 2 & 3 \end{bmatrix}$

9. $\begin{bmatrix} 10 & -9 & 0 & 0 \\ 4 & -2 & 0 & 0 \\ 0 & 0 & -2 & -7 \\ 0 & 0 & 1 & 2 \end{bmatrix}$

10. $\begin{bmatrix} 3 & 1 & 0 & 0 & 0 \\ 0 & 3 & 0 & 0 & 0 \\ 0 & 0 & 3 & 1 & 0 \\ 0 & 0 & 0 & 3 & 1 \\ 0 & 0 & 0 & 0 & 3 \end{bmatrix}$

※ 다음 각 행렬에 대하여 고유값, 고유벡터를 구하고, 각 고유값에 대응하는 고유공간의 기저를 구하라. [11～14]

11. $\begin{bmatrix} 1 & -1 \\ 2 & 4 \end{bmatrix}$

12. $\begin{bmatrix} 2 & 2 & 3 \\ 1 & 2 & 1 \\ 2 & -1 & 1 \end{bmatrix}$

13. $\begin{bmatrix} 0 & 0 & 2 & 0 \\ 1 & 0 & 1 & 0 \\ 0 & 1 & -2 & 0 \\ 0 & 0 & 0 & 1 \end{bmatrix}$

14. $\begin{bmatrix} 2 & 2 & 3 & 4 \\ 0 & 2 & 3 & 2 \\ 0 & 0 & 1 & 1 \\ 0 & 0 & 0 & 1 \end{bmatrix}$

※ 선형변환 $L\colon P_2 \longrightarrow P_2$을

$$L(a_0+a_1x+a_2x^2)=(5a_0+6a_1+2a_2)-(a_1+8a_2)x+(a_0-2a_2)x^2$$

와 같이 정의할 때 다음을 구하라. [15～16]

15. $L(\mathbf{x})=A\mathbf{x}$인 행렬 A의 고유값

16. $L(\mathbf{x})=A\mathbf{x}$인 행렬 A의 고유공간의 기저

17. 다음과 같은 n차의 대각행렬 D의 고유값을 구하라.

$$D=\begin{bmatrix} d_1 & 0 & \cdots & 0 \\ 0 & d_2 & \cdots & 0 \\ \vdots & \vdots & \ddots & \vdots \\ 0 & 0 & \cdots & d_n \end{bmatrix}$$

18. A, B가 닮은행렬이라 하면 이들은 동일한 특성다항식과 고유값을 가짐을 증명하라.

19. A와 A^T는 동일한 고유값을 가짐을 증명하라.

20. $\lambda=0$이 A의 고유값일 필요충분조건은 A가 비가역행렬임을 증명하라.

21. λ가 A의 고유값이면 λ^2은 A^2의 고유값임을 보여라. 또한 임의의 양의 정수 n에 대하여 λ^n은 A^n의 고유값임을 보여라.

22. $A^k = \mathbf{0}$ 이 되는 양의 정수 k가 존재할 때, A를 거듭제곱이 영인 행렬(nilpotent matrix)이라고 한다. A가 거듭제곱이 영인 행렬이면 A의 고유값은 0밖에 없음을 증명하라.

※ A가 n차의 정사각행렬일 때, A의 특성방정식을

$$p_A(\lambda) = |\lambda I_n - A| = \lambda^n + a_{n-1}\lambda^{n-1} + \cdots + a_1\lambda + a_0 = 0$$

이라 놓으면 다음이 항상 성립한다.

$$p_A(A) = A^n + a_{n-1}A^{n-1} + \cdots + a_1 A + a_0 I_n = \mathbf{0}$$

이 정리를 Cayley-Hamilton 정리라고 한다.

$A = \begin{bmatrix} 1 & 2 \\ 3 & 2 \end{bmatrix}$에 대하여 다음 물음에 답하라. [23~24]

23. 위 정리를 확인하라.

24. $p_A(A)$를 이용하여 A^5과 A^{-1}을 각각 구하라.

6.2 행렬의 대각화

이 절에서는 주어진 정사각행렬 A에 대하여 $P^{-1}AP$가 대각행렬이 되는 가역행렬 P가 존재할 것인가 하는 문제에 대하여 알아보도록 한다.

정의

A가 대각행렬과 닮은행렬일 때, 즉 적당한 가역행렬 P가 존재하여 $P^{-1}AP$가 대각행렬일 때 A를 **대각화 가능한**(diagonalizable) **행렬**이라 하며 행렬 P는 A를 대각화하는 행렬이라고 한다.

[예제 1] 가역행렬 $P=\begin{bmatrix}1 & 1\\ 1 & 2\end{bmatrix}$와 행렬 $A=\begin{bmatrix}1 & 1\\ -2 & 4\end{bmatrix}$에 대하여

$$P^{-1}AP=\begin{bmatrix}2 & -1\\ -1 & 1\end{bmatrix}\begin{bmatrix}1 & 1\\ -2 & 4\end{bmatrix}\begin{bmatrix}1 & 1\\ 1 & 2\end{bmatrix}=\begin{bmatrix}2 & 0\\ 0 & 3\end{bmatrix}$$

이므로 A는 대각화 가능하다. ■

[예제 2] 대각행렬 D는 $I^{-1}DI=D$이므로 대각화 가능하다. ■

정리 6.1

n차의 정사각행렬 A가 대각화 가능할 필요충분조건은 A가 n개의 일차독립인 고유벡터를 갖는 것이다. 이 때 A는 자신의 고유값 $\lambda_1, \lambda_2, \ldots, \lambda_n$을 주대각선성분으로 갖는 대각행렬 D와 닮은행렬이다.

증명 (⇒) A가 대각화 가능하면 적당한 가역행렬

$$P=[\mathbf{p}^{(1)} \quad \mathbf{p}^{(2)} \cdots \mathbf{p}^{(n)}]$$

에 대하여 $P^{-1}AP=B$인 대각행렬 $B=\text{diag}\{b_1, b_2, \ldots, b_n\}$이 존재한다. 이 때

$$AP=PB$$

이므로

$$A\mathbf{p}^{(1)}=b_1\mathbf{p}^{(1)}, A\mathbf{p}^{(2)}=b_2\mathbf{p}^{(2)}, \ldots, A\mathbf{p}^{(n)}=b_n\mathbf{p}^{(n)}$$

따라서 $b_1, b_2, \ldots, b_n$은 A의 고유값이므로 $B=D$이다. 이 때 $\mathbf{p}^{(1)}, \mathbf{p}^{(2)}, \ldots, \mathbf{p}^{(n)}$은 각각 $b_1=\lambda_1, b_2=\lambda_2, \ldots, b_n=\lambda_n$에 대응하는 A의 고유벡터이다. 그런데 P가 가역이므로 이러한 n개의 고유벡터는 일차독립이다.

(⇐) A의 고유값 $\lambda_1, \lambda_2, \ldots, \lambda_n$에 대응하는 일차독립인 고유벡터를

$$\mathbf{p}^{(1)}, \mathbf{p}^{(2)}, \ldots, \mathbf{p}^{(n)}$$

이라 하고 이것을 열벡터로 갖는 행렬을

$$P=[\mathbf{p}^{(1)} \quad \mathbf{p}^{(2)} \cdots \mathbf{p}^{(n)}]$$

이라 하자. 그러면

$$\begin{aligned} AP &= [A\mathbf{p}^{(1)} \quad A\mathbf{p}^{(2)} \cdots A\mathbf{p}^{(n)}] \\ &= [\lambda_1\mathbf{p}^{(1)} \quad \lambda_2\mathbf{p}^{(2)} \cdots \lambda_n\mathbf{p}^{(n)}] \\ &= [\mathbf{p}^{(1)} \quad \mathbf{p}^{(2)} \cdots \mathbf{p}^{(n)}]\begin{bmatrix} \lambda_1 & 0 & \cdots & 0 \\ 0 & \lambda_2 & \cdots & 0 \\ \vdots & \vdots & \ddots & \vdots \\ 0 & 0 & \cdots & \lambda_n \end{bmatrix} \\ &= PD \end{aligned}$$

그런데 P의 열벡터는 일차독립이므로 P는 가역이다. 따라서

$$P^{-1}AP=D$$

이고 A는 대각화 가능하다. ■

정리 6.1의 증명으로부터 대각화 가능한 n차의 정사각행렬 A를 다음 과정을 통하여 대각화할 수 있다.

Ⅰ. A의 n개의 일차독립인 고유벡터 $\mathbf{p}^{(1)}, \mathbf{p}^{(2)}, \ldots, \mathbf{p}^{(n)}$을 구한다.

Ⅱ. $\mathbf{p}^{(1)}, \mathbf{p}^{(2)}, \ldots, \mathbf{p}^{(n)}$을 열벡터로 갖는 행렬 P를 만든다.

Ⅲ. 이 P가 A를 대각화하는 행렬이고 $P^{-1}AP$는 A의 고유값 $\lambda_1, \lambda_2, \ldots, \lambda_n$을 주대각선성분으로 갖는 대각행렬이다.

【예제 3】 행렬 $A=\begin{bmatrix} 5 & -6 \\ 2 & -2 \end{bmatrix}$의 특성방정식은 $|\lambda I_2-A|=(\lambda-2)(\lambda-1)=0$이므로 고유값은 $\lambda_1=2, \lambda_2=1$ 이고

$$\mathbf{x}_1=\begin{bmatrix} 2 \\ 1 \end{bmatrix}, \ \mathbf{x}_2=\begin{bmatrix} 3 \\ 2 \end{bmatrix}$$

가 A의 고유값 $\lambda_1=2, \lambda_2=1$에 각각 대응하는 A의 고유벡터이다. 이들이 일차독립이므로 정리 6.1에 의하여 대각화 가능하다. 실제로

$$P=[\mathbf{x}_1 \quad \mathbf{x}_2]=\begin{bmatrix} 2 & 3 \\ 1 & 2 \end{bmatrix}$$

라 하면

$$P^{-1}AP=\begin{bmatrix} 2 & -3 \\ -1 & 2 \end{bmatrix}\begin{bmatrix} 5 & -6 \\ 2 & -2 \end{bmatrix}\begin{bmatrix} 2 & 3 \\ 1 & 2 \end{bmatrix}=\begin{bmatrix} 2 & 0 \\ 0 & 1 \end{bmatrix}$$ ■

【예제 4】 행렬

$$A=\begin{bmatrix} 3 & 0 & 0 \\ -4 & 6 & 2 \\ 16 & -15 & -5 \end{bmatrix}$$

는 대각화 가능함을 보이고, 이 때 A를 대각화하는 행렬 P를 구하라.

풀이 A의 특성방정식은

$$|\lambda I_3 - A| = \lambda(\lambda-1)(\lambda-3)=0$$

이므로 A의 고유값은 $\lambda_1=0$, $\lambda_2=1$, $\lambda_3=3$이다. 이 때 각각의 고유값에 대응하는 고유벡터로

$$\mathbf{x}_1=\begin{bmatrix} 0 \\ 1 \\ -3 \end{bmatrix},\quad \mathbf{x}_2=\begin{bmatrix} 0 \\ 2 \\ -5 \end{bmatrix},\quad \mathbf{x}_3=\begin{bmatrix} 1 \\ 0 \\ 2 \end{bmatrix}$$

를 얻을 수 있다. 이들이 일차독립이므로 A는 대각화 가능하다. 따라서

$$P=[\mathbf{x}_1 \quad \mathbf{x}_2 \quad \mathbf{x}_3]=\begin{bmatrix} 0 & 0 & 1 \\ 1 & 2 & 0 \\ -3 & -5 & 2 \end{bmatrix}$$ ■

【예제 5】 행렬 $A=\begin{bmatrix} 1 & 1 \\ 0 & 1 \end{bmatrix}$의 특성방정식은 $|\lambda I_2 - A|=(\lambda-1)^2=0$이므로 A의 고유값은 $\lambda=1$이다. 이 고유값에 대응하는 고유벡터는 영 아닌 임의의 실수 s에 대하여

$$\mathbf{x}=\begin{bmatrix} s \\ 0 \end{bmatrix}=s\begin{bmatrix} 1 \\ 0 \end{bmatrix}$$

이므로 A는 두 개의 일차독립인 고유벡터를 갖지 않는다. 따라서 A는 대각화 가능하지 않다. ■

정리 6.2

n차의 정사각행렬 A의 서로 다른 고유값 $\lambda_1, \lambda_2, \ldots, \lambda_k$에 대응하는 고유벡터를 $\mathbf{x}_1, \mathbf{x}_2, \ldots, \mathbf{x}_k$라 하면 이들은 일차독립이다.

증명

집합 $\{\mathbf{x}_1, \mathbf{x}_2, \ldots, \mathbf{x}_k\}$가 일차종속이라 가정하자. 고유벡터는 $\mathbf{0}$이 아니므로 $\{\mathbf{x}_1\}$은 일차독립이다. $\{\mathbf{x}_1, \ldots, \mathbf{x}_r\}$이 일차독립인 최대정수를 $r(1 \leq r < k)$라 하자. 그러면 $\{\mathbf{x}_1, \ldots, \mathbf{x}_r, \mathbf{x}_{r+1}\}$이 일차종속이므로

$$c_1\mathbf{x}_1 + \cdots + c_r\mathbf{x}_r + c_{r+1}\mathbf{x}_{r+1} = \mathbf{0} \quad \cdots (1)$$

을 만족하는 모두는 영 아닌 스칼라 $c_1, \ldots, c_r, c_{r+1}$이 존재한다. 식 (1)의 양변에 A를 곱하면

$$\begin{aligned} &A(c_1\mathbf{x}_1 + \cdots + c_r\mathbf{x}_r + c_{r+1}\mathbf{x}_{r+1}) \\ &= c_1(A\mathbf{x}_1) + \cdots + c_r(A\mathbf{x}_r) + c_{r+1}(A\mathbf{x}_{r+1}) \\ &= c_1\lambda_1\mathbf{x}_1 + \cdots + c_r\lambda_r\mathbf{x}_r + c_{r+1}\lambda_{r+1}\mathbf{x}_{r+1} = \mathbf{0} \quad \cdots (2) \end{aligned}$$

또 식 (1)의 양변에 λ_{r+1}을 곱하면

$$c_1\lambda_{r+1}\mathbf{x}_1 + \cdots + c_r\lambda_{r+1}\mathbf{x}_r + c_{r+1}\lambda_{r+1}\mathbf{x}_{r+1} = \mathbf{0} \quad \cdots (3)$$

따라서 식 (2)와 (3)으로부터 다음을 얻는다.

$$c_1(\lambda_1 - \lambda_{r+1})\mathbf{x}_1 + \cdots + c_r(\lambda_r - \lambda_{r+1})\mathbf{x}_r = \mathbf{0}$$

그런데 $\{\mathbf{x}_1, \ldots, \mathbf{x}_r\}$이 일차독립이므로

$$c_1(\lambda_1 - \lambda_{r+1}) = \cdots = c_r(\lambda_r - \lambda_{r+1}) = 0$$

이고, $\lambda_1, \ldots, \lambda_r, \lambda_{r+1}$이 서로 다르므로

$$c_1 = \cdots = c_r = 0 \quad \cdots (4)$$

이다. 이 값을 식 (1)에 대입하면

$$c_{r+1}\mathbf{x}_{r+1}=\mathbf{0}$$

이고 $\mathbf{x}_{r+1}$이 영 아닌 고유벡터이므로 $c_{r+1}=0$이다. 따라서 식 (4)로부터 $c_1=\cdots=c_r=c_{r+1}=0$이므로 식 (1)의 스칼라 $c_1, \ldots, c_r, c_{r+1}$이 모두는 영이 아니라는 것에 모순된다. 그러므로 $\{\mathbf{x}_1, \mathbf{x}_2, \ldots, \mathbf{x}_k\}$는 일차독립이다. ■

정리 6.1과 6.2로부터 다음 정리를 얻는다.

정리 6.3 n차의 정사각행렬 A가 n개의 서로 다른 고유값을 가지면 A는 대각화 가능하다.

【예제 6】 예제 4에 주어진 행렬

$$A=\begin{bmatrix} 3 & 0 & 0 \\ -4 & 6 & 2 \\ 16 & -15 & -5 \end{bmatrix}$$

의 세 개의 고유값은 서로 다르므로 정리 6.3에 의하여 A는 대각화 가능하다. ■

일반적으로 n차의 정사각행렬 A의 고유값 $\lambda_1, \lambda_2, \ldots, \lambda_n$ 중 같은 것이 존재하면 A는 대각화 가능할 수도 있고, 대각화 가능하지 않을 수도 있다.

【예제 7】 행렬

$$A=\begin{bmatrix} 4 & -2 & 1 \\ 2 & 0 & 1 \\ 2 & -2 & 3 \end{bmatrix}$$

의 특성방정식은 $|\lambda I_3-A|=(\lambda-2)^2(\lambda-3)=0$이므로 A의 서로 다른 고유값은 $\lambda_1=2,\ \lambda_2=3$이다. $\lambda_1=2$에 대응하

는 고유벡터를 $\mathbf{x}=\begin{bmatrix} x_1 \\ x_2 \\ x_3 \end{bmatrix}$라 하면 $(2I_3-A)\mathbf{x}=\mathbf{0}$, 즉

$$\begin{bmatrix} -2 & 2 & -1 \\ -2 & 2 & -1 \\ -2 & 2 & -1 \end{bmatrix}\begin{bmatrix} x_1 \\ x_2 \\ x_3 \end{bmatrix}=\begin{bmatrix} 0 \\ 0 \\ 0 \end{bmatrix}\Leftrightarrow -2x_1+2x_2-x_3=0$$

으로부터 이 연립방정식의 해는

$$\mathbf{x}=\begin{bmatrix} r-s \\ r \\ 2s \end{bmatrix}=r\begin{bmatrix} 1 \\ 1 \\ 0 \end{bmatrix}+s\begin{bmatrix} -1 \\ 0 \\ 2 \end{bmatrix},\ (r,\ s\in R)$$

이므로 일차독립인 고유벡터로

$$\mathbf{x}_1=\begin{bmatrix} 1 \\ 1 \\ 0 \end{bmatrix},\quad \mathbf{x}_2=\begin{bmatrix} -1 \\ 0 \\ 2 \end{bmatrix}$$

를 얻는다. 또 같은 방법으로 $\lambda_2=3$에 대응하는 고유벡터로

$$\mathbf{x}_3=\begin{bmatrix} 1 \\ 1 \\ 1 \end{bmatrix}$$

을 얻을 수 있다. 따라서 $\{\mathbf{x}_1, \mathbf{x}_2, \mathbf{x}_3\}$가 일차독립이므로 정리 6.1에 의하여 A는 대각화 가능하다.

[예제 8] 행렬

$$A=\begin{bmatrix} 0 & 0 & 1 \\ 0 & 1 & 2 \\ 0 & 0 & 1 \end{bmatrix}$$

의 특성방정식은 $|\lambda I_3-A|=\lambda(\lambda-1)^2=0$이므로 서로 다른 고유값은 $\lambda_1=0$, $\lambda_2=1$이다. $\lambda_2=1$에 대응하는 고유벡터를 구하기 위하여 $(I_3-A)\mathbf{x}=0$, 즉

$$\begin{bmatrix}1&0&-1\\0&0&-2\\0&0&0\end{bmatrix}\begin{bmatrix}x_1\\x_2\\x_3\end{bmatrix}=\begin{bmatrix}0\\0\\0\end{bmatrix}$$

을 풀면 해는 $\mathbf{x}=\begin{bmatrix}0\\r\\0\end{bmatrix}$, $(r\in R)$이다. 따라서 $\lambda_2=1$에 대응하는 일차독립인 두 개의 고유벡터가 존재하지 않으므로 A는 대각화 가능하지 않다. ■

일반적으로 A의 특성다항식은 λ_i가 A의 고유값일 때 $(\lambda-\lambda_i)$의 곱으로 나타낼 수 있으므로 $\lambda_1, \lambda_2, \ldots, \lambda_k$를 행렬 $A\in M_n$의 서로 다른 고유값이라 하면 A의 특성다항식은

$$|\lambda I_n-A|=(\lambda-\lambda_1)^{m_1}(\lambda-\lambda_2)^{m_2}\cdots(\lambda-\lambda_k)^{m_k}$$

와 같이 나타낼 수 있다. 여기서 $m_1, m_2, \ldots, m_k$의 합은 n이다. 이 때 정수 m_i를 λ_i의 **중복도**(multiplicity)라 한다. 예를 들면 예제 8에서 $\lambda=1$의 중복도는 2이다.

연습문제 6.2

※ 다음에서 대각화 가능한 행렬을 고르고 대각화 가능하면 P와 D를 구하라. [1~10]

1. $\begin{bmatrix}5&-3\\2&0\end{bmatrix}$

2. $\begin{bmatrix}3&0\\-1&-2\end{bmatrix}$

3. $\begin{bmatrix}1&1\\1&1\end{bmatrix}$

4. $\begin{bmatrix}2&-3\\1&2\end{bmatrix}$

5. $\begin{bmatrix}2&0&0\\0&1&1\\0&1&1\end{bmatrix}$

6. $\begin{bmatrix}1&0&0\\0&1&1\\0&-6&-2\end{bmatrix}$

7. $\begin{bmatrix}1&3&0\\0&2&0\\0&0&2\end{bmatrix}$

8. $\begin{bmatrix}0&1&1\\1&0&1\\1&1&0\end{bmatrix}$

9. $\begin{bmatrix} 1 & 0 & -2 & 0 \\ 0 & 1 & -2 & 0 \\ 0 & 0 & -1 & 0 \\ 0 & 0 & 0 & -1 \end{bmatrix}$

10. $\begin{bmatrix} -3 & 1 & 0 & 0 \\ 0 & -2 & 0 & 0 \\ 0 & 0 & -3 & 0 \\ 0 & 0 & 1 & 1 \end{bmatrix}$

※ $A=\begin{bmatrix} a & b \\ c & d \end{bmatrix}$일 때 다음을 보여라. [11~12]

11. $(a-d)^2+4bc>0$ 이면 A는 대각화 가능하다.

12. $(a-d)^2+4bc<0$ 이면 A는 대각화 가능하지 않다.

13. 예제 7에서 행렬 A를 대각화하는 행렬은 $P=\begin{bmatrix} 1 & -1 & 1 \\ 1 & 0 & 1 \\ 0 & 2 & 1 \end{bmatrix}$임을 보여라.

14. 행렬 $A=\begin{bmatrix} 3 & -2 & 0 \\ -2 & 3 & 0 \\ 0 & 0 & 5 \end{bmatrix}$는 대각화 가능한 행렬이다. 이 행렬을 대각화하는 행렬은 $P=\begin{bmatrix} -1 & 0 & 1 \\ 1 & 0 & 1 \\ 0 & 1 & 0 \end{bmatrix}$임을 보여라.

15. 행렬 $A=\begin{bmatrix} 0 & 1 & 8 \\ 1 & 0 & -17 \\ 0 & 0 & 4 \end{bmatrix}$가 대각화 가능한 행렬임을 정리 6.3을 이용하여 보여라.

※ 다음 행렬의 각 고유값의 중복도를 구하라. [16~17]

16. $\begin{bmatrix} -1 & -1 & 1 \\ 0 & 1 & 0 \\ 2 & 1 & 0 \end{bmatrix}$

17. $\begin{bmatrix} 1 & 2 & 0 & 0 \\ 2 & 1 & 0 & 0 \\ 0 & 0 & 1 & 2 \\ 0 & 0 & 2 & 1 \end{bmatrix}$

18. 행렬 A가 대각화 가능하면, A^{-1}도 대각화 가능함을 보여라.

19. 행렬 A가 대각화 가능하면, 임의의 양의 정수 k에 대하여 A^k도 대각화 가능함을 보여라.

20. 행렬 A가 대각화 가능하면, A^T도 대각화 가능함을 보여라.

6.3 대칭행렬의 대각화

대칭행렬은 선형대수학을 응용하는 많은 부분에서 자주 나타난다. 특히 제 8 장의 이차형식이론에서는 대칭행렬의 대각화와 밀접한 관계가 있다. 실제로 모든 대칭행렬은 대각화 가능하다는 것을 이 절에서 보인다.

다음 정리는 대칭행렬의 중요한 성질로서 이것의 증명은 보다 일반적으로 7.3절의 정리 7.5에서 다룬다.

정리 6.4 대칭행렬의 고유값은 모두 실수이다.

[예제 1] 대칭행렬 $A=\begin{bmatrix} 4 & 2 & 2 \\ 2 & 4 & 2 \\ 2 & 2 & 4 \end{bmatrix}$의 특성방정식은

$$|\lambda I_3 - A| = (\lambda-2)^2(\lambda-8) = 0$$

이므로 A의 고유값은 $\lambda_1=2$, $\lambda_2=8$로서 모두 실수임을 확인할 수 있다. ■

정의 정사각행렬 A에 대하여 $A^{-1}=A^T$이면 A를 **직교행렬**(orthogonal matrix)이라고 한다.

위 정의로부터 n차의 정사각행렬 A에 대하여 다음은 서로 동치임을 쉽게 알 수 있다. 이것의 증명은 연습문제로 남긴다.

(1) A가 직교행렬이다.

(2) $A^TA=I_n=AA^T$

(3) A의 열(행)벡터들은 정규직교집합을 이룬다.

【예제 2】 행렬

$$A=\begin{bmatrix} \frac{2}{3} & -\frac{2}{3} & \frac{1}{3} \\ \frac{2}{3} & \frac{1}{3} & -\frac{2}{3} \\ \frac{1}{3} & \frac{2}{3} & \frac{2}{3} \end{bmatrix}$$

에 대하여

$$AA^T=\begin{bmatrix} \frac{2}{3} & -\frac{2}{3} & \frac{1}{3} \\ \frac{2}{3} & \frac{1}{3} & -\frac{2}{3} \\ \frac{1}{3} & \frac{2}{3} & \frac{2}{3} \end{bmatrix}\begin{bmatrix} \frac{2}{3} & \frac{2}{3} & \frac{1}{3} \\ -\frac{2}{3} & \frac{1}{3} & \frac{2}{3} \\ \frac{1}{3} & -\frac{2}{3} & \frac{2}{3} \end{bmatrix}=I_3$$

이므로 A는 직교행렬이다. 또한, A의 열(행)벡터들은 정규직교집합임을 확인할 수 있다. ∎

6.2절에서 이미 대각화에 관한 문제를 다루었다. 이제 좀더 특별한 경우를 정의하자.

정의

정사각행렬 A에 대하여 A를 대각화하는 직교행렬 P가 존재할 때, 즉

$$P^{-1}AP=D \text{ 또는 } P^TAP=D$$

인 직교행렬 P와 대각행렬 D가 존재할 때 A는 **직교대각화 가능**(orthogonally diagonalizable)하다고 하며 P는 A를 **직교대각화하는 행렬**이라 한다.

이제, 어떤 행렬이 직교대각화 가능하며, 이 때 직교대각화하는 행렬은 무엇인가를 알아보자.

정리 6.5

n차의 정사각행렬 A에 대하여 다음은 동치이다.
(1) A는 직교대각화 가능하다.
(2) A는 대칭행렬이다.

증명 (1)$\Rightarrow$(2): A가 직교대각화 가능하므로 $P^TAP=D$인 직교행렬 P와 대각행렬 D가 존재한다. 그런데 $D=D^T$이므로 다음 식을 얻는다.

$$P^TAP=D=D^T=(P^TAP)^T=P^TA^TP$$

따라서

$$\begin{aligned} P^TAP=P^TA^TP &\Leftrightarrow P(P^TAP)P^T=P(P^TA^TP)P^T \\ &\Leftrightarrow (PP^T)A(PP^T)=(PP^T)A^T(PP^T) \\ &\Leftrightarrow A=A^T \end{aligned}$$

즉, A는 대칭행렬이다.
(2)$\Rightarrow$(1): A가 대칭행렬이므로 정리 6.4로부터 A의 고유값은 모두 실수이다. 따라서 $P^TAP=M$인 직교행렬 P와 상삼각행렬 M이 존재한다(이것은 Schur 정리의 한 특수한 경우이고, Schur 정리는 정리 7.7에서 증명한다). 따라서

$$M^T=(P^TAP)^T=P^TA^TP=P^TAP=M$$

그런데 M이 상삼각행렬이고 $M^T=M$이므로 M은 대각행렬이다. 즉 A는 직교대각화 가능하다. ■

정리 6.6

A가 대칭행렬이면 A는 n개의 고유벡터들의 정규직교집합을 갖는다.

증명 A가 대칭행렬이므로 정리 6.5로부터 A는 직교대각화 가능하다. 즉 $P^TAP=D$인 직교행렬 P와 대각행렬 D가 존재한다. 따라서 정리 6.1의 증명으로부터 A의 고유값들은 D의 대각선 성분이고 A의 n개의 일차독립인 고유벡터들은 P의 열벡터로서 취해질 수 있다. 그런데 P의 열벡터들은 정규직교집합을 이루므로 A는 n개의 고유벡터들의 정규직교집합을 갖는다. ■

정리 6.5로부터 모든 대칭행렬 A는 직교대각화 가능하며, 이 때 직교대각화하는 행렬 P는 정리 6.6의 증명으로부터 A의 n개의 일차독립인 정규직교 고유벡터들을 열벡터로 갖는 행렬임을 알 수 있다.

정리 6.7

> A가 대칭행렬이면, A의 서로 다른 고유값에 대응하는 고유벡터는 서로 직교한다.

증명 λ_1, λ_2를 대칭행렬 A의 서로 다른 고유값이라 하고 $\mathbf{x}_1$, $\mathbf{x}_2$를 각각 λ_1, λ_2에 대응하는 고유벡터라 할 때

$$\mathbf{x}_1 \cdot \mathbf{x}_2 = \mathbf{x}_1^T\mathbf{x}_2 = 0$$

임을 보이면 된다.

$$A\mathbf{x}_1 = \lambda_1\mathbf{x}_1 \qquad \cdots (1)$$
$$A\mathbf{x}_2 = \lambda_2\mathbf{x}_2 \qquad \cdots (2)$$

이므로 식 (1)과 A가 대칭행렬이라는 사실로부터 다음을 얻는다.

$$(A\mathbf{x}_1)^T = (\lambda_1\mathbf{x}_1)^T \Leftrightarrow \mathbf{x}_1^TA^T = \lambda_1\mathbf{x}_1^T \Leftrightarrow \mathbf{x}_1^TA = \lambda_1\mathbf{x}_1^T$$

따라서

$$\mathbf{x}_1^TA\mathbf{x}_2 = \lambda_1\mathbf{x}_1^T\mathbf{x}_2 \qquad \cdots (3)$$

또한 식 (2)로부터

$$\mathbf{x}_1^T A \mathbf{x}_2 = \mathbf{x}_1^T \lambda_2 \mathbf{x}_2 = \lambda_2 \mathbf{x}_1^T \mathbf{x}_2 \qquad \cdots (4)$$

이므로 식 (3), (4)로부터

$$\lambda_1 \mathbf{x}_1^T \mathbf{x}_2 = \lambda_2 \mathbf{x}_1^T \mathbf{x}_2$$

그런데 $\lambda_1 \neq \lambda_2$ 이므로 $\mathbf{x}_1^T \mathbf{x}_2 = 0$ 이다. 즉 $\mathbf{x}_1$과 $\mathbf{x}_2$는 서로 직교한다. ■

[예제 3] 행렬

$$A = \begin{bmatrix} 0 & 0 & -2 \\ 0 & -2 & 0 \\ -2 & 0 & 3 \end{bmatrix}$$

가 직교대각화 가능함을 보이고, 이 때 직교대각화하는 행렬 P를 구하라.

풀이 A가 대칭행렬이므로 정리 6.5에 의하여 A는 직교대각화 가능하다. A의 특성방정식이

$$|\lambda I_3 - A| = (\lambda+2)(\lambda-4)(\lambda+1) = 0$$

이므로 A의 고유값은 $\lambda_1 = -2$, $\lambda_2 = 4$, $\lambda_3 = -1$ 이다. 각 고유값에 대응하는 A의 고유벡터로 다음을 얻을 수 있다.

$$\mathbf{x}_1 = \begin{bmatrix} 0 \\ 1 \\ 0 \end{bmatrix}, \quad \mathbf{x}_2 = \begin{bmatrix} -1 \\ 0 \\ 2 \end{bmatrix}, \quad \mathbf{x}_3 = \begin{bmatrix} 2 \\ 0 \\ 1 \end{bmatrix}$$

정리 6.7에 의하여 $\{\mathbf{x}_1, \mathbf{x}_2, \mathbf{x}_3\}$은 직교집합이고 이것을 정규화하면

$$\left\{ \begin{bmatrix} 0 \\ 1 \\ 0 \end{bmatrix}, \begin{bmatrix} -\frac{1}{\sqrt{5}} \\ 0 \\ \frac{2}{\sqrt{5}} \end{bmatrix}, \begin{bmatrix} \frac{2}{\sqrt{5}} \\ 0 \\ \frac{1}{\sqrt{5}} \end{bmatrix} \right\}$$

$$\therefore\ P=\begin{bmatrix} 0 & -\frac{1}{\sqrt{5}} & \frac{2}{\sqrt{5}} \\ 1 & 0 & 0 \\ 0 & \frac{2}{\sqrt{5}} & \frac{1}{\sqrt{5}} \end{bmatrix}$$ ■

[예제 4] 예제 1의 행렬

$$A=\begin{bmatrix} 4 & 2 & 2 \\ 2 & 4 & 2 \\ 2 & 2 & 4 \end{bmatrix}$$

의 고유값은 $\lambda_1=2,\ \lambda_2=8$ 이었다. $\lambda_1=2$ 에 대응하는 일차독립인 고유벡터로

$$\mathbf{x}_1=\begin{bmatrix} -1 \\ 1 \\ 0 \end{bmatrix},\quad \mathbf{x}_2=\begin{bmatrix} -1 \\ 0 \\ 1 \end{bmatrix}$$

을 얻을 수 있다. Gram-Schmidt 정규직교화과정을 이용하면

$$\mathbf{v}_1=\frac{\mathbf{x}_1}{\|\mathbf{x}_1\|}=\begin{bmatrix} -\frac{1}{\sqrt{2}} \\ \frac{1}{\sqrt{2}} \\ 0 \end{bmatrix}$$

$$\mathbf{v}_2=\frac{\mathbf{x}_2-(\mathbf{x}_2\cdot\mathbf{v}_1)\mathbf{v}_1}{\|\mathbf{x}_2-(\mathbf{x}_2\cdot\mathbf{v}_1)\mathbf{v}_1\|}=\begin{bmatrix} -\frac{1}{\sqrt{6}} \\ -\frac{1}{\sqrt{6}} \\ \frac{2}{\sqrt{6}} \end{bmatrix}$$

또, $\lambda_2=8$에 대응하는 고유벡터로 $\mathbf{x}_3=\begin{bmatrix} 1 \\ 1 \\ 1 \end{bmatrix}$를 얻을 수 있고, 이것을 정규화하면

$$\mathbf{v}_3=\begin{bmatrix} \frac{1}{\sqrt{3}} \\ \frac{1}{\sqrt{3}} \\ \frac{1}{\sqrt{3}} \end{bmatrix}$$

따라서 A를 직교대각화하는 행렬 P는 다음과 같다.

$$P=\begin{bmatrix} -\frac{1}{\sqrt{2}} & -\frac{1}{\sqrt{6}} & \frac{1}{\sqrt{3}} \\ \frac{1}{\sqrt{2}} & -\frac{1}{\sqrt{6}} & \frac{1}{\sqrt{3}} \\ 0 & \frac{2}{\sqrt{6}} & \frac{1}{\sqrt{3}} \end{bmatrix}$$ ■

연습문제 6.3

※ 다음 대칭행렬의 고유공간의 차원을 구하라. [1~4]

1. $\begin{bmatrix} 1 & 1 \\ 1 & 1 \end{bmatrix}$

2. $\begin{bmatrix} 6 & 0 & 0 \\ 0 & 3 & 3 \\ 0 & 3 & 3 \end{bmatrix}$

3. $\begin{bmatrix} 1 & 1 & 1 \\ 1 & 1 & 1 \\ 1 & 1 & 1 \end{bmatrix}$

4. $\begin{bmatrix} 4 & 4 & 0 & 0 \\ 4 & 4 & 0 & 0 \\ 0 & 0 & 0 & 0 \\ 0 & 0 & 0 & 0 \end{bmatrix}$

※ 다음 행렬이 직교행렬임을 보여라. [5~6]

5. $\begin{bmatrix} \frac{\sqrt{3}}{3} & 0 & \frac{\sqrt{6}}{3} \\ \frac{\sqrt{3}}{3} & \frac{\sqrt{2}}{2} & -\frac{\sqrt{6}}{6} \\ \frac{\sqrt{3}}{3} & -\frac{\sqrt{2}}{2} & -\frac{\sqrt{6}}{6} \end{bmatrix}$

6. $\begin{bmatrix} \cos\theta & -\sin\theta & 0 \\ \sin\theta & \cos\theta & 0 \\ 0 & 0 & 1 \end{bmatrix}$

7. 다음 직교행렬

$$\begin{bmatrix} 1 & 0 & 0 \\ 0 & -\dfrac{\sqrt{3}}{2} & -\dfrac{1}{2} \\ 0 & -\dfrac{1}{2} & \dfrac{\sqrt{3}}{2} \end{bmatrix}$$

의 역행렬을 구하라.

8. A가 직교행렬이면 $\det(A)=\pm 1$ 임을 보여라.

9. 직교행렬의 고유값의 절대값은 1 임을 보여라.

※ A와 B가 직교행렬이면 다음도 직교행렬임을 보여라. [10~11]

10. AB

11. A^T

※ 다음 행렬을 직교대각화하는 행렬 P를 구하라. [12~17]

12. $\begin{bmatrix} 2 & 2 \\ 2 & 2 \end{bmatrix}$

13. $\begin{bmatrix} -7 & 24 \\ 24 & 7 \end{bmatrix}$

14. $\begin{bmatrix} 1 & 1 & 0 \\ 1 & 1 & 0 \\ 0 & 0 & 1 \end{bmatrix}$

15. $\begin{bmatrix} -2 & 0 & -36 \\ 0 & -3 & 0 \\ -36 & 0 & -23 \end{bmatrix}$

16. $\begin{bmatrix} 2 & 1 & -1 & 2 \\ 2 & 3 & 2 & -3 \\ -1 & 2 & 1 & -1 \\ 2 & -3 & -1 & 4 \end{bmatrix}$

17. $\begin{bmatrix} 5 & -2 & 0 & 0 \\ -2 & 2 & 0 & 0 \\ 0 & 0 & 5 & -2 \\ 0 & 0 & -2 & 2 \end{bmatrix}$

18. $a\neq b$일 때, $A=\begin{bmatrix} a & b \\ 0 & b \end{bmatrix}$를 직교대각화하는 행렬 P를 구하라.

19. $A=\begin{bmatrix} \dfrac{1}{\sqrt{2}} & -\dfrac{1}{\sqrt{2}} \\ -\dfrac{1}{\sqrt{2}} & -\dfrac{1}{\sqrt{2}} \end{bmatrix}$일 때 $\mathbf{R}^2$의 임의의 두 벡터 $\mathbf{x}$, $\mathbf{y}$에 대하여

$$(A\mathbf{x})\cdot(A\mathbf{y})=\mathbf{x}\cdot\mathbf{y}$$

임을 보여라.

20. n차의 정사각행렬 A에 대하여 다음은 서로 동치임을 증명하라.
(1) A가 직교행렬이다.
(2) $A^TA=I_n=AA^T$
(3) A의 열(행)벡터들은 정규직교집합을 이룬다.

*6.4 행렬을 이용한 인구분석

선형대수는 인구문제를 분석하는 데 있어서 중요한 도구가 된다. 이 절에서는 행렬을 이용하여 인구를 분석하는 방법을 소개한다. 이를 위하여 먼저 대각화 가능한 행렬의 거듭제곱을 쉽게 구하는 방법에 대하여 알아보자.

n차의 정사각행렬 A가 대각화 가능한 행렬이면 임의의 정수 k에 대하여 A^k를 쉽게 구할 수 있다. 실제로 정리 6.1로부터 A가 고유값 $\lambda_1, \lambda_2, \ldots, \lambda_n$에 대응하는 일차독립인 고유벡터 $\mathbf{x}_1, \mathbf{x}_2, \ldots, \mathbf{x}_n$을 갖는다면 고유벡터 $\mathbf{x}_1, \mathbf{x}_2, \ldots, \mathbf{x}_n$을 열벡터로 갖는 가역행렬 P와 대각행렬

$$D=\text{diag}\{\lambda_1, \lambda_2, \ldots, \lambda_n\}$$

에 대하여

$$P^{-1}AP=D \Leftrightarrow A=PDP^{-1}$$

이다. 따라서 임의의 양의 정수 k에 대하여

$$\begin{aligned} A^k &= (PDP^{-1})^k \\ &= (PDP^{-1})(PDP^{-1})\cdots(PDP^{-1})(PDP^{-1}) \\ &= PD(P^{-1}P)D(P^{-1}P)D(P^{-1}\cdots P)D(P^{-1}P)DP^{-1} \\ &= PD^kP^{-1} \end{aligned}$$

여기서 $D^k=\text{diag}\{\lambda_1^k, \lambda_2^k, \ldots, \lambda_n^k\}$이므로 A^k를 쉽게 구할 수 있다. 음의 정수 k에 대하여도 마찬가지이다.

[예제 1] 행렬

$$A=\begin{bmatrix} 1 & -3 & 3 \\ 3 & -5 & 3 \\ 6 & -6 & 4 \end{bmatrix}$$

일 때 A^4을 구하라.

풀이 A의 특성방정식이 $|\lambda I_3 - A| = (\lambda+2)^2(\lambda-4) = 0$이므로 A의 고유값은

$$\lambda = -2,\ 4$$

이다. $\lambda_1 = -2$에 대응하는 고유벡터는 동시에 영 아닌 임의의 실수 s, t에 대하여

$$\mathbf{x} = \begin{bmatrix} s \\ t \\ -s+t \end{bmatrix} = s\begin{bmatrix} 1 \\ 0 \\ -1 \end{bmatrix} + t\begin{bmatrix} 0 \\ 1 \\ 1 \end{bmatrix}$$

이다. 또 $\lambda_2 = 4$에 대응하는 고유벡터는 영 아닌 임의의 실수 r에 대하여

$$\mathbf{x} = r\begin{bmatrix} 1 \\ 1 \\ 2 \end{bmatrix}$$

이므로 A의 일차독립인 세 개의 고유벡터로

$$\mathbf{x}_1 = \begin{bmatrix} 1 \\ 0 \\ -1 \end{bmatrix},\quad \mathbf{x}_2 = \begin{bmatrix} 0 \\ 1 \\ 1 \end{bmatrix},\quad \mathbf{x}_3 = \begin{bmatrix} 1 \\ 1 \\ 2 \end{bmatrix}$$

를 얻는다. 따라서 A는 대각화 가능하므로 $P^{-1}AP = D$인 가역행렬 P와 대각행렬 D가 존재한다. 여기서

$$P = \begin{bmatrix} 1 & 0 & 1 \\ 0 & 1 & 1 \\ -1 & 1 & 2 \end{bmatrix},\quad D = \begin{bmatrix} -2 & 0 & 0 \\ 0 & -2 & 0 \\ 0 & 0 & 4 \end{bmatrix}$$

이다. 따라서

$$A^4=PD^4P^{-1}$$

$$=\begin{bmatrix}1&0&1\\0&1&1\\-1&1&2\end{bmatrix}\begin{bmatrix}16&0&0\\0&16&0\\0&0&256\end{bmatrix}\begin{bmatrix}\frac{1}{2}&\frac{1}{2}&-\frac{1}{2}\\-\frac{1}{2}&\frac{3}{2}&-\frac{1}{2}\\\frac{1}{2}&-\frac{1}{2}&\frac{1}{2}\end{bmatrix}$$

$$=\begin{bmatrix}1&0&1\\0&1&1\\-1&1&2\end{bmatrix}\begin{bmatrix}8&8&-8\\-8&24&-8\\128&-128&128\end{bmatrix}$$

$$=8\begin{bmatrix}1&0&1\\0&1&1\\-1&1&2\end{bmatrix}\begin{bmatrix}1&1&-1\\-1&3&-1\\16&-16&16\end{bmatrix}$$

$$=8\begin{bmatrix}17&-15&15\\15&-13&15\\30&-30&32\end{bmatrix}$$ ■

R^n의 벡터로 이루어진 수열

$$\mathbf{x}_0,\ \mathbf{x}_1,\ \mathbf{x}_2,\ \ldots,\ \mathbf{x}_k,\ \ldots$$

가 n차의 정사각행렬 A에 대하여

$$\mathbf{x}_k=A\mathbf{x}_{k-1}\ (k\geq 1)$$

로 정의되면

$$\mathbf{x}_1=A\mathbf{x}_0,$$
$$\mathbf{x}_2=A\mathbf{x}_1=A(A\mathbf{x}_0)=A^2\mathbf{x}_0,\ \ldots,\ \mathbf{x}_k=A\mathbf{x}_{k-1}=A^k\mathbf{x}_0$$

이므로 벡터 $\mathbf{x}_k$는 A^k를 알면 쉽게 구해진다. 이제 이것을 이용하여 인구문제를 분석하는 방법에 대하여 알아보자.

【예제 2】 현재 도시와 시골에 거주하는 우리나라의 인구를 각각 C_0, R_0라 하고 C_k와 R_k를 각각 k년 후의 도시와 시골의 인구라고 하자. 매년 시골에서 도시로 10%의 인구가 이주하고,

도시에서 시골로 5%의 인구가 이주한다고 하면 오랜 기간 후 우리나라의 도시와 시골의 인구분포는 어떻게 되겠는가?

풀이 k년 후의 도시와 시골의 인구는 각각 다음과 같다.

$$C_k = 0.95C_{k-1} + 0.1R_{k-1}$$
$$R_k = 0.05C_{k-1} + 0.9R_{k-1}$$

여기서

$$\mathbf{x}_k = \begin{bmatrix} C_k \\ R_k \end{bmatrix},\ A = \begin{bmatrix} 0.95 & 0.1 \\ 0.05 & 0.9 \end{bmatrix}$$

라 하면 위의 식으로부터 $\mathbf{x}_k = A\mathbf{x}_{k-1}$을 얻는다. 따라서

$$\mathbf{x}_k = A^k \mathbf{x}_0$$

이므로 A^k를 계산하면 k년 후의 인구분포를 알 수 있다. 그런데 행렬 A의 고유값은 $\lambda = 1,\ \dfrac{17}{20}$이고 이에 대응하는 일차독립인 고유벡터로

$$\mathbf{v}_1 = \begin{bmatrix} 2 \\ 1 \end{bmatrix},\quad \mathbf{v}_2 = \begin{bmatrix} -1 \\ 1 \end{bmatrix}$$

을 얻을 수 있으므로 A는 대각화 가능하다. 따라서

$$A = PDP^{-1} = \begin{bmatrix} 2 & -1 \\ 1 & 1 \end{bmatrix} \begin{bmatrix} 1 & 0 \\ 0 & \dfrac{17}{20} \end{bmatrix} \begin{bmatrix} \dfrac{1}{3} & \dfrac{1}{3} \\ -\dfrac{1}{3} & \dfrac{2}{3} \end{bmatrix}$$

이고, k가 충분히 크면 $\left(\dfrac{17}{20}\right)^k$은 무시할 수 있으므로

$$A^k = \begin{bmatrix} 2 & -1 \\ 1 & 1 \end{bmatrix} \begin{bmatrix} 1 & 0 \\ 0 & \left(\dfrac{17}{20}\right)^k \end{bmatrix} \begin{bmatrix} \dfrac{1}{3} & \dfrac{1}{3} \\ -\dfrac{1}{3} & \dfrac{2}{3} \end{bmatrix}$$

$$\approx\begin{bmatrix}2 & -1\\1 & 1\end{bmatrix}\begin{bmatrix}1 & 0\\0 & 0\end{bmatrix}\begin{bmatrix}\frac{1}{3} & \frac{1}{3}\\-\frac{1}{3} & \frac{2}{3}\end{bmatrix}$$

$$=\begin{bmatrix}1 & 0\\0 & 0\end{bmatrix}\begin{bmatrix}\frac{1}{3} & \frac{1}{3}\\-\frac{1}{3} & \frac{2}{3}\end{bmatrix}$$

$$=\begin{bmatrix}\frac{2}{3} & \frac{2}{3}\\\frac{1}{3} & \frac{1}{3}\end{bmatrix}$$

$$\therefore\ \mathbf{x}_k=A^k\mathbf{x}_0\approx\begin{bmatrix}\frac{2}{3} & \frac{2}{3}\\\frac{1}{3} & \frac{1}{3}\end{bmatrix}\begin{bmatrix}C_0\\R_0\end{bmatrix}=\begin{bmatrix}\frac{2}{3}(C_0+R_0)\\\frac{1}{3}(C_0+R_0)\end{bmatrix}$$

$$=(C_0+R_0)\begin{bmatrix}\frac{2}{3}\\\frac{1}{3}\end{bmatrix}$$

그러므로 초기 인구분포에는 상관없이 오랜 기간 후에는 전 인구의 $\frac{2}{3}$는 도시에 $\frac{1}{3}$은 시골에 거주하게 된다. ■

호랑이가 산토끼를 잡아먹고 산다고 가정할 때, 호랑이와 산토끼 사이의 관계를 알아보는 다음 문제를 풀어보자.

[예제 3] 호랑이는 매년 먹이와 관계없이 50%씩 감소하고 산토끼는 매년 30%씩 증가한다고 하고, 산토끼가 30%씩 증가하는 것에 비례하여 호랑이의 수도 이만큼 증가한다고 가정하자. 호랑이 한 마리가 매년 산토끼를 잡아먹는 포획률을 c라 하면 오랜 기간 후의 호랑이와 산토끼의 분포는 어떻게 되겠는가?

풀이 k년 후의 호랑이의 수는 전년도 수의 50%와 전년도 산토끼 수의 30%를 더한 것과 같고, k년 후의 산토끼의 수는 전년도 수의 130%에서 호랑이에게 잡혀 먹힌 수를 뺀 것과 같다. 따라서 k년 후의 호랑이와 산토끼의 수를 각각 T_k, H_k라고 하면

$$\mathbf{x}_k=\begin{bmatrix}T_k\\H_k\end{bmatrix}=\begin{bmatrix}0.5T_{k-1}+0.3H_{k-1}\\-cT_{k-1}+1.3H_{k-1}\end{bmatrix}=\begin{bmatrix}0.5&0.3\\-c&1.3\end{bmatrix}\begin{bmatrix}T_{k-1}\\H_{k-1}\end{bmatrix}$$
$$=A\mathbf{x}_{k-1}$$

이고 $A=\begin{bmatrix}0.5&0.3\\-c&1.3\end{bmatrix}$의 고유값은

$$\lambda=\frac{9\pm\sqrt{16-30c}}{16}$$

이다. 포획률을 $c=0.5$라고 하면 $\lambda_1=1$, $\lambda_2=0.8$이고, 이에 대응하는 일차독립인 고유벡터로 각각

$$\mathbf{v}_1=\begin{bmatrix}\frac{3}{5}\\1\end{bmatrix},\quad \mathbf{v}_2=\begin{bmatrix}1\\1\end{bmatrix}$$

을 얻을 수 있으므로 A는 대각화 가능하다. 따라서 k가 충분히 크면

$$A^k=PD^kP^{-1}$$
$$=\begin{bmatrix}\frac{3}{5}&1\\1&1\end{bmatrix}\begin{bmatrix}1&0\\0&(0.8)^k\end{bmatrix}\begin{bmatrix}-\frac{5}{2}&\frac{5}{2}\\\frac{5}{2}&-\frac{3}{2}\end{bmatrix}$$
$$\approx\begin{bmatrix}\frac{3}{5}&1\\1&1\end{bmatrix}\begin{bmatrix}1&0\\0&0\end{bmatrix}\begin{bmatrix}-\frac{5}{2}&\frac{5}{2}\\\frac{5}{2}&-\frac{3}{2}\end{bmatrix}$$
$$=\begin{bmatrix}-\frac{3}{2}&\frac{3}{2}\\-\frac{5}{2}&\frac{5}{2}\end{bmatrix}$$

이므로

$$\mathbf{x}_k = A^k\mathbf{x}_0 \approx \begin{bmatrix} -\frac{3}{2} & \frac{3}{2} \\ -\frac{5}{2} & \frac{5}{2} \end{bmatrix}\begin{bmatrix} T_0 \\ H_0 \end{bmatrix}$$

$$= \begin{bmatrix} \frac{3}{2}H_0 - \frac{3}{2}T_0 \\ \frac{5}{2}H_0 - \frac{5}{2}T_0 \end{bmatrix}$$

여기서 $\alpha = \frac{3}{2}H_0 - \frac{3}{2}T_0$라 하면

$$\mathbf{x}_k = \begin{bmatrix} T_k \\ H_k \end{bmatrix} \approx \alpha\begin{bmatrix} 1 \\ \frac{5}{3} \end{bmatrix}$$

이므로 최초의 마리수와는 상관없이 안정적인 상태가 된다. 한편 포획률이 $c=0.4$일 때 위와 같은 방법으로 A^k를 계산하면 k가 충분히 클 때

$$A^k = PD^kP^{-1}$$

$$= \begin{bmatrix} \frac{1}{2} & \frac{3}{2} \\ 1 & 1 \end{bmatrix}\begin{bmatrix} \left(\frac{11}{10}\right)^k & 0 \\ 0 & \left(\frac{7}{10}\right)^k \end{bmatrix}\begin{bmatrix} -1 & \frac{3}{2} \\ 1 & -\frac{1}{2} \end{bmatrix}$$

$$\approx \begin{bmatrix} \frac{1}{2} & \frac{3}{2} \\ 1 & 1 \end{bmatrix}\begin{bmatrix} \left(\frac{11}{10}\right)^k & 0 \\ 0 & 0 \end{bmatrix}\begin{bmatrix} -1 & \frac{3}{2} \\ 1 & -\frac{1}{2} \end{bmatrix}$$

$$= \left(\frac{11}{10}\right)^k\begin{bmatrix} -\frac{1}{2} & \frac{3}{4} \\ -1 & \frac{3}{2} \end{bmatrix}$$

이므로

$$\mathbf{x}_k \approx \left(\frac{11}{10}\right)^k \begin{bmatrix} \frac{3}{4}H_0 - \frac{1}{2}T_0 \\ \frac{3}{2}H_0 - T_0 \end{bmatrix}$$

여기서 $\beta = \frac{3}{4}H_0 - \frac{1}{2}T_0$라 하면

$$\mathbf{x}_k = \beta\left(\frac{11}{10}\right)^k \begin{bmatrix} 1 \\ 2 \end{bmatrix}$$

이므로 매년 호랑이와 산토끼의 수는 증가하고 호랑이와 산토끼의 비율은 1:2이다. 또한 포획률이 $c=0.532$일 때도 마찬가지로 계산하면 k가 충분히 클 때

$$\begin{aligned} A^k &= PD^kP^{-1} \\ &= \begin{bmatrix} \frac{5}{7} & \frac{15}{19} \\ 1 & 1 \end{bmatrix} \begin{bmatrix} \left(\frac{9.2}{10}\right)^k & 0 \\ 0 & \left(\frac{8.8}{10}\right)^k \end{bmatrix} \begin{bmatrix} \frac{5}{7} & \frac{15}{19} \\ 1 & 1 \end{bmatrix}^{-1} \\ &\approx \begin{bmatrix} \frac{5}{7} & \frac{15}{19} \\ 1 & 1 \end{bmatrix} \begin{bmatrix} 0 & 0 \\ 0 & 0 \end{bmatrix} \begin{bmatrix} \frac{5}{7} & \frac{15}{19} \\ 1 & 1 \end{bmatrix}^{-1} \\ &= \begin{bmatrix} 0 & 0 \\ 0 & 0 \end{bmatrix} \end{aligned}$$

이므로

$$\mathbf{x}^k = \begin{bmatrix} T_k \\ H_k \end{bmatrix} \approx \begin{bmatrix} 0 & 0 \\ 0 & 0 \end{bmatrix} \begin{bmatrix} T_0 \\ H_0 \end{bmatrix} = \begin{bmatrix} 0 \\ 0 \end{bmatrix}$$

그러므로 호랑이와 산토끼는 모두 멸종한다.

이상을 종합하면 포획률 c가 $c=0.5$일 때는 호랑이와 산토끼는 조화를 이루며 살아가고, $c<0.5$일 때는 호랑이와 산토끼의 수가 매년 증가하여 결국 인구폭발이 되며, $c>0.5$일 때는 호랑이와 산토끼는 모두 멸종한다. ■

연습문제 6.4

※ 나음에 주어진 행렬 A에 내하여 A^5을 구하라. [1~4]

1. $\begin{bmatrix} 5 & -6 \\ 3 & -4 \end{bmatrix}$

2. $\begin{bmatrix} 4 & -3 \\ 2 & -1 \end{bmatrix}$

3. $\begin{bmatrix} 1 & -2 & 1 \\ 0 & 1 & 0 \\ 0 & -2 & 2 \end{bmatrix}$

4. $\begin{bmatrix} 1 & -3 & 1 \\ 0 & 2 & 0 \\ 0 & 0 & 2 \end{bmatrix}$

※ 다음에 주어진 행렬 A는 도시-교외의 인구분포이다. 장기간 후의 지역간의 인구분포를 나타내라. [5~6]

5. $A=\begin{bmatrix} 0.9 & 0.1 \\ 0.1 & 0.9 \end{bmatrix}$

6. $A=\begin{bmatrix} 0.8 & 0.1 \\ 0.2 & 0.9 \end{bmatrix}$

*6.5 대각화를 이용한 미분방정식의 해

자연과학과 공학의 많은 문제는 다음과 같은 일계미분방정식의 연립방정식을 푸는 수학적 문제로 바꿀 수 있다.

$$
\begin{aligned}
x_1' &= a_{11}x_1 + \cdots + a_{1n}x_n \\
x_2' &= a_{21}x_1 + \cdots + a_{2n}x_n \\
&\vdots \\
x_n' &= a_{n1}x_1 + \cdots + a_{nn}x_n
\end{aligned}
\qquad \cdots (1)
$$

여기서

$$x_i' = x_i'(t) = \frac{dx_i}{dt}$$

이다.

방정식 (1)의 해는 t-축 위의 임의의 구간에서 정의된 모든 t에 대하여 방정식 (1)을 만족하는 미분 가능한 함수 n개의 순서조 $(x_1(t), \ldots, x_n(t))$이다. 이 절에서는 특별히 계수행렬 $A=[a_{ij}]$가 대각화 가능한 경우에 선형대수를 이용하여 연립방정식 (1)을 푸는 방법에 대하여 알아본다. A가 대각화 가능하지 않은 경우는 Jordan 표준형을 이용하여 해를 구할 수 있다. Jordan 표준형은 7.5절에서 다룬다.

$$\mathbf{x} = \begin{bmatrix} x_1 \\ x_2 \\ \vdots \\ x_n \end{bmatrix} = (x_1, x_2, \ldots, x_n)$$라 하면

$$\frac{d\mathbf{x}}{dt} = \mathbf{x}'(t) = (x'(t), \ldots, x_n'(t))$$

이다. 따라서 식 (1)은

$$\mathbf{x}' = \frac{d\mathbf{x}}{dt} = A\mathbf{x}$$

로 쓸 수 있다. 이제 임의의 벡터 $\mathbf{b} \in \mathbf{R}^n$이 주어질 때, 다음 초기값 문제를 풀어보자.

$$\frac{d\mathbf{x}}{dt} = A\mathbf{x}, \quad \mathbf{x}(0) = \mathbf{b} \qquad \cdots (2)$$

식 (2)의 가장 단순한 형태는 A가 대각행렬

$$A = \begin{bmatrix} k_1 & 0 & \cdots & 0 \\ 0 & k_2 & \cdots & 0 \\ \vdots & \vdots & \ddots & \vdots \\ 0 & 0 & \cdots & k_n \end{bmatrix}$$

인 경우이다. 이 경우 $\mathbf{x}' = A\mathbf{x}$는 독립적인 n개의 연립방정식으로 다음과 같이 나타내어진다.

$$\begin{aligned} x_1' &= k_1 x_1 \\ x_2' &= k_2 x_2 \\ &\vdots \\ x_n' &= k_n x_n \end{aligned} \qquad \cdots (3)$$

여기서 i번째의 방정식인 $x_i' = k_i x_i$는 $\mathbf{x}$에서 i번째 성분만을 포함하고, 일반해는 $x_i = c_i e^{k_i t}$(c_i는 임의 상수)의 형태가 된다. 따라서 방정식 (3)의 일반해는 다음과 같음을 알 수 있다.

$$\mathbf{x}(t) = (c_1 e^{k_1 t}, \ \ldots, \ c_n e^{k_n t}) \qquad \cdots (4)$$

【예제 1】 초기조건

$$x_1(0) = 1, \ x_2(0) = 4, \ x_3(0) = -2$$

를 만족하는 다음 연립미분방정식의 해를 구하라.

$$x_1' = 3x_1$$
$$x_2' = -2x_2$$
$$x_3' = 5x^3$$

풀이 식 (4)로부터 연립미분방정식의 일반해는

$$\mathbf{x}(t) = (c_1 e^{3t},\ c_2 e^{-2t},\ c_3 e^{5t})$$

이고 $\mathbf{x}(0) = (1,\ 4,\ -2)^T$ 이므로 $c_1 = 1$, $c_2 = 4$, $c_3 = -2$ 이다. 따라서 구하는 특수해는 다음과 같다.

$$\begin{aligned}\mathbf{x}(t) &= (x_1(t),\ x_2(t),\ x_3(t)) \\ &= (e^{3t},\ 4e^{-2t},\ -2e^{5t})\end{aligned}$$ ■

보다 일반적인 연립미분방정식

$$\mathbf{x}' = A\mathbf{x} \qquad \cdots (5)$$

를 푸는 방법은 $\mathbf{x}$를 치환하여 계수행렬이 대각행렬인 새로운 연립방정식으로 변환하는 것이다. 이 새로운 연립방정식의 해는 식 (4)와 같이 쉽게 구할 수 있고, 이 치환과정을 역으로 하면 원래 문제의 해를 쉽게 얻을 수 있다.

이제, 계수행렬 A가 대각화 가능할 때 이러한 과정이 어떻게 이루어지는지 살펴보자.

A의 고유값 $\lambda_1, \ldots, \lambda_n$에 대응하는 일차독립인 고유벡터를 $\mathbf{v}_1, \ldots, \mathbf{v}_n$이라 하자. 이 때

$$P = [\mathbf{v}_1 \cdots \mathbf{v}_n], \quad D = \begin{bmatrix} \lambda_1 & & 0 \\ & \ddots & \\ 0 & & \lambda_n \end{bmatrix}$$

이라 하면 다음이 성립한다.

$$A = PDP^{-1}$$

위의 A와 주어진 $\mathbf{b}$에 대하여 $\mathbf{x}'=A\mathbf{x}$가 초기조건 $\mathbf{x}(0)=\mathbf{b}$를 만족하는 해를 구하기 위하여 $\mathbf{x}=P\mathbf{y}$로 치환하면 P의 원소는 상수이므로 $\mathbf{x}'=P\mathbf{y}'$이다. 따라서 식 (5)로부터

$$P\mathbf{y}'=(PDP^{-1})P\mathbf{y}=PD\mathbf{y}$$

이고, 다음과 같이 계수행렬이 대각행렬인 새로운 연립미분방정식을 얻는다.

$$\mathbf{y}'=D\mathbf{y} \qquad \cdots (6)$$

따라서 식 (6)의 일반해는 식 (4)와 같이

$$\mathbf{y}(t)=(c_1e^{\lambda_1 t},\ c_2e^{\lambda_2 t},\ \ldots,\ c_ne^{\lambda_n t})$$

이다. 그런데 $\mathbf{x}=P\mathbf{y}$이므로 $\mathbf{x}'=A\mathbf{x}$의 해는

$$\mathbf{x}=\begin{bmatrix} x_1(t) \\ \vdots \\ x_n(t) \end{bmatrix}=P\mathbf{y}=[\mathbf{v}_1 \ \cdots \ \mathbf{v}_n]\begin{bmatrix} c_1e^{\lambda_1 t} \\ \vdots \\ c_ne^{\lambda_n t} \end{bmatrix}$$

이고 식 (5)의 일반해는 다음과 같다.

$$\mathbf{x}(t)=c_1e^{\lambda_1 t}\mathbf{v}_1+\cdots+c_ne^{\lambda_n t}\mathbf{v}_n \qquad \cdots (7)$$

이제 일반해 (7)로부터 초기조건 $\mathbf{x}(0)=\mathbf{b}$를 만족하는 상수 $\mathbf{c}=(c_1,\ \ldots,\ c_n)$를 구하면 특수해를 얻는다. 일반해 (7)에 $t=0$을 대입하면

$$\mathbf{x}(0)=c_1\mathbf{v}_1+\cdots+c_n\mathbf{v}_n=P\mathbf{c}$$

이므로

$$\mathbf{c}=P^{-1}\mathbf{b}$$

이다. 이상으로부터 다음 정리를 얻는다.

정리 6.8

> 대각화 가능한 n차의 정사각행렬 A의 고유값 λ_1, λ_2, …, λ_n에 대응하는 일차독립인 고유벡터를 각각 $\mathbf{v}_1$, $\mathbf{v}_2$, …, $\mathbf{v}_n$이라고 하자. 그러면 초기값문제 $\mathbf{x}'=A\mathbf{x}$, $\mathbf{x}(0)=\mathbf{b}$의 해는 다음과 같다.
>
> $$\mathbf{x}(t)=c_1\mathbf{v}_1e^{\lambda_1 t}+\cdots+c_n\mathbf{v}_ne^{\lambda_n t}$$
>
> 단, $\mathbf{c}=(c_1, \ldots, c_n)=[\mathbf{v}_1 \cdots \mathbf{v}_n]^{-1}\mathbf{b}$

[예제 2] 초기조건 $x_1(0)=1$, $x_2(0)=6$을 만족하는 연립미분방정식의 해를 구하라.

$$\begin{aligned} x_1'&=x_1+x_2 \\ x_2'&=4x_1-2x_2 \end{aligned} \qquad \cdots (8)$$

풀이 계수행렬

$$A=\begin{bmatrix} 1 & 1 \\ 4 & -2 \end{bmatrix}$$

의 고유값은 $\lambda_1=2$, $\lambda_2=-3$이고, 이에 대응하는 고유벡터는 각각 $\mathbf{v}_1=(1, 1)$, $\mathbf{v}_2=\left(-\frac{1}{4}, 1\right)$이다. 따라서 이 미분방정식의 일반해는

$$\begin{aligned} x_1(t)&=c_1e^{2t}-\frac{1}{4}c_2e^{-3t} \\ x_2(t)&=c_1e^{2t}+c_2e^{-3t} \end{aligned}$$

여기에 $t=0$을 대입하여 c_1, c_2를 구하면 $c_1=2$, $c_2=4$이다. 따라서 식 (8)의 특수해는

$$\begin{aligned} x_1(t)&=2e^{2t}-e^{-3t} \\ x_2(t)&=2e^{2t}+4e^{-3t} \end{aligned}$$

∎

[예제 3] 다음 연립미분방정식을 풀어라.

$$\begin{aligned} x_1' &= 2x_1 - 2x_2 \\ x_2' &= -x_1 + 2x_2 - x_3 \\ x_3' &= \qquad -2x_2 + 2x_3 \end{aligned} \qquad \cdots (9)$$

풀이 계수행렬

$$A = \begin{bmatrix} 2 & -2 & 0 \\ -1 & 2 & -1 \\ 0 & -2 & 2 \end{bmatrix}$$

의 고유값은 $\lambda_1 = 4$, $\lambda_2 = 2$, $\lambda_3 = 0$ 이고, 이에 대응하는 고유벡터는 각각

$$\mathbf{v}_1 = (1, -1, 1), \quad \mathbf{v}_2 = (1, 0, -1), \quad \mathbf{v}_3 = (1, 1, 1)$$

이다. 따라서 일반해는 다음과 같다.

$$\mathbf{x}(t) = \begin{bmatrix} x_1(t) \\ x_2(t) \\ x_3(t) \end{bmatrix} = c_1 \begin{bmatrix} 1 \\ -1 \\ 1 \end{bmatrix} e^{4t} + c_2 \begin{bmatrix} 1 \\ 0 \\ -1 \end{bmatrix} e^{3t} + c_3 \begin{bmatrix} 1 \\ 1 \\ 1 \end{bmatrix} e^{0t}$$
$$= \begin{bmatrix} c_1 e^{4t} + c_2 e^{2t} + c_3 \\ -c_1 e^{4t} + c_3 \\ c_1 e^{4t} - c_2 e^{2t} + c_3 \end{bmatrix}$$

■

일반적으로 상수계수를 갖는 n계선형미분방정식

$$x^{(n)} + a_{n-1} x^{(n-1)} + \cdots + a_2 x'' + a_1 x' + a_0 x = 0 \qquad \cdots (10)$$

에서

$$x_1 = x, \ x_2 = x', \ \ldots, \ x_n = x^{(n-1)}$$

로 치환하면 선형미분방정식 (10)은 연립미분방정식 $\mathbf{x}' = A\mathbf{x}$로 변환된다. 여기서 계수행렬 A와 벡터 $\mathbf{x}$는 다음과 같다.

$$A=\begin{bmatrix} 0 & 1 & & & 0 \\ & 0 & 1 & & \\ & & \ddots & \ddots & \\ 0 & & & 0 & 1 \\ -a_0 & -a_1 & \cdots & \cdots & -a_{n-1} \end{bmatrix}, \quad \mathbf{x}=\begin{bmatrix} x_1 \\ x_2 \\ \vdots \\ x_n \end{bmatrix}=\begin{bmatrix} x \\ x' \\ \vdots \\ x^{(n-1)} \end{bmatrix}$$

만약 $t=0$일 때 x, x', …, $x^{(n-1)}$의 값을 정할 수 있다면, 이 연립미분방정식 $\mathbf{x}'=A\mathbf{x}$는 유일한 해를 갖는다.

【참고】 위의 행렬 A를 다항식 $p(\lambda)=\lambda^n+a_{n-1}\lambda^{n-1}+\cdots+a_2\lambda^2+a_1\lambda+a_0$의 **동반행렬**(companion matrix)이라 한다. 행렬 A의 특성방정식은 바로 $p(\lambda)=0$이다. 또 위의 다항식같이 최고차항의 계수가 1인 다항식을 **모닉**(monic)**다항식**이라고 한다.

【예제 4】 다음 미분방정식을 풀어라.

$$x^{(3)}-2x''-5x'+6x=0 \qquad \cdots (11)$$

풀이 계수행렬

$$A=\begin{bmatrix} 0 & 1 & 0 \\ 0 & 0 & 1 \\ -a_0 & -a_1 & -a_2 \end{bmatrix}=\begin{bmatrix} 0 & 1 & 0 \\ 0 & 0 & 1 \\ -6 & 5 & 2 \end{bmatrix}$$

의 고유값은 $\lambda_1=1$, $\lambda_2=-2$, $\lambda_3=3$이므로 A는 대각화 가능하고, 고유값에 대응하는 고유벡터는 각각

$$\mathbf{v}_1=(1,\ 1,\ 1), \quad \mathbf{v}_2=(1,\ -2,\ 4), \quad \mathbf{v}_3=(1,\ 3,\ 9)$$

이다. 따라서 $\mathbf{x}'=A\mathbf{x}$의 일반해는 정리 6.8에 의하여

$$\mathbf{x}(t)=\begin{bmatrix} x_1 \\ x_2 \\ x_3 \end{bmatrix}=c_1\mathbf{v}_1e^{\lambda_1 t}+c_2\mathbf{v}_2e^{\lambda_2 t}+c_3\mathbf{v}_3e^{\lambda_3 t}$$

$$=c_1\begin{bmatrix}1\\1\\1\end{bmatrix}e^{1t}+c_2\begin{bmatrix}1\\-2\\4\end{bmatrix}e^{-2t}+c_3\begin{bmatrix}1\\3\\9\end{bmatrix}e^{3t}$$

따라서 식 (11)의 일반해는 $x=x_1$ 이므로 다음과 같다.

$$x(t)=x_1(t)=c_1e^t+c_2e^{-2t}+c_3e^{3t}$$ ■

연습문제 6.5

※ 다음 미분방정식을 풀어라. [1~4]

1. $x_1'=5x_1-3x_2$
   $x_2'=2x_1$
2. $x_1'=6x_1-10x_2$
   $x_2'=2x_1-3x_2$
3. $x_1'=x_1+3x_2$
   $x_2'=4x_1+5x_2$
4. $x_1'=2x_1+3x_2+3x_3$
   $x_2'=-x_2-3x_3$
   $x_3'=2x_3$

※ 아래 초기조건에 대하여 다음 초기값 문제를 풀어라. [5~8]

$$x_1(0)=0,\quad x_2(0)=1,\quad x_3(0)=-1$$

5. $x_1'=5x_1-4x_2$
   $x_2'=3x_1-2x_2$
6. $x_1'=11x_1-15x_2$
   $x_2'=6x_1-8x_2$
7. $x_1'=-2x_1+x_3$
   $x_2'=-2x_1+x_2$
   $x_3'=4x_1+x_3$
8. $x_1'=5x_1-6x_3$
   $x_2'=2x_1-x_2-2x_3$
   $x_3'=4x_1-2x_2-4x_3$

※ 다음 미분방정식을 풀어라. [9~12]

9. $x''-3x'+2x=0$
10. $x''-25x=0$
11. $x^{(3)}-9x'=0$
12. $x^{(3)}-2x''-x'+2x=0$

13. 미분방정식 $x'=ax$ 의 모든 해는 $x=ce^{at}$ 임을 보여라.
    [힌트: $x=f(t)$를 해라 하고 $f(t)e^{-at}$가 상수임을 밝혀라.]

14. 주어진 모닉다항식의 동반행렬의 특성방정식은 원래의 다항식임을 보여라.

7

복소벡터공간

실수행렬도 고유값으로 복소수를 가질 수 있으므로 복소벡터공간을 이해하여야만 행렬을 충분히 활용할 수 있다. 복소벡터공간은 실벡터공간과 매우 유사하지만 내적을 생각할 때는 좀더 주의해야 한다. 복소벡터공간에서는 Schur정리, Jordan표준형을 이용할 수 있으며, 일반적인 행렬을 대각행렬이나 Jordan표준형으로 바꾸어 주면 전체적인 이론의 전개과정이 단순화되어 같은 결론을 보다 쉽게 얻을 수 있다.

*7.1 복 소 수

지금까지는 스칼라가 실수인 벡터공간에 관하여 알아보았다. 그러나 벡터의 여러 가지 응용에서 스칼라를 실수로 한정하는 데는 많은 문제점이 있다. 예를 들어 실수행렬 $A=\begin{bmatrix} 0 & 1 \\ -1 & 0 \end{bmatrix}$의 특성방정식은 $\lambda^2+1=0$이므로 실수해를 갖지 않는다. 즉 행렬 A의 성분이 모두 실수임에도 불구하고 고유값을 실수범위에서 구할 수가 없다. 이런 문제를 해결하기 위하여 18세기 수학자들은 **허수**(imaginary number)

$$i=\sqrt{-1}$$

을 도입하였다. 이 허수 i를 이용하여 다음과 같이 복소수를 정의한다.

정의

> 실수 a, b와 $i=\sqrt{-1}$에 대하여 $z=a+bi$를 복소수(complex number)라 한다.

위와 같이 정의된 복소수 $z=a+bi$에 대하여 a를 복소수의 **실수부분**, b를 **허수부분**이라 하며 복소수 전체의 집합은 $\mathbf{C}$로 나타낸다. 즉

$$\mathbf{C}=\{a+bi \mid a,\ b\in\mathbf{R}\}$$

복소수 $z=a+bi$에서 $b=0$이면 $z=a+0i$이므로 임의의 실수는 허수부분이 0인 복소수이다. 또한 $a=0$이면 $z=0+bi=bi$이다. 이와 같이 실수부분이 0인 복소수를 **순허수**(pure imaginary number)라 한다.

이제 복소수의 상등을 정의하자.

정의 두 복소수 $z_1=a_1+b_1i$, $z_2=a_2+b_2i$에 대하여 $a_1=a_2$, $b_1=b_2$이면

$$z_1=z_2$$

라 한다.

복소수에서 덧셈은 $\mathbf{R}^2$의 두 벡터의 합을 구할 때 대응 성분을 더하는 것과 같이 실수부분과 허수부분을 각각 더한다. 즉

$$z_1+z_2=(a_1+b_1i)+(a_2+b_2i)=(a_1+a_2)+(b_1+b_2)i$$

또한 임의의 두 복소수 $z_1=a_1+b_1i$와 $z_2=a_2+b_2i$의 곱을 다음과 같이 정의한다.

$$z_1z_2=(a_1+b_1i)(a_2+b_2i)=(a_1a_2-b_1b_2)+(a_1b_2+b_1a_2)i$$

특히

$$i^2=(0+i)(0+i)=(0\cdot 0-1\cdot 1)+(0\cdot 1+1\cdot 0)i=-1$$

복소수 $z=a+bi$에 대하여 복소수 $a-bi$를 z의 **켤레복소수**(conjugate)라 하고 $\bar{z}$로 나타낸다. 즉

$$\bar{z}=a-bi$$

또한 복소수 $z=a+bi$의 **절대값**(modulus) $|z|$를 다음과 같이 정의한다.

$$|z|=\sqrt{a^2+b^2}$$

[예제 1] 복소수 $z=2+5i$, $w=3-2i$에 대하여

$$z+w,\ z-w,\ 3z,\ zw,\ \bar{z},\ |z|$$

를 각각 구하라.

풀이
$z+w=(2+5i)+(3-2i)=(2+3)+(5-2)i=5+3i$
$z-w=(2-3)+(5+2)i=-1+7i$
$3z=6+15i$
$zw=(2\cdot 3-5\cdot(-2))+(2\cdot(-2)+5\cdot 3)i=16+11i$
$\bar{z}=2-5i$
$|z|=\sqrt{2^2+5^2}=\sqrt{29}$ ■

다음은 $\bar{z}$와 $|z|$ 사이의 기본적인 관계에 대한 정리이다.

정리 7.1 임의의 복소수 z에 대하여 다음이 성립한다.

$$z\bar{z}=|z|^2$$

증명 임의의 복소수 $z=a+bi$에 대하여

$$\begin{aligned} z\bar{z}&=(a+bi)(a-bi)=a^2-abi+bai-b^2i^2 \\ &=a^2+b^2=|z|^2 \end{aligned}$$ ■

정리 7.1에 의하여 임의의 복소수 z_1, z_2에 대하여 $z_2\neq 0$일 때 다음이 성립함을 쉽게 알 수 있다.

$$\frac{z_1}{z_2}=\frac{z_1\overline{z_2}}{z_2\overline{z_2}}=\frac{z_1\overline{z_2}}{|z_2|^2}$$

[예제 2] $z_1=1+3i$, $z_2=2-i$일 때 $\frac{z_1}{z_2}$을 구하라.

풀이 $$\frac{1+3i}{2-i}=\frac{(1+3i)(2+i)}{(2-i)(2+i)}=\frac{-1+7i}{|2-i|^2}=-\frac{1}{5}+\frac{7}{5}i$$ ■

복소수를 성분으로 갖는 행렬을 복소행렬이라고 하는데, 복소행렬에 대한 연산은 실수행렬에서와 같다. 다음의 예를 통하여 간단히 살펴보자.

[예제 3] 복소행렬

$$A=\begin{bmatrix}0 & 1-i\\ i & 3\end{bmatrix},\quad B=\begin{bmatrix}1 & -i\\ 2-3i & 1+i\end{bmatrix}$$

에 대하여 다음이 성립한다.

$$A+B=\begin{bmatrix}1 & 1-2i\\ 2-2i & 4+i\end{bmatrix},\quad A-B=\begin{bmatrix}-1 & 1\\ -2+2i & 2-i\end{bmatrix}$$

$$iA=\begin{bmatrix}0i & i(1-i)\\ i^2 & 3i\end{bmatrix}=\begin{bmatrix}0 & 1+i\\ -1 & 3i\end{bmatrix}$$

$$AB=\begin{bmatrix}0 & 1-i\\ i & 3\end{bmatrix}\begin{bmatrix}1 & -i\\ 2-3i & 1+i\end{bmatrix}$$

$$=\begin{bmatrix}-1-5i & 2\\ 6-8i & 4+3i\end{bmatrix}$$ ■

복소수를 계수로 갖는 연립방정식은 여러 가지 응용에서 이용된다. 이런 연립방정식의 풀이는 제 1 장과 제 2 장에서 공부한 방법을 그대로 적용할 수 있다.

[예제 4] 다음 연립방정식을 Cramer의 방법으로 풀어라.

$$(2+i)x+\ \ y=3i$$
$$2x-iy=-1+3i$$

풀이 이 연립방정식은

$$\begin{bmatrix}2+i & 1\\ 2 & -i\end{bmatrix}\begin{bmatrix}x\\ y\end{bmatrix}=\begin{bmatrix}3i\\ -1+3i\end{bmatrix}$$

이고, 계수행렬의 행렬식은 $-1-2i(\neq 0)$이므로 Cramer의 공식을 이용하면

$$x=\frac{\begin{vmatrix} 3i & 1 \\ -1+3i & -i \end{vmatrix}}{-1-2i}=\frac{(4-3i)(-1+2i)}{(-1-2i)(-1+2i)}=\frac{2}{5}+\frac{11}{5}i$$

$$y=\frac{\begin{vmatrix} 2+i & 3i \\ 2 & -1+3i \end{vmatrix}}{-1-2i}=\frac{(-5-i)(-1+2i)}{(-1-2i)(-1+2i)}=\frac{7}{5}-\frac{9}{5}i \quad \blacksquare$$

이제, 켤레복소수의 몇 가지 기본적인 성질을 소개하고 이 절을 마친다.

정리 7.2

임의의 복소수 z_1, z_2에 대하여 다음이 성립한다.

(1) $\overline{z_1+z_2}=\overline{z_1}+\overline{z_2}$

(2) $\overline{z_1 z_2}=\overline{z_1}\ \overline{z_2}$

(3) $\overline{\left(\dfrac{z_1}{z_2}\right)}=\dfrac{\overline{z_1}}{\overline{z_2}}$

(4) $\overline{\overline{z_1}}=z_1$

연습문제 7.1

※ 다음 복소수의 실수부분과 허수부분을 찾아라. [1~4]

1. $2+7i$　　2. $3-2i$　　3. 2　　4. $5i$

※ 다음을 만족하는 실수 x, y를 구하라. [5~6]

5. $x-iy=3-2i$　　6. $(x+y)+i(x-y)=3+i$

※ 다음을 만족하는 복소수 z를 구하라. [7~8]

7. $z+(2-i)=3+i$　　8. $(2i-z)+(3z+i)=2-7i$

※ 다음 복소수의 절대값 $|z|$를 구하라. [9~10]

9. $z=\sqrt{2}-3i$　　10. $z=i(3+2i)$

※ 다음을 $a+bi$의 꼴로 나타내어라. [11~14]

11. $(1+i+i^2+i^3)^{100}$

12. $(2-3i)^2-(2+3i)^2$

13. $\dfrac{3+2i}{1-i}$

14. $\dfrac{i\sqrt{2}(1-i)}{\sqrt{2}+i}$

※ 행렬

$$A=\begin{bmatrix} 1 & i \\ 1+i & 2 \end{bmatrix},\quad B=\begin{bmatrix} -i & 1 \\ 1-2i & 0 \end{bmatrix}$$

에 대하여 다음을 구하라. [15~18]

15. $A+2B$

16. AB

17. BA

18. A^2-B^2

※ 다음 연립방정식을 풀어라. [19~20]

19. $x+y+z=3$
$x+y-z=2+2i$
$x-y+z=-1$

20. $x+y+z=0$
$ix+3y+(1+i)z=-i$
$x+iy+3z=-2i$

※ 복소수 $z=a+bi$의 실수부분을 $\mathrm{Re}(z)$, 허수부분을 $\mathrm{Im}(z)$로 나타낼 때 다음을 증명하라. [21~22]

21. $\dfrac{1}{2}(z+\bar{z})=\mathrm{Re}(z)$

22. $\dfrac{1}{2i}(z-\bar{z})=\mathrm{Im}(z)$

23. $z=\bar{z}$일 필요충분조건은 z가 실수임을 증명하라.

24. $|z|=|\bar{z}|$임을 증명하라.

25. 정리 7.2의 (1), (2)를 증명하라.

26. 정리 7.2의 (3), (4)를 증명하라.

*7.2 복소내적공간

4.1절에서 언급한 것처럼 C상의 벡터공간을 복소벡터공간이라 한다. 복소벡터공간에서 부분공간, 일차독립과 일차종속, 기저와 차원, Gram-Schmidt 정규직교화과정 등은 실벡터공간에서와 마찬가지로 정의되며, 다만 복소벡터공간에서의 스칼라는 복소수이다. 또한 성분이 복소수인 복소행렬에 대한 행렬연산도 실수행렬에서와 마찬가지이다. 그리고 복소벡터공간 V에서 복소벡터공간 W로의 선형변환 $T: V \longrightarrow W$의 개념과 선형변환의 여러 가지 성질들도 실벡터공간에서와 같다. 대수학의 기본정리에 의하여 'n차의 정사각(복소)행렬은 n개의 고유값을 갖는다'는 사실은 복소벡터공간에서 비로소 성립한다. 이 절에서는 내적이 정의된 복소벡터공간인 복소내적공간에 대하여 알아본다.

n개의 복소수 성분을 갖는 벡터의 집합을

$$\mathbf{C}^n = \{(z_1, z_2, \ldots, z_n) \mid z_k \in \mathbf{C},\ k = 1, 2, \ldots, n\}$$

이라 하면, $\mathbf{C}^n$은 $\mathbf{C}$ 상의 벡터공간이다. $\mathbf{C}^n$의 n개의 일차독립인 단위벡터를

$$\mathbf{e}_1 = (1, 0, \ldots, 0),\ \mathbf{e}_2 = (0, 1, 0, \ldots, 0),\ \ldots,\ \mathbf{e}_n = (0, \ldots, 0, 1)$$

이라 하면 $\mathbf{C}^n$의 임의의 벡터 $\mathbf{v}$는

$$\mathbf{v} = z_1\mathbf{e}_1 + z_2\mathbf{e}_2 + \cdots + z_n\mathbf{e}_n$$

로 나타낼 수 있으므로 $\{\mathbf{e}_1, \mathbf{e}_2, \ldots, \mathbf{e}_n\}$은 $\mathbf{C}^n$의 기저이다. 이 기저를 $\mathbf{C}^n$에 대한 표준기저(standard basis)라고 한다.

정의

> $\mathbf{C}^n$의 두 벡터 $\mathbf{u}=(u_1, u_2, \ldots, u_n)$, $\mathbf{v}=(v_1, v_2, \ldots, v_n)$의 유클리드 내적 $\mathbf{u}\cdot\mathbf{v}$, $\mathbf{u}$의 유클리드 노름 $\|\mathbf{u}\|$, $\mathbf{u}$와 $\mathbf{v}$ 사이의 유클리드 거리 $d(\mathbf{u}, \mathbf{v})$를 각각 다음과 같이 정의한다.
>
> $$\mathbf{u}\cdot\mathbf{v}=\overline{\mathbf{v}}^T\,\mathbf{u}=u_1\overline{v_1}+u_2\overline{v_2}+\cdots+u_n\overline{v_n}$$
> $$\|\mathbf{u}\|=(\mathbf{u}\cdot\mathbf{u})^{\frac{1}{2}}=\sqrt{|u_1|^2+|u_2|^2+\cdots+|u_n|^2}$$
> $$\begin{aligned}d(\mathbf{u}, \mathbf{v})&=\|\mathbf{u}-\mathbf{v}\|\\&=\sqrt{|u_1-v_1|^2+|u_2-v_2|^2+\cdots+|u_n-v_n|^2}\end{aligned}$$

[예제 1] 벡터 $\mathbf{u}=(2i, 0, 1+3i)$, $\mathbf{v}=(2-i, 0, 1+3i)$의 유클리드 내적과 유클리드 거리를 구하라.

풀이

$$\begin{aligned}\mathbf{u}\cdot\mathbf{v}&=(2i)\overline{(2-i)}+0\cdot0+(1+3i)\overline{(1+3i)}\\&=(2i)(2+i)+0+(1+3i)(1-3i)\\&=4i+2i^2+1-9i^2=8+4i\end{aligned}$$

$$\begin{aligned}d(\mathbf{u}, \mathbf{v})&=\|\mathbf{u}-\mathbf{v}\|\\&=\sqrt{|2i-(2-i)|^2+|0-0|^2+|(1+3i)-(1+3i)|^2}\\&=\sqrt{|-2+3i|^2+0+0}=|-2+3i|\\&=\sqrt{2^2+3^2}=\sqrt{13}\end{aligned}$$

■

정의

> 복소벡터공간 V의 임의의 벡터 $\mathbf{u}, \mathbf{v}, \mathbf{w}$와 스칼라 $c\in\mathbf{C}$에 대하여 다음 조건을 만족하는 $V\times V$에서 $\mathbf{C}$로의 함수 $<, >$를 V의 내적(또는 Hermitian 내적)이라 한다.
>
> (i) $\langle\mathbf{u}, \mathbf{v}\rangle=\overline{\langle\mathbf{v}, \mathbf{u}\rangle}$
>
> (ii) $\langle\mathbf{u}+\mathbf{v}, \mathbf{w}\rangle=\langle\mathbf{u}, \mathbf{w}\rangle+\langle\mathbf{v}, \mathbf{w}\rangle$
>
> (iii) $\langle c\mathbf{u}, \mathbf{v}\rangle=c\langle\mathbf{u}, \mathbf{v}\rangle$
>
> (iv) $\langle\mathbf{v}, \mathbf{v}\rangle\geq0$, 또 $\langle\mathbf{v}, \mathbf{v}\rangle=0\Leftrightarrow\mathbf{v}=\mathbf{0}$
>
> 내적을 갖는 복소벡터공간을 복소내적공간(complex

inner product space) 또는 **유니타리공간**(unitary space)이라 한다. 또한 영이 아닌 복소벡터 **u**, **v**에 대하여 $\langle \mathbf{u}, \mathbf{v} \rangle = 0$이면 **u**와 **v**는 **직교한다**(orthogonal)고 한다.

내적공간의 정의로부터 다음 성질을 얻을 수 있다.

(1) $\langle \mathbf{0}, \mathbf{v} \rangle - 0 = \langle \mathbf{v}, \mathbf{0} \rangle$
(2) $\langle \mathbf{u}, \mathbf{v}+\mathbf{w} \rangle = \langle \mathbf{u}, \mathbf{v} \rangle + \langle \mathbf{u}, \mathbf{w} \rangle$
(3) $\langle \mathbf{u}, c\mathbf{v} \rangle = \bar{c}\langle \mathbf{u}, \mathbf{v} \rangle$, $c \in \mathbf{C}$

[예제 2] $\mathbf{u} = (u_1, u_2, \ldots, u_n)$과 $\mathbf{v} = (v_1, v_2, \ldots, v_n)$을 $\mathbf{C}^n$의 벡터라 하면 유클리드 내적

$$\mathbf{u} \cdot \mathbf{v} = u_1\overline{v_1} + u_2\overline{v_2} + \cdots + u_n\overline{v_n}$$

은 내적의 공리 (i), (ii), (iii), (iv)를 모두 만족한다. ■

[예제 3] $F([a, b], \mathbf{C})$를 구간 $[a, b]$에서 $\mathbf{C}$로의 연속함수 전체의 집합이라 하자. 4.1절의 예제 6에서처럼 $\boldsymbol{f}(x), \boldsymbol{g}(x) \in F([a, b], \mathbf{C})$에 대하여 함수의 덧셈과 스칼라배를 각각 다음과 같이 정의하면 $F([a, b], \mathbf{C})$는 이 연산에 관하여 복소벡터공간을 이룬다.

$$(\boldsymbol{f}+\boldsymbol{g})(x) = \boldsymbol{f}(x) + \boldsymbol{g}(x), \quad (c\boldsymbol{f})(x) = c\boldsymbol{f}(x), \quad c \in \mathbf{C}$$

이 때 벡터는

$$\boldsymbol{f}(x) = f_1(x) + if_2(x), \quad f_1(x), f_2(x) \in F([a, b], \mathbf{R})$$

와 같은 형태의 함수이고, $f_1(x)$, $f_2(x)$는 $[a, b]$에서 $\mathbf{R}$로의 연속함수이다.

이제, $\boldsymbol{f}(x), \boldsymbol{g}(x) \in F([a, b], \mathbf{C})$에 대하여 내적을 다음과 같이 정의하자.

$$\langle f(x),\ g(x)\rangle=\int_a^b f(x)\overline{g(x)}dx$$

그러면 $F([a,\ b],\ \mathbf{C})$는 복소내적공간이다. 위의 함수가 내적의 공리 중 (i), (ii), (iii)을 만족하는 것은 연습문제로 남기고, 여기서는 (iv)만을 보이도록 한다.

$$\langle f(x),\ f(x)\rangle=\int_a^b f(x)\overline{f(x)}dx=\int_a^b |f(x)|^2\,dx$$

이고 $|f(x)|^2\geq 0$ 이므로

$$\langle f(x),\ f(x)\rangle\geq 0$$

이다. 특히

$$\langle f(x),\ f(x)\rangle=\int_a^b |f(x)|^2\,dx=0 \Rightarrow |f(x)|^2=0$$

즉 $f(x)=0(a\leq x\leq b)$이고, 역으로 f가 영함수이면 $\langle f(x),\ f(x)\rangle=0$ 임은 분명하다. ∎

정의

복소내적공간 V에서 벡터 $\mathbf{u}$의 노름(norm)과, V의 두 벡터 $\mathbf{u}$, $\mathbf{v}$ 사이의 거리(distance)를 각각 다음과 같이 정의한다.

$$\|\mathbf{u}\|=\langle \mathbf{u},\ \mathbf{u}\rangle^{\frac{1}{2}},\quad d(\mathbf{u},\ \mathbf{v})=\|\mathbf{u}-\mathbf{v}\|$$

[예제 4] 예제 3에서 $[a, b]=[0, \pi]$이고 $f(x)=e^{imx}$일 때, 함수 $f(x)$의 노름을 구하라.

풀이

$$\|f\|=\langle f(x),\ f(x)\rangle^{\frac{1}{2}}=\left(\int_0^\pi e^{imx}\overline{e^{imx}}\,dx\right)^{\frac{1}{2}}$$
$$=\left(\int_0^\pi e^{imx}\,e^{-imx}\,dx\right)^{\frac{1}{2}}$$

$$= \left(\int_0^{\pi} dx \right)^{\frac{1}{2}} = \sqrt{\pi}$$ ■

다음 정리는 복소내적공간에서 성립하는 부등식으로 정리 7.3 (2)의 증명은 연습문제로 남긴다.

정리 7.3

복소내적공간 V의 임의의 벡터 $\mathbf{u}$, $\mathbf{v}$에 대하여 다음이 성립한다.

(1) $|\langle \mathbf{v}, \mathbf{u} \rangle| \le \|\mathbf{u}\| \|\mathbf{v}\|$ (Cauchy-Schwarz부등식)

(2) $\|\mathbf{u}+\mathbf{v}\| \le \|\mathbf{u}\| + \|\mathbf{v}\|$ (삼각부등식)

증명

(1) $\mathbf{u}=\mathbf{0}$이면 $|\langle \mathbf{u}, \mathbf{v} \rangle| = 0 = \|\mathbf{u}\| \|\mathbf{v}\|$이므로 성립한다. 이제, $\mathbf{u} \ne \mathbf{0}$이라 하자. $\mathbf{p} = \mathrm{proj}_{\mathbf{u}}\mathbf{v} = t\mathbf{u} = \dfrac{\langle \mathbf{v}, \mathbf{u} \rangle}{\langle \mathbf{u}, \mathbf{u} \rangle}\mathbf{u}$이므로, $\mathbf{w} = \mathbf{v} - \mathbf{p}$라 놓자. 그러면 $\langle \mathbf{w}, \mathbf{p} \rangle = 0$이므로 다음이 성립한다.

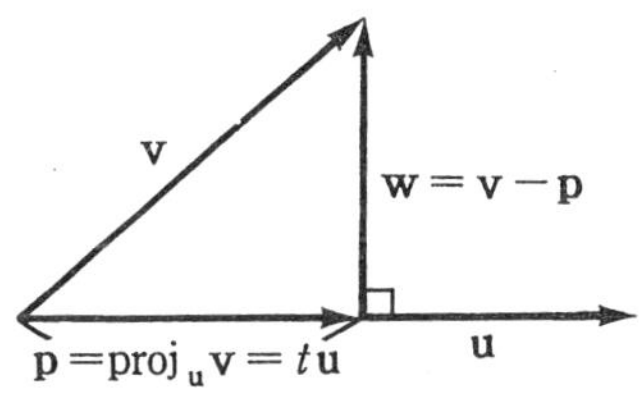

그림 7.1

$$\begin{aligned}
0 \le \langle \mathbf{w}, \mathbf{w} \rangle &= \langle \mathbf{w}, \mathbf{v}-\mathbf{p} \rangle = \langle \mathbf{w}, \mathbf{v} \rangle - \langle \mathbf{w}, \mathbf{p} \rangle \\
&= \langle \mathbf{w}, \mathbf{v} \rangle = \langle \mathbf{v}-\mathbf{p}, \mathbf{v} \rangle = \langle \mathbf{v}, \mathbf{v} \rangle - \langle \mathbf{p}, \mathbf{v} \rangle \\
&= \langle \mathbf{v}, \mathbf{v} \rangle - t\langle \mathbf{u}, \mathbf{v} \rangle = \langle \mathbf{v}, \mathbf{v} \rangle - \frac{\langle \mathbf{v}, \mathbf{u} \rangle}{\langle \mathbf{u}, \mathbf{u} \rangle}\langle \mathbf{u}, \mathbf{v} \rangle \\
&= \|\mathbf{v}\|^2 - \frac{\langle \mathbf{v}, \mathbf{u} \rangle \langle \mathbf{u}, \mathbf{v} \rangle}{\|\mathbf{u}\|^2}
\end{aligned}$$

$$\therefore \ \|\mathbf{v}\|^2 \|\mathbf{u}\|^2 \ge \overline{\langle \mathbf{u}, \mathbf{v} \rangle}\langle \mathbf{u}, \mathbf{v} \rangle = |\langle \mathbf{u}, \mathbf{v} \rangle|^2$$

따라서 (1)이 성립한다. ■

[예제 5] 유클리드 내적이 정의되어 있는 복소내적공간 $\mathbf{C}^3$에서, 두 벡터

$$\mathbf{u}=(1+i,\ 0,\ 2-i),\quad \mathbf{v}=(2,\ 3i,\ i)$$

에 대하여 다음 물음에 답하라.

(1) $\langle \mathbf{u}, \mathbf{v}\rangle$, $\|\mathbf{u}\|$, $\|\mathbf{v}\|$, $\|\mathbf{u}+\mathbf{v}\|$를 구하라.

(2) 두 벡터 $\mathbf{u}$, $\mathbf{v}$에 대하여 Cauchy-Schwarz부등식과 삼각부등식이 성립함을 확인하라.

(3) $\mathbf{u}$와 $\mathbf{v}$가 일차독립임을 보여라.

풀이 (1) $\langle \mathbf{u}, \mathbf{v}\rangle=(1+i)(2)+0+(2-i)(\bar{i})=2+2i-2i+i^2=1$

$\|\mathbf{u}\|=\sqrt{|1+i|^2+|2-i|^2}=\sqrt{2+5}=\sqrt{7}$

$\|\mathbf{v}\|=\sqrt{|2|^2+|3i|^2+|i|^2}=\sqrt{4+9+1}=\sqrt{14}$

$$\begin{aligned}\|\mathbf{u}+\mathbf{v}\|&=\|(3+i,\ 3i,\ 2)\|=\sqrt{|3+i|^2+|3i|^2+|2|^2}\\&=\sqrt{3^2+1^2+3^2+2^2}\\&=\sqrt{23}\end{aligned}$$

(2) $|\langle \mathbf{u}, \mathbf{v}\rangle|=1$ 이고 $\|\mathbf{u}\|\|\mathbf{v}\|=\sqrt{98}>1$ 이므로 Cauchy-Schwarz부등식이 성립한다. 또한

$$\|\mathbf{u}+\mathbf{v}\|=\sqrt{23}\leq\sqrt{7}+\sqrt{14}=\|\mathbf{u}\|+\|\mathbf{v}\|$$

이므로 삼각부등식이 성립한다.

(3) 임의의 스칼라 α, $\beta\in\mathbf{C}$에 대하여 $\alpha\mathbf{u}+\beta\mathbf{v}=\mathbf{0}$라 하면

$$\begin{gathered}\alpha(1+i,\ 0,\ 2-i)+\beta(2,\ 3i,\ i)=(0,\ 0,\ 0)\\ \Rightarrow(\alpha+2\beta)+\alpha i=0,\ 3\beta i=0,\ (2\alpha)+(\beta-\alpha)i=0\\ \therefore\ \alpha=0,\ \beta=0\end{gathered}$$

따라서 $\mathbf{u}$와 $\mathbf{v}$는 일차독립이다. ∎

유클리드 내적이 정의되어 있는 복소내적공간 $\mathbf{C}^n$의 두 벡터

$$\mathbf{u}=(a_1, \dots, a_n),\ \mathbf{v}=(b_1, \dots, b_n)$$

에 대하여 $\langle \mathbf{u}, \mathbf{v}\rangle=\sum_{i=1}^{n} a_i\overline{b_i}$ 으로 내적을 정의하면

$$\begin{aligned}|\langle \mathbf{u}, \mathbf{v}\rangle| &= \left|\sum_{i=1}^{n} a_i\overline{b_i}\right| \le \left(\sum_{i=1}^{n}|a_i|^2\right)^{\frac{1}{2}}\left(\sum_{i=1}^{n}|b_i|^2\right)^{\frac{1}{2}} \\ &= \|\mathbf{u}\|\|\mathbf{v}\| \\ \|\mathbf{u}+\mathbf{v}\| &= \left(\sum_{i=1}^{n}|a_i+b_i|^2\right)^{\frac{1}{2}} \le \left(\sum_{i=1}^{n}|a_i|^2\right)^{\frac{1}{2}}+\left(\sum_{i=1}^{n}|b_i|^2\right)^{\frac{1}{2}} \\ &= \|\mathbf{u}\|+\|\mathbf{v}\|\end{aligned}$$

이다. 이것을 각각 $\mathbf{C}^n$에서의 Cauchy-Schwarz부등식, 삼각부등식이라고 한다.

[예제 6] $\mathbf{u}=f(x),\ \mathbf{v}=g(x)\in C([a, b], \mathbf{C})$에 대하여

$$\langle \mathbf{u}, \mathbf{v}\rangle=\int_a^b f(x)\overline{g(x)}dx$$

로 내적을 정의하면 다음이 성립함을 보여라.

$$|\langle \mathbf{u}, \mathbf{v}\rangle| \le \|\mathbf{u}\|\|\mathbf{v}\|$$
$$\|\mathbf{u}+\mathbf{v}\| \le \|\mathbf{u}\|+\|\mathbf{v}\|$$

풀이

$$\begin{aligned}|\langle \mathbf{u}, \mathbf{v}\rangle| &= \left|\int_a^b f(x)\overline{g(x)}dx\right| \\ &\le \left(\int_a^b |f(x)|^2dx\right)^{\frac{1}{2}}\left(\int_a^b |g(x)|^2dx\right)^{\frac{1}{2}} \\ &= \|\mathbf{u}\|\|\mathbf{v}\|\end{aligned}$$

$$\begin{aligned}\|\mathbf{u}+\mathbf{v}\| &= \left(\int_a^b |f(x)+g(x)|^2dx\right)^{\frac{1}{2}} \\ &\le \left(\int_a^b |f(x)|^2dx\right)^{\frac{1}{2}}+\left(\int_a^b |g(x)|^2dx\right)^{\frac{1}{2}} \\ &= \|\mathbf{u}\|+\|\mathbf{v}\|\end{aligned}$$

■

연습문제 7.2

※ 다음 두 벡터 $\mathbf{u}$, $\mathbf{v}$에 대한 유클리드 내적 $\langle \mathbf{u}, \mathbf{v} \rangle$를 구하라. [1~4]

1. $\mathbf{u}=(1, i)$, $\mathbf{v}=(0, i)$
2. $\mathbf{u}=(2i, -i)$, $\mathbf{v}=(-i, 3i)$
3. $\mathbf{u}=(2i, 0, 3i)$, $\mathbf{v}=(2-i, 0, 1+3i)$
4. $\mathbf{u}=(3i, -1+2i)$, $\mathbf{v}=(3i, -1+2i)$

※ 유클리드 내적이 정의된 복소공간에서 다음 벡터의 노름 $\|\mathbf{u}\|$를 구하라. [5~8]

5. $\mathbf{u}=\begin{bmatrix} 1 \\ 3-i \end{bmatrix}$
6. $\mathbf{u}=\begin{bmatrix} 2 \\ 1-i \end{bmatrix}$
7. $\mathbf{u}=\begin{bmatrix} i \\ 1-2i \\ 3+i \end{bmatrix}$
8. $\mathbf{u}=\begin{bmatrix} 1 \\ 1+i \\ 1-i \end{bmatrix}$

※ 다음 벡터 $\mathbf{u}$, $\mathbf{v}$ 사이의 유클리드 거리 $d(\mathbf{u}, \mathbf{v})$를 구하라. [9~12]

9. $\mathbf{u}=(i, 0)$, $\mathbf{v}=(0, i)$
10. $\mathbf{u}=(1, 1)$, $\mathbf{v}=(-i, i)$
11. $\mathbf{u}=(i, i, i)$, $\mathbf{v}=(0, -i, -i)$
12. $\mathbf{u}=(1, 1, -i)$, $\mathbf{v}=(0, 2i, i)$

13. 다음 네 개의 벡터가 유클리드 내적을 갖는 $\mathbf{C}^4$에서 서로 직교함을 보여라.

$$\mathbf{u}_1=(i, 0, 0, i), \qquad \mathbf{u}_2=(i, 0, 2i, -i)$$
$$\mathbf{u}_3=(-2i, 3i, 2i, 2i), \qquad \mathbf{u}_4=(i, 2i, -i, -i)$$

※ 다음 행렬의 계수를 구하라. [14~15]

14. $\begin{bmatrix} 2 & 1-i \\ 1+i & 1 \end{bmatrix}$
15. $\begin{bmatrix} 0 & i & 1 \\ i & 0 & -2+i \\ -1 & 2+i & 0 \end{bmatrix}$

16. 예제 3의 $F([a, b], \mathbf{C})$가 복소내적공간임을 보여라.

17. 정리 7.3의 (2)를 증명하라.

18. $\langle \mathbf{u}, \mathbf{v} \rangle$가 복소공간에서 정의된 내적일 때, 다음이 성립함을 증명하라.

$$\langle \mathbf{u}, \mathbf{v}+\mathbf{w} \rangle = \langle \mathbf{u}, \mathbf{v} \rangle + \langle \mathbf{u}, \mathbf{w} \rangle$$

19. 복소내적공간 V의 두 벡터 $\mathbf{u}$, $\mathbf{v}$가 직교할 필요충분조건은

$$\|\mathbf{u}+\mathbf{v}\|^2 = \|\mathbf{u}\|^2 + \|\mathbf{v}\|^2 \text{ 이고 } \mathrm{Im}\langle \mathbf{u}, \mathbf{v} \rangle = 0$$

임을 보여라. 이것을 일반화된 Pythagoras 정리라고 한다.

7.3 Hermitian 행렬과 유니타리행렬

제 4 장에서 실수성분을 갖는 n차의 정사각행렬 전체의 집합은 M_n으로 나타내었다. 여기에서는 복소수성분을 갖는 n차의 정사각행렬 전체의 집합을 $M_n(\mathbf{C})$로 나타내기로 한다. M_n에서의 대칭행렬과 직교행렬의 정의는 각각 $M_n(\mathbf{C})$에서 Hermitian 행렬과 유니타리(unitary)행렬로 일반화되는데, 이 절에서는 Hermitian 행렬과 유니타리행렬을 정의하고, 이것의 성질을 알아본다.

정의

복소행렬 $A=[a_{ij}]_{m\times n}$에 대하여

$$\bar{A}=[\overline{a_{ij}}]_{m\times n}$$

으로 정의하고, $(\bar{A})^T$를 A의 **켤레전치행렬**(conjugate transpose)이라 하며 A^*로 나타낸다. 즉

$$A^*=(\bar{A})^T=[\overline{a_{ji}}]_{n\times m}$$

위의 정의로부터 행렬 A의 모든 성분이 실수이면 $A^*=A^T$이고, 유클리드 내적이 정의되어 있는 복소내적공간 $\mathbf{C}^n$에서 다음이 성립함을 쉽게 알 수 있다.

$$\langle \mathbf{u},\ \mathbf{v}\rangle=\mathbf{v}^*\mathbf{u},\ \|\mathbf{u}\|^2=\mathbf{u}^*\mathbf{u}$$

【예제 1】 행렬

$$A=\begin{bmatrix} -i & -2 \\ -2i & 3 \end{bmatrix},\quad B=\begin{bmatrix} 1 & 1+2i \\ 1-2i & 0 \end{bmatrix}$$

에 대하여 A, B의 켤레전치행렬은 각각 다음과 같다.

$$A^*=\begin{bmatrix} i & 2i \\ -2 & 3 \end{bmatrix},\quad B^*=\begin{bmatrix} 1 & 1+2i \\ 1-2i & 0 \end{bmatrix}$$ ■

켤레전치행렬의 성질은 전치행렬의 성질과 유사하다. 켤레전치행렬의 성질에 관한 다음 정리를 소개한다(증명은 연습문제로 남긴다).

정리 7.4

복소행렬 A, B와 임의의 복소수 c에 대하여 다음이 성립한다.

(1) $(A^*)^*=A$

(2) $(A+B)^*=A^*+B^*$

(3) $(cA)^*=\bar{c}A^*$

(4) $(AB)^*=B^*A^*$

정의

복소행렬 A가 $A=A^*$이면, A를 **Hermitian행렬**이라 한다.

[예제 2] 예제 1의 행렬 A는 $A\neq A^*$이므로 Hermitian행렬이 아니고, B는 $B=B^*$이므로 Hermitian행렬이다. ■

정리 7.5

행렬 $A\in M_n(\mathbf{C})$가 Hermitian행렬일 때, 다음이 성립한다.

(1) 임의의 복소벡터 $\mathbf{x}\in\mathbf{C}^n$에 대하여 $\mathbf{x}^*A\mathbf{x}$는 실수이다.

(2) A의 고유값은 모두 실수이다.

(3) A의 서로 다른 두 개의 고유값에 대응하는 각각의 고유벡터는 직교한다.

증명 (1) $\mathbf{x}^*A\mathbf{x}$는 1×1행렬이고

$$\overline{\mathbf{x}^*A\mathbf{x}}=\left(\overline{\mathbf{x}^*A\mathbf{x}}\right)^T=(\mathbf{x}^*A\mathbf{x})^*=\mathbf{x}^*A^*(\mathbf{x}^*)^*$$
$$=\mathbf{x}^*A^*\mathbf{x}=\mathbf{x}^*A\mathbf{x}$$

따라서 $\mathbf{x}^*A\mathbf{x}$는 실수이다.

(2) λ를 A의 고유값이라 하고 $\mathbf{x}$를 λ에 대응하는 A의 고유벡터라 하면 $\mathbf{x}\neq\mathbf{0}$이므로

$$A\mathbf{x}=\lambda\mathbf{x}\Rightarrow\mathbf{x}^*A\mathbf{x}=\mathbf{x}^*\lambda\mathbf{x}=\lambda\mathbf{x}^*\mathbf{x}=\lambda\|\mathbf{x}\|^2$$

그런데 $\mathbf{x}^*A\mathbf{x}$는 실수이고 $\|\mathbf{x}\|^2\neq0$이므로 λ는 실수이다.

(3) λ, μ를 A의 서로 다른 고유값이라 하고, $\mathbf{x}$, $\mathbf{y}$를 각각 이에 대응하는 고유벡터라 하면 $A\mathbf{x}=\lambda\mathbf{x}$, $A\mathbf{y}=\mu\mathbf{y}$이므로

$$\lambda\langle\mathbf{x},\ \mathbf{y}\rangle=\langle\lambda\mathbf{x},\ \mathbf{y}\rangle=\langle A\mathbf{x},\ \mathbf{y}\rangle=\mathbf{y}^*A\mathbf{x}=(A^*\mathbf{y})^*\mathbf{x}$$
$$=\langle\mathbf{x},\ A^*\mathbf{y}\rangle=\langle\mathbf{x},\ A\mathbf{y}\rangle=\langle\mathbf{x},\ \mu\mathbf{y}\rangle=\bar{\mu}\langle\mathbf{x},\ \mathbf{y}\rangle$$
$$=\mu\langle\mathbf{x},\ \mathbf{y}\rangle$$

그런데 $\lambda\neq\mu$이므로 $\langle\mathbf{x},\ \mathbf{y}\rangle=0$이다. 따라서 $\mathbf{x}$와 $\mathbf{y}$는 직교한다. ■

【예제 3】 행렬 $A=\begin{bmatrix}1&0&0\\0&2&1-i\\0&1+i&0\end{bmatrix}$은 $A=A^*$이므로 Hermitian행렬이고, A의 특성방정식 $|\lambda I-A|=(\lambda-1)(\lambda^2-2\lambda-2)=0$의 근을 구하면 $\lambda=1,\ 1+\sqrt{3},\ 1-\sqrt{3}$이다. 따라서 Hermitian행렬 A의 고유값은 모두 실수임을 확인할 수 있다. ■

정의

> 복소행렬 A가 $A=-A^*$이면 A를 반Hermitian(skew-Hermitian)행렬이라 한다.

【예제 4】 다음 행렬 A, B는 모두 반Hermitian행렬임을 쉽게 확인할 수 있다.

$$A=\begin{bmatrix} -i & -2i \\ -2i & 3i \end{bmatrix},\ B=\begin{bmatrix} 0 & 0 & i \\ 0 & i & 0 \\ i & 0 & 0 \end{bmatrix}$$ ■

제 6 장에서 행렬 $A \in M_n$이 $A^T A = I_n$을 만족하면 A를 직교행렬이라고 하였다. 여기에서는 $M_n(\mathbf{C})$에서 이와 유사한 성질을 갖는 행렬을 소개한다.

정의

행렬 $U \in M_n(\mathbf{C})$가 $U^*U = I_n = UU^*$이면 U를 유니타리행렬이라고 한다.

정의에 의하여 U가 유니타리행렬이면 $U^* = U^{-1}$이다. 또한, U의 j번째 열벡터를 $\mathbf{u}_j$라 하면

$$\langle \mathbf{u}_i,\ \mathbf{u}_j \rangle = \mathbf{u}_j^* \ \mathbf{u}_i = \begin{cases} 1 & (i=j) \\ 0 & (i \neq j) \end{cases}$$

이므로 U가 유니타리행렬일 필요충분조건은 U의 열들이 정규직교집합을 이루는 것이다.

【예제 5】 다음 행렬 A는 유니타리행렬임을 보여라.

$$A = \frac{1}{\sqrt{3}} \begin{bmatrix} 1+i & 1 \\ -1 & 1-i \end{bmatrix}$$

풀이 $A^* = \frac{1}{\sqrt{3}} \begin{bmatrix} 1-i & -1 \\ 1 & 1+i \end{bmatrix}$이므로

$$A^*A = \frac{1}{3} \begin{bmatrix} 1-i & -1 \\ 1 & 1+i \end{bmatrix} \begin{bmatrix} 1+i & +1 \\ -1 & 1-i \end{bmatrix}$$
$$= \begin{bmatrix} 1 & 0 \\ 0 & 1 \end{bmatrix} = I_2$$

따라서 A는 유니타리행렬이다. ■

정리 7.6

> $\mathbb{C}^n$에 유클리드 내적이 정의되어 있고 U가 유니타리행렬이면 다음이 성립한다.
> (1) $\mathbf{x}, \mathbf{y} \in \mathbb{C}^n$에 대하여 $\langle U\mathbf{x}, U\mathbf{y}\rangle = \langle \mathbf{x}, \mathbf{y}\rangle$이다. 특히 $\|U\mathbf{x}\| = \|\mathbf{x}\|$이다.
> (2) λ가 U의 고유값이면 $|\lambda| = 1$이다.
> (3) U의 서로 다른 두 개의 고유값에 대응하는 고유벡터는 직교한다.

증명

(1) $\langle U\mathbf{x}, U\mathbf{y}\rangle = (U\mathbf{y})^* U\mathbf{x} = y^*(U^*U)\mathbf{x} = \mathbf{y}^*\mathbf{x} = \langle \mathbf{x}, \mathbf{y}\rangle$
특히

$$\|U\mathbf{x}\|^2 = \langle U\mathbf{x}, U\mathbf{x}\rangle = \langle \mathbf{x}, \mathbf{x}\rangle = \|\mathbf{x}\|^2$$

(2) U의 고유값 λ에 대응하는 고유벡터를 $\mathbf{x}$라 하면 $U\mathbf{x} = \lambda\mathbf{x}$이므로 다음이 성립한다.

$$\langle \mathbf{x}, \mathbf{x}\rangle = \langle U\mathbf{x}, U\mathbf{x}\rangle = \langle \lambda\mathbf{x}, \lambda\mathbf{x}\rangle = \lambda\bar{\lambda}\langle \mathbf{x}, \mathbf{x}\rangle = |\lambda|^2\langle \mathbf{x}, \mathbf{x}\rangle$$
$$\Rightarrow |\lambda|^2 = 1$$
$$\therefore\ |\lambda| = 1$$

(3) λ, μ를 U의 서로 다른 고유값이라 하고 $\mathbf{x}, \mathbf{y}$를 각각 이에 대응하는 고유벡터라 하면

$$\begin{aligned}\lambda\langle \mathbf{x}, \mathbf{y}\rangle &= \langle \lambda\mathbf{x}, \mathbf{y}\rangle = \langle U\mathbf{x}, \mathbf{y}\rangle = \langle U^*(U\mathbf{x}), U^*\mathbf{y}\rangle \\ &= \langle \mathbf{x}, U^*\mathbf{y}\rangle = \langle \mathbf{x}, U^{-1}\mathbf{y}\rangle\end{aligned}$$

또한, $U\mathbf{y} = \mu\mathbf{y}$이고 $|\mu| = \mu\bar{\mu} = 1$이므로 $U^{-1}\mathbf{y} = \bar{\mu}\mathbf{y}$이다. 따라서

$$\lambda\langle \mathbf{x}, \mathbf{y}\rangle = \langle \mathbf{x}, U^{-1}\mathbf{y}\rangle = \langle \mathbf{x}, \bar{\mu}\mathbf{y}\rangle = \mu\langle \mathbf{x}, \mathbf{y}\rangle$$

이고 $\lambda \neq \mu$이므로 $\langle \mathbf{x}, \mathbf{y}\rangle = 0$이다. 그러므로 $\mathbf{x}$와 $\mathbf{y}$는 직교한다. ■

연습문제 7.3

※ 다음 행렬 중 Hermitian 행렬을 모두 찾아라. [1~6]

1. $\begin{bmatrix} 1+i & 2 \\ 2 & 3 \end{bmatrix}$

2. $\begin{bmatrix} 1 & 2+i \\ 2-i & -1 \end{bmatrix}$

3. $\begin{bmatrix} \frac{1}{\sqrt{2}} & \frac{1}{\sqrt{2}} \\ \frac{-1}{\sqrt{2}} & \frac{1}{\sqrt{2}} \end{bmatrix}$

4. $\begin{bmatrix} \frac{-1}{\sqrt{2}}i & \frac{1}{\sqrt{2}} \\ \frac{1}{\sqrt{2}} & \frac{1}{\sqrt{2}}i \end{bmatrix}$

5. $\begin{bmatrix} 0 & i & 1 \\ i & 0 & 2+i \\ -1 & -2+i & 0 \end{bmatrix}$

6. $\begin{bmatrix} 2 & i & 0 \\ 0 & 1 & -5i \\ 1 & 1-i & 4 \end{bmatrix}$

7. 문제 1~6 의 행렬 중 유니타리행렬을 모두 찾아라.

8. $A=\begin{bmatrix} -1 & k & -i \\ 3-5i & 0 & m \\ l & 2+4i & 2 \end{bmatrix}$가 Hermitian 행렬이 되게 하는 k, l, m을 찾아라.

※ 임의의 행렬 $A \in M_n(\mathbf{C})$에 대하여 다음이 Hermitian 행렬인지 아닌지를 판별하여라. [9~12]

9. A^*A

10. AA^*

11. $A+A^*$

12. $A-A^*$

13. 정리 7.4를 증명하라.

14. Hermitian 행렬의 대각선성분은 모두 실수임을 보여라.

15. 행렬 $A \in M_n(\mathbf{C})$가 Hermitian 행렬이면 iA는 반 Hermitian 행렬임을 보여라.

16. 행렬 $A \in M_n(\mathbf{C})$가 반 Hermitian 행렬이면 A의 모든 고유값은 순허수임을 보여라.

17. 행렬 $A \in M_n(\mathbf{C})$는 Hermitian 행렬과 반 Hermitian 행렬의 합으로 나타낼 수 있음을 보여라(힌트: H, K가 Hermitian 행렬일 때 $A=H+iK$로 쓸 수 있다).

18. 유니타리대각화 가능이면서 Hermitian 이 아닌 행렬의 예를 하나만 찾아라.

19. $\mathbf{u}$가 $\mathbf{C}^n$의 단위벡터일 때 $U=I_n-2\mathbf{u}\mathbf{u}^*$는 유니타리행렬이고 동시에 Hermitian행렬임을 보여라(이를 **Housholder변환**이라고 한다).

20. 행렬 U가 유니타리행렬이고 동시에 Hermitian행렬이면 U의 고유값은 1 또는 -1뿐임을 보여라.

7.4 유니타리닮음과 Schur정리

이 절에서는 $M_n(\mathbf{C})$에서 주어진 두 정사각행렬의 유니타리 닮음과 유니타리대각화 가능성을 정의하고, 모든 정사각행렬은 자신의 고유값을 주대각선성분으로 갖는 삼각행렬과 유니타리닮음이라는 Schur 정리를 증명한다.

정의 두 행렬 $A, B \in \boldsymbol{M}_n(\mathbf{C})$에 대하여 $U^*AU=B$인 유니타리행렬 U가 존재하면, A와 B는 유니타리닮음(unitarily similar)이라고 하며, 행렬 $A \in \boldsymbol{M}_n(\mathbf{C})$가 대각행렬과 유니타리닮음이면 A는 유니타리대각화 가능(unitarily diagonalizable)하다고 한다.

【예제 1】 두 행렬 A와 U가 각각

$$A=\begin{bmatrix} 2 & i \\ -i & 2 \end{bmatrix}, \quad U=\frac{1}{\sqrt{2}}\begin{bmatrix} i & 1 \\ 1 & -i \end{bmatrix}$$

일 때, U는 유니타리행렬이고

$U^*AU=\begin{bmatrix} 1 & 0 \\ 0 & 3 \end{bmatrix}$이므로 A는 유니타리대각화 가능하다. ∎

【예제 2】 행렬 $A=\begin{bmatrix} 2 & 1-i \\ 1+i & 1 \end{bmatrix}$을 대각화하는 유니타리행렬 U를 구하라.

풀이 A의 고유값은 $\lambda_1=3,\ \lambda_2=0$이고 이에 대응하는 고유벡

터는

$$\mathbf{x}_1=\begin{bmatrix}1-\mathrm{i}\\1\end{bmatrix},\quad \mathbf{x}_2=\begin{bmatrix}-1\\1+\mathrm{i}\end{bmatrix}$$

이다. 이 때

$$\mathbf{u}_1=\frac{1}{\|\mathbf{x}_1\|}\mathbf{x}_1=\frac{1}{\sqrt{3}}\begin{bmatrix}1-\mathrm{i}\\1\end{bmatrix},\quad \mathbf{u}_2=\frac{1}{\|\mathbf{x}_2\|}\mathbf{x}_2=\frac{1}{\sqrt{3}}\begin{bmatrix}-1\\1+\mathrm{i}\end{bmatrix}$$

라 하고

$$U=[\mathbf{u}_1\ \mathbf{u}_2]=\frac{1}{\sqrt{3}}\begin{bmatrix}1-i & -1\\1 & 1+i\end{bmatrix}$$

라 하면 U는 유니타리행렬이고 A는 이 U에 관하여 대각행렬과 유니타리닮음이다. 실제로

$$U^*AU=\frac{1}{3}\begin{bmatrix}1+i & 1\\-1 & 1-i\end{bmatrix}\begin{bmatrix}2 & 1-i\\1+i & 1\end{bmatrix}\begin{bmatrix}1-i & -1\\1 & 1+i\end{bmatrix}$$

$$=\begin{bmatrix}3 & 0\\0 & 0\end{bmatrix}$$ ■

이제, 유니타리행렬에 관한 가장 중요한 정리인 Schur 정리를 소개한다. 이 정리는 임의의 복소행렬에 관한 연구를 삼각행렬의 연구로 바꾸어 주는 중요한 역할을 한다.

정리 7.7 (Schur 정리)
임의의 n차 정사각행렬은 자신의 고유값을 주대각선성분으로 갖는 상삼각행렬과 유니타리닮음이다.

증명 행렬 A의 고유값을 $\lambda_1, \lambda_2, \ldots, \lambda_n$이라 하고, 수학적 귀납법으로 증명하자. 먼저 $n=1$이면 $A=[\lambda_1]$이므로 정리는 성립한다. 이제 $n-1$차 이하인 경우에 성립한다고 가정하고

n차인 경우를 다음 단계로 보이도록 하자.

① $\mathbf{x}_1$을 λ_1에 내응되는 정규화된 고유벡터라 하자(즉, $\|\mathbf{x}_1\|=1$).

② $\mathbf{x}_1$을 포함하는 $\mathbf{C}^n$에 대한 정규직교기저(orthonormal basis)가 존재한다. 이를 $S=\{\mathbf{x}_1, \mathbf{x}_2, \dots, \mathbf{x}_n\}$이라 하자.

③ $U_0\equiv[\mathbf{x}_1\vdots\mathbf{x}_2\vdots\cdots\vdots\mathbf{x}_n]$이라 하면 S가 정규직교집합이므로 U_0는 유니타리행렬이다. $U_0^*AU_0$의 k행 1열의 원소는

$$\mathbf{x}_k^*A\mathbf{x}_1=\mathbf{x}_k^*\lambda_1\mathbf{x}_1=\lambda_1\langle\mathbf{x}_1, \mathbf{x}_k\rangle$$

이므로 $U_0^*AU_0$의 첫번째 열은 $(\lambda_1, 0, \dots, 0)^T$이다. 따라서 $U_0^*AU_0$는 다음과 같은 형태의 행렬이다.

$$U_0^*AU_0=\left[\begin{array}{c|c} \lambda_1 & * \\ \hline 0 & \\ 0 & A_1 \\ \vdots & \\ 0 & \end{array}\right]$$

여기서 $A_1\in M_{n-1}(\mathbf{C})$, $|\lambda I_n-A|=(\lambda-\lambda_1)|\lambda I_{n-1}-A_1|$이므로 A_1의 고유값은 $\lambda_2, \lambda_3, \dots, \lambda_n$이다.

④ 귀납법 가정에 의해

$$\hat{U}_1^*A_1\hat{U}_1=\begin{bmatrix} \lambda_2 & & & \\ 0 & \ddots & * & \\ \vdots & \ddots & \ddots & \\ 0 & \cdots & 0 & \lambda_n \end{bmatrix}$$

인 유니타리행렬 $\hat{U}_1\in M_{n-1}(\mathbf{C})$가 존재한다.

⑤ $U_1\equiv\left[\begin{array}{c|ccc} 1 & 0 & \cdots & 0 \\ \hline 0 & & & \\ & & \hat{U}_1 & \\ \vdots & & & \\ 0 & & & \end{array}\right]\in M_n(\mathbf{C})$

$$\Rightarrow (U_0U_1)^*A(U_0U_1)=U_1^*(U_0^*AU_0)U_1$$

$$=\begin{bmatrix} \lambda_1 & & & & * \\ 0 & & \lambda_2 & & \\ \vdots & & 0 & \ddots & \\ \vdots & & \vdots & \ddots & \ddots \\ 0 & \cdots & 0 & \cdots & 0 & \lambda_n \end{bmatrix}$$

여기서 $U\equiv U_0U_1$은 유니타리행렬이다. 따라서 Schur 정리가 증명된다. ■

특히, $A\in M_n$이고 A의 모든 고유값이 실수이면 P^TAP가 상삼각행렬인 직교행렬 P가 존재한다.

일반적으로, 모든 행렬이 유니타리대각화 가능한 것은 아니다. 그러나 Hermitian 행렬이 유니타리대각화 가능하다는 것은 Schur 정리를 이용하여 보일 수 있다. 그런데 Hermitian 행렬이 아니더라도 유니타리대각화 가능한 행렬은 많이 있다. 이제 유니타리대각화 가능한 행렬에 대하여 알아보자.

정의

행렬 $A\in M_n(\mathbf{C})$가 다음을 만족하면 A를 **정규행렬** (normal matrix)이라고 한다.

$$AA^*=A^*A$$

[예제 3] 다음 행렬 A는 $AA^*=A^*A$를 만족하므로 정규행렬이다.

$$A=\begin{bmatrix} \frac{-1+i}{2} & \frac{1+i}{2} \\ \frac{1-i}{2} & \frac{1+i}{2} \end{bmatrix}$$ ■

[예제 4] 임의의 Hermitian 행렬 A는 $A=A^*$이므로 $AA^*=AA=$

A^*A 이다. 따라서 정규행렬이다. 또한 유니타리행렬 B도 $BB^*=I_n=B^*B$ 이므로 정규행렬이다. ■

정리 7.8

> 행렬 $A\in M_n(\mathbf{C})$에 대하여 다음은 동치이다.
> (1) A는 유니타리대각화 가능하다.
> (2) A는 정규행렬이다.
> (3) A는 n개의 정규직교인 고유벡터를 갖는다.

이 정리는 6.3절의 정리 6.5, 6.6을 복소수 범위까지 확장한 것이다.

【예제 5】 예제 1의 행렬 A와 U에 대하여 A가 정규행렬이고 U의 각 열이 A의 정규직교인 고유벡터임을 보여라.

풀이 $A=\begin{bmatrix} 2 & i \\ -i & 2 \end{bmatrix}=A^*$ 이므로 $AA^*=A^*A$ 이다. 따라서 A는 정규행렬이다.

$$U=\begin{bmatrix} \frac{i}{\sqrt{2}} & -\frac{1}{\sqrt{2}} \\ \frac{1}{\sqrt{2}} & -\frac{i}{\sqrt{2}} \end{bmatrix}$$

의 1열을 $\mathbf{u}_1$, 2열을 $\mathbf{u}_2$라 하면

$$A\mathbf{u}_1=\begin{bmatrix} 2 & i \\ -i & 2 \end{bmatrix}\begin{bmatrix} \frac{i}{\sqrt{2}} \\ \frac{1}{\sqrt{2}} \end{bmatrix}=3\begin{bmatrix} \frac{i}{\sqrt{2}} \\ \frac{1}{\sqrt{2}} \end{bmatrix}=3\mathbf{u}_1$$

$$A\mathbf{u}_2=\begin{bmatrix} 2 & i \\ -i & 2 \end{bmatrix}\begin{bmatrix} -\frac{1}{\sqrt{2}} \\ -\frac{i}{\sqrt{2}} \end{bmatrix}=\begin{bmatrix} -\frac{1}{\sqrt{2}} \\ -\frac{i}{\sqrt{2}} \end{bmatrix}=\mathbf{u}_2$$

이므로 $\mathbf{u}_1$, $\mathbf{u}_2$는 A의 고유벡터이다. 또한 $\|\mathbf{u}_1\|=\|\mathbf{u}_2\|=1$이고 $\langle \mathbf{u}_1, \mathbf{u}_2\rangle=\mathbf{u}_2^*\mathbf{u}_1=0$이므로 $\mathbf{u}_1$, $\mathbf{u}_2$는 정규직교인 고유벡터이다. ■

[예제 6] 다음 Hermitian 행렬 A를 대각화하는 유니타리행렬 U를 구하라.

$$A=\begin{bmatrix} 1 & -2i & 0 & 2i \\ 2i & -1 & -2 & 0 \\ 0 & -2 & 1 & -2 \\ -2i & 0 & -2 & -1 \end{bmatrix}$$

풀이 Hermitian 행렬의 고유값은 $\lambda_1=\lambda_2=3$, $\lambda_3=\lambda_4=-3$이다. $\lambda=3$에 관한 일차독립인 고유벡터는

$$\mathbf{x}_1=\begin{bmatrix} i \\ -1 \\ 1 \\ 0 \end{bmatrix},\ \mathbf{x}_2=\begin{bmatrix} 2i \\ -1 \\ 0 \\ 1 \end{bmatrix}$$

이므로 Gram-Schmidt 직교화과정을 사용하여, 정규직교고유벡터로

$$\mathbf{e}_1=\begin{bmatrix} \frac{i}{\sqrt{3}} \\ -\frac{1}{\sqrt{3}} \\ \frac{1}{\sqrt{3}} \\ 0 \end{bmatrix},\quad \mathbf{e}_2=\begin{bmatrix} \frac{i}{\sqrt{3}} \\ 0 \\ -\frac{1}{\sqrt{3}} \\ \frac{1}{\sqrt{3}} \end{bmatrix}$$

을 얻는다. 같은 방법으로 $\mathbf{e}_3$, $\mathbf{e}_4$를 구하여, $U=[\mathbf{e}_1, \mathbf{e}_2, \mathbf{e}_3, \mathbf{e}_4]$라 놓으면, U는 4차인 유니타리행렬이며

$$U^*AU=\begin{bmatrix} 3 & 0 & 0 & 0 \\ 0 & 3 & 0 & 0 \\ 0 & 0 & -3 & 0 \\ 0 & 0 & 0 & -3 \end{bmatrix}$$

이 되어 대각행렬이다. ∎

A가 정규행렬일 때 U^*AU가 대각행렬이 되는 유니타리행렬 U를 구하는 방법은 M_n에서 직교대각화하는 행렬을 구하는 방법과 같다.

모든 행렬이 대각화 가능한 것은 아니지만 Schur정리를 이용하면 대각화 가능하지 않은 행렬 A도 대각행렬과 유사한 행렬 J_A와 닮음(similar)이 되게 할 수 있다. 이러한 행렬 J_A를 A의 **Jordan표준형**이라 한다. Jordan표준형을 이용하면 모든 행렬을 대각행렬과 유사한 행렬 J_A로 바꾸어 행렬 A에 관한 계산 및 이론을 전개할 수 있다. 이러한 Jordan표준형을 구하는 방법은 7.5절에서 다룬다.

연습문제 7.4

※ 다음 행렬 중 유니타리행렬을 모두 찾아라. [1~6]

1. $\begin{bmatrix} 1+i & 2 \\ 2 & 3 \end{bmatrix}$

2. $\begin{bmatrix} 1 & 2+i \\ 2-i & -1 \end{bmatrix}$

3. $\begin{bmatrix} \frac{1}{\sqrt{2}} & \frac{1}{\sqrt{2}} \\ \frac{-1}{\sqrt{2}} & \frac{1}{\sqrt{2}} \end{bmatrix}$

4. $\begin{bmatrix} \frac{-1}{\sqrt{2}}i & \frac{1}{\sqrt{2}} \\ \frac{1}{\sqrt{2}} & \frac{1}{\sqrt{2}}i \end{bmatrix}$

5. $\begin{bmatrix} 0 & i & 1 \\ i & 0 & 2+i \\ -1 & -2+i & 0 \end{bmatrix}$

6. $\begin{bmatrix} 2 & i & 0 \\ 0 & 1 & -5i \\ 1 & 1-i & 4 \end{bmatrix}$

7. 예제 1의 U가 유니타리행렬임을 보여라.

8. 행렬 A의 고유값의 합은 $\mathrm{tr}(A)$와 같음을 증명하라.(힌트: $\mathrm{tr}(AB)=\mathrm{tr}(BA)$)

9. 행렬 A의 고유값의 곱은 $\det(A)$와 같음을 증명하라.

10. Hermitian행렬 $A \in M_n(\mathbf{C})$에 대해 $\det(A)$는 실수임을 보여라.

*7.5 Jordan표준형

n차의 정사각행렬 A가 n개의 일차독립인 고유벡터를 가지면 대각화 가능하다는 것을 6.2절에서 배웠다. 또한 정리 7.8에서 보았드시 A가 유니타리대각화 가능일 필요충분조건은 A가 정규행렬(normal matrix)인 것이다. 이 경우 A는 n개의 정규직교인 고유벡터를 갖고, 이 고유벡터를 열로 갖는 행렬 U는 유니타리행렬이며 $U^*AU=D$는 고유값 λ_i를 대각선 성분으로 갖는 대각행렬이다.

대각화 가능한 행렬을 다루는 것은 이론적으로나 실제에 모두 대각행렬을 다루는 것과 같이 쉽다. 그러나 일반적으로 n차의 정사각행렬이 모두 n개의 일차독립인 고유벡터를 갖지는 않으므로 대각화 가능한 것은 아니다. 그러나 Schur정리에 의하여 자신의 고유값을 대각선성분으로 갖는 상삼각행렬과 닮음임은 안다.

이 절에서는 대각화 가능하지 않은 행렬이라도 대각행렬과 유사한 행렬(block diagonal matrix)인 Jordan표준형과 닮음(similar)이 되도록 만들 수 있다는 다음 정리를 증명 없이 소개하고, 주어진 행렬의 Jordan표준형을 구하는 방법에 대하여 알아본다. 단 계산의 편의상 주로 실수행렬의 예를 다루도록 한다.

정리 7.9 n차의 정사각행렬 A가 $t(1\leq t\leq n)$개의 일차독립인 고유벡터를 가지면 A는 다음과 같은 행렬 J_A와 (유니타리)닮음이다.

$$J_A=\begin{bmatrix} J_1 & & & 0 \\ & J_2 & & \\ & & \ddots & \\ 0 & & & J_t \end{bmatrix}_{n\times n}$$

즉 $U^*AU=J_A$인 유니타리행렬 U가 존재한다. 여기서

$$J_k=\begin{bmatrix} \lambda_i & 1 & & 0 \\ & \ddots & \ddots & \\ & & \ddots & 1 \\ 0 & & & \lambda_i \end{bmatrix}_{n_k\times n_k}$$

$$(n_1+n_2+\cdots+n_t=n,\ 1\leq k\leq t)$$

이다.

위의 정리에서 J_k를 A의 고유값 λ_i에 대응하는 하나의 **Jordan block**이라 하고, J_A를 A의 **Jordan 표준형**(Jordan canonical form)이라 한다. 또 각 Jordan block J_k는 대각선 성분으로 같은 고유값 λ_i를 갖는 상삼각행렬(upper triangular matrix)이고, 하나의 고유값 λ_i에 대응하는 Jordan block은 여러 개일 수도 있다. 특히 A가 n개의 일차독립인 고유벡터를 갖는다면 n개의 Jordan block을 갖는 Jordan 표준형(즉, 대각행렬)을 갖는다.

또한 하나의 고유값 λ_i의 중복도가 m_i이고(이것을 λ_i의 **대수적 중복도**(algebraic multiplicity)라 한다), 이에 대응하는 k_k개($k_i\leq m_i$)의 일차독립인 고유벡터를 갖는다면, 이것을 λ_i에 대한 **기하학적 중복도**(geometric multiplicity)라 한다. 참고로 이는 고유값 λ_i에 대한 고유공간의 차원과 같은 것이다. A는 λ_i를 대각성분으로 갖는 k_i개의 Jordan block과 또 각각의 다른 고유값 λ_j에 대응하는 Jordan block도 갖게 된다. 그리고 각 λ_i에 대응하는 모든 Jordan block의 크기의 합은 λ_j의 중복도인 m_j가 된다. 따라서 각각의 고유값에

대한 대수적 중복도와 기하학적 중복도가 모두 같은 행렬에 대한 Jordan 표준형은 대각행렬이다. 우선 예를 하나 보도록 하자.

【예제 1】

$$J_A=\begin{bmatrix} 2 & 1 & 0 & & & & & \\ 0 & 2 & 1 & & & O & & \\ 0 & 0 & 2 & & & & & \\ & & & 2 & & & & \\ & & & & 3 & 1 & & \\ & & & & 0 & 3 & & \\ & O & & & & & 0 & 1 \\ & & & & & & 0 & 0 \end{bmatrix}_{8\times 8}$$

은 특성방정식으로 $\det(\lambda I-A)=(\lambda-2)^4(\lambda-3)^2\lambda^2$을 갖는 8차의 정사각행렬 A의 Jordan 표준형이다. 각 고유값의 중복도가 J_A의 주대각선에 나타나는 고유값의 개수를 결정한다는 것을 주목하라. 대각선에 고유값 2는 네개, 3은 두개, 0도 두 개 있다. 즉 고유값의 중복도는 그 고유값에 대응하는 모든 Jordan block의 크기의 합을 나타낸다. ■

어떤 행렬 A의 Jordan 표준형 J_A는 $P^{-1}AP=J_A$가 되게 하는 가역행렬 P를 몰라도, 각 고유값의 중복도와 그 고유값에 대한 고유공간(eigenspace) 안에 있는 일차독립인 고유벡터의 수(즉, 고유공간의 차원)에 의하여 대부분은 바로 결정된다. 물론, 경우에 따라 $P^{-1}AP=J_A$되는 행렬 P를 구하는 것이 꼭 필요할 때도 있다.

이제, 예를 통하여 Jordan 표준형의 성질과 J_A, P를 구하는 과정을 알아보자.

【예제 2】 5차의 정사각행렬 A가 중복도 5인 고유값 λ 하나만을 갖고 λ에 대응하는 일차독립인 고유벡터를 단 하나 갖는다면 A의 Jordan 표준형은

$$J_A=\begin{bmatrix}\lambda & 1 & 0 & 0 & 0\\ 0 & \lambda & 1 & 0 & 0\\ 0 & 0 & \lambda & 1 & 0\\ 0 & 0 & 0 & \lambda & 1\\ 0 & 0 & 0 & 0 & \lambda\end{bmatrix}$$

이다. 왜냐하면 A의 일차독립인 고유벡터는 하나밖에 없으므로 Jordan block이 단 하나이기 때문이다. ■

이제 행렬 A의 Jordan block의 성질을 분석해보자. $(J_A-\lambda I)$는 다음 성질을 갖는 $\mathbf{R}^5$상의 선형변환이다.

$$(J_A-\lambda I)\mathbf{x}=\begin{bmatrix}0 & 1 & 0 & 0 & 0\\ 0 & 0 & 1 & 0 & 0\\ 0 & 0 & 0 & 1 & 0\\ 0 & 0 & 0 & 0 & 1\\ 0 & 0 & 0 & 0 & 0\end{bmatrix}\begin{bmatrix}x_1\\ x_2\\ x_3\\ x_4\\ x_5\end{bmatrix}=\begin{bmatrix}x_2\\ x_3\\ x_4\\ x_5\\ 0\end{bmatrix}$$

그런데 $\mathbf{e}_1$, $\mathbf{e}_2$, $\mathbf{e}_3$, $\mathbf{e}_4$, $\mathbf{e}_5$가 $\mathbf{R}^5$의 표준기저일 때

$$(J_A-\lambda I)\mathbf{e}_1=0 \text{이고 } (J_A-\lambda I)\mathbf{e}_i=\mathbf{e}_{i-1},\ i=2,\ 3,\ 4,\ 5$$

이므로 $\mathbf{e}_1$은 λ에 대응하는 J_A의 하나뿐인 일차독립인 고유벡터이다. $(J_A-\lambda I)^i\mathbf{e}_i=0(i=2, 3, 4, 5)$이고 이 식은 $(J_A-\lambda I)\mathbf{x}=0$과 비슷한 꼴이므로 $\mathbf{e}_i(i=2, 3, 4, 5)$가 J_A의 고유벡터는 아니지만 고유벡터와 유사한 성질을 갖게 된다. 이런 $\mathbf{e}_i(i=2, 3, 4, 5)$를 J_A에 대한 **일반화된 고유벡터**(generalized eigenvector)라고 한다.

일반적으로 U^*AU가 A의 Jordan표준형 J_A인 행렬 U를 구하는 문제를 "일반화된 고유벡터를 구하는 문제"라 하는데, 이것은 이 책의 수준을 넘으므로 여기서는 다루지 않기로 한다.

행렬 $A\in M_n$이 k개의 서로 다른 고유값 λ_1, λ_2, …, λ_k를 갖는다고 할 때, A의 Jordan표준형 J_A는 다음과

같이 나타낼 수 있다.

$$J_A=\begin{bmatrix} A_1 & 0 & \cdots & 0 \\ 0 & A_2 & & \vdots \\ \vdots & & \ddots & 0 \\ 0 & \cdots & 0 & A_k \end{bmatrix}$$

여기서 각 A_i는 고유값 λ_i에 대응하는 적당한 크기의 Jordan block의 block 대각행렬이다. 이것을 J_A의 **block 부분행렬**이라 한다. 이제 우리는 각각의 고유값 λ_i에 대한

$$A_i=\begin{bmatrix} J_{i,p_1} & 0 & \cdots & 0 \\ 0 & J_{i,p_2} & & \vdots \\ \vdots & & \ddots & 0 \\ 0 & \cdots & 0 & J_{i,p_{l_i}} \end{bmatrix}$$

의 구조만 알면 J_A를 쉽게 구할 수 있다. J_A를 구할 때 λ_i를 감소(또는 증가)하는 값의 순서로 정하고, 그 안의 Jordan block에 block 크기순으로 순서를 주면 J_A는 유일하게 결정된다.

이제 A_i를 쉽게 구하는 방법을 알아보자. 우선 각 $\lambda_i(i=1, 2, \ldots, k)$에 대하여 A_i 안의 Jordan block의 개수 $l_i(1\leq i\leq k)$와 각각의 $J_{i,t}\in M_{p^t}$의 크기 p_t를 구하자. λ_i에 대응하는 일차독립인 고유벡터를 $\mathbf{x}_1, \mathbf{x}_2, \ldots, \mathbf{x}_{l_i}$라 하고, 부호를 단순히 하기 위하여 λ_i를 λ, l_i를 l이라 하자. 그런데 A_i의 각 Jordan block의 개수 l과 그 각각의 block의 크기 $p_1, p_2, \ldots, p_l$은 $A-\lambda_i I$의 어떤 거듭제곱의 계수를 앎으로써 결정된다. 일반성을 잃지 않고 $p_1\geq p_2\geq\cdots\geq p_l$이라 할 수 있다. 이제 고유값 λ와 그에 대한 고유공간의 차원(기하학적 중복도)인 l과 p_t를 이용하여 A_i를 쉽게 구할 수 있는 '점들의 배열'을 소개하도록 하겠다. 이를 **점 도표**(dot aiagram)라 부른다. 점 도표는 아래와 같은 규칙으로 정해진다.

1. 점 도표는 l개의 열에 의하여 이루어진다. (즉 l개의 Jordan block)
2. l개의 숫자 $p_1, p_2, \dots, p_l$을 크기순으로 왼쪽에서 오른쪽으로 배열하여 아래와 같이 도표를 만들자, 그러면 이 도표의 j번째 열의 점은 k_j개로 이루어진다. 만일 $\mathbf{x}_j$가 j번째 열의 맨 아래의 점이면, 맨 위는 $(A-\lambda I)^{k_j-1}(\mathbf{x}_j)$에 대응하는 점이다. 그 열의 위에서 두 번째의 점은 $(A-\lambda I)^{k_j-2}(\mathbf{x}_j)$에 대응한다.

따라서 A_i에 대응하는 점 도표는 아래와 같다.

$$
\begin{array}{lll}
\bullet\,(A-\lambda I)^{k_1-1}(\mathbf{x}_1) & \bullet\,(A-\lambda I)^{k_2-1}(\mathbf{x}_2)\ \cdots & \bullet\,(A-\lambda I)^{k_{p_l}-1}(\mathbf{x}_{p_l}) \\
\bullet\,(A-\lambda I)^{k_1-2}(\mathbf{x}_1) & \bullet\,(A-\lambda I)^{k_2-2}(\mathbf{x}_2)\ \cdots & \quad\vdots \\
\vdots & \quad\vdots & \bullet\,\mathbf{x}_{p_l} \\
\bullet\,(A-\lambda I)(\mathbf{x}_1) & \bullet\,\mathbf{x}_2 & \\
\bullet\,\mathbf{x}_1 & &
\end{array}
$$

여기서 $\mathbf{x}_1, \mathbf{x}_2, \dots, \mathbf{x}_{p_l}$은 λ_i에 대응하는 일차독립인 고유벡터이다. 만일 r_j를 점 도표에서 j번째 열의 점의 개수라 하면, r_1은 1×1 이상의 크기의 Jordan block의 수이고, r_2는 2×2 이상의 크기의 Jordan block의 수이며, r_{p_l}은 $p_l\times p_l$ 이상의 크기의 Jordan block의 수이다. 따라서

$$r_1 \geq r_2 \geq \cdots \geq r_{p_l}$$

임을 알 수 있다. 이 증명은 조합이론(combinatorics)을 이용해야 하므로 생략하고, 예를 통하여 확인해 보도록 한다.

[예제 3] 9×9행렬 A_i는 그 안의 Jordan block의 개수 l과 각 Jordan block의 크기인 $p_1, p_2, \dots, p_l$에 의하여 완전하게 결정된다는 것을 보이기 위하여 $l=4$라 하고 $p_1=3$, $p_2=3$, $p_3=2$, $p_4=1$이라 하자. 그러면 block의 크기 순서에 따라

$$A_i=\left[\begin{array}{ccc|ccc|cc|c}
\lambda_i & 1 & 0 & 0 & 0 & 0 & 0 & 0 & 0 \\
0 & \lambda_i & 1 & 0 & 0 & 0 & 0 & 0 & 0 \\
0 & 0 & \lambda_i & 0 & 0 & 0 & 0 & 0 & 0 \\
\hline
0 & 0 & 0 & \lambda_i & 1 & 0 & 0 & 0 & 0 \\
0 & 0 & 0 & 0 & \lambda_i & 1 & 0 & 0 & 0 \\
0 & 0 & 0 & 0 & 0 & \lambda_i & 0 & 0 & 0 \\
\hline
0 & 0 & 0 & 0 & 0 & 0 & \lambda_i & 1 & 0 \\
0 & 0 & 0 & 0 & 0 & 0 & 0 & \lambda_i & 0 \\
\hline
0 & 0 & 0 & 0 & 0 & 0 & 0 & 0 & \lambda_i
\end{array}\right]_{9\times 9}$$

로 유일하게 결정된다. 이것의 점 도표를 구하면 $l=4$, $p_1=3$, $p_2=3$, $p_3=2$, $p_4=1$ 이므로 λ_1에 대한 점 도표는 다음과 같다.

● ● ● ●
● ● ●
● ● ■

정리 7.10 λ_i에 대한 점 도표의 처음 r개 행 안의 점의 수는 $(A-\lambda_i I)^r\mathbf{x}=\mathbf{0}$의 해공간의 차원과 같다.

정리 7.11 행렬 $A\in M_n(\mathbf{C})$에 대하여 r_j를 λ_i에 대한 점 도표의 j번째 행에 있는 점의 개수라 하면

(1) $r_1=n\text{-rank}(A-\lambda_i I)$

(2) 만일 $j>1$ 이면

$$r_j=\text{rank}((A-\lambda_i I)^{j-1})-\text{rank}((A-\lambda_i I)^j)$$

증명 정리 7.10에 의하여

$$\begin{aligned} r_1+r_2+\cdots+r_j &= \text{nullity}((A-\lambda_i I)^j) \\ &= n-\text{rank}((A-\lambda_i I)^j),\ (j\ge 1) \end{aligned}$$

그리고 $r_1=n\text{-rank}((A-\lambda_i I)^1)$ 이고

$$\begin{aligned} r_j &= (r_1+r_2+\cdots+r_j)-(r_1+r_2+\cdots+r_{j-1}) \\ &= \{n\text{-rank}((A-\lambda_i I)^j)\}-\{n\text{-rank}((A-\lambda_i I)^{j-1})\} \\ &= \text{rank}((A-\lambda_i I)^{j-1})-\text{rank}((A-\lambda_i I)^j),\ j>1 \end{aligned}$$ ■

이 정리는 λ_i에 대한 점 도표는 $A-\lambda_i I$의 거듭제곱의 계수에 의하여 완전히 결정됨을 보여준다.

실제로 크기가 10차인 행렬의 Jordan 표준형을 구하기 위한 점도표를 그릴 때 10×10 행렬의 수많은 거듭제곱과 계수를 구하여야 한다. 이런 계산 과정은 HLINPRAC 이나 MATHEMATICA 또는 MATLAB 등의 기존의 수학 무름모(software)를 이용하는 것이 효과적이다(참고 http://www.mathworks.com http://math. skku.ac.kr/algebra).

【예제 4】 다음 행렬 A의 Jordan 표준형을 구하라.

$$A=\begin{bmatrix} 2 & -1 & 0 & 1 \\ 0 & 3 & -1 & 0 \\ 0 & 1 & 1 & 0 \\ 0 & -1 & 0 & 3 \end{bmatrix}$$

풀이 행렬 A의 특성방정식은 $|A-\lambda I|=(\lambda-3)(\lambda-2)^3=0$ 이므로 A는 두 개의 서로 다른 고유값 λ_1과 λ_2를 갖는다. 여기서 $\lambda_1=3$은 중복도가 1 이고 $\lambda_2=2$는 중복도가 3 이다. 따라서 λ_1에 대응하는 점 도표는 한 개의 점을 갖고 그에 대한 점도표는

•

이므로, A_1은 1×1 Jordan block 한 개, 즉 $A_1=[3]$이다. 또, λ_2에 대응하는 점 도표는 세 개의 점을 갖는다. 그리고

$$r_1=4-\text{rank}(A-2I)=4-\text{rank}\begin{bmatrix}0&-1&0&1\\0&1&-1&0\\0&1&-1&0\\0&-1&0&1\end{bmatrix}$$

$$=4-2=2$$

이고

$$r_2=\text{rank}(A-2I)-\text{rank}[(A-2I)^2]=2-1=1$$

이다(실제로 $3=r_2+r_1=(2)+1$ 이므로 r_2는 바로 나온다). 따라서 λ_2에 대한 점도표는

$r_1=2$: ● ●
$r_2=1$: ●

이다. 따라서 A는 2×2 Jordan block이 한 개이고 1×1 Jordan block이 한 개이다. 즉

$$A_2=\begin{bmatrix}2&1&0\\0&2&0\\0&0&2\end{bmatrix}.$$

그러므로 행렬 A의 Jordan표준형은 다음과 같다.

$$J_A=\begin{bmatrix}A_1&0\\0&A_2\end{bmatrix}=\begin{bmatrix}3&0&0&0\\0&2&1&0\\0&0&2&0\\0&0&0&2\end{bmatrix}$$

[예제 5] 다음 행렬 A의 Jordan표준형을 구하라.

$$A=\begin{bmatrix}2&-4&2&2\\-2&0&1&3\\-2&-2&3&3\\-2&-6&3&7\end{bmatrix}$$

풀이 A의 특성방정식은 $|A-\lambda I|=(\lambda-4)^2(\lambda-2)^2=0$이고, 따라서 A의 두 개의 서로 다른 고유값은 각각 중복도가 2인 $\lambda_1=4$와 $\lambda_2=2$이다. $\lambda_1=4$에 대하여 $r_1=4-\text{rank}(A-4I)=4-3=1$이므로(즉, 한 개의 Jordan block) r_2는 1이다 ($\because$ 점의 수가 $2=1+(1)$). 따라서 λ_1에 대한 점 도표는

●
●

이다. 즉

$$A_1=\begin{bmatrix}4 & 1\\ 0 & 4\end{bmatrix}$$

$\lambda_2=2$에 대하여 $r_1=4-\text{rank}(A-2I)=4-2=2$이므로(즉 두 개의 Jordan block) r_2는 0이다($\because$ 점의 개수 $2=2+(0)$이므로). 즉 λ_2에 대한 점 도표는

● ●

이므로

$$A_2=\begin{bmatrix}2 & 0\\ 0 & 2\end{bmatrix}$$

그러므로 A의 Jordan 표준형은

$$J_A=\left[\begin{array}{cc|c|c}4 & 1 & 0 & 0\\ 0 & 4 & 0 & 0\\ \hline 0 & 0 & 2 & 0\\ \cline{3-4} 0 & 0 & 0 & 2\end{array}\right]$$

이다. ■

잘 알려진 **Cayley-Hamilton**정리란 다음과 같다.

모든 행렬 $A\in M_n$은 자신의 특성방정식 $p_A(t)=0$을 만족한다. 즉 $p_A(A)=\mathbf{0}$.

이런 다항식 $p_A(t)$를 A의 annilhilating 다항식이라 하는데, 이런 다항식 중 흥미 있는 하나를 소개하면서 이 절을 마치도록 한다.

정의

> 행렬 $A \in M_n$에 대하여 $q_A(A) = \mathbf{0}$인 양의 최소 차수의 모닉다항식 $q_A(t)$를 A에 대한 **최소 다항식**(minimal polynomial)이라고 한다.

이것을 구하는 방법은 $A \in M_n$의 서로 다른 고유값이 $\lambda_1, \lambda_2, \ldots, \lambda_k$이고 특성다항식이 $p_A(t) = (t-\lambda_1)^{n_1}(t-\lambda_2)^{n_2} \cdots (t-\lambda_k)^{n_k}$라 하면

$$q_A(t) = (t-\lambda_1)^{m_1}(t-\lambda_2)^{m_2} \cdots (t-\lambda_k)^{m_k}$$

이다. 이 때 m_i는 λ_i에 대응하는 Jordan block 중 크기가 가장 큰 block의 크기이다. 따라서 A의 Jordan표준형을 알면 A의 최소다항식도 구할 수 있다.

[예제 6] 예제 5의 행렬 A의 최소다항식을 구하라.

$$A = \begin{bmatrix} 2 & -4 & 2 & 2 \\ -2 & 0 & 1 & 3 \\ -2 & -2 & 3 & 3 \\ -2 & -6 & 3 & 7 \end{bmatrix}$$

풀이

$$J_A = \begin{bmatrix} 4 & 1 & 0 & 0 \\ 0 & 4 & 0 & 0 \\ 0 & 0 & 2 & 0 \\ 0 & 0 & 0 & 2 \end{bmatrix}$$

이므로 특성다항식은

$$p_A(t) = (t-4)^2(t-2)^2$$

이고 최소다항식은

$$q_A(t)=(t-4)^2(t-2)$$

이다. ∎

정리 7.12 n차의 정사각행렬 A가 k개의 서로 다른 고유값 $\lambda_1, \lambda_2, \ldots, \lambda_k$를 가질 때 A가 대각화 가능일 필요충분조건은 A의 최소다항식 $q_A(t)$가 $(t-\lambda_1)(t-\lambda_2)\cdots(t-\lambda_k)$인 것이다.

위의 정리는 대각화 가능한 행렬에 대한 또 하나의 준거가 된다.

연습문제 7.5

※ 점 도표를 이용하여 다음 행렬의 Jordan표준형을 구하라. [1~6]

1. $\begin{bmatrix} i & 0 \\ 3 & 2 \end{bmatrix}$

2. $\begin{bmatrix} 1 & 0 & 0 \\ 1 & 3 & 3 \\ -2 & -4 & -5 \end{bmatrix}$

3. $\begin{bmatrix} 2 & 1 & 1 \\ 1 & 2 & 1 \\ 1 & 1 & 2 \end{bmatrix}$

4. $\begin{bmatrix} -2 & 0 & -2 \\ -1 & 1 & -2 \\ 0 & 1 & -1 \end{bmatrix}$

5. $\begin{bmatrix} 1 & 1 & 1 & 0 \\ 0 & 3 & 0 & 0 \\ 0 & 0 & 1 & 1 \\ 0 & 0 & 0 & 3 \end{bmatrix}$

6. $\begin{bmatrix} 2 & 0 & 0 & 0 \\ 2 & -1 & 0 & 0 \\ 0 & 1 & -1 & 0 \\ 2 & 3 & 0 & 3 \end{bmatrix}$

7. Jordan block $J_t=\begin{pmatrix} \lambda & 1 & \cdots & 0 \\ 0 & \lambda & \ddots & \vdots \\ \vdots & & \ddots & 1 \\ 0 & \cdots & 0 & \lambda \end{pmatrix}\in M_k$ 이 J_t^T와 닮음임을 보여라.

8. 모든 정사각행렬 $A\in M_n(\mathbf{C})$는 자신의 전치행렬과 닮음임을 보여라.

9. 행렬 $A=\begin{bmatrix} 3 & -1 & 0 \\ 0 & 2 & 0 \\ 1 & -1 & 2 \end{bmatrix}$의 최소다항식을 구하라.

8

이차형식과 극값

행렬을 기하학과 연결시켜주는 이차형식의 이론은 앞에서 배운 내적과 고유값에 관련된 문제뿐만 아니라 해석기하학이나 전기공학, 통계학 등 많은 분야에서 이용된다. 특히 최적화 이론에서는 필수적인 수단이 된다.

*8.1 이차형식과 원뿔곡선

우리는 이미 제 1 장에서 n개의 미지수를 갖는 연립일차방정식을 다룰 때, 행렬의 역할이 얼마나 중요한지를 보았다. 그러나 일차방정식에는 $x_i x_j$와 같은 이차항은 없다. 이 절에서는 이차형식이라 부르는 각 항이 이차인 다항식에 대하여 알아본다. 이차형식의 연구에서도 행렬, 특히 (실)대칭행렬이 매우 중요한 역할을 한다는 것을 보게 될 것이다. 일반적으로 두 변수 x, y를 갖는 이차방정식은

$$ax^2+2bxy+cy^2+dx+ey+f=0 \qquad \cdots (1)$$

의 꼴로 나타내며 이것을 **이차곡선의 방정식**이라 한다. 방정식 (1)은 다음과 같이 행렬을 이용하여 나타낼 수 있다.

$$[x\ y]\begin{bmatrix} a & b \\ b & c \end{bmatrix}\begin{bmatrix} x \\ y \end{bmatrix}+[d\ e]\begin{bmatrix} x \\ y \end{bmatrix}+f=0 \qquad \cdots (2)$$

정의

$$[x\ y]\begin{bmatrix} a & b \\ b & c \end{bmatrix}\begin{bmatrix} x \\ y \end{bmatrix}=ax^2+2bxy+cy^2$$

을 이차방정식 (1)에 관한 **이차형식**(quadratic form)이라고 한다.

【예제 1】 $2x^2+4xy+y^2$, x^2+y^2은 이차형식이고, $3x^2-6xy+2y^2-3x+1$은 $-3x$와 1이 이차항이 아니므로 이차형식이 아니다. ■

정의

$A=[a_{ij}]$가 n차의 실대칭행렬이고, n개의 변수 $x_1, x_2, \ldots, x_n$을 성분으로 갖는 $\mathbf{R}^n$상의 벡터

$$\mathbf{x}=\begin{bmatrix} x_1 \\ x_2 \\ \vdots \\ x_n \end{bmatrix}$$

에 대하여 다음과 같은 이차다항식을 $\mathbf{R}^n$상의 이차형식이라 한다.

$$q(\mathbf{x})=\langle A\mathbf{x},\ \mathbf{x}\rangle=\mathbf{x}^T A\mathbf{x}=\sum_{i,j=1}^{n} a_{ij}x_i x_j$$

위의 정의에서 A를 n차의 실대칭행렬로 가정한 이유는 다음과 같다.

임의의 행렬 $A\in M_n$는 대칭행렬 B와 반대칭행렬 C의 합으로 표시된다. 또한 $\mathbf{x}^T C\mathbf{x}$는 1×1이고 $C^T=-C$이므로

$$\mathbf{x}^T C\mathbf{x}=(\mathbf{x}^T C\mathbf{x})^T=\mathbf{x}^T C^T\mathbf{x}=-\mathbf{x}^T C\mathbf{x}$$

이다. 따라서 $\mathbf{x}^T C\mathbf{x}=0$이고 다음이 성립한다.

$$\begin{aligned} q(\mathbf{x})&=\langle A\mathbf{x},\ \mathbf{x}\rangle=\mathbf{x}^T A\mathbf{x}=\mathbf{x}^T(B+C)\mathbf{x} \\ &=\mathbf{x}^T B\mathbf{x}+\mathbf{x}^T C\mathbf{x}=\mathbf{x}^T B\mathbf{x} \end{aligned}$$

그러므로 $\mathbf{x}^T A\mathbf{x}=\mathbf{x}^T B\mathbf{x}$이고 B는 대칭행렬이므로, 일반성을 잃지 않고 정의에서 A를 대칭행렬이라고 했다. 이차형식에 관한 연구의 많은 부분은 '대칭행렬 A는 언제나 직교대각화 가능하다'는 사실과 밀접한 관계가 있다.

이제 두 변수 x, y를 갖는 이차방정식 (1)의 그래프는 **원뿔곡선**(conic section)임을 보이자. 원뿔곡선이란 용어는 평면이 원뿔과 교차할 때 생기는 곡선에서 유래된 말이다. 방정식 (1)을 만족하는 점 $(x,\ y)\in\mathbf{R}^2$가 없을 때는 식 (1)

을 **허원뿔곡선**(imaginary conic)의 방정식이라 한다. 또한 방정식 (1)의 그래프가 한 점, 한 직선, 또는 한 쌍의 직선으로 이루어지거나 존재하지 않을 때, 이 그래프를 **퇴화원뿔곡선**(degenerate conic)이라고 한다. 이 경우는 단순하므로 우리가 좀더 관심을 갖는 경우는 퇴화되지 않는 정상적인 경우이다. **정상적인 원뿔곡선**(nondegenerate conic section)의 그래프는 타원, 쌍곡선 또는 포물선이 된다.

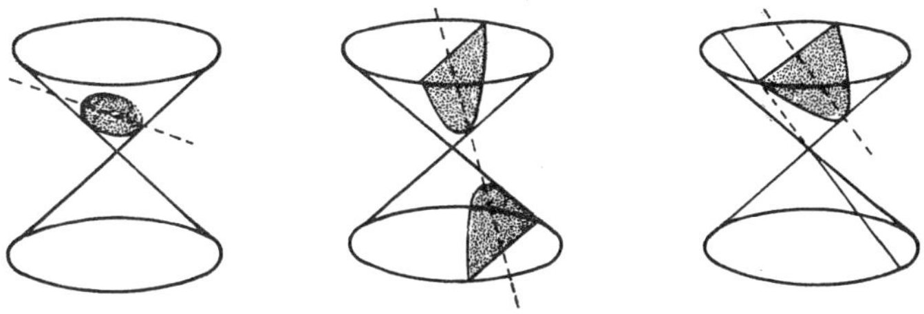

타원(ellipse) 쌍곡선(hyperbola) 포물선(parabola)

그림 8.1 **원뿔곡선**

원뿔곡선의 방정식이 다음 식 (3), (4), (5)로 표현되면 이 원뿔곡선은 **표준위치**(standard position)에 있다고 한다.

$$\frac{x^2}{a^2}+\frac{y^2}{b^2}=1 \qquad (\text{타원}) \qquad \cdots (3)$$

$$\frac{x^2}{a^2}-\frac{y^2}{b^2}=1 \text{ 또는 } \frac{x^2}{a^2}-\frac{y^2}{b^2}=-1 \qquad (\text{쌍곡선}) \qquad \cdots (4)$$

$$y^2=ax \text{ 또는 } x^2=ay \qquad (\text{포물선}) \qquad \cdots (5)$$

[예제 2] 방정식 $9x^2+4y^2-36=0$은 $\frac{x^2}{4}+\frac{y^2}{9}=1$로 표현되므로 이 방정식의 그래프는 타원이다. 또 방정식 $9x^2-4y^2+36=0$은 $\frac{x^2}{9}-\frac{y^2}{9}=-1$로 표현되므로 이 방정식의 그래프는 쌍곡선이다. 그리고 방정식 $y^2+9x=0$은 $y^2=-9x$로 표현되므로 이 방정식의 그래프는 포물선이다. ■

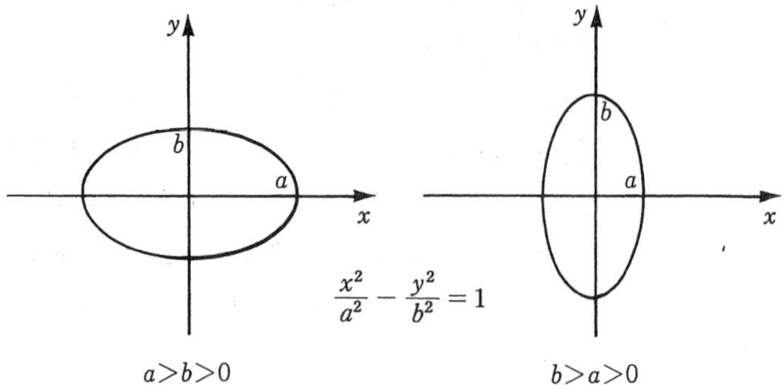

그림 8.2 **타 원**

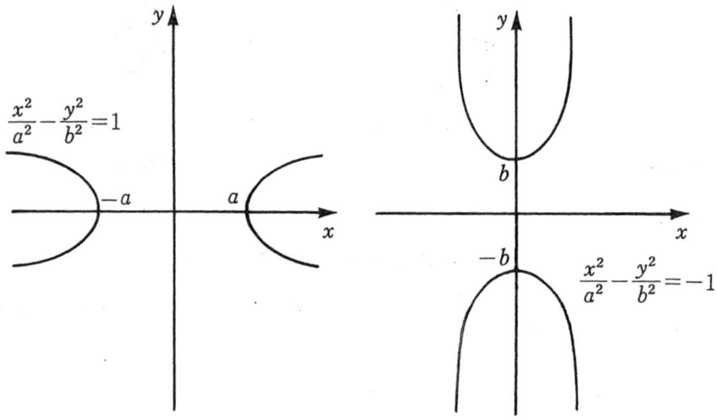

그림 8.3 **쌍곡선**

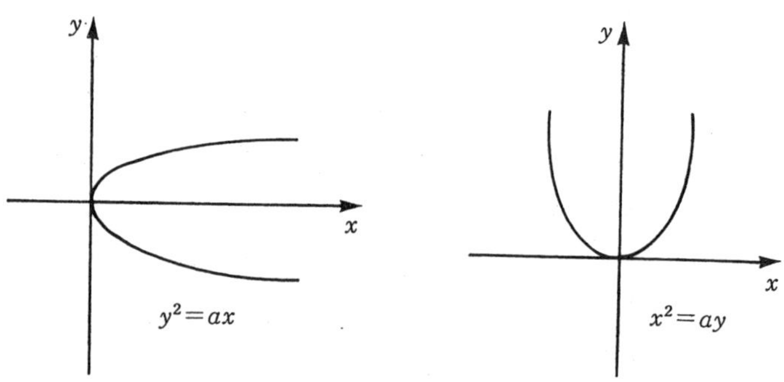

그림 8.4 **포물선**($a>0$ 인 경우)

다음은 퇴화원뿔곡선의 예이다.

【예제 3】 $x^2=0$의 그래프는 y축이다. 방정식 $y^2-4=0$의 그래프는 $y=2$, $y=-2$인 한 쌍의 평행인 직선이다. $x^2-y^2=0$의 그래프는 $y=x$와 $y=-x$인 한 쌍의 직선이다. 방정식 $x^2+y^2=0$의 그래프는 $(0, 0)$의 한 점으로 이루어진다. 방정식 $x^2+y^2+1=0$의 그래프는 존재하지 않는다. ■

식 (3), (4), (5) 중 어떤 것도 x^2항과 x항을 동시에 포함하거나, y^2항과 y항을 동시에 포함하지는 않는다. 이차방정식에서 x^2항과 x항, y^2항과 y항을 갖는 이차방정식의 그래프는 다음의 예제에서 보듯이, 표준위치로부터 평행이동된 원뿔곡선이다.

【예제 4】 방정식 $3x^2-2y^2-18x+8y+13=0$을 완전제곱꼴로 만들면

$$3(x-3)^2-2(y-2)^2=6 \qquad \cdots (6)$$

이므로 $x'=x-3$, $y'=y-2$로 치환하면 새로운 $x'y'$-좌표계에서 다음과 같이 나타내어진다.

$$\frac{(x')^2}{2}-\frac{(y')^2}{3}=1$$

이 식은 $x'y'$-좌표계에서 표준위치에 있는 쌍곡선의 방정식이다. 따라서 식 (6)의 그래프는 $x'y'$-좌표계에서 표준위치에 있는 쌍곡선을 x-축으로 3만큼, y-축으로 2만큼 평행이동한 그래프이다. ■

연습문제 8.1

※ 나음 주어진 이차형식을 $\mathbf{x}^T A\mathbf{x}$ 꼴로 나타내라. [1~4]

1. $9x^2+4y^2$
2. $3x^2+2xy+3y^2$
3. $2x^2+3y^2+z^2+xy-2xz+3yz$
4. $-2xy+6xz+4yz$

5. 이차형식 $17x^2-12x+33y^2-30x-20y+15$를 행렬표현인 $\mathbf{x}^T A\mathbf{x}+B\mathbf{x}+f$로 나타내라.

※ 다음 이차곡선은 타원, 쌍곡선, 포물선 중 어떤 것을 나타내는가? [6~11]

6. $x^2+5y^2=20$
7. $x^2-5y^2=20$
8. $x^2-y^2-10=0$
9. $5y^2-4x^2=20$
10. $2x-y^2=0$
11. $x^2-3y=0$

※ 이차형식 $\mathbf{x}^T A\mathbf{x}$에 대하여 함수 $T:\mathbf{R}^n\longrightarrow\mathbf{R}$를 $T(\mathbf{x})=\mathbf{x}^T A\mathbf{x}$로 정의할 때, 다음을 보여라. [12~13]

12. $T(\mathbf{x}+\mathbf{y})=T(\mathbf{x})+\mathbf{x}^T A\mathbf{y}+\mathbf{y}^T A\mathbf{x}+T(\mathbf{y})$
13. $T(k\mathbf{x})=k^2T(\mathbf{x})$

*8.2 이차형식의 대각화

이차방정식에서 xy항을 **교차항**이라 한다. 교차항을 갖는 이차방정식의 그래프를 쉽게 그리는 방법은 좌표계를 직교변환에 의해 회전하여 교차항을 제거하는 것이다.

이차형식

$$q(\mathbf{x})=\mathbf{x}^TA\mathbf{x}=ax^2+2bxy+cy^2 \qquad \cdots (1)$$

은 $b\neq0$이라면 교차항을 갖는다.

이제, 행렬 $A=\begin{bmatrix} a & b \\ b & c \end{bmatrix}$의 고유값 λ_1, λ_2에 대응하는 A의 정규직교인 고유벡터 $\mathbf{v}_1$, $\mathbf{v}_2$에 대하여 $P=[\mathbf{v}_1 \quad \mathbf{v}_2]$라 하면 A가 대칭행렬이므로 이러한 P에 의하여 A는 대각화 가능하다. 따라서

$$P^TAP=\begin{bmatrix} \lambda_1 & 0 \\ 0 & \lambda_2 \end{bmatrix}$$

이다. 여기서 고유벡터 $\mathbf{v}_1$과 $\mathbf{v}_2$는 λ_1과 λ_2의 역할을 바꾸어서 교환할 수 있으므로 일반성을 잃지 않고 $\det(P)=1$이라 할 수 있고, 직교행렬 P는 $\mathbf{R}^2$의 회전행렬이다. 이러한 행렬 P에 의하여 얻어진 새로운 좌표계를 $x'y'$-좌표계라 하고 $\mathbf{x}'=\begin{bmatrix} x' \\ y' \end{bmatrix}$이라 하자. 그러면 $\mathbf{x}=P\mathbf{x}'$이고

$$\begin{aligned} q(\mathbf{x})&=\mathbf{x}^TA\mathbf{x}=(P\mathbf{x}')^TA(P\mathbf{x}')=(\mathbf{x}')^T(P^TAP)\mathbf{x}' \\ &=[x' \quad y']\begin{bmatrix} \lambda_1 & 0 \\ 0 & \lambda_2 \end{bmatrix}\begin{bmatrix} x' \\ y' \end{bmatrix}=\lambda_1(x')^2+\lambda_2(y')^2 \end{aligned}$$

이므로 이차형식 q는 새로운 좌표계에서는 교차항이 없이

표현된다. 따라서 다음 정리를 얻는다.

정리 8.1

$\mathbf{R}^2$의 주축정리

대칭행렬 $A \in M_2$의 고유값을 λ_1, λ_2라 할 때, 좌표축의 회전에 의하여 이차형식 $q(\mathbf{x}) = \mathbf{x}^T A \mathbf{x}$는 새로운 $x'y'$-좌표계에서

$$q(\mathbf{x}) = \lambda_1 (x')^2 + \lambda_2 (y')^2 \qquad \cdots (2)$$

으로 표현될 수 있다. 여기서 이 회전은 행렬식이 1이고 A를 대각화하는 직교행렬을 P라 할 때 $\mathbf{x} = P\mathbf{x}'$이라는 치환에 의하여 얻어진다.

증명 행렬 $A = \begin{bmatrix} a & b \\ b & c \end{bmatrix}$이고 $\mathbf{x} = \begin{bmatrix} x \\ y \end{bmatrix}$이면 이차형식은

$$q(\mathbf{x}) = \mathbf{x}^T A \mathbf{x}$$

이다. $b \neq 0$이면 이 이차형식은 교차항을 갖는다.

이제, 행렬 A의 고유값 λ_1, λ_2에 대응하는 A의 정규직교인 고유벡터(orthonormal eigenvectors) $\mathbf{v}_1$, $\mathbf{v}_2$에 대하여 $P = [\mathbf{v}_1 \quad \mathbf{v}_2]$라 하면

$$P^T A P = \begin{bmatrix} \lambda_1 & 0 \\ 0 & \lambda_2 \end{bmatrix}$$

이다. 여기서 고유벡터 $\mathbf{v}_1$과 $\mathbf{v}_2$는 λ_1과 λ_2의 역할을 바꾸어 교환할 수 있으므로 일반성을 잃지 않고 $\det(P) = 1$이라 할 수 있고 직교행렬 P는 $\mathbf{R}^2$의 회전행렬이다. 이 행렬 P에 의하여 얻어진 새로운 좌표계를 $x'y'$-좌표계라 하고

$$\mathbf{x}' = \begin{bmatrix} x' \\ y' \end{bmatrix}$$

이라 하자. 그러면 $\mathbf{x} = P\mathbf{x}'$이고

$$\mathbf{x}^TA\mathbf{x}=(P\mathbf{x}')^TA(P\mathbf{x}')=(\mathbf{x}')^T(P^TAP)\mathbf{x}'$$
$$=[x'\ y']\begin{bmatrix}\lambda_1 & 0\\ 0 & \lambda_2\end{bmatrix}\begin{bmatrix}x'\\ y'\end{bmatrix}$$
$$=\lambda_1(x')^2+\lambda_2(y')^2$$

이다. 따라서 이차형식 y는 새 좌표계에서는 교차항이 없이 표현된다. ■

이차형식 (1)을 식 (2)와 같이 제곱항의 합으로만 간단히 나타내는 것을 **이차형식의 대각화**라고 한다. xy항을 갖는 그래프는 다음 예제 1에서 알 수 있듯이 표준위치로부터 회전이동된 원뿔곡선이다.

【예제 1】 이차형식의 대각화를 이용하여 다음 방정식이 어떤 이차곡선을 나타내는지를 결정하라.

$$3x^2+2xy+3y^2-8=0 \qquad \cdots (3)$$

풀이 이차방정식 $3x^2+2xy+3y^2-8=0$은

$$\mathbf{x}^TA\mathbf{x}=[x\ y]\begin{bmatrix}3 & 1\\ 1 & 3\end{bmatrix}\begin{bmatrix}x\\ y\end{bmatrix}=8$$

로 나타낼 수 있고, A의 특성방정식은

$$|A-\lambda I|=(3-\lambda)^2-1=(\lambda-2)(\lambda-4)=0$$

이므로 고유값은 $\lambda_1=2$, $\lambda_2=4$이다. 따라서 정리 8.1에 의하여

$$q(\mathbf{x})=\mathbf{x}^TA\mathbf{x}=2(x')^2+4(y')^2$$

이다. 따라서 새로운 좌표계에서 이차곡선의 방정식은

$$2(x')^2+4(y')^2=8$$

이다. 그런데 고유값 $\lambda_1=2$, $\lambda_2=4$에 대응하는 정규직교인 고유벡터는

$$\mathbf{v}_1=\begin{bmatrix} \frac{1}{\sqrt{2}} \\ -\frac{1}{\sqrt{2}} \end{bmatrix}, \quad \mathbf{v}_2=\begin{bmatrix} \frac{1}{\sqrt{2}} \\ \frac{1}{\sqrt{2}} \end{bmatrix}$$

이므로 (실)직교행렬 P는

$$P=\begin{bmatrix} \frac{1}{\sqrt{2}} & \frac{1}{\sqrt{2}} \\ -\frac{1}{\sqrt{2}} & \frac{1}{\sqrt{2}} \end{bmatrix}=\begin{bmatrix} \cos(-45°) & -\sin(-45°) \\ \sin(-45°) & \cos(-45°) \end{bmatrix}$$

이다. 따라서 $x'y'$-축은 xy-축을 **시계 반대방향으로 $-45°$ 만큼**(즉, 시계 방향으로 45°만큼) 회전한 축이고, 식 (3)은 $x'y'$-축에서의 타원이다.

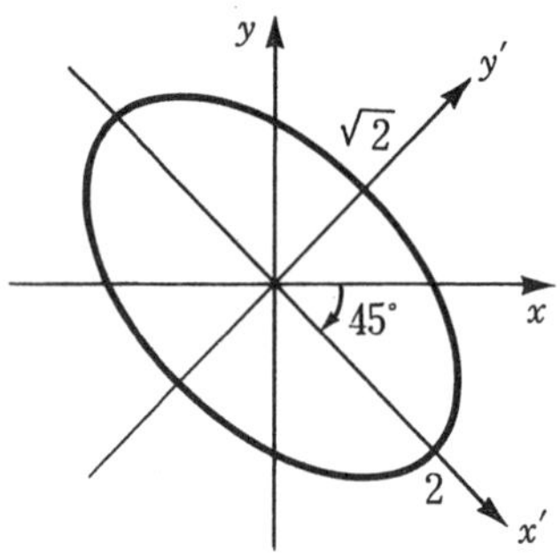

그림 8.5 ∎

이제, 보다 일반적으로 이차형식의 대각화를 이용하여 이차방정식

$$ax^2+2bxy+cy^2+dx+ey+f=0 \qquad \cdots (4)$$

이 어떤 이차곡선을 나타내는 지를 알아보자.

$B=[d\ e]$라 하면 이차방정식 (4)는 $\mathbf{x}^TA\mathbf{x}+B\mathbf{x}+f=0$

으로 나타내어지고, 정리 8.1의 직교행렬 P를 이용하여 $\mathbf{x}=P\mathbf{x}'$으로 치환하면 다음과 같이 나타낼 수 있다.

$$(\mathbf{x}')^T(P^TAP)\mathbf{x}'+BP\mathbf{x}'+f=0$$

이 때 $[d' \ e']=BP=[d \ e][\mathbf{v}_1 \ \mathbf{v}_2]$라 하고, 위의 식을 정리하면 다음을 얻는다.

$$\lambda_1(x')^2+\lambda_2(y')^2+d'x'+e'y'+f=0$$

위에서 $\mathbf{x}=P\mathbf{x}'$는 시계 반대방향으로 각 θ만큼 회전한 회전변환이므로 이 변환의 표준행렬(standard matrix)은

$$P=\begin{bmatrix} p_1 & p_2 \\ p_3 & p_4 \end{bmatrix}=\begin{bmatrix} \cos\theta & -\sin\theta \\ \sin\theta & \cos\theta \end{bmatrix}$$

이다. 따라서 $\tan\theta=\dfrac{\sin\theta}{\cos\theta}=\dfrac{p_3}{p_1}$이므로 xy-축에 대한 $x'y'$-축의 시계 반대방향으로의 회전각은 $\theta=\tan^{-1}\left(\dfrac{p_3}{p_1}\right)$이다.

[예제 2] 다음 방정식의 그래프를 그려라.

$$34x^2-24xy+41y^2-40x-30y-25=0 \quad \cdots (5)$$

풀이 $A=\begin{bmatrix} 34 & -12 \\ -12 & 41 \end{bmatrix}$, $B=[-40, \ -30]$, $\mathbf{x}=\begin{bmatrix} x \\ y \end{bmatrix}$

라 하면 식 (5)의 행렬 표현은

$$\mathbf{x}^TA\mathbf{x}+B\mathbf{x}-25=0 \quad \cdots (6)$$

이다. 먼저 회전이동을 하여 교차항을 소거하자. A의 특성방정식

$$|A-\lambda I|=(\lambda-25)(\lambda-50)=0$$

으로부터 A의 고유값은 $\lambda_1=25$, $\lambda_2=50$이고, 이에 대응하는 정규직교인 고유벡터는 각각

$$\mathbf{v}_1=\frac{1}{5}\begin{bmatrix}4\\3\end{bmatrix},\ \mathbf{v}_2=\frac{1}{5}\begin{bmatrix}-3\\4\end{bmatrix}$$

이므로

$$P=[\mathbf{v}_1\ \mathbf{v}_2]=\frac{1}{5}\begin{bmatrix}4&-3\\3&4\end{bmatrix}$$

이다. $\mathbf{R}^2$의 주축정리에서 $\mathbf{x}=P\mathbf{x}'$이므로

$$\mathbf{x}^TA\mathbf{x}=25(x')^2+50(y')^2$$
$$B\mathbf{x}=BP\mathbf{x}'=-50x'$$

이고, 식 (6)으로부터 다음을 얻는다.

$$25(x')^2+50(y')^2-50x'-25=0 \qquad \cdots (7)$$

이제, 평행이동을 하여 방정식 (7)의 x'을 소거하자. 식 (7)을 완전제곱꼴로 바꾸면

$$25[(x')^2-2(x')+1]+50(y')^2=25+25=50$$

즉

$$25(x'-1)^2+50(y')^2=50$$

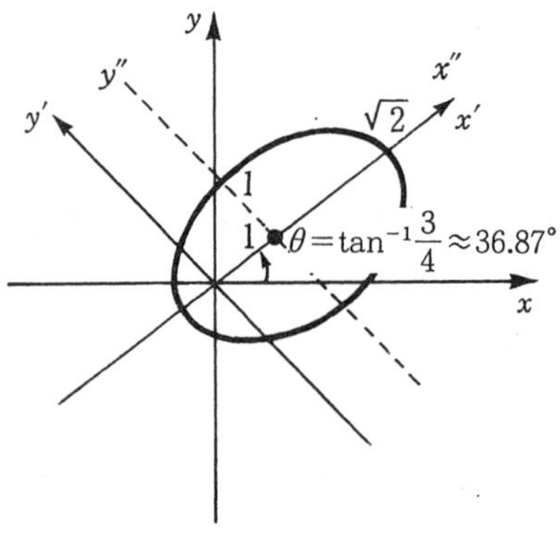

그림 8.6

이므로 식 (7)은 $x'y'$-좌표축을 x'축 방향으로 1만큼 평행이동한 $x''y''$-축에서 다음과 같이 나타내어지는 타원의 방정식이다.

$$\frac{(x'')^2}{2}+\frac{(y'')^2}{1}=1$$ ■

이차형식의 대각화를 이용하여 3차원곡면에 대하여 알아보자. 이차형식 (1)을

$$z=ax^2+2bxy+cy^2 \qquad \cdots (8)$$

이라 하고 이것을 대각화하면 회전된 $x'y'z$-좌표계에서는

$$z=\lambda_1(x')^2+\lambda_2(y')^2 \qquad \cdots (9)$$

으로 변환되므로 $\mathbf{R}^3$상에서 식 (8)의 그래프를 쉽게 알 수 있다.

식 (9)에서 λ_1, λ_2가 모두 양이라면, 이 그래프는 그림 8.7(a)와 같이 위쪽이 열린 **포물면**(paraboloid)이다. 또한 λ_1, λ_2가 모두 음이면 그림 8.7(b)와 같이 아래쪽이 열린 포물면이다. 이러한 포물면의 수평절단면은 타원이므로 **타원 포물면**(elliptic paraboloid)이라고 한다.

또한 식 (9)에서 λ_1, λ_2가 모두 영이 아니고 서로 다른 부호이면, 그래프는 그림 8.8(a)와 같이 안장 모양의 **쌍곡포**

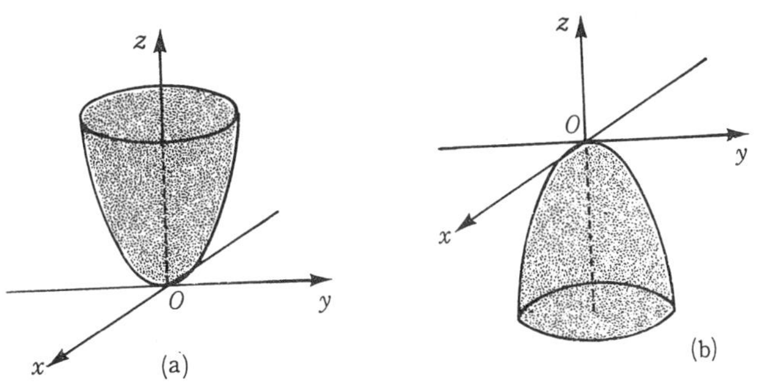

그림 8.7

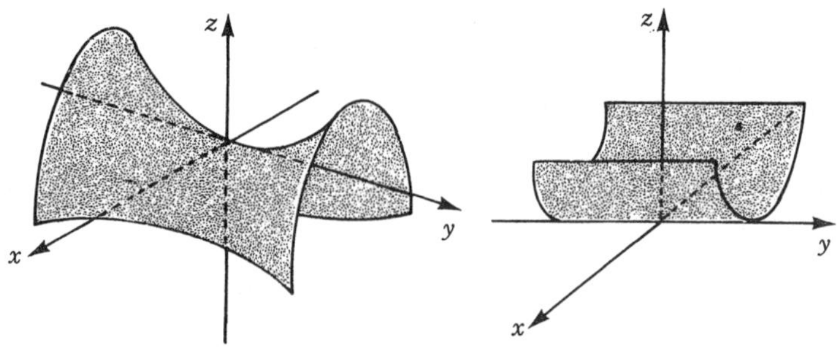

그림 8.8　　(a) **쌍곡포물면**　　(b) **포물기둥**

물면(hyperbolic paraboloid)이다. λ_1, λ_2 중 하나가 영이면, 그래프는 그림 8.8(b)와 같은 **포물기둥**(parabolic cylinder)이다.

[예제 3] 다음 방정식의 그래프가 타원포물면임을 설명하고 $z=50$일 때의 단면을 그려라.

$$z=34x^2-24xy+41y^2 \qquad \cdots (10)$$

풀이 예제 2와 같은 방법으로 식 (10)의 우변을 대각화하는 행렬 P를 구하면 $P=\frac{1}{5}\begin{bmatrix}4 & -3\\3 & 4\end{bmatrix}$이므로 $\mathbf{x}=P\mathbf{x}'$으로 치환하면 식 (10)은 다음과 같이 변환된다.

$$z=25(x')+50(y')^2 \qquad \cdots (11)$$

식 (11)은 회전된 $x'y'z$-좌표계에서 타원포물면이다. 여기서 $x'y'$-좌표계는 xy-좌표계를 $\mathbf{x}=P\mathbf{x}'$에 의하여 시계 반대방향으로 θ만큼 회전한 것이므로

$$P=\frac{1}{5}\begin{bmatrix}4 & -3\\3 & 4\end{bmatrix}=\begin{bmatrix}\cos\theta & -\sin\theta\\ \sin\theta & \cos\theta\end{bmatrix}$$

로부터 회전각 $\theta=\tan^{-1}\left(\frac{3}{4}\right)$을 얻는다.

이제 식 (11)의 포물면을 $z=50$으로 자른 단면을 그리자. 식 (10)에 $z=50$을 대입하여 정리하면

$$\frac{(x')^2}{2}+\frac{(y')^2}{1}=1$$

이므로 그래프는 그림 8.9와 같다. ■

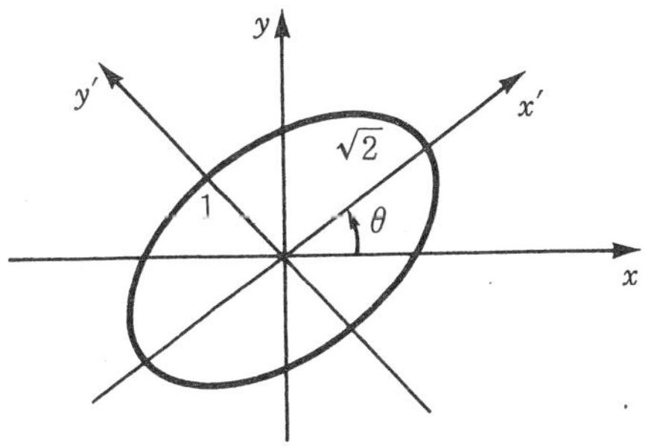

그림 8.9

연습문제 8.2

※ 다음의 정상적인 이차곡선을 평행이동하여 x항과 y항을 소거하라(즉, 완전제곱 꼴).[1~2]

1. $2x^2+y^2-12x-4y+18=0$
2. $y^2-8x-14y+49=0$

※ 다음의 정상적인 이차곡선을 정리 8.1을 이용하여 교차항을 소거하라. [3~8]

3. $x^2+2xy+y^2+3x+y-1=0$
4. $22x^2+12xy+17y^2=26$
5. $3x^2+2xy+3y^2-8=0$
6. $4x^2+6xy-4y^2=5$
7. $2x^2-4xy-y^2-10$
8. $x^2+2xy+y^2+8x+y=0$

※ 다음 방정식의 그래프를 그려라. [9~12]

9. $3x^2+2xy+3y^2-8=0$
10. $4x^2+6xy-4y^2=5$
11. $x^2+2xy+y^2+3x+y-1=0$
12. $23x^2-72xy+2y^2+140x+20y-75=0$

※ 이차방정식 $ax^2+2bxy+cy^2+dx+ey+f=0$의 그래프가 정상적인 원뿔곡선이라 할 때, 다음을 보여라. [13~15]

13. $ac-b^2>0$이면 타원이다.
14. $ac-b^2<0$이면 쌍곡선이다.
15. $ac-b^2=0$이면 포물선이다.

*8.3 이차형식의 부호와 극값

8.2절의 그림 8.7(a), (b), 8.8(a)에서 보듯이 3차원곡면의 그래프는 각각 xy-평면($z=0$)의 위쪽, 아래쪽, 또는 양쪽 모두에 놓여 있다. 이 절에서는 이와 같은 세 가지 경우를 구분하는 데 매우 유용한 이차형식의 부호를 알아보고, 이를 이용하여 다변수함수의 극값에 대하여 알아본다.

정의

행렬 $A\in M_n$가 대칭행렬일 때, 이차형식 $q(\mathbf{x})=\mathbf{x}^T A\mathbf{x}$가 임의의 $\mathbf{x}\neq 0$에 대하여 $q(\mathbf{x})>0$이면 **양의 정부호**(positive definite), $q(\mathbf{x})<0$이면 **음의 정부호**(negative definite)라 한다. 또한 어떤 $\mathbf{x}_1, \mathbf{x}_2$에 대하여 $q(\mathbf{x}_1)>0$이고, $q(\mathbf{x}_2)<0$이면 $q(\mathbf{x})$를 **부정부호**(indefinite)라 한다.

[예제 1] 이차형식 $q_1(x,\ y)=2x^2+5y^2$은 임의의 $\mathbf{x}=(x,\ y)\neq\mathbf{0}$에 대하여 $2x^2+5y^2$이 항상 양수이므로 양의 정부호이다. 또한 $q_2(x, y)=-2x^2-5y^2$은 음의 정부호이다. 이차형식 $q_3(x, y)=2x^2-5y^2$은 $q_3(1, 0)=2$이고 $q_3(0, 1)=-5$이므로 부정부호이다. ∎

$\mathbf{R}^2$의 주축정리는 $\mathbf{R}^3$에서 다음과 같이 확장할 수 있다.

정리 8.2

$\mathbf{R}^3$의 주축정리

$q(\mathbf{x})=\mathbf{x}^T A\mathbf{x}$를 대칭행렬 $A\in M_3$의 이차형식이라 하고 P는 A를 대각화하는 직교행렬이라 하자. 그러면 치환 $\mathbf{x}=P\mathbf{x}'$에 의하여 λ_1, λ_2, λ_3가 A의 고유값이라

할 때 $q(\mathbf{x})$는 다음과 같이 나타낼 수 있다.

$$q(\mathbf{x})=\lambda_1(x_1')^2+\lambda_2(x_2')^2+\lambda_3(x_3')^2 \quad \cdots (1)$$

증명 대칭행렬 A의 고유값을 $\lambda_1, \lambda_2, \lambda_3$라 할 때 $D=\text{diag}\{\lambda_1, \lambda_2, \lambda_3\}$에 대하여

$$P^T AP=D$$

를 만족하는 직교행렬 P가 존재한다. 또한 P의 열벡터의 집합 $S=\{\mathbf{v}_1, \mathbf{v}_2, \mathbf{v}_3\}$는 A의 고유값 $\lambda_1, \lambda_2, \lambda_3$에 대응하는 일차독립인 단위고유벡터의 집합이므로 $\mathbf{R}^3$의 기저이다. 표준기저에 관한 좌표벡터 $\mathbf{x}=(x_1, x_2, x_3)$에 대하여 치환 $\mathbf{x}=P\mathbf{x}'$을 취하여 얻은 새로운 벡터 $\mathbf{x}'=(x_1', x_2', x_3')$은 기저 S에 관한 $\mathbf{x}$의 좌표벡터이고

$$\begin{aligned} q(\mathbf{x}) &= \mathbf{x}^T A\mathbf{x}=(P\mathbf{x}')^T A(P\mathbf{x}') \\ &= \mathbf{x}'^T(P^T AP)\mathbf{x}'=\mathbf{x}'^T D\mathbf{x}' \end{aligned}$$

이다. 따라서 이차형식 q는 이 기저 S에 관한 좌표벡터를 이용하여 다음과 같이 표현할 수 있다.

$$q(\mathbf{x})=\lambda_1(x_1')^2+\lambda_2(x_2')^2+\lambda_3(x_3')^2$$

■

$\mathbf{R}^3$의 주축정리에 의하여 3차의 대칭행렬 A의 고유값 $\lambda_1, \lambda_2, \lambda_3$만 알면 이차형식 $q(\mathbf{x})=\mathbf{x}^T A\mathbf{x}$의 정부호에 관한 성질은 식 (1)로부터 쉽게 알 수 있다. 즉 A의 고유값이 모두 양수이면 $\mathbf{x}'=0$을 제외하고는 $q(\mathbf{x}')>0$이다. 마찬가지로 고유값이 모두 음수면 $\mathbf{x}'=0$을 제외하고는 $q(\mathbf{x}')<0$이다. 그러나 A가 양의 고유값 λ_i와 함께 음의 고유값 λ_j를 갖고 이에 대응하는 고유벡터를 $\mathbf{v}_i$와 $\mathbf{v}_j$라 하면 $q(\mathbf{v}_i)=\lambda_i>0$이고 $q(\mathbf{v}_j)=\lambda_j<0$이므로 $q(\mathbf{x})$는 양수값과 음수값을 모두 갖게 되어 다음 결과를 얻는다.

정리 8.3

행렬 $A \in M_3$가 대칭행렬일 때, A의 이차형식 $q(\mathbf{x}) = \mathbf{x}^T A \mathbf{x}$는 다음을 만족한다.

(1) A의 고유값이 모두 양이면 $q(\mathbf{x})$는 양의 정부호이다.

(2) A의 고유값이 모두 음이면 $q(\mathbf{x})$는 음의 정부호이다.

(3) A가 양의 고유값과 음의 고유값을 모두 가지면 $q(\mathbf{x})$는 부정부호이다.

정리 8.2와 8.3은 $\mathbf{R}^n$으로 확장할 수 있다. 정리 8.3에 의하여 이차형식이 양의 정부호, 음의 정부호, 또는 부정부호인지는 A의 고유값만 알면 바로 결정할 수 있다. 그러나 A가 0을 고유값으로 가지는 경우는 다루지 않았다. 이차형식 $q(\mathbf{x})$의 행렬 A의 각 고유값이 $\lambda_i \geq 0$이면 양의 준정부호(positive semidefinite), $\lambda_i \leq 0$이면 음의 준정부호(negative semidefinite)라 한다.

【예제 2】 다음 이차형식이 양의 정부호임을 보여라.

$$q(x,\ y,\ z) = 3x^2 + 2y^2 + 3z^2 - 2xy - 2yz$$

풀이 $q(\mathbf{x}) = \mathbf{x}^T A \mathbf{x}$인 행렬

$$A = \begin{bmatrix} 3 & -1 & 0 \\ -1 & 2 & -1 \\ 0 & -1 & 3 \end{bmatrix}$$

의 특성방정식은

$$|A - \lambda I| = (4-\lambda)(3-\lambda)(1-\lambda) = 0$$

이므로 A의 고유값은

$$\lambda_1=4,\ \lambda_2=3,\ \lambda_3=1$$

이다. 따라서 정리 8.3의 (1)에 의하여 이차형식 $q(x,\ y,\ z)$는 양의 정부호이다. ∎

[예제 3] 다음 이차형식이 부정부호임을 보여라.

$$q(x,\ y,\ z)=6xy+10yz$$

풀이 $q(\mathbf{x})=\mathbf{x}^TA\mathbf{x}$인 행렬

$$A=\begin{bmatrix}0&3&0\\3&0&5\\0&5&0\end{bmatrix}$$

의 특성방정식은

$$|A-\lambda I|=-\lambda^3+34\lambda=-\lambda(\lambda^2-34)=0$$

이므로 A의 고유값은

$$\lambda_1=\sqrt{34},\ \lambda_2=0,\ \lambda_3=-\sqrt{34}$$

이다. 따라서 정리 8.3의 (3)에 의하여 이차형식 q는 부정부호이다. ∎

이차형식 $q(\mathbf{x})=\mathbf{x}^TA\mathbf{x}$의 행렬 A에 대한 행렬식은

$$|A|=|PDP^{-1}|=|D|=\lambda_1\lambda_2\lambda_3\cdots\lambda_n \qquad \cdots (2)$$

이므로, $|A|$는 A의 고유값의 곱과 같다. 따라서 이차형식 $q(\mathbf{x})=\mathbf{x}^TA\mathbf{x}$가 정상적인 이차형식일 필요충분조건은 A의 고유값이 모두 영이 아닌 것이다.

다음 정리 8.4는 행렬의 고유값을 계산하지 않고도 이변수의 정상적인 이차형식의 정부호를 결정하는 방법을 준다.

정리 8.4 $q(x, y)=ax^2+2bxy+cy^2$을 x와 y에 대한 이차형식이라 하고 $\Delta=ac-b^2\neq 0$이라 하면 다음이 성립한다.

(1) $\Delta>0$이고 $a>0$이면 q는 양의 정부호이다.

(2) $\Delta>0$이고 $a<0$이면 q는 음의 정부호이다.

(3) $\Delta<0$이면 q는 부정부호이다.

증명 이차형식 q의 행렬은

$$A=\begin{bmatrix} a & b \\ b & c \end{bmatrix}\text{이고 } |A|=ac-b^2=\Delta$$

이다. 따라서 식 (2)로부터 $\Delta=\lambda_1\lambda_2$이므로 $\Delta>0$이면 λ_1과 λ_2는 같은 부호를 갖는다. 그런데

$$ac=\Delta+b^2=\lambda_1\lambda_2+b^2>0$$

이므로 a와 c도 같은 부호를 갖고

$$\lambda_1+\lambda_2=\mathrm{tr}(A)=a+c$$

이므로, λ_1, λ_2, a, c는 모두 같은 부호를 갖는다. 따라서 $a>0$이면 λ_1, λ_2는 모두 양수이고, 정리 8.3에 의하여 q는 양의 정부호이다.

한편 $a<0$이면 λ_1과 λ_2는 모두 음수이므로 q는 음의 정부호이다. 또한 $\Delta=\lambda_1\lambda_2$이므로 $\Delta<0$이면 λ_1, λ_2는 서로 다른 부호를 갖는다. 따라서 q는 부정부호이다. ■

[예제 4] 이차형식 $q_1(x, y)=3x^2+4xy+2y^2$에서는

$$\Delta=(3)(2)-(2)^2=2>0,\ a=3>0$$

이므로 q_1은 양의 정부호이다.

이차형식 $q_2(x, y)=3x^2+6xy+2y^2$에서는

$$\Delta=(3)(2)-(3)^2=-3<0$$

이므로 q_2는 부정부호이다. ■

정리 8.4는 n차원으로 자연스럽게 일반화 가능하다. 대칭행렬 $A=[a_{ij}]\in M_n$의 왼쪽 윗부분의 $k\times k$소행렬식을 Δ_k라고 하자. 즉

$$\Delta_1=a_{11},\ \Delta_2=\begin{vmatrix} a_{11} & a_{12} \\ a_{21} & a_{22} \end{vmatrix},\ \ldots,\ \Delta_n=|A|$$

이러한 $\Delta_1,\ \Delta_2, \ldots,\ \Delta_n$을 A의 **선행 주소행렬식**(leading principal minors)이라고 한다.

정리 8.5

> 대칭행렬 $A\in M_n$의 정상적인 이차형식 $q(\mathbf{x})=\mathbf{x}^T A\mathbf{x}$에 대하여 다음이 성립한다.
> (1) q가 양의 정부호일 필요충분조건은 모든 $k=1,\ 2, \ldots, n$에 대하여 $\Delta_k>0$이다.
> (2) q가 음의 정부호일 필요충분조건은 모든 $k=1,\ 2, \ldots, n$에 대하여 $(-1)^k\Delta_k>0$이다.

[예제 5] 다음 이차형식이 음의 정부호임을 보여라.

$$q(x,\ y,\ z)=-3x^2-2y^2-5z^2+2xy+4xz+2yz$$

풀이 이차형식 q의 행렬은

$$A=\begin{bmatrix} -3 & 1 & 2 \\ 1 & -2 & 1 \\ 2 & 1 & -5 \end{bmatrix}$$

이고 $\Delta_1=-3,\ \Delta_2=5,\ \Delta_3=-10$이므로 정리 8.5의 (2)에 의하여 이차형식 q는 음의 정부호이다. ■

이제 위에서 정의한 양의 정부호 등의 성질이 극대, 극소 문제를 푸는 데 어떻게 적용되는지를 알아보자.

먼저 $\mathbf{R}^n$에서 이계편미분 가능한 실변수함수 $f:\mathbf{R}^n\longrightarrow$

R를 생각하자. $f(\mathbf{a})$가 극소값 또는 극대값이려면, 우선 $\mathbf{x}=\mathbf{a}$는 **임계점**(critical point)이어야 한다. 즉 f의 일계편도함수는 $\mathbf{a}$에서 모두 0이어야 한다. 다음 $f(\mathbf{a})$가 극소나 극대값이기 위한 충분조건을 얻으려면 임계점 $\mathbf{x}=\mathbf{a}$에서 이계편도함수를 생각해 보아야 한다. $\mathbf{x}=\mathbf{a}$에서 f의 이계편도함수를 성분으로 가지는 다음과 같은 n차의 대칭행렬 H를 f의 **Hessian 행렬**이라고 한다.

$$H=\left[\frac{\partial^2 f}{\partial x_i \partial x_j}\right]_{\mathbf{x}=\mathbf{a}} \quad \cdots (3)$$

예를 들어 만일 $n=2$이면 f의 Hessian 행렬 H는 다음과 같다.

$$H=\begin{bmatrix} \dfrac{\partial^2 f}{\partial x^2} & \dfrac{\partial^2 f}{\partial x \partial y} \\ \dfrac{\partial^2 f}{\partial y \partial x} & \dfrac{\partial^2 f}{\partial y^2} \end{bmatrix}_{\mathbf{x}=\mathbf{a}} \quad \cdots (4)$$

$\mathbf{x}=\mathbf{a}$에서 **함수 f의 이차형식**은 $q(\mathbf{x})=\mathbf{x}^T H\mathbf{x}$로 정의한다. 여기서 H는 식 (3)과 같은 Hessian 행렬이다.

정리 8.6

함수 $f:\mathbf{R}^n \longrightarrow \mathbf{R}$가 임계점 $\mathbf{x}=\mathbf{a}$에서 연속인 3계편도함수를 갖고, 이 점에서 f의 이차형식을 $q(\mathbf{x})=\mathbf{x}^T H\mathbf{x}$라고 할 때 다음이 성립한다.

(1) q가 양의 정부호이면 $f(\mathbf{a})$는 극소값이다.
(2) q가 음의 정부호이면 $f(\mathbf{a})$는 극대값이다.
(3) q가 부정부호이면 $f(\mathbf{a})$는 극대값도 아니고 극소값도 아니다.

이 때 $\mathbf{x}=\mathbf{a}$를 **안장점**(saddle point)이라고 한다.

정리 8.6에서 $n=2$일 때 f가 이변수함수가 되고 f의 Hessian 행렬이 식 (4)와 같으므로 정리 8.4, 8.5, 그리고 8.6에 의하여 미적분학에서 배운 이변수함수의 극대극소판정법을 얻는다.

[예제 6] 함수 $f(x, y)=-3x^2-2y^2+4xy+4y$의 극값을 구하라.

풀이

$$\frac{\partial f}{\partial x}=-6x+4y, \quad \frac{\partial f}{\partial y}=-4y+4x+4$$

이므로 f의 임계점은 $\mathbf{a}=(2, 3)$이다. 또한

$$\frac{\partial^2 f}{\partial x^2}=-6, \quad \frac{\partial^2 f}{\partial y^2}=-4, \quad \frac{\partial^2 f}{\partial x \partial y}=\frac{\partial^2 f}{\partial y \partial x}=4$$

이므로, $\mathbf{x}=\mathbf{a}$에서 f의 Hessian 행렬은 다음과 같다.

$$H=\begin{bmatrix} -6 & 4 \\ 4 & -4 \end{bmatrix}$$

그런데 $\Delta_1=-6<0$, $\Delta_2=8>0$이므로 f가 음의 정부호이고 $f(2, 3)=6$은 f의 극대값이다. ∎

[예제 7] 다음 함수의 극값을 구하라.

$$f(x, y, z)=x^2+xz-3\cos y+z^2$$

풀이

$$\frac{\partial f}{\partial x}=2x+z, \ \frac{\partial f}{\partial y}=3\sin y, \ \frac{\partial f}{\partial z}=x+2z, \ \frac{\partial^2 f}{\partial y^2}=3\cos y$$

이므로 f의 임계점은 n이 정수일 때 $\mathbf{a}=(0, n\pi, 0)$이다.

(i) $\mathbf{a}=(0, 2k\pi, 0)$일 때 f의 Hessian 행렬은

$$H_1=\begin{bmatrix} \frac{\partial^2 f}{\partial x^2} & \frac{\partial^2 f}{\partial x \partial y} & \frac{\partial^2 f}{\partial x \partial z} \\ \frac{\partial^2 f}{\partial y \partial x} & \frac{\partial^2 f}{\partial y^2} & \frac{\partial^2 f}{\partial y \partial z} \\ \frac{\partial^2 f}{\partial z \partial x} & \frac{\partial^2 f}{\partial z \partial y} & \frac{\partial^2 f}{\partial z^2} \end{bmatrix}=\begin{bmatrix} 2 & 0 & 1 \\ 0 & 3 & 0 \\ 1 & 0 & 2 \end{bmatrix}$$

이고 $\Delta_1=2>0$, $\Delta_2=6>0$, $\Delta_3=9>0$ 이므로 $f(x, y, z)$는 $\mathbf{x}=\mathbf{a}$에서 양의 정부호이다. 따라서 $f(0, 2k\pi, 0)=-3$은 f의 극소값이다.

(ii) $\mathbf{a}=(0, (2k+1)\pi, 0)$일 때, f의 Hessian 행렬은

$$H_2=\begin{bmatrix} 2 & 0 & 1 \\ 0 & -3 & 0 \\ 1 & 0 & 2 \end{bmatrix}$$

이고 $\Delta_1=2>0$, $\Delta_2=-6<0$, $\Delta_3=-9<0$ 이므로 $f(x, y, z)$는 $\mathbf{x}=\mathbf{a}$에서 부정부호이다. 따라서 $\mathbf{a}$는 f의 안장점이다. ∎

연습문제 8.3

※ 다음 이차형식이 양의 정부호, 음의 정부호 또는 부정부호 중 어디에 속하는가를 결정하라. [1~6]

1. $q(x, y)=6xy$
2. $q(x, y)=x^2+4xy+3y^2$
3. $q(x, y)=2x^2-6xy+10y^2$
4. $q(x, y)=3x^2+8xy-3y^2$
5. $q(x, y, z)=x^2+4y^2+z^2+2xy+8xz+2yz$
6. $q(x, y, z)=3x^2-y^2-2z^2-8xy+12yz+4xz$

※ 다음 함수의 극값을 구하라. [7~12]

7. $f(x, y)=10+12x-12y-3x^2-2y^2$
8. $f(x, y)=2x^2-3y^2+2x-3y+7$
9. $f(x, y)=2x^2+y^2+4x-4y+5$
10. $f(x, y)=xy+x^2y^2$

11. $f(x,\ y)=2x^2+4xy+y^2$

12. $f(x,\ y,\ z)=x^2+y^2+z^2-xy-yz-zx$

※ 이차형식에 대한 다음의 행렬의 부호를 결정하라. [13~16]

13. $\begin{bmatrix} 2 & -3 & 0 \\ -3 & 0 & 0 \\ 0 & 0 & 4 \end{bmatrix}$

14. $\begin{bmatrix} -4 & 7 & 8 \\ 7 & -3 & 9 \\ 8 & 9 & -1 \end{bmatrix}$

15. $\begin{bmatrix} 1 & 0 & 1 \\ 0 & 1 & 0 \\ 1 & 0 & 1 \end{bmatrix}$

16. $\begin{bmatrix} 2 & 1 & 0 & 0 \\ 1 & 2 & 0 & 0 \\ 0 & 0 & 3 & 0 \\ 0 & 0 & 0 & 1 \end{bmatrix}$

17. 행렬 A가 양의 정부호이면 A^2과 A^{-1}도 양의 정부호임을 보여라.

18. n차의 대칭행렬 A에 대하여 정리 8.3을 증명하라.

19. n차의 대칭행렬 A가 양의 정부호일 때, 각 $\mathbf{x},\ \mathbf{y}\in\mathbf{R}^n$에 대하여 함수 $\langle\ ,\ \rangle$을 다음과 같이 정의한다.

$$\langle\mathbf{x},\ \mathbf{y}\rangle=\mathbf{x}^TA\mathbf{y}$$

이 때 이 함수가 $\mathbf{R}^n$상의 내적임을 보여라.

9

수학적 모델링

우리가 앞에서 배운 다양한 선형대수학의 지식은 자연과학과 공학, 사회과학의 여러 분야에서 활용되며, 최신 이론에 관하여는 책 뒤의 참고문헌에서 볼 수 있을 것이다.

이 장에서는 이산적인 자료로부터 원하는 근사한 연속함수를 유도하는 과정을 자세히 설명한다. 또, 적어도 지금까지 배운 내용이 실제로 주위의 어떤 문제를 해결하는 데 필수적인 것을 보여주는 간단한 예를 볼 것이다. 일반적으로 주위의 문제를 수학적인 지식을 이용하여 해결하는 것은 주어진 현상을 수식화하여야 가능한데, 이 과정을 수학적 모델링이라고 한다.

*9.1 수학적 모델

고대 그리스에서부터 20세기 중반까지, 과학자들은 변수의 개수가 적고 간단한 문제들을 주로 다루었었다. 후에는 다변수로 일반화되었지만 뉴턴이나 라이프니츠의 계산도 하나의 변수만을 다루었었다. 그래서 계산에서 매우 복잡한 양상을 띠는 연구라 할지라도 그 연구에 입력되는 자료의 양은 그리 많지 않았다. 그러나 오늘날의 과학자들은 매우 많은 양의 자료를 갖는 문제를 다루어야 한다.

현대의 복잡한 시스템을 보여주는 몇 개의 예를 들면 다음과 같다.

1. 다양한 자재의 수요와 공급의 상호작용 효과를 고려하는 경제의 수학적 모델
2. 각 지방을 연결하는 전화시스템에 순서를 정하는 문제의 수학적 모델
3. 수천의 매개변수를 갖는 제트기 주위의 공기의 흐름을 설명하는 수학적 모델

여기에서는 위와 같은 복잡한 문제에 적용하는 수학적인 기술을 소개하고자 한다. 직관적으로도 모델에 입력되는 정보가 많으면 많을수록 얻는 정보의 분석은 정확해진다는 것을 안다. 그러나 문제는 이 모든 정보를 어떻게 다루냐 하는 것이다. 예를 들면 공모양의 물체가 떨어지는 비율은 세가지 매개변수를 통해 설명할 수 있었다. 그러나 이 경우에 물체의 밀도, 공기의 밀도, 낙하시간 등 여러 가지의 변수가 상호작용하는 것 등을 모두 고려하는 정확한 모델을 세우기

는 힘들다.

수학적 모델이란 현실 세계의 문제를 표현하는 수학적 공식인데, 이 모델은 변수를 문자로 구체화시키며, 다른 모델과 연결성을 갖기도 한다. 또 모델링하는 과정은 문제의 성질을 변화시키기도 하며, 기록하는 과정도 포함한다.

모델링하려는 시스템을 완전히 표현하지는 못하더라도 우리가 만든 모델은 원래 문제가 가졌던 중요한 성질은 갖고 있어야 한다. 즉 군더더기는 없으면서도 원래 문제에 대한 답을 구할 수 있을 정도로 원래의 현상은 설명할 수 있어야 한다. 이를 만족하는 최선의 방법으로 선형 수학적 모델을 들 수 있다.

여기에서는 간단한 네 가지 수학적 모델을 다루어 보자.

[예제 1] **자유 낙하하는 물체의 모델**

H_0를 건물의 높이라 하고 T를 물체가 자유낙하하는 동안의 시간이라 할 때, 높이가 H_0인 건물 옥상에서 떨어뜨린 물체의 높이를 식으로 나타내면

$$H=-16T^2+H_0$$

로 표현된다고 하자. 이 경우 예를 들어 건물의 높이가 100미터일 때 2초 후의 물체의 현재 높이는 $H=-16(2)^2+100=36$미터이다. 또 이 물체가 지면에 떨어질 때까지의 시간을 알아보려면 $H=0$을 대입하면 된다. 즉 $0=-16T^2+100$으로부터 $T=\sqrt{25/4}=2.5$초이다.

[예제 2] **관계를 이용한 나이 문제의 모델**

소영이의 나이는 현재 여동생의 나이의 세 배이며, 6년 후에는 두 배가 된다. 소영이는 현재 몇 살인가?

이 문제를 풀려면 수학적인 모델로 바꾸어야 한다. 소영이의 현재 나이를 M, 여동생 나이를 S라 하면 다음 식을 얻는다.

$$M=3S$$
$$M+6=2(S+6)$$

이 모델은 주어진 정보를 단순한 수학적 표현으로 나타낸 것으로 변수 M과 S 사이의 관계로부터 쉽게 $S=6$, $M=18$임을 알 수 있다. ∎

이제 좀더 복잡한 나이 문제를 다루어 보자.

[예제 3] **나이 문제의 두 번째 모델**

영수는 현재 동생 영철이의 나이의 두 배이다. 현재 두 형제의 나이의 합에 두 배를 하면 4년전의 두 형제의 나이의 곱과 같다. 영철이는 현재 몇 살인가?

현재 영수의 나이를 A, 영철이의 나이를 B라 하면 주어진 정보에서 다음 두 개의 방정식을 얻을 수 있다.

$$A=2B$$
$$2(A+B)=(A-4)(B-4)$$

$A=2B$를 두 번째 식에 대입하여 정리하면

$$B^2-9B+8=(B-1)(B-8)=0$$

이고, 따라서 $B=1$ 또는 $B=8$을 얻는다. 그러나 $B=1$은 주어진 문제의 답이 될 수 없다. 왜냐하면, 영철이의 4년전의 나이도 양수이어야 하기 때문이다. 따라서, 영철이는 8살이고 영수는 16살이다. 이와 같이 현실세계에서는 단지 하나만이 해가 된다. 이것은 수학적 모델의 중요한 특징 중의 하나이다. 따라서 수식화하여 얻은 해를 음미하는 것이 중요하다. ∎

[예제 4] **나룻배의 속도 모델**

종철이가 나룻배를 저어 강을 거슬러 올라갈 때의 시속은 3km이고 강을 따라 내려갈 때는 시속 11km이다. 잔잔한

호수에서 이 나룻배의 속도는 얼마일까?
산산한 물에서의 나룻배의 속도를 C, 강물이 흐르는 속도를 R라 하면 두 가지의 식을 얻을 수 있다.

$$C+R=11$$
$$C-R=3$$

이 식은 강을 거슬러 올라갈 때는 강의 흐름이 배의 속도를 방해하는 요인이 되고 강의 흐름을 따라 내려갈 때는 배의 진행을 도와 주는 요인이 되는 것을 이용하여 표현한 것이다. 위의 연립방정식을 풀면 $C=7$, $R=4$를 얻는다. ■

예제 2와 4는 식이 모두 1차이기 때문에 **선형모델**(linear models)이라고 부른다. 예제 1과 3은 식이 1차가 아니므로 선형모델이 아니다.

수학적 모델링에서 선형모델을 주로 사용하는 이유를 서술하면 다음과 같다.

1. 비선형 연립방정식을 풀 수 있는 일반적인 이론은 없으나 연립일차방정식을 풀 수 있는 일반적인 이론은 있다.
2. 여러 개의 변수를 가진 비선형방정식으로 표현된 식을 통하여는 실제 현상을 이해하기 어렵다.
3. 비선형 연립방정식은 계수의 작은 변화에도 전체에 큰 변화를 가져오므로 안정적인 시스템을 갖기 어렵다.
4. 모든 비선형 현상들도 작은 간격으로 끊어 보면 거의 선형이다. 복잡한 곡선들은 여러 개의 짧은 직선의 모임이다.

이러한 이유 때문에 선형 연립방정식은 물리학, 경제학, 통계학 등 다양한 분야에서 수학적 문제를 해결하는 기본적인 도구가 된다.

9.2 선형방정식과 근사곡선

선형대수학은 화학, 생물학, 공학 등의 실험이나 측정의 결과인 이산적인 관찰자료로부터 우리가 미적분학을 적용할 수 있는 연속함수를 유도하는 데 이용된다. 어떤 모델의 측정값이나 관찰값의 결과는 보통 다음과 같은 데이터의 순서쌍

$$(x_1,\ y_1),\ (x_2,\ y_2),\ \ldots,\ (x_n,\ y_n)$$

으로 나타난다. 예를 들면 다음과 같다.

1. x_i 만큼의 비료를 사용했을 때 얻을 수 있는 곡물의 양 y_i
2. 가격이 한 개에 x_i 원인 상품의 판매량 y_i
3. 온도가 x_i 일 때의 기체의 부피 y_i
4. x_i 년 후의 인구 y_i

이 절에서는 주어진 모델에서 얻어진 몇 개의 데이터의 점으로부터 그 모델에 가까운 **근사곡선**을 구하는 문제에 관하여 알아본다. 대표적으로 주어진 데이터의 점 $(x_0,\ y_0)$, $(x_1,\ y_1)$, …, $(x_n,\ y_n)$은 연속함수 $y=f(x)$의 몇 개의 점의 형태로 나타내어진다. 또 xy-좌표평면에 그러한 점의 각각을 통과하는 곡선 $y=f(x)$를 찾을 수 있다(그림 9.1). 그래서 이 과정을 주어진 데이터의 점에 곡선을 "curve fitting"한다고 하고, 이런 과정을 "근사곡선 구하기"라 한다.

이 절에서는 다항식만을 다루도록 한다. $\boldsymbol{n}$차의 다항식은 $a_0,\ a_1,\ a_2,\ \ldots,\ a_n$이 계수일 때 다음과 같은 형태이다.

$$y=f(x)=a_0+a_1x+a_2x^2+\cdots+a_nx^n \qquad \cdots (1)$$

데이터 점 (x_i, y_i)는 곡선 $y=f(x)$에 놓여 있고, $f(x_i)=y_i$를 만족한다. 이것은 $i=1, 2, \ldots, n$에 대해 자연스럽게 다음과 같은 $n+1$개의 방정식으로 표현된다.

$$\begin{aligned} a_0+a_1x_0+a_2(x_0)^2+\cdots+a_n(x_0)^n&=y_0 \\ a_0+a_1x_1+a_2(x_1)^2+\cdots+a_n(x_1)^n&=y_1 \\ a_0+a_1x_2+a_2(x_2)^2+\cdots+a_n(x_2)^n&=y_2 \\ \vdots \qquad\qquad\qquad & \vdots \\ a_0+a_1x_n+a_2(x_3)^2+\cdots+a_n(x_n)^n&=y_n \end{aligned} \qquad \cdots (2)$$

이것은 미지수 $a_0, a_1, a_2, \ldots, a_n$을 가진 $n+1$개의 선형방정식이고, 서로 다른 숫자 $x_0, x_1, \ldots, x_n$에 대하여 $(n+1)\times(n+1)$계수행렬

$$\begin{bmatrix} 1 & x_0 & (x_0)^2 & \cdots & (x_0)^n \\ 1 & x_1 & (x_1)^2 & \cdots & (x_1)^n \\ 1 & x_2 & (x_2)^2 & \cdots & (x_2)^n \\ \vdots & \vdots & \vdots & \ddots & \vdots \\ 1 & x_n & (x_n)^2 & \cdots & (x_n)^n \end{bmatrix} \qquad \cdots (3)$$

의 행렬식은 0이 아니다(Vandermonde 행렬식). 따라서 연립

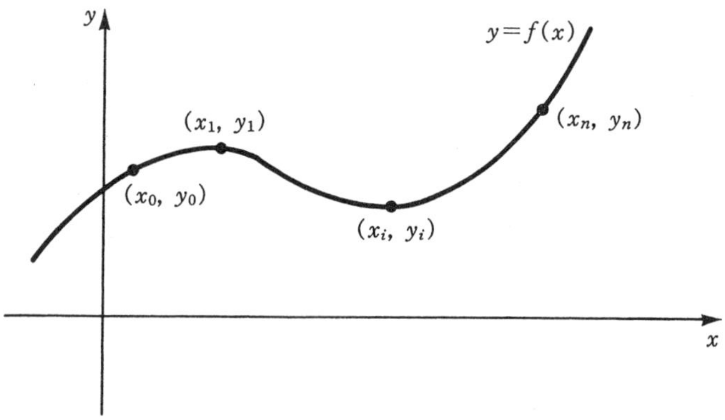

그림 9.1 **주어진 점을 지나는 곡선의 식**

방정식 (2)는 계수 a_0, a_1, a_2, …, a_n에 대한 유일한 해를 갖는다. 그래서 주어진 데이터 점을 지나는 유일한 n차다항식 $y=f(x)$를 얻는다.

[예제 1] 네 점 $(-1, 4)$, $(1, 2)$, $(2, 1)$, $(3, 16)$을 지나는 $y=A+Bx+Cx^2+Dx^3$ 모양의 3차다항식을 구하라.

풀이 $y(-1)=4$, $y(1)=2$, $y(2)=1$, $y(3)=16$이 되는 A, B, C, D값을 구하면 된다. 따라서 다음 연립일차방정식을 얻는다.

$$\begin{aligned} A-B+C-D&=4\\ A+B+C+D&=2\\ A+2B+4C+8D&=1\\ A+3B+9C+27D&=16 \end{aligned}$$

이 연립방정식을 Gauss 소거법을 이용하여 변형하면 다음과 같다.

$$\begin{aligned} A-B+C-D&=4\\ B+D&=-1\\ C+2D&=0\\ D&=2 \end{aligned}$$

따라서

$$A=7,\ B=-3,\ C=-4,\ D=2$$

를 얻는다. 그러므로 구하는 다항식은

$$y=7-3x-4x^2+2x^3$$

이다. ■

연습문제 9.2

※ 다음과 같이 $n+1$개의 점이 주어질 때, 주어진 점을 지나는 n차다항식 $y=f(x)$를 구하라. [1~6]

1. $(-1, 11)$, $(2, -10)$
2. $(-1, 1)$, $(1, 5)$, $(2, 16)$

3. $(-1, -1), (3, -13), (5, 5)$

4. $(-1, 1), (0, 0), (1, 1), (2, -4)$

5. $(-1, 3), (0, 5), (1, 7), (2, 3)$

6. $(-1, 27), (1, 13), (2, 3), (3, -25)$

※ 다음과 같이 주어진 세 개의 점을 지나는 원의 방정식을 구하고, 원의 중심과 반지름을 구하라. [7~8]

7. $(3, -4), (5, 10), (-9, 12)$

8. $(0, 0), (10, 0), (-7, 7)$

9. 두 점 (1, 5), (2, 4)를 지나는 곡선 $y=A+\dfrac{B}{x}$를 찾아라.

10. 세 점 (1, 2), (2, 20), (4, 4)를 지나는 곡선 $y=Ax+\dfrac{B}{x}+\dfrac{C}{x^2}$를 찾아라.

*9.3 최소제곱법을 이용한 근사곡선

9.2절에서는 주어진 몇 개의 데이터의 점으로부터 근사곡선으로서 가장 간단한 형태인 다항식을 찾는 방법에 대하여 알아보았다. 이 절에서는 어떤 모델에서 주어진 데이터의 점으로부터 가장 근사한 곡선을 찾는 방법으로 알려진 **최소제곱법**(least square)을 이용하여 근사곡선을 구하는 방법에 대하여 알아본다.

어떤 모델의 관찰값을 $(x_1, y_1), (x_2, y_2), \ldots, (x_n, y_n)$이라 하자. 이때, 가장 근사한 곡선을 찾는 것은 가능한 한 주어진 데이터의 값과 오차가 가장 작은 함수 $y=f(x)$를 찾는 것이다. 대부분의 경우에는 x값과 y값 사이의 관계를

$$y=a+bx \qquad \cdots (1)$$

와 같은 일차함수로 생각하는 것이 바람직하다. 그러나 실제로 주어진 모델에서 관찰값이 정확하게 직선 위에 놓이지는 않을 것이다. 가장 잘된 이론이나 엄밀한 관찰 값소자노 예상과 실제 사이의 차이는 피할 수 없다. 한 예로 주어진 데이터에 가장 근사한 직선의 그래프를 그림 9.2에서 볼 수 있다.

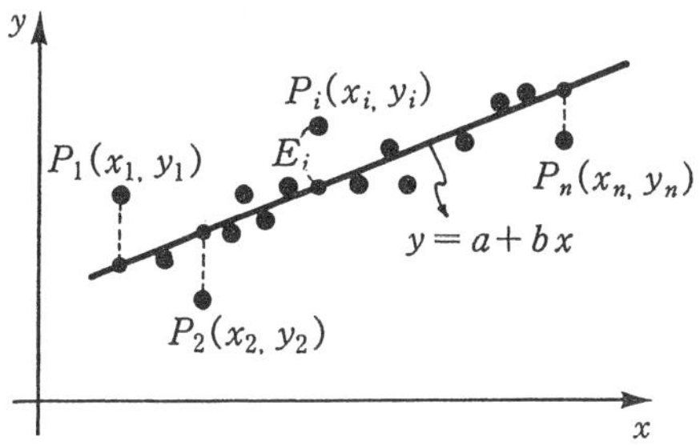

그림 9.2 주어진 데이터 (x_i, y_i) $1 \le i \le n$에 가장 근사한 직선

이제 주어진 데이터에 가장 근사한 직선 식 (1)의 계수 a, b값을 구하는 방법을 알아보자. 주어진 데이터 점의 순서쌍 (x_1, y_1), (x_2, y_2), …, (x_n, y_n)을 식 (1)에 대입하면, 두 개의 미지수 a, b를 갖는 연립일차방정식

$$\begin{aligned} a+bx_1&=y_1 \\ a+bx_2&=y_2 \\ &\vdots \\ a+bx_n&=y_n \end{aligned} \qquad \cdots (2)$$

을 얻는다(이 연립방정식은 해를 갖지 않을 수도 있다). 이 식은

$$A\mathbf{x}=\mathbf{b} \qquad \cdots (3)$$

의 형태로 쓸 수 있는데, 여기서 A, $\mathbf{x}$, $\mathbf{b}$는 각각 다음과 같다.

$$\mathbf{x}=\begin{bmatrix} a \\ b \end{bmatrix}, \quad A=\begin{bmatrix} 1 & x_1 \\ 1 & x_2 \\ \vdots & \vdots \\ 1 & x_n \end{bmatrix}, \quad \mathbf{b}=\begin{bmatrix} y_1 \\ y_2 \\ \vdots \\ y_n \end{bmatrix}$$

식 (3)의 양변에 A^T를 곱한

$$A^TA\mathbf{x}=A^T\mathbf{b} \qquad \cdots (4)$$

를 식 (3)에 대한 **정규시스템**(normal system)이라 하며, 이 정규시스템의 해를 식 (2)의 **최소제곱해**(least square solution)라고 한다. 식 (4)를 다시 쓰면

$$\begin{bmatrix} 1 & 1 & \cdots & 1 \\ x_1 & x_2 & \cdots & x_n \end{bmatrix}\begin{bmatrix} 1 & x_1 \\ 1 & x_2 \\ \vdots & \vdots \\ 1 & x_n \end{bmatrix}\begin{bmatrix} a \\ b \end{bmatrix}=\begin{bmatrix} 1 & 1 & \cdots & 1 \\ x_1 & x_2 & \cdots & x_n \end{bmatrix}\begin{bmatrix} y_1 \\ y_2 \\ \vdots \\ y_n \end{bmatrix}$$

인데, 행렬의 곱을 계산하면 n개의 주어진 데이터 점에 가장 근사한 직선 $y=a+bx$를 구할 수 있는 다음 정규시스템

을 얻을 수 있다.

$$\begin{aligned} na+\left(\sum_{i=1}^{n} x_i\right)b &= \sum_{i=1}^{n} y_i \\ \left(\sum_{i=1}^{n} x_i\right)+\left(\sum_{i=1}^{n} x_i^2\right) &= \sum_{i=1}^{n} x_i y_i \end{aligned} \qquad \cdots (5)$$

식 (5)의 해 $x=(a,\ b)$가 연립방정식 (2)의 최소제곱해이다. i번째 방정식에서의 오치는 그림 9.2에 표시된 y축 거리 $E_i=y_i-(a+bx_i)$이다. 이것은 방정식 $y=a+bx$에 $x=x_i$를 대입해 보면 알 수 있듯이, y_i값과 $a+bx_i$값 사이의 차이이다. 최소제곱법의 해인 $\mathbf{x}=(a,\ b)$는 이 오차의 제곱의 합인

$$\sum_{i=1}^{n}(E_i)^2=\sum_{i=1}^{n}[y_i-(a+bx_i)]^2 \qquad \cdots (6)$$

을 최소화하는 직선 $y=a+bx$를 결정한다. 이것은 최소제곱법으로 주어진 데이터에 가장 근사한 직선을 찾았다는 의미이다.

사실 정규시스템방정식 (5)를 기억할 필요는 없다. 왜냐하면 식 $A\mathbf{x}=\mathbf{b}$를 정규시스템 $A^TA\mathbf{x}=A^T\mathbf{b}$로 변형하면 $\mathbf{x}=(a,\ b)$는 쉽게 구해지기 때문이다.

요약하면, 데이터 값 $(x_1,\ y_1),\ (x_2,\ y_2),\ \ldots,\ (x_n,\ y_n)$에 오차가 가장 작은 직선 $y=a+bx$를 찾기 위해서는

$$\begin{bmatrix} 1 & x_1 \\ 1 & x_2 \\ \vdots & \vdots \\ 1 & x_n \end{bmatrix}\begin{bmatrix} a \\ b \end{bmatrix}=\begin{bmatrix} y_1 \\ y_2 \\ \vdots \\ y_n \end{bmatrix} \qquad \cdots (7)$$

의 최소제곱해 $\mathbf{x}=(a,\ b)$를 찾으면 된다.

【예제 1】 아래의 데이터에 가장 근사한 직선을 찾아라.

x	-1	1	2	4
y	2	4	6	12

풀이 이 데이터를 방정식 (7)에 대입하면 다음과 같다.

$$\begin{bmatrix}1 & -1\\1 & 1\\1 & 2\\1 & 4\end{bmatrix}\begin{bmatrix}a\\b\end{bmatrix}=\begin{bmatrix}2\\4\\6\\12\end{bmatrix}$$

정규시스템을 만들기 위해 양변에 A^T를 곱하면

$$\begin{bmatrix}1 & 1 & 1 & 1\\-1 & 1 & 2 & 4\end{bmatrix}\begin{bmatrix}1 & -1\\1 & 1\\1 & 2\\1 & 4\end{bmatrix}\begin{bmatrix}a\\b\end{bmatrix}=\begin{bmatrix}1 & 1 & 1 & 1\\-1 & 1 & 2 & 4\end{bmatrix}\begin{bmatrix}2\\4\\6\\12\end{bmatrix}$$

를 얻는다. 이것을 간단히 하면 다음과 같다.

$$\begin{bmatrix}4 & 6\\6 & 22\end{bmatrix}\begin{bmatrix}a\\b\end{bmatrix}=\begin{bmatrix}24\\62\end{bmatrix}$$

여기서 해 $a=3$, $b=2$는 쉽게 구할 수 있다. 따라서 최소제곱법으로 찾은 가장 근사한 직선은 다음과 같다.

$$y=3+2x$$

참고로, 이 선형방정식에서

$$y(-1)=1,\quad y(1)=5,\quad y(2)=7,\quad y(4)=11$$

이므로 주어진 데이터 값과 비교하면 오차는 $+1$ 또는 -1 이라는 것을 알 수 있다. ■

[예제 2] 향수 회사가 이익을 극대화하기 위해 상품 가격의 모델링을 하고자 한다. 하나의 방법으로서 가격이 한 병당 x원 하면 y개(단위는 천개)를 팔 수 있다는 선형방정식을 찾고자 한

다. 이것을 위해 향수 회사는 네 개의 도시에 향수를 시험 판매하여 다음과 같은 결과를 얻었다.

x	도시 1	도시 2	도시 3	도시 4
x	6.25	6.75	8.00	8.75
y	6.03	5.62	4.78	4.34

이것을 식 (7)에 대입하면

$$\begin{bmatrix} 1 & 6.25 \\ 1 & 6.75 \\ 1 & 8.00 \\ 1 & 8.75 \end{bmatrix} \begin{bmatrix} a \\ b \end{bmatrix} = \begin{bmatrix} 6.03 \\ 5.62 \\ 4.78 \\ 4.34 \end{bmatrix}$$

이제 정규시스템을 얻기 위해서 양변에 A^T를 곱하면

$$\begin{bmatrix} 4.00 & 29.75 \\ 29.75 & 225.19 \end{bmatrix} \begin{bmatrix} a \\ b \end{bmatrix} = \begin{bmatrix} 20.77 \\ 151.84 \end{bmatrix}$$

이고, 이것은 해 $a=10.19$, $b=-0.67$을 갖는다. 따라서 최소제곱법으로 위의 데이터에 가장 근사한 직선의 방정식

$$y=10.19-(0.67)x$$

를 얻는다. 이 결과는 판매 가격을 병당 1원씩 올리면 주당 판매 개수가 670병씩 감소한다는 것을 나타낸다. ■

때로는 최적 직선을 구할 경우 오차가 너무 커지는 경우도 있다. 예를 들면 그림 9.3(a)와 같이 데이터 점에 근사한 곡선이 2차식인

$$y=a+bx+cx^2$$

이고, 그림 9.3(b)와 같이 데이터 점에 근사한 곡선이 3차식

$$y=a+bx+cx^2+dx^3$$

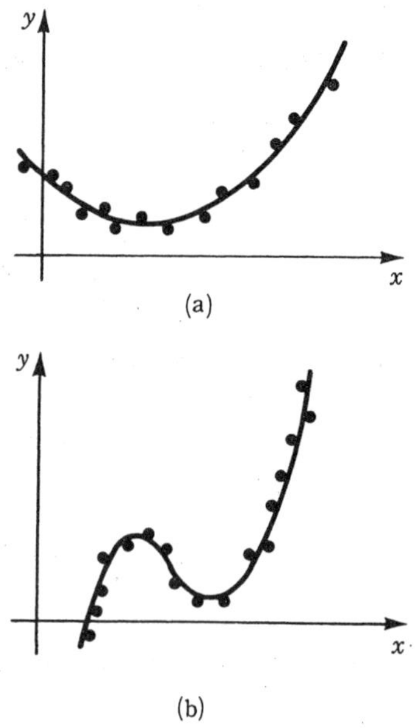

그림 9.4 데이터 점을 이었을 때 직선이 나오지 않는 경우

와 같은 경우도 있다. 일반적으로 데이터 점 (x_1, y_1), (x_2, y_2), …, (x_n, y_n)에 가장 근사한 k차인 다항식

$$y=a_0+a_1x+a_2x^2+\cdots+a_kx^k \qquad \cdots (8)$$

를 구하려 할 때는 다음과 같이 한다. 우선 식 (8)에 이 데이터 점을 대입하여 미지수가 $a_0, a_1, \ldots, a_k$인 연립방정식

$$A\mathbf{x}=\begin{bmatrix}1 & x_1 & x_1^2 & \cdots & x_1^k\\ 1 & x_2 & x_2^2 & \cdots & x_2^k\\ \vdots & \vdots & \vdots & \ddots & \vdots\\ 1 & x_n & x_n^2 & \cdots & x_n^k\end{bmatrix}\begin{bmatrix}a_0\\ a_1\\ \vdots\\ a_k\end{bmatrix}=\begin{bmatrix}y_1\\ y_2\\ \vdots\\ y_n\end{bmatrix}=\mathbf{b} \qquad \cdots (9)$$

를 얻는다. 만약 $x_0, x_1, \ldots, x_n$의 값 중 서로 다른 것이 $k+1$개 있다면, $|A^TA|\neq 0$이므로 정규시스템 $A^TA\mathbf{x}=A^T\mathbf{b}$는 유일한 해 $\mathbf{x}=(a_0, a_1, \ldots, a_k)$를 갖는다. 이 때 이 계수를 갖는 k차 다항식이 바로 가장 근사한 곡선의 방정식이다.

[예제 3] 다음 데이터에 가장 근사한 이차다항식

$$y=a+bx+cx^2$$

을 구하라.

x	-2	-1	1	2
y	6	0	8	17

풀이 주어진 데이터를 방정식 (9)에 대입하면

$$\begin{bmatrix}1 & -2 & 4\\1 & -1 & 1\\1 & 1 & 1\\1 & 2 & 4\end{bmatrix}\begin{bmatrix}a\\b\\c\end{bmatrix}=\begin{bmatrix}6\\0\\8\\17\end{bmatrix}$$

이고, 양변에 A^T를 곱하여 계산하면 다음과 같다.

$$\begin{bmatrix}4 & 0 & 10\\0 & 10 & 0\\10 & 0 & 34\end{bmatrix}\begin{bmatrix}a\\b\\c\end{bmatrix}=\begin{bmatrix}31\\30\\100\end{bmatrix}$$

따라서 $a=\frac{3}{2}$, $b=3$, $c=\frac{5}{2}$ 이다. 그러므로 구하는 가장 근사한 이차다항식은

$$y=\frac{3}{2}+3x+\frac{5}{2}x^2=\frac{1}{2}(3+6x+5x^2)$$

이다. ■

연습문제 9.3

※ 다음에 주어진 데이터에 가장 잘 맞는 직선 $y=a+bx$를 찾아라. [1~6]

1.

x	-1	1	3
y	2	5	10

2.

x	0	2	6
y	8	4	0

3.

x	-1	1	3	5
y	2	4	8	14

4.

x	-1	1	3	5
y	12	8	2	-6

5.

x	2	3	4	6
y	2	5	9	15

6.

x	2	3	4	6
y	0	-5	-15	-25

※ 다음 주어진 데이터에 가장 잘 맞는 $y=a+bx^2$ 상태의 함수를 찾아라. [7~10]

7.

x	-1	0	1	2
y	2	6	2	-4

8.

x	-1	0	1	2
y	8	2	8	16

9.

x	-1	1	3
y	1	1	12

10.

x	1	2	3
y	4	6	14

※ 다음에 주어진 데이터에 가장 잘 맞는 이차함수 $y=a+bx+cx^2$를 찾아라. [11~14]

11.

x	-2	-1	1	2
y	2	0	6	16

12.

x	-2	-1	1	2
y	3	-1	3	16

13.

x	0	1	2	3
y	2	4	8	16

14.

x	0	1	2	3
y	4	8	0	−12

15. 스칸디나비아 반도 지역에서 1930년에 1인당 연간 담배 소비량과 1950년에 폐암 사망률(남자 100만명당 사망자수)을 조사한 결과는 아래와 같을 때 이 데이터에 가장 잘맞는 근사직선을 구하라.

국가	1인당 담배 소비량	폐암으로 인한 사망률
덴 마 크	350	165
핀 란 드	1,100	350
노르웨이	250	95
스 웨 덴	300	120

인근의 벨기에에서 1인당 담배 소비가 1930년에 470이었다(실제 사망률은 170). 위의 근사 직선을 이용하여 1950년에 이 벨기에에서 폐암으로 인한 사망률을 추정해보아라.

16. 어떤 책을 만들기 위해 x부 복사하면 총비용이 y원이라 할 때, 알고 있는 세 개의 데이터는 다음과 같다.

x	700	2700	3700
y	2700	4200	5000

2000부를 복사할 때 드는 비용은 대략 얼마인가?

부록: 행렬 이론의 과거와 현재

행렬과 행렬식에 관한 연구의 출발은 기원전 4세기로 추측한다. 그러나 연구 결과의 기록은 구체적으로 기원전 2세기의 것부터 남아 있으며, 연구를 위한 수단이 갖추어지는 17세기 말이 되어서야 르네상스를 맞이하여 "선형대수학"의 이름으로 크게 발전하게 된다. 이어서 제2차 세계대전을 거치며 컴퓨터의 발전과 더불어 20세기 후반에 "행렬이론(matrix theory)"이란 이름으로 제2의 르네상스를 구가하고 있다.

행렬과 행렬식에 관한 연구가 연립일차방정식의 연구에서 비롯되었다는 것은 그리 놀랄 만한 일은 아니다. 그러나 대개 행렬을 먼저 생각하고 그것의 행렬식를 연상하는데 역사적으로는 순서가 반대이다. 행렬의 개념은 행렬식의 개념이 소개된 지 무려 150년이 지난 후에야 소개된 개념이다. 여기서 선형대수학의 발전과정을 돌아보고 현재와 미래를 생각해보자.

(1) 선형대수학의 시작

선형대수학의 과거를 돌아보자. 기원전 4세기경에 바빌로니아인들은 연립일차방정식으로 이어지는 문제를 연구하였음을 점토판에 보존되어 있는 다음 문제를 통해 알 수 있다.

총면적 1,800평방야드의 두 개의 들판이 있다. 한 곳에서는 1평방야드당 5.3bushel의 비율로 곡물이 생산되고 다른 한 곳에서는 4bushel의 비율로 곡물이 생산된다. 만약 전체 생산량이 8,800bushel이라면 각 들판의 크기는 얼마인가?

그후 한(漢)왕조 때인 기원전 200년에서 기원전 100년 사이에 씌어진 "구장산술(九章算術)"이라는 수학책에서는 최초로 행렬에 관한 문제를 다루는 해법을 설명하고 있다. 우선 이 문제는 바빌로니아인들의 해법과 유사한 것이었다. 그러나 중국인들은 바빌로니아인들보다 행렬의 개념에 더 가깝게 다가섰다. 실제로 그 책 안에 다음 문제와 해법이 있다.

세 가지 종류의 옥수수 다발이 있다. 첫째 유형 세 다발, 둘째 유형 두 다발, 셋째 유형 한 다발을 모으면 전체는 39단위량이다. 또 첫째 두 다발, 둘째 세 다발, 셋째 한 다발은 34단위를 이룬다. 그리고 첫째 한 다발, 둘째 두 다발, 셋째 세 다발은 26단위를 이룬다. 이 때 각 유형의 한 다발에 속해 있는 옥수수의 단위량은 각각 얼마인가?

여기서 저자는 주목할 만한 방법으로 이 문제에 접근한다. 그는 미지수가 세 개인 일차연립방정식의 계수로 다음과 같은 표를 만들었다.

$$\begin{array}{ccc} 1 & 2 & 3 \\ 2 & 3 & 2 \\ 3 & 1 & 1 \\ 26 & 34 & 39 \\ 26 & 34 & 39 \end{array}$$

그 다음을, 우리의 column 연산의 부호를 이용하여 설명하면 $3C_1-C_3$을 C_1로 대치하고 (즉 $\longmapsto$) $3C_2-2C_3 \longmapsto C_2$하여 다음과 같은 식을 얻었다.

$$\begin{array}{ccc} 0 & 0 & 3 \\ 4 & 5 & 2 \\ 8 & 1 & 1 \\ 39 & 24 & 39 \end{array}$$

또 $5C_1 - 4C_2 \longmapsto C_1$ 하여 다음을 얻었다.

$$\begin{matrix} 0 & 0 & 3 \\ 0 & 5 & 2 \\ 36 & 1 & 1 \\ 99 & 24 & 39 \end{matrix}$$

이렇게 하여 각 유형의 한 다발에 속해 있는 옥수수의 단위량을 각각 얻는다($x_1=9.25$, $x_2=4.25$, $x_3=2.75$). 이것은 행과 열이 바뀌었을 뿐, 오늘날 Gauss 소거법으로 알려진 방법과 같다. 놀랍게도 이 방법은 약 2,000년 후인 19세기초까지는 세계에 널리 알려지지 않았다. Gauss는 Pallas 소행성의 연구중, 1803년에서 1809년 사이에 행해진 그 궤도의 관찰 기록을 이용하여, 미지수가 여섯 개인 연립일차방정식을 만들었으며, 이 계수행렬에 대해 현재 "가우스 소거법"이라 불리는 방법을 고안해 냈다.

카르다노(Cardano)는 1545년 책 "위대한 술법(Ars Magna)"에서, 현재 "미지수가 두 개인 연립일차방정식의 해법"과 같은 방법을 소개했다. 이 방법을 재해석해 보면 궁극적으로 지금의 행렬식의 정의로 이어짐을 알 수 있다.

1660년 de Witt는 데카르트(Descartes)의 책 "기하학"의 라틴어 번역판에 대한 논평의 한 부분으로 발표한 "Elements of Curves"에서 축의 이동으로, 현재 "대칭행렬의 대각화"라고 알려진 Quadratic function(conic section)의 canonical form을 찾는 방법을 소개했다.

행렬식의 개념은 일본인 Soki Kowa가 1683년에 발표했으며 일본과 유럽에서 거의 동시에 등장했다. 1683년 Seki는 앞서 서술한 중국인의 해결방법과 구성이 일치하는 방법으로 2×2, 3×3, 4×4, 5×5 행렬의 행렬식을 구하는 방법을 찾아서 방정식의 해법을 구했다. 이 사무라이 가정에서 태어난 Seki Kowa(1642-1708)라는 수학자는 뉴턴(Newton)과 동시대인으로서 미적분학을 발견한 동양의 Isaac Newton으로 재평가되고 있다.

유럽에서 행렬식이 처음 대두된 것은 같은 해인 1683년이었다. 그 해에 Leibniz는 de L'Hopital에게 보낸 편지에서 다음 연립방정식이

$$\begin{aligned} &10\cdot21\cdot32+11\cdot22\cdot30+12\cdot20\cdot31 \\ &=10\cdot22\cdot31+11\cdot20\cdot32+12\cdot21\cdot30 \end{aligned}$$

이므로 해를 갖는다고 설명했다.

$$10+11x+12y=0$$
$$20+21x+22y=0$$
$$30+31x+32y=0$$

이것은 주어진 계수행렬의 행렬식이 영이라는 조건을 보인 것이다. 따라서 일반적인 행렬식의 개념은 1693년 라이프니츠에 의하여 소개된 것으로 알려지기도 하고 그후에 가우스에 의하여 알려졌다고 하기도 한다.

라이프니츠는 수학연구에서 좋은 기호체계는 바로 연구발전의 요소라고 믿었기에 다양한 기호체계로 계수행렬의 연구를 시도했다. 그의 미발표 자료에는 1678년부터 약 40년간 연구한 50가지 이상의 다양한 계수행렬 체계가 들어 있다. 그는 1700년과 1710년의 단 두 번의 출판으로 계수행렬 체계의 결과를 보여주었는데, 거기에서는 앞서 언급했던 de L'Hopital에게 보낸 자료에서와 같은 기호체계를 사용하고 있다.

라이프니츠는 현재의 Cramer공식에 이르는 기본 원리를 포함하는 결과와 Laplace여인자 전개식이라 불리는 결과의 초보적인 내용 등도 보였었다.

1730년대에 Maclaurin은 2차, 3차 계수행렬을 갖는 연립일차방정식에 대한 Cramer의 공식을 증명하고, 4차의 경우에 대한 최초의 연구결과를(사후인 1748년에) 발표했다. 그후 1750년 Cramer는 n차 계수행렬을 갖는 연립일차방정식에 대한 일반적인 공식 "n개의 미지수를 갖는 연립일차방정식을 풀기 위하여 n개의 분수를 만드는데 그 공통분모는 n개에 대한 순열의 개수 $n!$ 만큼의 항을 갖는다."를 (부록에 증명 없이) 준 것이다. Cramer는 더 나아가서 주어진 방정식의 특정계수의 곱으로 항을 찾는 방법과 각 항의 부호를 결정하는 법도 보여주었다. 그는 또한 상수항을 특정계수 자리에 배치함으로써 n개의 분자를 찾을 수 있음을 보여주었다. 이는 "주어진 점을 지나는 평면곡선의 방정식"을 찾고자 하는 노력에 기인한 것이다. 이 연구는 1771년 Vandermonde가 현재 Vandermonde행렬이라고 알려진 행렬을 이용하여 보간법 문제를 해결하면서 해결되었다.

"행렬식"이라는 용어를 처음으로 소개한 사람은 Gauss였는데, 그가 행렬식이라는 용어를 사용한 것은 행렬식이 정사각형(행렬)의 성질을 결정(determine)할 수 있기 때문이었다. 그러나 그 개념은 우리가 알고 있는 행렬식과는 다른 것이었다.

현대적 의미의 "행렬식"이라는 용어를 사용하기 시작한 사람은 1812년 Cauchy였다. 그의 결과는 이전까지의 초기 연구중 가장 완성도가 높은 것으로 그는 초기 연구결과를 재증명했고, 계수행렬을 "tableau"라고 불렀으며, 고유값(eigenvalue)을 발견했고, 행렬의 대각화에 관한 결과와 닮은(similar)행렬의 개념을 주었다. 또 "모든 실계수 대칭행렬은 대각화 가능함(diagonalizable)"을 증명했다.

1821년 "tableau"란 이름으로 행렬을 소개한 Cauchy는 1841년 행렬식 이론에 관해 최초의 영문 논문을 기고했다. 이 논문에서 그는 두 개의 수직선을 양 옆에 그려 행렬식을 표기했고, | * |, 그 표기법이 현재 표준 기호가 되었다. 이외에도, 위와는 다른 관점에서 선형대수학을 연구한 수학자로 Jacques Sturm, D'Alembert, Jacobi, Kronecker, Weierstrass 등을 들 수 있다.

다시 말하면, 행렬식은 1693년에 Leibniz에 의해 연립일차방정식의 해를 구하는 데 이용되었으며 행렬의 개념은 행렬식이 소개된 지 120여 년이 지난 1812년에야 비로소 Cauchy가 처음 이용하였다. 더구나 그때는 현재 우리가 쓰고 있는 편리한 행렬의 표기법을 쓰지 않았기 때문에 널리 이용되지 않고 있다가 1851년에서야 Sylvester가 제안한 표기법이 보편화되면서 발전하였다. 사실 n^2개의 계수들의 배열에 대한 연구를 수학적으로 발전시키기 위해서는 그것을 쉽게 쓸 수 있는 표기법의 개발과 그들 사이의 관계를 설정할 연산, 즉 곱셈 연산이 절대적으로 필요했던 것이다. 이 문제는 행렬식이 소개된 지 150년이 지나 이미 행렬식에 대한 많은 연구가 진행된 후인 1851년에야 Sylvester가

$$\begin{matrix} a_1\alpha_1 & \cdots & a_1\alpha_n \\ \vdots & \ddots & \vdots \\ a_n\alpha_1 & \cdots & a_n\alpha_n \end{matrix}$$

으로 n^2개의 계수들을 배열하고 이것을 행렬(matrix), 즉 $n\times n$(정사각) 행렬이라고 불렀는데 MATRIX라는 말은 자궁(womb)이라는 말의 Latin어 단어로서 이것은 위의 계수들의 배열의 행(row) 또는 열(column)이 행렬식을 배태해 낸다는 것을 고려하여 이름붙인 것으로 생각된다. 이것이 첨자를

간편하게 섞어 쓰면서 현재 쓰는 행렬의 표기법 $A=[a_{ij}]$로 발전한 것이다.

1851년 미국을 떠나 영국으로 돌아와 변호사가 된 Sylvester는 동료 변호사이자 그와 마찬가지로 수학에 관한 깊은 관심을 갖고 있던 Arthur Cayley를 만나게 된다. Cayley는 Sylvester를 통하여 행렬 개념의 중요성을 인식하고 1853년 역행렬에 관한 논문을 최초로 발표했다. 곧이어 1855년 선형변환(linear transformation)을 연구하면서 행렬간의 곱셈을 정의하게 되고 행렬 대수(matrix algebra)를 연구하게 된 것이다. 즉

$$T_1 : \begin{aligned} x' &= ax+by \\ y' &= cx+dy \end{aligned} \quad \text{이고} \quad T_2 : \begin{aligned} x'' &= \alpha x'+\beta y' \\ y'' &= \gamma x'+\delta y' \end{aligned}$$

이면

$$T_2 \cdot T_1 \begin{pmatrix} x \\ y \end{pmatrix} = \begin{pmatrix} x'' \\ y'' \end{pmatrix}$$

인 $T_2 \cdot T_1$은 무엇인가 생각하던중

$$\begin{pmatrix} x'' \\ y'' \end{pmatrix} = \begin{pmatrix} \alpha a+\beta c & \alpha b+\beta d \\ \gamma a+\delta d & \gamma b+\delta d \end{pmatrix} \begin{pmatrix} x \\ y \end{pmatrix}$$

임을 알아차리고

$$T_2 \cdot T_1 = \begin{bmatrix} \alpha & \beta \\ \gamma & \delta \end{bmatrix} \begin{bmatrix} a & b \\ c & d \end{bmatrix} \text{를} \begin{bmatrix} \alpha a+\beta c & \alpha b+\beta d \\ \gamma a+\delta d & \gamma b+\delta d \end{bmatrix}$$

로 정의한 것이다.

이후에야 비로소 (vector가 아닌) 행렬의 집합 안에 수학적 구조를 주는 행렬대수가 시작되었다. 따라서 자연스러운 다음 관계로 그간 진행된 행렬식에 관한 연구와 새로 시작된 행렬대수 사이의 관계를 조사하게 되었고, 그래서 나온 첫번째 중요한 결과가 행렬식의 곱셈에 관한 성질, 즉

$$\det(AB) = \det(A) \cdot \det(B)$$

이다. Cayley는 이 결과를 보면서 "행렬이론은 그간 150여 년간 그렇게 중요하게 생각하고 많이 연구해온 행렬식이론을 크게 압도할 것"이라고 예언

하였다. 실제로 이후의 선형대수학의 연구는 행렬(matrix) 자체의 연구, 선형변환(linear transformation)으로의 행렬연구, 행렬대수(matrix algebra) 이론 등을 중심으로 재편되었다.

Cayley는 또한 "2차 정사각행렬은 자신의 특성방정식을 만족한다"는 것을 증명했다. 그는 자신이 3차 정사각행렬에 관한 연구결과도 확인했다고 주장했다. "임의의 행렬이 자신의 특성방정식을 만족한다"는 정리를 일컬어 "Cayley-Hamilton정리"라고 하는 이유는 실제로 Hamilton이 4원수(quoternion) 연구를 하던중 "4차 정사각행렬은 자신의 특성방정식을 만족한다"는 것을 증명했기 때문이다.

Jordan은 1870년 Jordan표준형에 대한 연구를 발표했으며 Frobenius도 1878년부터 독자적으로 여러 연구 결과를 발표했는데, 이는 Frobenius Normal Form, 행렬의 Rank나 Nullity에 관한 부등식을 들 수 있다. 예를 들어

$$\max(\text{nullity}(A),\ \text{nullity}(B)) \leq \text{nullity}(AB) \leq \text{nullity}(A) + \text{nullity}(B).$$

또 Frobenius는 1896년 최초로 Cayley-Hamilton정리의 일반적인 경우를 증명했는데, 그 이름을 붙이는 영광을 Cayley에게 양보했다.

한 가지 더 지적하자면 이 연구의 시기이다. 이 때는 유럽대륙의 수학자들이 장악하던 수학계에 DeMorgan, Boole 등의 영국 수학자들이 불대수(Boolean algebra) 등 다양한 수학적 체계에 관한 연구를 시작하고 있었으며, Charles Babbages는 현대적인 계산기를 개발하고 있던 때였다는 것이다.

1844년 Hermann Grassman은 벡터 사이의 내적(inner product)을 정의하여 벡터대수(vector algebra)를 연구하였다. 행렬 대수는 행렬곱셈을 곱셈 연산으로 하는 벡터대수의 일반화로 볼 수 있다. 왜냐하면 벡터의 내적은 행렬 중 특별한 경우인 $1\times n$행렬과 $n\times 1$행렬의 곱셈으로 생각할 수 있기 때문이다. 따라서 벡터대수는 행렬대수의 특별한 경우임을 알 수 있다.

흥미 있는 것은 벡터대수에서는 볼 수 없었던 아름다운 수학적 구조가 일반화된 (일반적으로 더 복잡해야 한다고 생각되는) 행렬대수에서는 확연하고 간결하게 보인다는 것이며, 이는 수학적 이론의 일반화가 갖는 기본적 중요성을 다시 일깨워 주는 것이다. 또 한 가지 흥미 있는 사실은 Cayley의

예언 이후 선형대수학의 발전과정이다. 이는 크게 두 가지로 나눌 수 있다.

첫째는 행렬을 유한차원 벡터공간상의 선형변환으로 여기고 시작한 연구로서, 이는 선형변환의 일반이론의 발전에 힘입어 무한차원에서의 작용소이론(operator theory)으로 발전했다. 둘째는 행렬의 특수한 경우인 벡터와 벡터대수에 대한 연구에 집중하였다.

결론적으로 보면 행렬을 선형변환으로 생각하는 연구에서는 더욱 일반적인 함수론의 연구에 몰두하며 행렬이론은 유한차원인 특수한 경우로 여겨지면서 간과되었고, 또 행렬 자체의 성질에 대한 연구에서는 특별한 경우인 벡터의 연구에만 매진했기 때문에 행렬이론 자체에 대한 연구는 한동안(제 2 차 세계대전 종전 전까지 적어도 대부분의 수학자에게는) 간과되어 왔던 것을 알 수 있다.

적어도 일반의 수학자들에게는 그렇게 보였을 것이다. 선형대수학의 '르네상스'는 제 2 차 세계대전 후에 오게 되었는데, 이에 대한 동기는 무엇이었을까? 그 답은 다음과 같다.

(2) 선형대수학의 르네상스

선형대수학의 '르네상스'가 제 2 차 세계대전 후인 이유에 대한 답은 우선, 제 2 차 세계대전중 효과적인 군수지원을 위해 개발된 선형계획법의 효과와 이를 통해 미국이 갖게 된 행렬이론의 중요성에 대한 인식이며, 동시에 컴퓨터의 개발에 따른 계산 능력의 향상에 있다. 사실 컴퓨터의 개발에 대한 집중적인 투자가 이루어진 것도 이런 이론을 활용할 수 있다는 자신감이 있었기 때문이다.

흥미로운 사실은 선형대수학을 실질적으로 시작한 Cayley와 최초로 현대적인 계산기를 만든 Babbage는 당시 유럽대륙 중심의 수학계와는 거리가 있는 영국의 수학자였다는 것이다. 또, 제 2 차 세계대전 후에 현대적인 컴퓨터의 발전과 더불어 행렬이론의 수치해석적인 장점이 부각되면서 유럽중심의 수학계에 의해 역시 한수 아래로 여겨졌던 미국에서 행렬이론이 크게 발전했다는 사실도 관심을 끈다. 즉 선형대수학의 '르네상스'와 현대적인 디지털 컴퓨터의 발달은 불가분의 관계에 있다. 손으로 문제를 풀어야 할 때는 유한이라도 크기가 커지면 어차피 풀 수 없으므로 그럴 바에야 더욱 일반적인 무한차원 이론에 몰두하는 것이 현명했겠지만 현실의 문제는 사실 대부분이 유한차원 문제이다. 또 비선형문제는 Taylor 전개식 등으로 선형화(linearization)하여 선형항과 비선형항을 분리시키면 결국 선형항의 문제이며, 그렇지 않은 경우에도 2차 항까지만 생각하면 결국 거의 모든 경우를 선형적으로 다룰 수 있다. 즉 유한 선형문제를 말하는 것이며 이는 행렬의 문제라는 것이다. 더욱 흥미 있는 것은 선형계획법 또는 비선형계획법에서 보듯이 Quadratic 기법은 선형기법의 자연스러운 이용에 근거를 둔 확장이므로 결국 유한차원 벡터공간상의 선형연산자, 즉 행렬의 연구는 바로 우리 실생활의 거의 모든 문제와 관계되고, 또 결국 답을 제공할 것이며, 단지 크기가 큰 것, 즉 손으로 풀기 어려운 것만이 문제인데 이것이 바로 컴퓨터의 발전으로 해결되었고, 또 문제가 해결될 수 있다는 자신감을 주었다. 이것이 바로 "행렬이론의 내용은 실제로 우리 주위 문제를 푸는 데 쓸 수 있다. 따라서 연구할 가치가 충분히 있다."는 분위기를 자극한 것이라고 본다.

선형대수학이야말로 우리가 컴퓨터와 함께 살고 있는 이 시대를 극단적으로 상징하는 수학의 한 분야라고 생각할 수 있다. 즉 아날로그(analog)에서 디지털로 변해 온 이 시대가 바로 '보통사람들의 관심'에서 중심축이 연속을 다루는 미적분학에서 이산적인 대상을 다루는 대수학으로 변해 온 과정이고, 이는 이산적인 것만 공부해도 필요할 때는 언제나 연속함수를, 또 미적분학의 지식을 모두 이용할 수 있기 때문이다. 예를 들어 화학과나 공대에서 매시간 측정한 데이터, 즉 이산적인 자료를 Vandermond 행렬을 이용하는 Lagrange 보간법 등으로 훌륭한 연속함수로 바꾸어서 미적분학을 이용하는 것 등 행렬이 연속과 불연속의 가교 역할을 한다는 것을 말한다.

대부분의 (다변량, 99.9%) 비선형 문제는 연립일차방정식으로 바꾼 후에만 풀려지며 일반적인 선형상미분방정식 문제

$$y^{(n)}+a_{n-1}y^{(n-1)}+\cdots+a_0y=g(t)$$

를 생각해 보면

$$y=x_1,\ y^{(1)}=x_2,\ \ldots,\ y^{(n-1)}=x_n$$

로 치환하여

$$x'_n+a_{n-1}(t)x_n+\cdots+a_0(t)x_1=g(t)$$

로 쓰고, 이것을

$$x'_n=-a_{n-1}(t)x_n-a_{n-2}(t)x_{n-1}-\cdots-a_0(t)x_1+g(t)$$

즉

$$\begin{bmatrix} x_1 \\ x_2 \\ \vdots \\ \\ x_n \end{bmatrix}'=\begin{bmatrix} 0 & 1 & \cdots & 0 \\ 0 & 0 & \ddots & \\ \vdots & & & \vdots \\ 0 & & \ddots & 1 \\ -a_0(t) & \cdots & & -a_{n-1}(t) \end{bmatrix}\begin{bmatrix} x_1 \\ x_2 \\ \vdots \\ \\ x_n \end{bmatrix}+\begin{bmatrix} 0 \\ 0 \\ \vdots \\ 0 \\ g(t) \end{bmatrix}$$

또는

$$\mathbf{x}'=A\mathbf{x}+B$$

로 쓸 수 있다. 위의 행렬 A를 위 다항식의 동반(companion)행렬이라 하는데 결국 모든 선형상미방 문제는 이 동반행렬에 관한 지식과 연관됨을 알 수 있다. 또 일차연립방정식 $A\mathbf{x}=\mathbf{b}$의 해 중 $\|A\mathbf{x}-\mathbf{b}\|$가 최소가 되게 하는 유일한 해인 최소제곱해(the least square solution)는 $(A^TA)^{-1}A^T\mathbf{b}$이며, 그에 관한 선형계획법 문제로서 80년대 중반에 개발된 Karmakar's algorithm의 basic projection step은 단순한 행렬계산으로 얻어지는

$$I-A(A^TA)^{-1}A^T$$

이다.

주어진 수학적 문제를 푸는 데 주목할 만한 사실은, 먼저 그 문제를 수식화(modelling)하고 선형화한 후 연립일차방정식으로 바꾸어 놓으면 나머지는 행렬에 대한 지식과 그것을 곱할 능력만 있으면 답이 나온다는 것이다. 또 작용소이론, 즉 함수해석학, 그 중에서도 Hilbert공간이론과 Fourier해석학 등은 선형 수학의 일부로 여길 수 있다. 즉 행렬과 그것을 연구하는 선형대수학은 수학적 이론으로부터 우리가 기대하는 model, 즉 '왜 수학을 공부해야 하는가?'하는 문제에 대한 자연스러운 답을 주고 있는 것이다. 이런 과정을 통하여 선형대수학과 컴퓨터는 우리 주위에서 제기되는 거의 모

든 문제를 이론적으로 또 실질적으로 해결하는 '열쇠(midas touch)'라는 것이 인식되었으며, 이 두 가지가 거의 같은 시기에 영국에서 시작되어 그 후 연구 및 사회 분위기가 다른 미국에서야 꽃피웠다는 것은 상당히 시사적이다.

앞에서 보았듯이 19세기까지의 선형대수학의 연구는 그 후 이런 주요한 결과들을 개선·발전시킨 연구와 그런 결과들을 잘 정돈하여 강의한 고전으로 여겨지는 상의록과 교재들이 Weierstrass(1903), Kronecker(1903), Bocher(1907), Turnbull와 Aitken(1930's), Mirsky(1955), Gantmacher (1959) 등에 의하여 나오면서 20세기에 들어서는 대학에서 배워야 할 수학의 필수 분야의 하나로서 자리잡게 되었다. 그러나 20세기에 들어 연구분야로서의 가치는 선형대수를 작용소이론의 특수한 경우 또는 벡터해석학의 일반적인 경우로 가볍게 생각했던 많은 수학자들에 의하여 간과되었다. 실지로 행렬의 구체적인 응용의 예는 1947년 Von Neumann이 행렬의 condition number를 정의하여 이용한 것으로부터 시작하여 선형대수학의 기본정리라 할 수 있는 $A\mathbf{x}=\mathbf{b}$를 푸는 문제에서 볼 수 있다. 예를 들어 A를 두 개의 삼각행렬의 곱 LU로 분해한다면 $LU\mathbf{x}=\mathbf{b}$를 $L\mathbf{y}=\mathbf{b}$와 $U\mathbf{x}=\mathbf{y}$라는 두 개의 단순한 문제로 바꾸어 순서대로 대입하는 것과 거꾸로 대입하는 방법을 몇 번 함으로써(역행렬의 존재와 상관없이) 너무도 쉽게 풀 수 있다.

이것이 Von Neumann과 함께 최초의 stored-program 컴퓨터를 개발한 Alan Turing이 1948년에 소개한 LU 분해이며 그 후 10년 만에 주어진 행렬를 그와 닮음인 block 대각행렬로 수렴하는 QR-factorization을 이용한 QR-algorithm이 F.H. Wilkinson과 Households 등의 기여로 개발되었으며 그 후 Cholesky 분해, Polar Decomposition, Singular Value Decomposition, LDL^T Decomposition 등으로 다양한 연구의 한 분야가 되고 있다. 실제로 이 기간 동안 행렬이론의 기존의 새로운 지식은 선형계획법, 비선형계획법, Markov Chain, 암호이론, 인구문제, 교통문제, 최적화이론, 수치해석학 등의 다양한 연구분야를 개척하고 발전시키는 데 큰 기여를 기여했던 것이다.

우리 사회의 여러 문제를 수학적으로 표현하여 수학 문제로 바꾸어 놓은 후, 그 문제를 선형화하여 일차연립방정식과 관련된 문제로 바꾼 후, 행렬에 대한 지식을 이용하여 쉽게 해를 구한 다음 그 해를 원래 사회문제에 대한 답으로 해석하는 것이 바로 수학의 역할 중의 하나이다. 이 과정에서 선형성에 근거한 컴퓨터를 만들었으며 그러한 컴퓨터의 발전과 더불어 선형대수학을 포함한 선형대수학의 연구와 이용이 20세기 후반에 폭발적으로 활발해졌다. 사실 수학은 고대, 중세, 근대, 현대의 어떤 시기에도 각각 그 당시의 여러 사회문제를 해결해 주거나, 해결할 수 있는 방법을 제시하면서 중요한 위치를 점유해 왔다. 또 지금도 수학은 그 역할을 성실히 수행하고 있다는 것이다. 즉 오늘날도 순수수학자들이 개발한 행렬이론의 지식이 현대 사회의 여러 문제를 해결하는 역할의 일부를 당당히 맡아오고 있다.

현재의 수학관련 지식과 기술은 예전과는 비교도 안 되게 발전하였다. 눈을 떠서 세계를 돌아보면 변화의 일부를 느낄 수 있다. 미적분학은 물론 편미분, 중적분, 선적분, 면적분, 미분방정식, 행렬식, 역행렬, curve fitting, least square curve fitting, 선형계획법, 3차원 그래프 그리기, 선형대수학, 군론, 체론, 가환대수, tensor계산, 정수론, Fractal 등 적어도 학부에서 배우는 수학 내용 정도의 문제는 이미 학생들이 개인용 컴퓨터를 이용하여 Mathematica, MATLAB, Maple, Derive, MathTensor 등의 다양한 프로그램을 이용하여 훨씬 쉽게 다룰 수 있게 되었다.

(참고: http : //forum.swarthmore.edu/students/students.grad.soft.html/)

(또 http : //galoisθ6.skku.ac.kr/~math/LINEAR/)

아마 학생들이 활동할 10년 후에는 20년 전의 방법으로 배운 수학 내용 중 일부는 무용지물이 될 것임은 분명하고 그들이 알아야 할 새로운 지식은 늘어나고 있다. 수학 교육의 본질이 단순히 오래 전의 지식을 전달하는 것에 그치지 않고, 이러한 변화에 적응할 수 있는 수학적 사고 능력을 배양해 주는 것이라고 생각한다면, 선형대수학에서의 이러한 발전의 역사가 우리의 갈 길을 잘 보여준다고 생각한다.

연습 문제 해답

연습문제 1.2

1. $a_{12}=-2,\ a_{22}=-3,\ a_{23}=4$
3. $c_{13}=2,\ c_{31}=7,\ c_{33}=-1$
5. $a=4,\ b=-1,\ c=\frac{11}{2},\ d=\frac{1}{2}$
7. (1) $\begin{bmatrix} -2 & -5 & 7 \\ 4 & 1 & 11 \\ 5 & 3 & 4 \end{bmatrix}$ (2) $3(2A)=\begin{bmatrix} 6 & 12 & 18 \\ -12 & 6 & 0 \end{bmatrix}=6A$

   (3) $\begin{bmatrix} 14 & -19 \\ 0 & -1 \end{bmatrix}$ (4) $AB=\begin{bmatrix} 6 & 8 \\ -4 & 1 \end{bmatrix}$ $BA=\begin{bmatrix} 1 & 2 & 3 \\ -4 & -3 & -6 \\ -1 & 8 & 9 \end{bmatrix}$
9. $x=0,\quad y=-3,\quad z=-1,\quad w=-1$
11. (1) $\begin{bmatrix} 1 & 3 & -1 \\ 2 & 5 & 1 \\ 1 & 1 & 1 \end{bmatrix}$ (2) $\begin{bmatrix} 1 & 3 & -1 \\ 2 & 5 & 1 \\ 1 & 1 & 1 \end{bmatrix}\begin{bmatrix} x_1 \\ x_2 \\ x_3 \end{bmatrix}=\begin{bmatrix} 1 \\ 5 \\ 3 \end{bmatrix}$ (3) $\begin{bmatrix} 1 & 3 & -1 & \vdots & 1 \\ 2 & 5 & 1 & \vdots & 5 \\ 1 & 1 & 1 & \vdots & 3 \end{bmatrix}$
13. $\begin{aligned} x_1+x_2+x_3&=0 \\ x_1+x_2\quad\ &=3 \\ x_2+x_3&=1 \end{aligned}$

연습문제 1.3

1. 행렬 $A=\begin{bmatrix}1 & 2 & -2\\3 & 4 & 5\end{bmatrix}$, $C=\begin{bmatrix}-4 & -6 & 1\\2 & 3 & 0\end{bmatrix}$

(1) $A+B=\begin{bmatrix}1 & 2 & -2\\3 & 4 & 5\end{bmatrix}+\begin{bmatrix}2 & 0 & 1\\3 & -2 & 5\end{bmatrix}=\begin{bmatrix}3 & 2 & -1\\6 & 2 & 10\end{bmatrix}$

$B+A=\begin{bmatrix}2 & 0 & 1\\3 & -2 & 5\end{bmatrix}+\begin{bmatrix}1 & 2 & -2\\3 & 4 & 5\end{bmatrix}=\begin{bmatrix}3 & 2 & -1\\6 & 2 & 10\end{bmatrix}$

$\therefore\ A+B=B+A$

(2) $A+(B+C)=\begin{bmatrix}1 & 2 & -2\\3 & 4 & 5\end{bmatrix}+\left(\begin{bmatrix}2 & 0 & 1\\3 & -2 & 5\end{bmatrix}+\begin{bmatrix}-4 & -6 & 1\\2 & 3 & 0\end{bmatrix}\right)=\begin{bmatrix}-1 & 4 & 0\\8 & 5 & 10\end{bmatrix}$

$(A+B)+C=\left(\begin{bmatrix}1 & 2 & -2\\3 & 4 & 5\end{bmatrix}+\begin{bmatrix}2 & 0 & 1\\3 & -2 & 5\end{bmatrix}\right)+\begin{bmatrix}-4 & -6 & 1\\2 & 3 & 0\end{bmatrix}=\begin{bmatrix}-1 & 4 & 0\\8 & 5 & 10\end{bmatrix}$

$\therefore\ A+(B+C)=(A+B)+C$

(3) $(a+b)c=(-2+3)\begin{bmatrix}-4 & -6 & 1\\2 & 3 & 0\end{bmatrix}=\begin{bmatrix}-4 & -6 & 1\\2 & 3 & 0\end{bmatrix}$

$ac+bc=-2\begin{bmatrix}-4 & -6 & 1\\2 & 3 & 0\end{bmatrix}+3\begin{bmatrix}-4 & -6 & 1\\2 & 3 & 0\end{bmatrix}=\begin{bmatrix}-4 & -6 & 1\\2 & 3 & 0\end{bmatrix}$

$\therefore\ (a+b)c=ac+bc$

(4) $a(B-C)=-2\left(\begin{bmatrix}2 & 0 & 1\\3 & -2 & 5\end{bmatrix}-\begin{bmatrix}-4 & -6 & 1\\2 & 3 & 0\end{bmatrix}\right)=\begin{bmatrix}-12 & -12 & 0\\-2 & 10 & -10\end{bmatrix}$

$aB-aC=-2\begin{bmatrix}2 & 0 & 1\\3 & -2 & 5\end{bmatrix}+2\begin{bmatrix}-4 & -6 & 1\\2 & 3 & 0\end{bmatrix}=\begin{bmatrix}-12 & -12 & 0\\-2 & 10 & -10\end{bmatrix}=a(B-C)$

3. 행렬 $A=\begin{bmatrix}1 & 3 & 2\\2 & 1 & -3\end{bmatrix}$ $B=\begin{bmatrix}4 & 2 & -1\\-2 & 1 & 5\end{bmatrix}$ $C=\begin{bmatrix}3 & -1\\1 & 4\\1 & 2\end{bmatrix}$이고 $a=-4$일 때, 다음을 확인하라.

(1) $(A^T)^T=\begin{bmatrix}1 & 2\\3 & 1\\2 & -3\end{bmatrix}^T=\begin{bmatrix}1 & 3 & 2\\2 & 1 & -3\end{bmatrix}$ $\quad\therefore\ (A^T)^T=A$

(2) $(A+B)^T=\left(\begin{bmatrix}1 & 3 & 2\\2 & 1 & -3\end{bmatrix}+\begin{bmatrix}4 & 2 & -1\\-2 & 1 & 5\end{bmatrix}\right)^T=\begin{bmatrix}5 & 5 & 1\\0 & 2 & 2\end{bmatrix}^T=\begin{bmatrix}5 & 0\\5 & 2\\1 & 2\end{bmatrix}$

$A^T+B^T=\begin{bmatrix}1 & 3 & 2\\2 & 1 & -3\end{bmatrix}^T+\begin{bmatrix}4 & 2 & -1\\-2 & 1 & 5\end{bmatrix}^T=\begin{bmatrix}1 & 2\\3 & 1\\2 & -3\end{bmatrix}+\begin{bmatrix}4 & -2\\2 & 1\\-1 & 5\end{bmatrix}=\begin{bmatrix}5 & 0\\5 & 2\\1 & 2\end{bmatrix}$

$\therefore\ (A+B)^T=A^T+B^T$

(3) $AC=\begin{bmatrix}1 & 3 & 2\\ 2 & 1 & -3\end{bmatrix}\begin{bmatrix}3 & -1\\ 1 & 4\\ 1 & 2\end{bmatrix}=\begin{bmatrix}8 & 15\\ 4 & -2\end{bmatrix}$

$C^TA^T=\begin{bmatrix}3 & 1 & 1\\ -1 & 4 & 2\end{bmatrix}\begin{bmatrix}1 & 2\\ 3 & 1\\ 2 & -3\end{bmatrix}=\begin{bmatrix}8 & 4\\ 15 & -2\end{bmatrix}$

$\therefore\ (AC)^T=C^TA^T$

(4) $(aC)^T=\left(-4\begin{bmatrix}3 & -1\\ 1 & 4\\ 1 & 2\end{bmatrix}\right)^T=\begin{bmatrix}-12 & 4\\ -4 & -16\\ -4 & -8\end{bmatrix}^T=\begin{bmatrix}-12 & -4 & -4\\ 4 & -16 & -8\end{bmatrix}$

$aC^T=-4\begin{bmatrix}3 & 1 & 1\\ -1 & 4 & 2\end{bmatrix}=\begin{bmatrix}-12 & -4 & -4\\ 4 & -16 & -8\end{bmatrix}$

$\therefore\ (aC^T)=aC^T$

5. $A=\begin{bmatrix}1 & 2\\ 0 & 0\end{bmatrix},\ B=\begin{bmatrix}0 & -2\\ 0 & 1\end{bmatrix}$

7. $\begin{bmatrix}-3 & -2\\ 4 & 1\end{bmatrix}$

9. (1) $A=[a_{ij}]_{m\times n},\ B=[b_{ij}]_{m\times n}$이라 하면

$A+B=[a_{ij}+b_{ij}]_{m\times n}=[b_{ij}+a_{ij}]_{m\times n}=B+A$

(2) $A=[a_{ij}]_{m\times n},\ B=[b_{ij}]_{m\times n},\ C=[c_{ij}]_{m\times n}$이라 하면

$$\begin{aligned}A+(B+C)&=[a_{ij}]_{m\times n}+[b_{ij}+c_{ij}]_{m\times n}=[a_{ij}+(b_{ij}+c_{ij})]_{m\times n}\\ &=[(a_{ij}+b_{ij})+c_{ij}]_{m\times n}=[a_{ij}+b_{ij}]_{m\times n}+[c_{ij}]_{m\times n}\\ &=(A+B)+C\end{aligned}$$

(3) $A=[a_{ij}]_{m\times n},\ B=[b_{ij}]_{n\times r},\ C=[c_{ij}]_{r\times s}$라 하면

$$\begin{aligned}A(BC)&=[a_{ij}]\left[\sum_{p=1}^{r}b_{ip}c_{pj}\right]\\ &=\left[\sum_{k=1}^{n}a_{ik}\left(\sum_{p=1}^{r}b_{kp}c_{pj}\right)\right]=\left[\sum_{k=1}^{n}\sum_{p=1}^{r}a_{ik}(b_{kp}c_{pj})\right]\\ &=\left[\sum_{k=1}^{n}\sum_{p=1}^{r}(a_{ik}b_{kp})c_{pj}\right]=\left[\sum_{p=1}^{r}\left(\sum_{k=1}^{n}(a_{ik}b_{kp})c_{pj}\right)\right]\\ &=\left[\sum_{k=1}^{n}a_{ik}b_{kj}\ c_{ij}\right]\qquad=(AB)C\end{aligned}$$

연습문제 1.4

1. REF : (2), RREF : 없음

(1) $\begin{bmatrix}1 & 0\\ 0 & 1\end{bmatrix}$ (2) $\begin{bmatrix}1 & 0\\ 0 & 1\end{bmatrix}$ (3) $\begin{bmatrix}0 & 0 & 1 & 0 & 0\\ 0 & 0 & 0 & 1 & 0\\ 0 & 0 & 0 & 0 & 1\end{bmatrix}$

(4) $\begin{bmatrix} 1 & 0 & 1 & 0 \\ 0 & 1 & -1 & 0 \\ 0 & 0 & 0 & 1 \end{bmatrix}$ (5) $\begin{bmatrix} 0 & 1 & 0 & 0 & 5 \\ 0 & 0 & 1 & 0 & 4 \\ 0 & 0 & 0 & 1 & 1 \end{bmatrix}$

3. $\begin{bmatrix} 1 & 0 & 2 & 1 \\ 0 & -2 & -1 & 3 \\ 0 & 3 & 3 & 2 \end{bmatrix}$, $\begin{bmatrix} 1 & 0 & 2 & 1 \\ 0 & 2 & 1 & -3 \\ 0 & 3 & 3 & 2 \end{bmatrix}$, $\begin{bmatrix} 1 & 0 & 2 & 1 \\ 0 & 1 & \frac{1}{2} & -\frac{3}{2} \\ 0 & 3 & 3 & 2 \end{bmatrix}$

5. $x=1,\quad y=2,\quad z=-2$

7. $x=3-2t,\quad y=-4+t,\quad z=5-3t,\quad w=t\ (t\in R)$

9. $x=t,\quad y=0,\quad t=-2t,\quad w=t\ (t\in R)$

11. $x=1,\quad y=3,\quad z=1$

13. (1) 해를 갖지 않을 조건: $a=3$
 (2) 유일한 해를 갖기 위한 a의 조건: $a\neq3$, $a\neq2$
 (3) 무수히 많은 해를 갖기 위한 조건: $a=2$

연습문제 1.5

1.

(1) $\begin{bmatrix} -5 & 2 \\ 3 & -1 \end{bmatrix}$ (2) $\begin{bmatrix} -5 & -3 \\ -3 & -2 \end{bmatrix}$ (3) $\begin{bmatrix} \frac{3}{2} & -\frac{11}{10} & -\frac{6}{5} \\ -1 & 1 & 1 \\ -\frac{1}{2} & \frac{7}{10} & \frac{2}{5} \end{bmatrix}$

(4) $\begin{bmatrix} 1 & 0 & 0 & 0 \\ -\frac{1}{2} & \frac{1}{2} & 0 & 0 \\ 0 & -\frac{1}{4} & \frac{1}{4} & 0 \\ 0 & 0 & -\frac{1}{8} & \frac{1}{8} \end{bmatrix}$ (5) $\begin{bmatrix} \frac{34}{14} & -2 & -\frac{3}{7} & -\frac{6}{7} \\ \frac{16}{7} & -1 & \frac{5}{7} & -\frac{11}{7} \\ \frac{11}{7} & -1 & \frac{3}{7} & -\frac{8}{7} \\ -\frac{9}{7} & 1 & \frac{2}{7} & \frac{4}{7} \end{bmatrix}$

3. $A^{-1}=\begin{bmatrix} 1 & 0 & 0 \\ -a & 1 & 0 \\ -b & 0 & 1 \end{bmatrix}$, $A+A^{-1}=2I_3$

5. 3과 같은 방법으로 하면 된다.

7. $AA^{-1}=I$ 인 A^{-1}가 존재하면 $A^k(A^{-1})^k=I$ 이므로 $(A^k)^{-1}=(A^{-1})^k=A^{-k}$ 이다.

연습문제 1.6

1. (1), (2)

3. $x=5t, \quad y=6t, \quad z=t \ (t\in\mathbf{R})$

연습문제 1.7

3. sherlock
5. 이 문제 재미있지?

연습문제 2.1

1. 5
3. 4
5. 짝치환
7. 짝치환
9. 짝치환
11. 7
13. 4
15. 24
17. 4
19. 4
21. 72
23. 27746
25. 0
27. -2
29. $x=2, \quad x=1$
35. 16
37. -2^{n+2}

연습문제 2.2

1. $A_{11}=-11, \quad A_{12}=29, \quad A_{13}=1$
$A_{21}=-4, \quad A_{22}=7, \quad A_{23}=-2$
$A_{31}=2, \quad A_{32}=-10, \quad A_{33}=1$
$$\therefore \ \mathrm{adj}\,A=\begin{bmatrix} -11 & -4 & 2 \\ 29 & 7 & -10 \\ 1 & -2 & 1 \end{bmatrix}$$
3. (1) $|A|=-13$ (2) $|A|=-13$
5. -43
7. 0
9. 75
11. -135
13. $A^{-1}=\dfrac{1}{3}\begin{bmatrix} 6 & 0 & -3 \\ 2 & 1 & -1 \\ -3 & 0 & 3 \end{bmatrix}$

15. $x=-\frac{11}{47}$, $y=-\frac{100}{47}$

17. $x=-2$, $y=0$, $z=1$

19. $x=-\frac{1}{15}$, $y=-\frac{17}{15}$, $z=\frac{1}{6}$, $w=2$

21. $z=-\frac{1}{11}$

23. $21x+3y=12$

연습문제 3.1

1. $(2, 3, 3)$

3. $(2, -5, 3)$

5. $(4, 2, -3)$

7. $\begin{bmatrix} -3 \\ 5 \\ 2 \end{bmatrix}$

9. $\mathbf{i}+2\mathbf{j}$

11. $\mathbf{x}+\mathbf{y}=(4, 2, -1)$, $\mathbf{x}-\mathbf{y}=(-2, 2, -5)$
$3\mathbf{x}=(3, 6, -9)$, $\|\mathbf{y}\|=\sqrt{13}$, $\mathbf{x}\cdot\mathbf{y}=-3$

13. $\mathbf{x}+\mathbf{y}=\mathbf{i}+7\mathbf{j}$, $\mathbf{x}-\mathbf{y}=3\mathbf{i}+3\mathbf{j}-2\mathbf{k}$
$3\mathbf{x}=6\mathbf{i}+15\mathbf{j}-3\mathbf{k}$, $\|\mathbf{y}\|=\sqrt{6}$, $\mathbf{x}\cdot\mathbf{y}=7$

15. $\mathbf{x}+\mathbf{y}=\begin{bmatrix} 6 \\ -3 \\ 3 \end{bmatrix}$, $\mathbf{x}-\mathbf{y}=\begin{bmatrix} 6 \\ -1 \\ 3 \end{bmatrix}$
$3\mathbf{x}=\begin{bmatrix} 18 \\ -6 \\ 9 \end{bmatrix}$, $\|\mathbf{y}\|=1$, $\mathbf{x}\cdot\mathbf{y}=2$

17. $\cos\theta=\frac{\sqrt{14}}{7}$

19. $\cos\theta=\frac{7\sqrt{60}}{60}$

21. $\left(0, -\frac{3\sqrt{13}}{13}, \frac{2\sqrt{13}}{13}\right)$

23. $\begin{bmatrix} \frac{4}{5} \\ 0 \\ \frac{3}{5} \end{bmatrix}$

25. $\overline{PQ}=\sqrt{51}$

27. $\overline{PQ}=\sqrt{41}$

29. $\mathbf{x}_1$, $\mathbf{x}_3$, $\mathbf{x}_6$ 그리고 $\mathbf{x}_4$는 모든 벡터와 평행하다.

31. $\mathbf{x}=(x_1, x_2, x_3)$, $\mathbf{i}=(1, 0, 0)$, $\mathbf{j}=(0, 1, 0)$, $\mathbf{k}=(0, 0, 1)$

$(\mathbf{x}\cdot\mathbf{i})\mathbf{i}+(\mathbf{x}\cdot\mathbf{j})\mathbf{j}+(\mathbf{x}\cdot\mathbf{k})\mathbf{k}$
$=x_1\mathbf{i}+x_2\mathbf{j}+x_3\mathbf{k}$
$=(x_1, x_2, x_3)=\mathbf{x}$

연습문제 3.2

1. $\mathbf{x}\times\mathbf{y}=14\mathbf{i}-24\mathbf{j}-6\mathbf{k}$, $\mathbf{y}\times\mathbf{x}=-14\mathbf{i}+24\mathbf{j}+6\mathbf{k}$
3. $\mathbf{x}\times\mathbf{y}=-6\mathbf{i}+14\mathbf{j}+10\mathbf{k}$, $\mathbf{y}\times\mathbf{x}=6\mathbf{i}-14\mathbf{j}-10\mathbf{k}$
5. $\mathbf{x}\times\mathbf{y}=\mathbf{0}$, $\mathbf{y}\times\mathbf{x}=\mathbf{0}$
7. $\mathbf{x}\times\mathbf{y}=13\mathbf{i}-\mathbf{j}-6\mathbf{k}$
9. $\mathbf{x}\times\mathbf{y}=-6\mathbf{i}-20\mathbf{j}-8\mathbf{k}$
11. $\mathbf{x}\times\mathbf{y}=2\mathbf{i}+4\mathbf{k}$
13. $\mathbf{n}=16\mathbf{i}-20\mathbf{j}+8\mathbf{k}$, $S=6\sqrt{5}$, $\mathbf{V}=28$
15. $\mathbf{n}=-16\mathbf{i}-4\mathbf{j}+12\mathbf{k}$, $S=2\sqrt{26}$, $\mathbf{V}=44$
17. $\mathbf{n}=10\mathbf{j}-5\mathbf{k}$, $S=\dfrac{5\sqrt{5}}{2}$, $\mathbf{V}=25$
19, 21. $\mathbf{i}=(1, 0, 0)$, $\mathbf{j}=(0, 1, 0)$, $\mathbf{k}=(0, 0, 1)$을 이용
23. $\mathbf{x}$와 $\mathbf{y}$가 평행할 필요충분조건은 $\mathbf{x}=k\mathbf{y}$인 스칼라 k가 존재한다를 이용
25. (1) $\mathbf{z}\times(\mathbf{x}\times\mathbf{y})$는 $\mathbf{x}$와 $\mathbf{y}$에 의하여 결정된 평면에 놓인 벡터이다.
    (2) $\mathbf{z}$는 $\mathbf{z}\times(\mathbf{x}\times\mathbf{y})$에 수직인 벡터이다.
27. $(\mathbf{x}+\mathbf{y})\times(\mathbf{x}-\mathbf{y})=(\mathbf{x}\times\mathbf{x})-(\mathbf{x}\times\mathbf{y})+(\mathbf{y}\times\mathbf{x})-(\mathbf{y}\times\mathbf{y})=2(\mathbf{y}\times\mathbf{x})$
29. 정리 3.2의 (3)의 직접적인 결과이다.

연습문제 3.3

1. $\dfrac{x+2}{2}=\dfrac{y-1}{5}=\dfrac{z-3}{-2}$
3. $\dfrac{x-1}{3}=\dfrac{y}{1}$, $z=-2$
5. $\dfrac{x-2}{1}=\dfrac{y+1}{3}=\dfrac{z-3}{-7}$
7. $\dfrac{x-1}{3}=\dfrac{y-7}{-7}=\dfrac{z+2}{5}$
9. $(5, -3, 2)$
11. $(-2, 1, -1)$
13. $2(x-2)-3(y-3)+(z+1)=0$

15. $y=0$
17. $x+y+z-2=0$
19. $7x+39y+17z-195=0$
21. $(1,\ -3,\ 5)$
23. $(3,\ 5,\ -6)$
25. $x=\dfrac{7y-26}{-22}=\dfrac{7z+9}{13}$
27. $d=\dfrac{\sqrt{1134}}{14},\ H\left(\dfrac{5}{7},\ \dfrac{41}{14},\ -\dfrac{5}{14}\right)$
29. $d=\dfrac{\sqrt{497}}{7},\ H\left(\dfrac{16}{7},\ \dfrac{4}{7},\ \dfrac{15}{7}\right)$
31. $d=\dfrac{9\sqrt{14}}{14},\ H\left(-\dfrac{4}{14},\ -\dfrac{9}{14},\ -\dfrac{1}{14}\right)$
33. $d=\dfrac{\sqrt{46}}{23},\ H\left(\dfrac{24}{23},\ \dfrac{6}{23},\ -\dfrac{49}{23}\right)$
35. 동일 직선상에 없다.
37. $2x-3y+5z-23=0$
39. 세 점 P_1, P_2, P_3을 지나는 평면에 수직인 벡터는

$$\mathbf{n}=\overrightarrow{P_1P_2}\times\overrightarrow{P_1P_3}=\begin{vmatrix}\mathbf{i} & \mathbf{j} & \mathbf{k}\\ x_2-x_1 & y_2-y_1 & z_2-z_1\\ x_3-x_1 & y_3-y_1 & z_3-z_1\end{vmatrix}$$

이므로 점 P_1을 지나는 평면의 방정식

$$\begin{vmatrix}x-x_1 & y-y_1 & z-z_1\\ x_2-x_1 & y_2-y_1 & z_2-z_1\\ x_3-x_1 & y_3-y_1 & z_3-z_1\end{vmatrix}=0 \Longleftrightarrow \begin{vmatrix}x & y & z & 1\\ x_1 & y_1 & z_1 & 1\\ x_2 & y_2 & z_2 & 1\\ x_3 & y_3 & z_3 & 1\end{vmatrix}=0$$

연습문제 3.4

1. $\mathbf{x}+\mathbf{y}=(4,\ -2,\ 3,\ 2)$, $\mathbf{x}-\mathbf{y}=(-2,\ -2,\ 5,\ -2)$
   $3\mathbf{x}=(3,\ -6,\ 12,\ 0)$, $2\mathbf{x}-3\mathbf{y}=(-7,\ -4,\ 11,\ -6)$

3. $\mathbf{z}=(-5,\ 14,\ -3,\ -8)$
5. $\mathbf{z}=(-13,\ 21,\ -5,\ -11)$
7. $\mathbf{y}=\mathbf{e}_1-3\mathbf{e}_2+4\mathbf{e}_3+5\mathbf{e}_4$
9. $\|\mathbf{y}\|=\sqrt{14}$
11. $\overline{PQ}=\sqrt{30}$
13. $\left(\dfrac{\sqrt{2}}{3},\ -\dfrac{\sqrt{2}}{2},\ \dfrac{\sqrt{2}}{6},\ \dfrac{\sqrt{2}}{3}\right)$
15. $\mathbf{x}\cdot\mathbf{y}=20$
17. $\cos\theta=\dfrac{20\sqrt{1131}}{1131}$, $\cos\theta=-\dfrac{11\sqrt{546}}{546}$

19. $\mathbf{x}\cdot\mathbf{y}=x_1y_1+x_2y_2+\cdots+x_ny_n=[x_1x_2\cdots x_n]\begin{bmatrix}y_1\\y_2\\\vdots\\y_n\end{bmatrix}=\mathbf{x}^T\mathbf{y}$

21. $\mathbf{x}=\mathbf{0}$ 또는 $\mathbf{y}=\mathbf{0}$ 이면 분명하다. 이제 $\mathbf{x}\neq\mathbf{0}$, $\mathbf{y}\neq\mathbf{0}$ 이라 하자.
$|\mathbf{x}\cdot\mathbf{y}|=\|\mathbf{x}\|\|\mathbf{y}\|$ $\Leftrightarrow$ 정리 3.9 의 증명에 있는 판별식이 0 이다.
$\Leftrightarrow$ 식 (2)가 중근 $t=t_0$을 갖는다.
$\Leftrightarrow (\mathbf{x}+t_0\mathbf{y})\cdot(\mathbf{x}+t_0\mathbf{y})=0$
$\Leftrightarrow \mathbf{x}+t_0\mathbf{y}=\mathbf{0}$
$\Leftrightarrow \mathbf{x}=k\mathbf{y}\ (k=-t_0)$

23. $\frac{1}{4}\|\mathbf{x}+\mathbf{y}\|^2-\frac{1}{4}\|\mathbf{x}-\mathbf{y}\|^2$
$=\frac{1}{4}(\mathbf{x}\cdot\mathbf{x}+2(\mathbf{x}\cdot\mathbf{y})+\mathbf{y}\cdot\mathbf{y})-\frac{1}{4}(\mathbf{x}\cdot\mathbf{x}-2(\mathbf{x}\cdot\mathbf{y})+\mathbf{y}\cdot\mathbf{y})$
$=\mathbf{x}\cdot\mathbf{y}$

25. $\|\mathbf{x}+\mathbf{y}\|^2+\|\mathbf{x}-\mathbf{y}\|^2$
$=(\mathbf{x}\cdot\mathbf{x}+2(\mathbf{x}\cdot\mathbf{y})+\mathbf{y}\cdot\mathbf{y})+(\mathbf{x}\cdot\mathbf{x}-2(\mathbf{x}\cdot\mathbf{y})+\mathbf{y}\cdot\mathbf{y})$
$=2\|\mathbf{x}\|^2+2\|\mathbf{y}\|^2$

연습문제 4.1

1. 벡터공간
3. 아님
5. 아님
7. 아님
9. $V=\{\mathbf{0}\}$, $\mathbf{0}+\mathbf{0}=\mathbf{0}\in V$, $k\cdot\mathbf{0}=\mathbf{0}\in V$
11. $[a_{ij}]$, $[b_{ij}]\in M_{m,n}$
$[a_{ij}]+[b_{ij}]=[a_{ij}+b_{ij}]\in M_{m,n}$, $k[a_{ij}]\in M_{m,n}$
13. $p,\ q\in P_n$, $p=\sum_{i=0}^{n}a_it^i$, $q=\sum_{i=0}^{n}b_it^i$
$p+q=\sum_{i=0}^{n}(a_i+b_i)t^i\in P_n$, $kp=\sum_{i=0}^{n}(ka_i)t^i\in P_n$

연습문제 4.2

1. 부분공간

3. 아님

5. 부분공간
7. 아님
9. 아님
11. 부분공간
13. 부분공간
15. 부분공간
17. 아님
19. $\mathbf{y}_1, \mathbf{y}_2 \in W$. $\mathbf{x}(\mathbf{y}_1+\mathbf{y}_2)=\mathbf{x}\mathbf{y}_1+\mathbf{x}\mathbf{y}_2=0+0=0 \quad \therefore \mathbf{y}_1+\mathbf{y}_2 \in W$

$$\mathbf{x}(k\mathbf{y}_1)=k(\mathbf{x}\mathbf{y}_1)=k\cdot 0=0 \quad \therefore k\mathbf{y}_1 \in W.$$

21. 분명히 $\{\mathbf{0}\}$과 $\mathbf{R}^2$ 자신은 $\mathbf{R}^2$의 부분공간이다. 이제 $S(\neq\{\mathbf{0}\}, \mathbf{R}^2)$를 원점을 지나는 직선이 아닌 $\mathbf{R}^2$의 부분공간이라 하자. 그러면 S는 평형하지 않은 두 벡터 $\mathbf{x}, \mathbf{y}$를 포함한다. 따라서 S가 부분공간이라는 사실로부터

$$\forall \mathbf{u}, \mathbf{v} \in S, \ \mathbf{u}+\mathbf{v} \in S, \ k\mathbf{u} \in S \ (k \in \mathbf{R})$$

이므로 S는 $\mathbf{R}^2$ 자신이 된다. 이는 모순.

23. $\mathbf{a}, \mathbf{b} \in W_1+W_2$

$$\Longrightarrow \mathbf{a}=\mathbf{x}_1+\mathbf{y}_1, \quad \mathbf{x}_1, \mathbf{x}_2 \in W_1$$
$$\mathbf{b}=\mathbf{x}_2+\mathbf{y}_2, \quad \mathbf{y}_1, \mathbf{y}_2 \in W_2$$
$$\therefore \mathbf{a}+\mathbf{b}=(\mathbf{x}_1+\mathbf{x}_2)+(\mathbf{y}_1+\mathbf{y}_2) \in W_1+W_2$$
$$k\mathbf{a}=k\mathbf{x}_1+k\mathbf{y}_1 \in W_1+W_2$$

연습문제 4.3

1. $6\mathbf{x}_1-4\mathbf{x}_2-\mathbf{x}_3$
3. $\mathbf{x}_1+\mathbf{x}_2+\mathbf{x}_3$
5. $p(t)=p_1(t)+p_2(t)+p_3(t)=1(t^2+2t+1)+1(t^2-1)+1(t+1)$
7. (2), (3)
9. 일차독립
11. 일차독립
13. 일차독립
15. 일차독립
17. $\begin{vmatrix} 1 & 0 & \cdots & 0 \\ 0 & 1 & \cdots & 0 \\ \vdots & \vdots & \cdots & \vdots \\ 0 & 0 & \cdots & 1 \end{vmatrix}=1\neq 0$ (정리 4.4)
19. (1) $S_1\cap S_2$가 S_1과 S_2의 부분집합이므로 정리 4.3, (3)의 직접적인 결과이다.

(2) $S_1=\{\mathbf{v}_1, \ldots, \mathbf{v}_r\}$, $S_2=\{\mathbf{w}_1, \ldots, \mathbf{w}_l\}$라 하면

$$<S_1>\cap<S_2>\neq\{\mathbf{0}\} \Leftrightarrow \exists \mathbf{x}\in<S_1>\cap<S_2>, \ \mathbf{x}\neq\mathbf{0}$$
$$\Leftrightarrow \mathbf{x}\in<S_1>, \ \mathbf{x}\in<S_2>$$
$$\Leftrightarrow \mathbf{x}=a_1\mathbf{v}_1+\cdots+a_r\mathbf{v}_r=b_1\mathbf{w}_1+\cdots+b_l\mathbf{w}_l$$

인 모두는 영 아닌 스칼라 a_i, b_i가 존재한다.

$$\Leftrightarrow a_1\mathbf{v}_1+\cdots+a_r\mathbf{v}_r-b_1\mathbf{w}_1-\cdots-b_l\mathbf{w}_l=\mathbf{0}$$

인 모두는 영 아닌 스칼라 a_i, b_i가 존재한다.

$\Leftrightarrow S_1 \cup S_2$가 일차종속이다.

연습문제 4.4

1. 아님　　3. 기저
5. 아님　　7. 기저
9. 아님　　11. 아님
13. $S=\{(1, 0, -1), (0, 1, -1)\}$: 2 차원
15. $S=\{(2, 1, 3)\}$: 1 차원
17. $\dim M_{m,n}=mn$이고, 집합 S의 mn개의 벡터 E_{ij}가 일차독립이므로 정리 4.8에 의하여 S는 $M_{m,n}$의 기저이다.
19. 정리 4.4에서

$$\begin{bmatrix} A\mathbf{x}_1 \\ A\mathbf{x}_2 \\ \vdots \\ A\mathbf{x}_n \end{bmatrix} = |A| \begin{bmatrix} \mathbf{x}_1 \\ \mathbf{x}_2 \\ \vdots \\ \mathbf{x}_n \end{bmatrix} \neq 0$$

($\mathbf{x}_1, \mathbf{x}_2, \dots, \mathbf{x}_n$: 일차독립, A: 가역)

이므로 일차독립.

정리 4.8에 의하여 $\{A\mathbf{x}_1, A\mathbf{x}_2, \dots, A\mathbf{x}_n\}$은 $\mathbf{R}^n$의 기저이다.

21. (1) 4　　(2) 0

연습문제 4.5

1. $S=\{(1, 1, 1)\}$, 1차원
3. $S=\{(3, -2, 1)\}$, 1차원
5. $S=\{(5, -4, 1, 0), (-3, 2, 0, 1)\}$, $\text{nullity}(A)=2$
7. $S=\{(2, -1, -1, 1)\}$, $\text{nullity}(A)=1$
9. $[A \vdots 0] \sim \left[\begin{array}{cccc:c} 4 & 12 & -7 & 6 & 0 \\ 1 & 3 & -2 & 1 & 0 \\ 3 & 9 & -2 & 11 & 0 \end{array}\right] \sim \left[\begin{array}{cccc:c} 1 & 3 & -2 & 1 & 0 \\ 4 & 12 & -7 & 6 & 0 \\ 3 & 9 & -2 & 11 & 0 \end{array}\right]$

$$\sim \left[\begin{array}{cccc:c} 1 & 3 & 0 & 5 & 0 \\ 0 & 0 & 1 & 2 & 0 \\ 0 & 0 & 0 & 0 & 0 \end{array}\right] = [B \vdots 0]$$

연습문제 4.6

1. Row(A)의 기저 {(1, 0, −1), (0, 1, 3)}, 2차원
   Col(A)의 기저 {(1, 0, 7), (0, 1, −2)}, 2차원
3. Row(A)의 기저 {(1, 0, 0, 22, −21), (0, 1, 0, −5, 7), (0, 0, 1, 1, −2)}, 3차원
   Col(A)의 기저 {(1, 0, 0, 1), (1, 1, 0, 3), (0, 0, 1, −2)}, 3차원
5. (1) rank( )=2, nullity=1.
   (3) rank(A)=3, nullity=2.
7. $\gamma(A)=c(A)=3$.
9. rank(A)=2=rank[A ⋮ b]. 존재하지 않는다.
11. rank(A)=2=rank[A ⋮ b]
13. $A=\begin{bmatrix}1 & -2 & 2\\ 1 & 4 & 3\\ 2 & 2 & 5\end{bmatrix}\longrightarrow\begin{bmatrix}1 & -2 & 2\\ 0 & 6 & 1\\ 0 & 0 & 0\end{bmatrix}$

    $[A \vdots b]=\begin{bmatrix}1 & -2 & 2 & 1\\ 1 & 4 & 3 & 2\\ 2 & 2 & 5 & 3\end{bmatrix}\longrightarrow\begin{bmatrix}1 & -2 & 2 & 1\\ 0 & 6 & 1 & 1\\ 0 & 0 & 0 & 0\end{bmatrix}$

    rank[A]=rank[A ⋮ b]=2.

연습문제 4.7

1. $\begin{bmatrix}\frac{5}{2}\\ \frac{1}{2}\\ 4\end{bmatrix}$ 3. $\begin{bmatrix}2\\ 4\\ 0\\ -1\end{bmatrix}$ 5. $\begin{bmatrix}-\frac{1}{2}\\ \frac{5}{2}\end{bmatrix}$
7. 일차독립
9. 일차독립
11. 3: $T=\left\{\begin{bmatrix}1\\0\\0\\0\end{bmatrix}, \begin{bmatrix}0\\1\\0\\0\end{bmatrix}, \begin{bmatrix}0\\0\\1\\0\end{bmatrix}, \begin{bmatrix}0\\0\\0\\1\end{bmatrix}\right\}$ 이 $\mathbf{R}^4$의 기저이므로 S는 M_2의 기저이다.

    5: $T=\left\{\begin{bmatrix}1\\1\end{bmatrix}, \begin{bmatrix}1\\-1\end{bmatrix}\right\}$이 $\mathbf{R}^2$의 기저이므로 S는 P_1의 기저이다.

13.

(1) $[\mathbf{x}]_T=\begin{bmatrix}1\\0\\0\\1\end{bmatrix}$, $[\mathbf{y}]_T=\begin{bmatrix}3\\-\frac{3}{2}\\-\frac{7}{2}\\\frac{1}{2}\end{bmatrix}$ (2) $P=\begin{bmatrix}1&1&1&0\\\frac{1}{3}&\frac{4}{3}&0&0\\\frac{1}{3}&-\frac{2}{3}&0&0\\-\frac{1}{3}&-\frac{1}{3}&0&1\end{bmatrix}$

연습문제 4.8

1. 직교집합
3. 직교집합
5. $a=t,\ b=-t,\ c=0$
7. 정규직교집합
9. 아님
11. $a=b=\pm\frac{1}{2}$
13. $\left\{\frac{1}{\sqrt{2}}(1,\ -1,\ 0),\ \frac{1}{\sqrt{3}}(1,\ 1,\ -1),\ \frac{1}{\sqrt{6}}(1,\ 1,\ 2)\right\}$
15. 일차독립을 보이면 충분하다.

    $c_1\mathbf{x}_1+\cdots+c_n\mathbf{x}_n=0$

    양변에 $\mathbf{x}_i(i=1,\ \ldots,\ n)$를 차례로 내적하면 S가 정규직교집합이므로 $c_i=0$을 얻는다. 따라서 $c_1=\cdots=c_n=0$.

연습문제 5.1

1. 선형변환
3. 선형변환 아님
5. 선형변환
7. $L(y_1)+L(y_2)=1+2x_1+1+2x_2=2+2(x_1+x_2)\neq L(y_1+y_2)$
9. $L(x_1)+L(x_2)=(x_1,\ 1)+(x_2,\ 1)=(x_1+x_2,\ 2)\neq L(x_1+x_2)$
11. $(14,\ -5)$
13. $(3,\ -12)$
15. $6x^3-5x^2+6x-2$
17. $\begin{bmatrix}-7\\20\end{bmatrix}$
19. $L(x_1,\ y_1)+L(x_2,\ y_2)=(x_1+a,\ y_1+b)+(x_2+a,\ y_2+b)$

    $=((x_1+x_2)+2a,\ (y_1+y_2)+2b)\neq L(x_1+x_2,\ y_1+y_2)$
21. $L(av_1+bv_2)=L(av_1)+L(bv_2)=aL(v_1)+bL(v_2)$ for all $a,\ b\in\mathbf{R}$
23. (1) $L(f(x_1))+L(f(x_2))=\int_0^1 f(x_1)dx+\int_0^1 f(x_2)dx$

    $=\int_0^1(f(x_1)+f(x_2))dx=L(f(x_1)+f(x_2))$

(2) $\forall a \in \mathbf{R}$

$$L(af(x_1))=\int_0^1 af(x_1)dx=a\int_0^1 f(x_1)dx=aL(f(x_1))$$

(1), (2)에 의하여 $L(f(x))$는 선형변환

25. $L\begin{bmatrix}1 & 0\\0 & 2\end{bmatrix}+L\begin{bmatrix}-1 & 0\\ & 0 & 0\end{bmatrix}\neq L\left(\begin{bmatrix}1 & 0\\0 & 2\end{bmatrix}+\begin{bmatrix}-1 & 0\\ & 0 & 0\end{bmatrix}\right)$

연습문제 5.2

1. 예　　3. 예　　5. $\{(x, 0)\mid x\in R\}$
7. 아니오　　9. $\{O\}$　　11. $\{O\}$　　13. V
15. 3　　17. 2　　19. 1　　21. nullity$=1$,　rank$=3$
23. $\ker L=\{\mathbf{x}\mid L(\mathbf{x})=O\}=\{\mathbf{x}\mid A\mathbf{x}=O\}$　　25. rank $L=n$ 이므로 nullity$(L)=0$
25. rank $L=n$ 이므로 nullity$(L)=0$
27. $L:\mathbf{R}^4\longrightarrow \mathbf{M}_2(\mathbf{R})$ by $L\begin{bmatrix}x_1\\x_2\\x_3\\x_4\end{bmatrix}=\begin{bmatrix}x_1 & x_2\\x_3 & x_4\end{bmatrix}$

Define $L(A)=A^T$

(1) $L(A+B)=(A+B)^T=A^T+B^T=L(A)+L(B)$

(2) $L(aA)^T=(aA)^T=a(A^T)=aL(A)$

연습문제 5.3

1. $\begin{bmatrix}1 & 0\\0 & 1\end{bmatrix}$　　3. $\begin{bmatrix}3 & 1\\2 & 1\end{bmatrix}$　　5. $\begin{bmatrix}1 & 1 & 0\\0 & 1 & 1\end{bmatrix}$

7. $\begin{bmatrix}0 & -1\\-1 & 0\end{bmatrix}$　　9. $\begin{bmatrix}-1 & 0\\0 & -1\end{bmatrix}$　　11. $\begin{bmatrix}0 & 0\\0 & 1\end{bmatrix}$

13. 6

15. 24

17. $L\begin{bmatrix}x_1\\x_1\end{bmatrix}=\begin{bmatrix}1 & 2\\3 & 6\end{bmatrix}\begin{bmatrix}x_1\\x_2\end{bmatrix}=\begin{bmatrix}x_1+2x_2\\3x_1+6x_2\end{bmatrix}$

$$=\begin{bmatrix}x\\y\end{bmatrix}$$

이므로 $y=3x$.

19. $L\begin{bmatrix} x \\ 2x+1 \end{bmatrix}=\begin{bmatrix} 3x+1 \\ 5x+2 \end{bmatrix}=\begin{bmatrix} x' \\ y' \end{bmatrix}$이므로
$5x'-3y'+1=0$

연습문제 5.4

1. $\begin{bmatrix} 0 & 2 \\ 3 & -1 \end{bmatrix}$ 3. $\begin{bmatrix} 1 & 0 \\ 2 & -1 \end{bmatrix}$ 5. $\begin{bmatrix} 1 & 0 & 0 \\ 0 & 1 & 0 \end{bmatrix}$ 7. $\begin{bmatrix} 0 & 0 & -1 \\ 0 & 0 & 2 \end{bmatrix}$

9. $\begin{bmatrix} 1 & -\frac{3}{2} & \frac{1}{2} \\ -1 & \frac{1}{2} & \frac{1}{2} \\ 0 & \frac{1}{2} & -\frac{1}{2} \end{bmatrix}$ 11. $\begin{bmatrix} 0 & 0 \\ 1 & 0 \\ 0 & 1 \end{bmatrix}$ 13. $\begin{bmatrix} 2 & 0 & 0 \\ 0 & 1 & 0 \end{bmatrix}$

15. I_4 17. $\begin{bmatrix} 1 & 0 & 0 & 1 \\ 0 & 0 & 1 & 0 \\ 1 & 1 & 0 & 0 \\ 0 & 0 & 1 & 1 \end{bmatrix}$ 19. $\left[L\right]_B^B=\begin{bmatrix} k & \cdots & 0 \\ \vdots & \ddots & \vdots \\ 0 & \cdots & k \end{bmatrix}$

21. 모순을 이용한 증명

연습문제 5.5

1. $[L]_B=\begin{bmatrix} 1 & -2 \\ 0 & -1 \end{bmatrix}$, $[L]_T=\begin{bmatrix} -\frac{3}{11} & -\frac{56}{11} \\ -\frac{2}{11} & \frac{3}{11} \end{bmatrix}$

3. $[L]_S=\begin{bmatrix} 3 & 2 \\ 1 & 2 \end{bmatrix}$, $[L]_T=\begin{bmatrix} 1 & 0 \\ 0 & 4 \end{bmatrix}$

5. $[L]_S=\begin{bmatrix} -1 & 0 & 1 \\ 1 & 1 & -2 \\ 1 & -2 & 1 \end{bmatrix}$, $[L]_T=\begin{bmatrix} 1 & \frac{1}{2} & -\frac{3}{2} \\ 1 & -\frac{3}{2} & \frac{1}{2} \\ -2 & \frac{1}{2} & \frac{3}{2} \end{bmatrix}$

7. $|A|=|A||S^{-1}S|=|S^{-1}||A||S|=|S^{-1}AS|=|B|$

9. $S^{-1}A^kS=(S^{-1}AS)^k=B^k$

11. $\mathrm{tr}(B^k)=\mathrm{tr}(S^{-1}A^kS)=\mathrm{tr}(S^{-1}SA^k)=\mathrm{tr}(A^k)$

연습문제 6.1

1. $\lambda^2-4\lambda+3$ 3. $\lambda^3-3\lambda^2-11\lambda-19$ 5. 1

7. 1, 3, -2 9. 4

11. $\lambda_1=2,\ \lambda_2=3,\ \mathbf{x}_1=s\begin{bmatrix}1\\-1\end{bmatrix},\ \mathbf{x}_2=t\begin{bmatrix}1\\-2\end{bmatrix}$

13. $\lambda_1=1,\ \ \lambda_2=1,\ \ \lambda_3=-1,\ \ \lambda_4=-2,$

$$\mathbf{x}_1=\mathbf{x}_2=s\begin{bmatrix}2\\3\\1\\0\end{bmatrix}+t\begin{bmatrix}0\\0\\0\\1\end{bmatrix},\ \mathbf{x}_3=s\begin{bmatrix}-2\\1\\1\\0\end{bmatrix},\ \mathbf{x}_4=s\begin{bmatrix}-1\\0\\1\\0\end{bmatrix}$$

15. 3, -3, -4

17. $\sigma(A)=\{d_1,\ d_2,\ \ldots,\ d_n\}$

19. $P_{A^T}(\lambda)=|\lambda I-A^T|=|(\lambda I-A)^T|=|\lambda I-A|=P_A(\lambda)$

21. $AX=\lambda X,\ X\neq 0$

$\Rightarrow A^2X=AAX=A\lambda X=\lambda AX=\lambda\lambda X=\lambda^2X$

23. $P_A(A)=A^2-3A-4I_2=0$

연습문제 6.2

1. $P=\begin{bmatrix}1&3\\1&2\end{bmatrix},\ \ D=\begin{bmatrix}2&0\\0&3\end{bmatrix}$ 3. $P=\begin{bmatrix}1&1\\-1&1\end{bmatrix},\ \ D=\begin{bmatrix}0&0\\0&2\end{bmatrix}$

5. $P=\begin{bmatrix}1&0&0\\0&1&1\\0&1&-1\end{bmatrix},\ D=\begin{bmatrix}2&0&0\\0&2&0\\0&0&0\end{bmatrix}$ 7. $P=\begin{bmatrix}1&3&0\\0&1&0\\0&0&1\end{bmatrix},\ \ D=\begin{bmatrix}1&0&0\\0&2&0\\0&0&2\end{bmatrix}$

9. $P=\begin{bmatrix}1&0&1&0\\0&1&1&0\\0&0&1&0\\0&0&0&1\end{bmatrix},\ \ D=\begin{bmatrix}1&0&0&0\\0&1&0&0\\0&0&-1&0\\0&0&0&-1\end{bmatrix}$

11. 특성방정식이 $\lambda^2-(a+d)\lambda+ad-bc=0$ 이므로, 서로 다른 두 개의 실근을 가지려면

$$(a-d)^2+4bc>0$$

13. 고유값 $\lambda_1=2$, $\lambda_2=3$ 의 고유벡터를 구함

15. 세 개의 서로 다른 고유값

17. $\lambda_1=3$ 의 중복도 2, $\lambda_2=-1$ 의 중복도 2

19. 정리 6.1을 이용

연습문제 6.3

1. $\lambda_1=0$은 일차, $\lambda_2=2$는 일차
3. $\lambda_1=-1$은 일차, $\lambda_2=-2+\sqrt{2}$는 일차, $\lambda_3=-2-\sqrt{2}$는 일차.
5. $AA^T=A^TA=I_3$
7. $\begin{bmatrix} 1 & 0 & 0 \\ 0 & -\frac{\sqrt{3}}{2} & -\frac{1}{2} \\ 0 & -\frac{1}{2} & \frac{\sqrt{3}}{2} \end{bmatrix}$
9. $A\mathbf{x}\cdot A\mathbf{x}=\lambda^2(\mathbf{x}\cdot\mathbf{x})=\lambda^2\mathbf{x}^T\mathbf{x}=(A\mathbf{x})^T(A\mathbf{x})=\mathbf{x}^T\mathbf{x}$ 이므로 $\lambda^2=1$ 이다.
   따라서 $|\lambda|=1$
13. $\begin{bmatrix} \frac{3}{5} & -\frac{4}{5} \\ \frac{4}{5} & \frac{3}{5} \end{bmatrix}$ 15. $\begin{bmatrix} -\frac{4}{5} & 0 & \frac{3}{5} \\ 0 & 1 & 0 \\ \frac{3}{5} & 0 & \frac{4}{5} \end{bmatrix}$ 17. $\begin{bmatrix} \frac{1}{\sqrt{5}} & 0 & -\frac{2}{\sqrt{5}} & 0 \\ \frac{2}{\sqrt{5}} & 0 & \frac{1}{\sqrt{5}} & 0 \\ 0 & \frac{1}{\sqrt{5}} & 0 & -\frac{2}{\sqrt{5}} \\ 0 & \frac{2}{\sqrt{5}} & 0 & \frac{1}{\sqrt{5}} \end{bmatrix}$
19. A가 직교행렬이므로 $(A\mathbf{x})\cdot(A\mathbf{y})=(A\mathbf{y})^T(A\mathbf{x})=\mathbf{y}^TA^TA\mathbf{x}=\mathbf{y}^T\mathbf{x}=\mathbf{x}\cdot\mathbf{y}$

연습문제 6.4

1. $A^5=PDP^{-1}=\begin{pmatrix} 2 & 1 \\ 1 & 1 \end{pmatrix}\begin{pmatrix} 32 & 0 \\ 0 & -1 \end{pmatrix}\begin{pmatrix} 1 & -1 \\ -1 & 2 \end{pmatrix}=\begin{pmatrix} 65 & -66 \\ 33 & -34 \end{pmatrix}$
3. $A^5=\begin{pmatrix} 0 & 1 & 1 \\ 1 & 0 & 0 \\ 2 & 0 & 1 \end{pmatrix}\begin{pmatrix} 1 & 0 & 0 \\ 0 & 1 & 0 \\ 0 & 0 & 32 \end{pmatrix}\begin{pmatrix} 0 & -1 & 0 \\ -1 & 2 & -1 \\ 0 & -2 & 1 \end{pmatrix}=\begin{pmatrix} -1 & -62 & 31 \\ 0 & -1 & 0 \\ 0 & -62 & 32 \end{pmatrix}$
5. $A=\begin{pmatrix} 0.9 & 0.1 \\ 0.1 & 0.9 \end{pmatrix}$, $A^k=\frac{1}{2}\begin{pmatrix} 1 & 1 \\ 1 & 1 \end{pmatrix}$
   따라서 50% 도시, 50% 교외 인구로 구성된다.

연습문제 6.5

1. $\begin{aligned} x_1(t)&=c_1e^{2t}+c_2e^{3t} \\ x_2(t)&=c_1e^{2t}+\frac{2}{3}c_2e^{3t} \end{aligned}$ 또는 $\begin{aligned} x_1(t)&=c_1e^{2t}+3c_2e^{3t} \\ x_2(t)&=c_1e^{2t}+2c_2e^{3t} \end{aligned}$

3. $x_1(t)=c_1e^{7t}+3c_2e^{-t}$
$x_2(t)=2c_1e^{7t}+2c_2e^{-t}$

5. $x_1(t)=4(e^t-e^{2t})$
$x_2(t)=4e^t+3c_2e^{2t}$

7. $x_1(t)=c_1e^{2t}+2c_3e^{-3t}$
$x_2(t)=c_1e^t-2c_2e^{2t}+c_3e^{-3t}$
$x_3(t)=4c_2e^{2t}-2c_3e^{-3t}$

9. $x(t)=c_1e^t+c_2e^{2t}$
$x_2(t)=c_1e^{2t}+\frac{2}{3}c_2e^{3t}$

11. $x=x_1=c_1+c_2e^{3t}+c_3e^{-3t}$

13. $x'=ax,\ x=ce^{at}$, let $x=f(t)$
$(f(t)e^{-at})'=f'e^{-at}-afe^{-at}=(f'-af)e^{-at}=(x'-ax)e^{-at}=0$
따라서 $(f(t)e^{-at})'=$상수$=c \Rightarrow f(t)=f(t)e^{at}$

연습문제 7.1

1. 실수부분 2, 허수부분 7　　3. 실수부분 2, 허수부분 0

5. 0　　7. $1+2i$　　9. $\sqrt{11}$　　11. 0　　13. $\frac{1}{2}-\frac{5}{2}i$

15. $\begin{bmatrix} 1-2i & 2+i \\ 3-3i & 2 \end{bmatrix}$　　17. $\begin{bmatrix} 1 & 3 \\ 1-2i & 2+i \end{bmatrix}$

19. $x=\frac{1}{2}+i,\quad y=2,\quad z=\frac{1}{2}-i$

21. $\frac{1}{2}(a+bi+a-bi)=a=\mathrm{Re}(z)$

23. let $z=a+bi(a,\ b\in\mathbf{R})$
$\Rightarrow a+bi=a-bi$
$\Rightarrow 2bi=0$
$\Rightarrow b=0$
$\therefore\ z=a$

25~26. 정리 7.2

연습문제 7.2

1. 1　　3. $7i-7$　　5. $\sqrt{11}$　　7. 4

9. $\sqrt{2}$　　11. 3　　13. $\mathbf{u_i}\cdot\mathbf{u_j}=0,\ i\neq j$ 이다.　　15. 3　　17. 증명

19. $\langle\mathbf{u},\ \mathbf{v}\rangle+\langle\mathbf{u}+\mathbf{v}\rangle=\langle\mathbf{u},\ \mathbf{v}\rangle+\overline{\langle\mathbf{u},\ \mathbf{v}\rangle}=2\,\mathrm{Re}\langle\mathbf{u},\ \mathbf{v}\rangle$를 이용하여 $\mathrm{Im}\langle\mathbf{u},\ \mathbf{v}\rangle=0$ 조건을 합치면 필요충분조건이 나온다.

연습문제 7.3

[1~6] 2번만이 Hermtian이다.

1. normal 3. not Hermitian, normal, unitary

5. not Hermitian, not unitary, normal

7. 3 9. Hermitian 11. Hermitian 13. 증명

15. $(iA)^* = -iA^* = -iA$ 17. $A = H + iK$ 19. $U^* = U.\ U^*U = I$

연습문제 7.4

1. normal 3. unitary 5. not unitary

7. $U^*U = I$ 임을 확인한다. 9. $\det(A) = \det(U^*AU) = \det(T) = \lambda_1\lambda_2\cdots\lambda_n$

연습문제 7.5

1. $\begin{bmatrix} i & 0 \\ 0 & 2 \end{bmatrix}$ 3. $\begin{bmatrix} 4 & 0 & 0 \\ 0 & 1 & 0 \\ 0 & 0 & 1 \end{bmatrix}$ 5. $\begin{bmatrix} 3 & 0 & 0 & 0 \\ 0 & 3 & 0 & 0 \\ 0 & 0 & 1 & 1 \\ 0 & 0 & 0 & 1 \end{bmatrix}$

7. $\begin{bmatrix} 0 & \cdots & \cdots & 1 \\ 0 & 0 & 1 & 0 \\ 0 & 1 & 0 & 0 \\ 1 & 0 & 0 & 0 \end{bmatrix}^{-1} J_t \begin{bmatrix} 0 & \cdots & \cdots & 1 \\ 0 & 0 & 1 & 0 \\ 0 & 1 & 0 & 0 \\ 1 & 0 & 0 & 0 \end{bmatrix} = J_t^T$ 임을 이용하라.

9. 최소다항식은 $q_A(\lambda) = (\lambda-3)(\lambda-2)$이다.

연습문제 8.1

1. $[x,\ y]\begin{bmatrix} 9 & 0 \\ 0 & 4 \end{bmatrix}\begin{bmatrix} x \\ y \end{bmatrix}$ 3. $[x,\ y,\ z]\begin{bmatrix} 2 & \frac{1}{2} & -1 \\ \frac{1}{2} & 3 & \frac{3}{2} \\ -1 & \frac{3}{2} & 1 \end{bmatrix}\begin{bmatrix} x \\ y \\ z \end{bmatrix}$

5. $A = \begin{bmatrix} 17 & -6 \\ -6 & 33 \end{bmatrix}$, $B = [-30,\ -20]$, $f = 15$,

$\mathbf{x} = \begin{bmatrix} x \\ y \end{bmatrix}$일 때 $\mathbf{x}^T A\mathbf{x} + B\mathbf{x} + f$ 이다.

7. 쌍곡선　　9. 쌍곡선　　11. 포물선

13. $T(k\mathbf{x})=(k\mathbf{x})^T A(k\mathbf{x})=k^2\mathbf{x}^T A\mathbf{x}=k^2 T(\mathbf{x})$

연습문제 8.2

1. $2(x-3)^2+(y-2)^2=4$
3. $2(y')^2+\sqrt{2}(x')+2\sqrt{2}(y')=1$
5. $4(x')^2+2(y')^2=8$
7. $-2(x')^2+3(y')^2=10$
9. $4(x')^2+2(y')^2=8$, $\tan\theta=1$ 인 타원
11. $2(y')^2+\sqrt{2}x'+2\sqrt{2}y'-1=0$, $\tan\theta=-1$ 인 포물선
13. $[x,\ y]\begin{bmatrix} a & b \\ b & c \end{bmatrix}\begin{bmatrix} x \\ y \end{bmatrix}+[d,\ e]\begin{bmatrix} x \\ y \end{bmatrix}+f=0$

    $\begin{vmatrix} \lambda-a & -b \\ -b & \lambda-c \end{vmatrix}=0$

    $(\lambda-a)(\lambda-c)-b^2=0$

    $\lambda^2-(a+c)\lambda+ac-b^2=0$

    반면 $ac-b^2>0$ 이면 두 고유값이 같은 부호를 가지므로 타원
15. 13번에서 $ac-b^2=0$ 이면 두 고유값 중 하나가 0이므로 포물선이다.

연습문제 8.3

1. 부정부호
3. 양의 정부호
5. 부정부호
7. $(2,\ -3)$은 f 의 임계점이고, 이때 $\triangle_1=6<0$, $\triangle_2=-4<0$ 이므로 $f(2,\ -3)=40$은 f 의 극대값이다.
9. $(-1,\ 2)$는 f 의 임계점이고 $\triangle_1=4>0$, $\triangle_2=2>0$ 이므로 $f(-1,\ 2)=-1$은 f 의 극소값이다.
11. 부정부호, $(0,\ 0)$은 saddle point
13. 부정부호
15. positive semidefinite
17. λ_i 가 모두 양이면 $\sigma(A^2)=\{\lambda_1^2,\ \lambda_2^2,\ \ldots,\ \lambda_n^2\}$이므로 λ_i^2도 모두 양이고,

    $\sigma(A^{-1})=\left\{\frac{1}{\lambda_1},\ \ldots,\ \frac{1}{\lambda_i}\right\}$이므로 $\frac{1}{\lambda_i}$도 모두 양이다.

19. 내적의 네 가지 성질 확인

연습문제 9.2

1. $y=4-7x$
3. $y=-10-7x+2x^2$
5. $y=5+\frac{7}{2}x-\frac{3}{2}x^3$
7. $(x+3)^2+(y-4)^2=10^2$, 중심$(-3, 4)$, 반지름 10
9. $y=3+\frac{2}{x}$

연습문제 9.3

1. $y=\frac{1}{3}(2+3x)$, 오차는 $\frac{1}{3}$, $-\frac{2}{3}$, $\frac{1}{3}$
3. $y=3+2x$, 오차는 1, -1, -1, 1
5. $y=\frac{1}{7}(-32+23x)$, 오차는 0, $-\frac{2}{7}$, $\frac{3}{7}$, $-\frac{1}{7}$
7. $y=\frac{1}{3}(15-7x^2)$, 오차는 $-\frac{2}{3}$, 1, $-\frac{2}{3}$, $\frac{1}{3}$
9. $y=\frac{1}{8}(-3+11x^2)$, 오차는 모두 0이다.
11. $y=\frac{1}{5}(5+17x+10x^2)$, 오차는 $-\frac{1}{5}$, $\frac{2}{5}$, $-\frac{2}{5}$, $\frac{1}{5}$
13. $y=\frac{1}{10}(21+x+15x^2)$, 오차는 $-\frac{1}{10}$, $\frac{3}{10}$, $-\frac{3}{10}$, $\frac{1}{10}$
15. $y=41+2.83t$, 오차는 25, -2, -17, -6
16. $s=21.68+0.76t$, 따라서 $t=20$(즉 $x=2000$)을 대입하면 $y=36.88$라는 값을 얻을 수 있다. 즉, 2000부를 복사하게 될 때 드는 비용은 3688원이다. 이 때 오차는 0, -0.2, 0.2이다.

참고문헌

01. A Primer on Linear Algebra	Herstein	M-M
02. A Survey of Matrix Theory and Matrix Inequalities	Marcus/Minc	Dover
03. An Introdunction Linear Algebra & Tensors	Akivis	Dover
04. Applied Linear Algebra(3rd)	Nobel/Dariel	P-H
05. Computational Methods of Linear Algebra	Faddeeva	Dover
06. Elementary Linear Algebra(4th, 1996)	Venit/Bishop	PWS
07. Elementary Linear Algebra(6th, 1996)	Kolman	M-M
08. Elementary Linear Algebra with Applications(2nd, 1990)	Nicholson	PWS
09. Introduction to Abstract Algebra(1993)	Nicholson	PWS
10. Introduction to Linear Algebra	Marcus/Minc	Dover
11. Introduction to Linear Algebra	Schay	Hone
12. Introduction to Linear Algebra(2nd)	Lang	S-V
13. Introduction to Linear Algebra(3rd, 1993)	Johnson	A-W
14. Introduction to Linear Algebra and Differential Equations	Dettman	Dover
15. Introduction Linear Algebra with Applications(6th, 1997)	Kolman	P-H
16. Lectures on Linear Algebra	Gel'fand	Dover
17. Linear Algebra	Allenby	E-A
18. Linear Algebra	Jänich	S-V
19. Linear Algebra	Nef	Dover

20. Linear Algebra	Shilov	Dover
21. Linear Algebra(2nd, 1989)	Friedberg	P-H
22. Linear Algebra(2nd)	Smith	S-V
23. Linear Algebra(3rd, 1995)	Fraleigh	A-W
24. Linear Algebra(3rd, 1993)	Lang	S-V
25. Linear Algebra: An Introduction(1995)	Bronson	A-P
26. Linear Algebra: An Introduction Abstract Mathematics	Valenza	S-V
27. Linear Algebra: An Introduction Approach	Curtis	S-V
28. Linear Algebra & Differential Equations(2nd)	Cullen	PWS
29. Linear Algebra & It's Application(1994)	Lay	A-W
30. Linear Algebra & It's Application (3rd, 1992)	Strang	Saun
31. Linear Algebra Through Geometry(2nd, 1992)	Banchoff	S-V
32. Linear Algebra with Application(2nd, 1997)	Cullen	Harp
33. Linear Algebra with Application(3rd, 1996)	Williams	WCB
34. Linear Algebra with Application(3nd, 1990)	Nicholson	PWS
35. Linear Algebra with Application(4th, 1994)	Leon	M-M
36. Linear Algebra with Maple V(1993)	Johnson	Bro
37. Linear Functions and Matrix Theory(1995)	Jacob	S-V
38. Matrices and Linear Algebra	Schneider	Dover
39. Matrices and Linear Transformation(2nd)	Cullen	Dover
40. Matrix Theory & Linear Algebra(1989)	Herstein	M-M
41. Problems and Theorems in Linear Algebra	Prasolov	AMS

찾 아 보 기

■ 신항균
서울교육대학교 수학교육과 교수

■ 이광연
한서대학교 수학과 교수

■ 이상구
성균관대학교 수학과 교수

■ 천기상
성균관대학교 수학과 교수

선형대수학과 그 응용

지은이 신항균 · 이광연 · 이상구 · 천기상
펴낸이 조경희
펴낸곳 경문사
펴낸날 2022년 2월 28일
등 록 1979년 11월 9일 제1979-000023호
주 소 04057, 서울특별시 마포구 와우산로 174
전 화 (02)332-2004 팩스 (02)336-5193
이메일 kyungmoon@kyungmoon.com

값 28,000원

ISBN 978-89-7282-273-8